生態学的債務

アンドリュー・シムズ 著

戸田清 訳

緑風出版

ECOLOGICAL DEBT
by Andrew Simms

Japanese translation published by arrangement with
Pluto Books Ltd.
through The English Agency (Japan) Ltd.

謝辞

たとえ当時は気づかなかったとしても、本書の執筆に関心を持ち、支援し、あるいは激励してくれたすべての人々に感謝したい。順不同であげるが、以下にお名前をあげた方々に限るわけではない。ジューン・シムズ、デヴィッド・シムズ、デヴィッド・ボイル、レイチェル・メイバンク、サイモン・リトラック、アンディ・ストラウス、ニック・ロビンズ、ジェニー・スコルフィールド、キャロライン・ルーカス、ジョナサン・ウォルター、モリー・コニスビー、アン・ペティフォー、ロミリー・グリーンヒル、マリオン・ジェネブレー、エティエンヌ・ペトー、ペロリーヌ・ブスケ、レンウィック・ローズ、ルース・ポッツ、ヘタン・シャー、パット・ベイリー、マット・レンデル、アンジェラ・バートン、ジョン・ハリス、アレックス・マクギルブレー、ペトラ・ケル、ジェシカ・ブリッジス・パーマー、ジュリアン・オラム、アレックス・エバンズ、オーブリー・メイヤー（訳注1）、アンジェラ・ウッド、ジャームズ・マリオット、ウォルフ・ハスドフ、アンドリュー・ドブソン、ジョン・ブロード、ラルフ・ラッセル、ジョン・マグラス、エド・メイヨー、サリームル・ハク、ハンア・リード、ジュディス・ディーン、デヴィッド・ウッドワード、ジェーン・シェファード、ヴィクトリア・ジョンソン、コリナ・コードン、ピーター・マイヤーズ、ベネディクト・サウスワース、スチュアート・ウォリス、ケヴィン・アンダーソン（訳注2）、ジョー・スミス、パット・コナティー、サラ・バトラー・スロス、リズ・コックス、フレッド・ピアス、スー・メイヤー、ロス・カワード、マーティン・デイ、チャーリー・クロニック、ロブ・ホプキンズ、サティシュ・クマール(訳注3)、ジョン・ソーヴェン、デヴィッド・キャッスル、キャロライン・スチュワート、コリン・ハインズ(訳注4)、ロビン・メイナード、ティム・ラング(訳注5)、ベヴィス・ジレット、デヴィッド・アスヘッド、アンディ・フライヤーズ、ロージー・ボイコット、フェリシティー・ローレンス、イーサンとジョー・スタイン。いくつかの特別な謝辞は原注にも記した。

出典のことわりがない限り、すべての写真は筆者による。

訳注1　アンドリュー・ドブソンは英国の政治学者で、一九五七年生まれ。
http://en.wikipedia.org/wiki/Andrew_Dobson
邦訳に下記がある。
『原典で読み解く環境思想入門―グリーン・リーダー』ドブソン、金 克美、松尾 真訳、ミネルヴァ書房、一九九九年
『緑の政治思想―エコロジズムと社会変革の理論』ドブソン、松野 弘、池田 寛二訳、ミネルヴァ書房、二〇〇一年
『シチズンシップと環境』ドブソン、福士 正博、桑田 学訳、日本経済評論社、二〇〇六年

訳注2　フレッド・ピアスは英国のジャーナリストで、一九五一年生まれ。
http://en.wikipedia.org/wiki/Fred_Pearce
邦訳に下記がある。
『地球は復讐する―温暖化と人類の未来』ピアス、平沢 正夫、青木 玲、戸田 清訳、草思社、一九八九年
『緑の戦士たち―世界環境保護運動の最前線』ピアス、平沢 正夫訳、草思社、一九九二年
『BIG GREEN BOOK（ビッグ・グリーン・ブック）』ピアス、イアン・ウイントン、ほんの木、一九九四年
『ダムはムダ―水と人の歴史』ピアス、平沢 正夫訳、共同通信社、一九九五年

訳注3

『写真が語る地球激変―過去の地球、現在の地球、そして未来の地球は……?』ピアス、鈴木 南日子訳、ゆまに書房、二〇〇八年

『水の未来 世界の川が干上がるとき』ピアス、古草 秀子訳、沖 大幹解説、日経BP社、二〇〇八年

『「エコ罪びと」の告白』ピアス、酒井 泰介訳、日本放送出版協会、二〇〇九年

『地球最後の世代―自然が人類に報復しはじめた』ピアス、小林 由香利訳、日本放送出版協会、二〇〇九年

サティシュ・クマールはインドの思想家で、一九三六年生まれ。

http://en.wikipedia.org/wiki/Satish_Kumar

邦訳および関連書籍に下記がある。

『風船社会の経済学―シュマッハー学派は提言する』クマール、村山勝茂訳、ダイヤモンド社、一九八一年

『シュマッハーの学校―ほんとうの豊かさを考える』クマール編、耕人舎グループ訳、ダイヤモンド社、一九八五年

『君あり、故に我あり』クマール、尾関 修、尾関 沢人訳、講談社学術文庫、二〇〇五年

『もう殺さない――ブッダとテロリスト』クマール、加島牧史訳、バジリコ、二〇〇八年

『地球巡礼というエコ&スピリチュアルな羅針盤　こわれかけたこの星に今してあげられること』クマール、エバン・デラヴィ訳、徳間書店、二〇〇八年

『スピリチュアル・コンパス　宇宙に融けこむエコ・ハートフルな生き方』クマール、エハン・デラヴィ、愛知ソニア訳、徳間書店、二〇〇九年

『アースピルグリム～地球巡礼者～二〇一二年準備版　DVD』エハン・デラヴィ、サティシュ・クマール、グラハム・ハンコック、ピース・ピルグリム、株式会社アースピルグリム二〇〇九年

『サティシュ・クマールの　今、ここにある未来（ナマケモノDVDブック）』クマール、辻信一、本田茂訳、ゆっくり堂、二〇一〇年

『英国シューマッハー校 サティシュ先生の最高の人生をつくる授業』辻信一、講談社、二〇一三年

『サティシュ・クマールの今、ここにある未来 with 辻信一　DVD』クマール、辻信一、加藤登紀子、益戸郁江、ゆっくり堂、二〇一三年

訳注4　コリン・ハインズは英国の市民活動家で、邦訳に下記がある。
『自由貿易神話への挑戦』ティム・ラング、コリン・ハインズ、三輪昌男訳、家の光協会、一九九五年

訳注5　ティム・ラングは英国の農業経済学者で、フードマイル概念の提唱で知られる。邦訳に下記がある。
『自由貿易神話への挑戦』ティム・ラング、コリン・ハインズ、三輪昌男訳、家の光協会、一九九五年
『食料の世界地図』エリック・ミルストーン、ティム・ラング、大賀 圭治、高田 直也、中山里美訳、丸善、二〇〇五年
『フード・ウォーズ―食と健康の危機を乗り越える道』ティム・ラング、マイケル・ヒースマン、古沢広祐、佐久間智子訳、コモンズ、二〇〇九年
『食料の世界地図 第2版』エリック・ミルストーン、ティム・ラング、大賀 圭治、中山 里美訳、丸善、二〇〇九年

スカーレット・イオナ・スノウに本書を捧げる
私の世代を代表して謝りたい
十分にしてあげられなかったことを
そしてレイチェル・メイバンクに、スカーレットのことをありがとう

目次

生態学的債務

第二版への序文

世界（経済）の作動様式を決める重要な構造的枠組みを示していると私が思いこんでいたモデルのなかに、私は欠陥を見つけた。

アラン・グリーンスパン　米国連邦準備委員会前議長、二〇〇八年十月

過去の教訓を無視したせいで、われわれはもっとも明快な警告に直面しており、いまや危険の時代に突入した。……引き伸ばしの時代、その場しのぎの時代、相手をなだめるために不可解な手段をとる時代、手遅れの時代が、終わりに近づきつつある。それに代わってわれわれは、結果が示される時代に入りつつある。

ウィンストン・チャーチル、一九三六年十一月十二日（原注1）（訳注1）

訳注1　ヒトラー政権をなだめようと英仏らは姑息な手段をとってきたが、破局が予感されることを示唆している。

石油はもちろん悩みの種です。いまわしいものですよ。

ガートルード・ベル、バグダッドにて、一九二一年（訳注2）

戻ってくること……

ゾウ［の剥製］はまだ立っているが、もちろんもう死んでいる。ゾウの足のまわりには、来館者が投げた何百枚もの硬貨が輝いている。それは彼らが、あの世へ旅立った動物の魂に自分の願いの実現を祈ったしるしかもしれない。あるいは動物とその故郷だった土地の運命への、ささやかな償いのジェスチャーなのだろうか。私がベルギーのブリュッセルにある中央アフリカ博物館を最後に訪れてから三年になるが、ほとんど何も変わっていない。一連の部屋が、おおざっぱにイメージされたアフリカの森林と草原を背景に展示された動物の剥製に満たされている。

もしそうした背景画をあなたの三歳になる娘が描いたのだとしたら、誇らしさでいっぱいになってもよい。しかし大きな博物館の展示場では、それらは滑稽で悲しげにみえる。悪い冗談のようなものだ。アフリカのグローバルな経済的貢献を調査して展示している長い部屋にうつってみると、壁の地図はアフリカ各国の事情を分析してラベルをはっており、昆虫の標本のように説明をつけ、剥製の大型ネコ科動物や類人猿を展示し、魚を瓶詰にして並べてある。

これが野生で刺激的で危険な自然についての記憶と約束としてのアフリカである。狩り立てられ、捕獲され、飼いならされ、殺されるのを待っている生きものたち。ガラスのケースのなかの二頭のクロコダイルの標本は、静止画のなかで互いを取り巻き、長い尾を折り曲げ、歯をむき出した顎をあけているように見える。これが採掘され、収穫され、つまみ出され、搾り取られ、取得される自然の富の豊穣の角とみなされるアフリカである。グラフが点在する壁の地図は、アフリカ全体を、そして特にコンゴを、石油、綿花、コーヒー、砂糖、米、トウモロコシ、ジュート、パームヤシ、ダイヤモンド、コバルト、錫、銅、金の採取場所を注意深く記入した集合のように見せている。ひとことで言えば「資源の呪い」(訳注3)だ。

博物館による部分的な弁解は、それが現実の歴史であり、一世紀以上のあいだ欧州がアフリカをどのように見て、扱ってきたかを正確に示しているのだから仕方ない、というものであろう。しかしその弁護論は破綻している。なぜならこのような告発によって救われるものはあまりにもわずかだからであり、将来も過去と同様の失敗を繰り返すための心理的な土台を用意しているにすぎないからである。ともかく、文明の現実はないがしろにされ、欧州の発展する経済を支えるために野蛮人とみなされ、殺された人びとについての真実は消え去った。

ひとつの大陸が経済的な植物園、農業経済、地質学(地下資源)へと還元されるとき、それは豊かな歴

訳注2　ガートルード・マーガレット・ロージアン・ベル(一八六八〜一九二六)はイラク建国の立役者的役割を果たし、「イラクの無冠女王」という異名で知られていた英国の女性情報員・考古学者・登山家(ウィキペディア)。

訳注3　ここに列挙された資源のなかで、たとえば本序文で後述される「ウラン」が抜けている。ベルギー領コンゴ[後のザイール、現在のコンゴ民主共和国]はウラン資源大国で、米国の原爆投下ともかかわる。また、資源ではないが、チンパンジーとともにヒトに最も近縁な類人猿ボノボの唯一の生息地域としても知られる。

史や文化的多様性に関心のない目によって、冷たい会計のレンズを通して見られるようになる。しかしもっと最近では、中央アフリカにおける戦前のベルギー国王レオポルド二世の血塗られた物語（第五章で簡潔に語られる）への新たな関心が、博物館を、より広くは国民全体をして、植民地支配の過去を再検討するように強いている。歴史を紹介する二つの部屋は、よどんだ空気、仮面、槍、困惑しているように見える大型ネコ科動物に満ちあふれた展示の状態から、離脱するようになってきた。

しかし博物館において、人類の厄介な過去を扱うときには、その論調はしばしば気乗りしない、曖昧な、しぶしぶのものになる。甚だしい過小評価をしながら、それが来館者に語りかけるのは、その歴史がベルギー人とコンゴ人によって違った形で経験されたということである。あたかも腐敗させた人と腐敗させられた人のあいだに道徳的な等価性を作り出すためであるかのように、コンゴ人が自らの搾取に関与したことを、静かに繰り返し強調している。われわれは過去についての「情熱と感情」が現在まで続いていると警告される。過去とのもうひとつの連続性としての、アフリカの自然資源の破壊的な収奪のパターンがどのように続いているかについては、展示が行なわれない公算が大きい。その連続性には、少しばかり長いにしても同じような強国［先進国］のリストがかかわっているのだが。（訳注4）

しかし、植民地主義の隠された歴史を暴くことに同意したとしても、博物館の常に変わらない石の回廊の周りでは、ほとんど病的な魅力があなたを引き付ける。信じられないような下品さがその壁面にまとわりついている。そこは現代の欧州連合の政治機構と行政の所在地である首都［ブリュッセル］を代表する国立博物館である。しかしその中央の中庭にいまなお誇らしげに鎮座しているのは、大規模に遂行された殺人、盗み、騙しのうえに築かれた国際関係を体現する男の彫像であり、その顎は威厳のある上向きになっている。これらは歴史的な暴露の展示ではなく、覆い隠された連続性の展示である。二〇〇八年の終わりに、コンゴ民主共和国は再び全面的な紛争と災厄の縁に立たされていた。(訳注5) そのわずか十年前の一九九八年においてさえ、コンゴでの戦争関連死は五四〇万人にのぼっていたと見積もられている。(原注2)(訳注6)

路面電車の第四四号線はあなたをブリュッセルの中心部にあるテルブレン公園に連れていってくれる。そこに博物館が建っている。路線の少し手前には、林と公園が広がっており、そのあいだにこの都市では有名なアールヌーボー様式の大きな住宅があり、これらの意味について思いをめぐらす時間を与えてくれる。ほとんど誇らしげに知らされたことだが、第二次大戦で日本に投下された原子爆弾の材料となったウラン鉱石がベルギー統治下のコンゴで採掘された事実をどのように解釈すべきなのか、私にはいまなおわからない。原爆が投下されたあと、ベルギー領コンゴのカタンガ高地鉱山会社の代表であったエドガール・サンジエは、米国の原爆開発プログラム［マンハッタン計画］の責任者であったレスリー・グローブス将軍に祝福の手紙を書いた（そのコピーが展示されている）。私の頭に浮かんだことは、いまや核産業が気候変動を私利のために利用して再興を狙っており、アフリカにもウラン増産の圧力をかけるだろうということである。しかし歴史のありえないほど複雑な積み重なりのなかで考えていたとき、林のなかを走っていたときには姿が見えなかった検札係りが路面電車に入ってきて、私の思考は中断された。(訳注7)

訳注4　二一世紀のいまも、アフリカ仏語圏のウランがフランスやベルギーの核兵器、原発をささえていることなどをさす。
訳注5　石油資源や神の抵抗軍（反政府武装勢力）にかかわる紛争が起こった。
訳注6　米川正子『世界最悪の紛争「コンゴ」』創成社新書、二〇一〇年、などを参照。

私はばかばかしいほどポケットの多いカーキ色のショーツのあらゆるポケットを探したあげく、ついに切符を見つけた。そのとき私は非常に奇妙に見えるに違いない様子で彼を見ていたが、彼は、フランス語を話さず、フラマン語（オランダ語の方言ともいわれる）も話さず、少々の英語だけを話す三人の日本人学生をとっちめていた。彼らは間違った切符を購入したようで、市の中心部から遠く離れた人気のない公園のなかで路面電車から降りるように言われていた。アフリカゾウから原子爆弾まで、ゆるく結びついた思考の流れが容易に非論理的な結論に巡り合うことがある。しかし、私は検札係りに、いぶかしげな視線を投げながら、半世紀以上の植民地主義と日本への二発の原子爆弾だけでもう十分であり、次世代を担う困惑した学生たちを怖がらせる必要はないという暗黙の非難をおさえることができなかった。

鐘が鳴る……拡張と分散

私は三年前に初めて博物館を訪れた。私の意図は本書の中心的アイデアにかかわる出来事についての「公式の」観点をよりよく理解することであった。

グローバル経済は広範に拡張しており、貧富の格差は大きく開き、莫大な生態学的債務の創出によって支払われてきた。その結果われわれの前には分裂した、不安定な、環境的資源が可能にする範囲を超える生活をしている世界がある。

本書の初版の冒頭にウィルフレッド・オウェンの引用が置かれているが、それは繰り返す価値がある。

我が家の暖炉でささやき声がした。
石炭のため息だ、
昔の大地がこいしくて
思い出していたのだろう

ウィルフレッド・オウェン(訳注8)『鉱夫たち』(死後に出版、一九二一年)
『ウィルフレッド・オウェン戦争詩集』中元初美訳、英宝社、二〇〇九年、四九頁

初版(二〇〇五年)の文章は次のように続いている。

本書は地球の健康と諸国民の健康、そして両者がどのように結びついているかを述べたものである。本書はまた、生態学的債務についても多くを語っている。それは何か? もしあなたが(先進国の市民として)有限な自然資源の公平な分け前以上のものを取っているのなら、あなたは生態学的債務を負っていることになる。もしあなたのライフスタイルが生態系にその更新能力を超える負担を及ぼすのなら、あなたは生態学的債務を負っていることになる。

訳注7 「発電で炭酸ガスを出さない原発は温暖化対策に役立つ」という詭弁は一九八八年頃に始まり、いまも行なわれているが、原発は火力より熱汚染が大きく、海を温めるので、温暖化対策にならない。戸田清「地球温暖化問題で原発再稼働を脅迫する安倍政権」(『ナガサキ・ヒロシマ通信』二〇二号、二〇一四年)、を参照。「原子力ルネサンス」は福島第一原発事故で頓挫している。
訳注8 オウェン(一八九三〜一九一八)英国の詩人、戦死。

地球温暖化がおそらく（生態学的債務の）もっとも明瞭な事例である。……英国や米国のような世界の一部の国は、化石燃料というわれわれの有限な遺産の不釣り合いな量（公平な分け前を超える量）を燃やすことによって非常に豊かになったのであるが、そうした行為が気候変動の引き金を引いたのであった。世界のほかの諸国、バングラデシュ、南太平洋の島嶼国、サハラ以南アフリカ諸国のようなところは、……［結果として］過剰な被害を受けることになるであろう。

グローバル経済の［優に］八〇％以上が、いまなお石炭、石油、天然ガスに依存しており、需要は拡大を続けている。しかしわれわれは気候変動をとめるために、化石燃料の消費を減らさなければならないので、炭素の制約を受けた世界経済における富の再分配以上に根本的な争点はない。本書には長い発酵期間があった。それは貧困削減と環境保護の両者に対する障害を検討するいくつかの別々の仕事に多くを負っている。特に前のミレニアムの終わりごろ［二十世紀末］の債務救済国際キャンペーン［ジュビリー二〇〇〇］のあいだに感じた驚きの感覚が問題意識の始まりになっている。それは、第三世界の貧しい国々が先進国に債務の救済を求めているのに、実は先進国のほうこそがはるかに大きいだけでなく、生命を脅かすものであるにもかかわらず一般に無視されている生態学的債務を負っているという事実への驚きであった。（訳注9）

以上の文章を書きなおす必要はない。しかしながら、第二版（二〇〇九年）を出版することによって、初版での観察と予測のいくつかがどのくらい適切なものだったかを検証することができた。わずかな修正を加え、若干の思わぬ誤植を訂正したほかは、本書の大部分はそのままにしている。しかし、この「第二版の序文」および最後の四つの章（第一三章から第一六章まで）はまったく新しい文章である。それは本書の初版で焦点をあてた問題への気づきがどのように広がったかを述べるとともに、可能な解決策をより詳細に検討している。

当初のテーマを再検討するにあたって、引き出されねばならない一般的な結論は、残念ながらわれわれの懸念があたっていたということだ。問題をひとつずつ検討してみると、いまなお鐘が鳴るように明確に心に響くものであり、ほとんどの面で事態は悪化しているが、改善がみられるものもいくつかある。

まず大きな問題を問いかけることから始めよう。経済はそもそも何のためにあるのか。経済がうまくいっているかどうかを、われわれはどうやって知るのか。混乱した兆候がみられる。

二〇〇八年の大きな経済破綻［リーマン・ショック］がやって来る前は、石油を浪費する大型車を購入しようと待っている金持ちの行列は、長くなりつつあった。ロールスロイス社のファントム・ドロップヘッド・クーペの購入を五年も待たされている欲求不満の金権政治家は、あわれをさそうものでさえあった。多くの人にとって、それは成金へのごほうびであった。この自動車は四一万二〇〇〇ドル［一ドル一二〇円なら四九四四万円］もしたが、都会で運転すれば交通渋滞のなかを石油一ガロンあたり一二マイル［一リットルあたり四・二キロメートル］の燃費で走るのである。文化的な変化の引き金を引く代わりに、この経済破綻は前例のない厚かましさと恥知らずな貪欲の土台をつくったように思われる。二〇〇八年十月に、

訳注9　たとえば一人当たり一次エネルギー消費は、石油換算トン数で、世界平均一・六一トン、米国七・九〇トン、ドイツ四・一八トン、日本四・一五トン、中国一・一四トンであるから（『エネルギー・経済統計要覧』二〇〇八年版、省エネルギーセンター、二四五頁）、日米独は「公平な分け前以上に消費」していることがわかる。二〇一五年現在も傾向としては同様。

経済破綻のコストが二兆八〇〇〇万ドルという唖然とするレベルに達し、何千億ドルが国家から向う見ずな金融機関を救済するために注入され、危機に関与した銀行の経営陣はなおも役員に何百万ドルものボーナスを払おうとしていた。

潜在的に切迫した取り返しのつかない地球温暖化の危機が近づくにつれて、現実の世界はますます危険になっていく。世界経済に目をやると、地球規模の経済成長の利益の分配における最貧層の所得シェアは、もともと非常に小さくなっていたが、過去数十年のあいだにさらに縮小してきた。

世界人口の半分弱、二七億人という驚くほど多くの人びとが、一日あたり二ドル以下で生活している。(原注3) その収入のレベルでは、あなたはロールスロイスの自動車を買うために、クリスマス期のボーナスなどよりもはるかに多くのものを必要とするだろう。実際、あらゆる出費を節約して、ほかに何も支出をしなくても、あなたはその購入までには六百歳くらいまで生きる必要があるだろう。(訳注10)

強力なアングロサクソンの英国と米国の経済がクレジットの危機（むしろ債務危機）に見舞われているとしても、われわれは前例のない金融的な富の時代に生きており、銀行は魔法のように過剰な資金を供給しようとしている。驚くべきことに、人類の金融的な富の九七％以上が最近の人類史の〇・〇一％の期間に創出されたと見積もられている。(原注4) しかしその富の分配は、悲劇的なほど不平等である。過去十年のあいだに、経済成長一〇〇ドルあたりにつき、わずか三ないし四ドルだけが、底辺の二七億人に分配されたのである。そしてそのあとに、憂鬱なほどなじみ深い環境破壊の道が続いており、それが最貧層の生活に不釣り合いなほど大きな打撃を与えたのである。

貨幣が決してすべてのものの尺度であるべきではないが、もし英国においてなら、親戚も含め一八人もの家族が最低賃金レベルのひとりの稼ぎに頼って生き延びるような生活の苦難を些細なものとして無視することはできない。

世界がいかにしてこの地点に至ったかを説明する文献は増えてきており、(原注5) 本書の終わりのほうで私は、より進歩的な方向へ社会を変えるために活用できる選択肢のいくつかを、論じることにした。

しばらくのあいだ、経済の目的はあらゆる人の基礎的なニーズを満たし、われわれみなが比較的長く、幸福な生活を送るための基盤をつくり、そうするためにわれわれが依存する地球の生物圏に回復できない打撃を与えないようにすることであると、おおざっぱに仮定してみよう。これが意味するのは、経済が三倍に効率的である必要があるということだ。経済はわれわれが必要とするものを生産するうえで効率的でなければならないし（しかしそれは必ずしもわれわれが欲しがるものではないし、われわれが必要とするものがすべて物質的なものだというわけでもない）、それはまた人びとが必要とするものにアクセスでき、購入することを可能にするうえでも効率的でなければならない。それは電化製品のプラグを入れるのと同じくらい容易であるべきだ。

最後に、効率性は地球上で生きるうえでの避けられない環境制約のなかで、ものごとを達成することとの関連でもはかられなければならない。最終的なテストは次のように要約できるだろう。「地球に負担をかけずに長く幸福な生活の機会を提供するうえで、その経済はどれほどすぐれているのか？」それを実際にどのように行なえるかについては、本書の終わりのほうで論じたい。

訳注10　一日二ドルなら年収七〇〇ドル、六百年で前述の四二万ドルになる。

第一章　金星への短い旅

金銭をめぐっての信じられないような殺人ゲームが「勤倹と蓄積」のプロセスとして、あからさまな詐欺が「企業」として、そしてこの時代のきらびやかな浪費がたんなる「消費」として述べられた。とにかく、世の中は虚実の見分けがつかないほどに、きれいに洗い清められて描かれていた。

ロバート・ハイルブローナー『世俗の哲学者たち』一九五三年(原注1)(訳注1)

女神ビーナス：彼女の主な象徴は、ホタテガイの貝殻とイルカ（彼女は海から生まれた）、燃える心臓、たいまつと魔法のガードル（恋を燃え上がらせるための）、そして赤いバラ（彼女の血で染められている）である。

『東洋美術と西洋美術における象徴についてのホールの図解辞典』一九九四年(原注2)

金星は地球とよく似た惑星である。しかしみなさんはそこに住みたいとは思わないだろう。もちろん住むこともできない。「姉妹」惑星を持つことは、宇宙の理解を超える空虚さのなかで、地球の孤独を軽減してくれる。しかし金星との違いは、われわれの地球への執着を強めるに十分である。いまなお地球は奇妙に住みやすい故郷なのだから。

金星と地球はおおまかに等しい大きさと重さを持っている。金星はわれわれのもっとも近い隣人であり、ほかのどの惑星よりも地球の近くを公転している。しかし三九〇〇万キロメートルも離れているので、通過するときに圧力を感じることはない。金星が五八四日ごとに通り過ぎるときには、視界から消え、その暗い面を地球に向け、あまりにも太陽の近くに位置している。

一九六〇年代に宇宙探査が始まるまで、惑星の表面についての人間の知識は、「チーズでできているのか？」といったようなレベルにとどまっていた。厚い雲のおおいが、本当の観察を妨げていた。人びとは、その雲が繁茂した熱帯の世界を隠しているのではないかと思弁をめぐらせた。あらゆる可能な生命形態があるのではないかと、空想をそそる世界であった。そしてこの惑星は、夜空のなかで月に次いで明るい天体であるが、常に瞑想を呼び起こした。それはわれわれが銀河のなかでどこに位置しているかを見つけるための初期の航海目標であった。この惑星は世界中の古代文明に神話の材料を提供した。金星の研究はコペルニクスの革命（地動説）を支持し、それが太陽系についてのわれわれの見方を再構築した。それはわれわれが神による創造の中心ではないということを認識するように強いた。

金星の研究はいまや、人が住める地球の大気が偶然な幸運の産物にすぎないことを警告するものとなっている。さまざまな気体の脆弱なバランスが、人間社会の存続を可能にしているのだ。この警告の背景に

訳注1　邦訳は『入門経済思想史　世俗の思想家たち』ハイルブローナー、松原隆一郎ほか訳、ちくま学芸文庫、二〇〇一年、三五三頁。

あるのは、思考の新しい革命であり、それはあらゆる点でコペルニクス革命と同じくらいラディカルなものだ。それは、われわれがいかに生存するかをめぐる根本的な境界条件を設定するもうひとつの見方を支持している。それはまた世界を見るときの大いに異なる方法へと導く。最近の数十年を見ると、それは明らかに裏返しになった世界を示しており、そこではグローバルな富裕層こそが貧困層に対して巨額な債務を負っているとみなされるべきであって、決してその逆ではない。

一九六二年のマリーナと後にヴェネラという宇宙探査機がそれぞれ米国と旧ソ連から発射され、金星の表面を調査し始めたときに、われわれが惑星の隣人たち［宇宙人］と握手することはないだろうということが、明らかになった。硫酸の厚い雲の下で、金星の表面温度は摂氏四〇〇度以上に達する。あなたが家庭のオーブンで料理するときに使う温度よりも二倍ほど高い温度だろう。研究によって明らかになったのは、金星がそんなに熱いのは極端な温室効果のせいだということであった。程度はより少ないが、地球がいま経験しているのと同じ温室効果である。

温室効果とは、まさにその言葉通りのものである。大気が熱をとらえる温室のように働き、熱の宇宙への放散を妨げる。いくぶんの温室効果があるのは良いことである。それは生命の存続条件を作り出すのに必要である。しかしながら、なんでも多すぎるとよくないように、温室効果も大きすぎるとよくないので、われわれのような脆弱な生物種にとっては致命的なものになりうる。

金星は地球よりも太陽に近く、またより濃い大気を持っている。強力な温室効果ガスである二酸化炭素が、その大気のもっともありふれた成分である。こうしたことが金星を地球よりも熱い世界にしている。

太陽系がヒントを与えてくれる。2004年の夏に、金星が太陽の前を通過するという稀な天体現象が熱波と相まって、世界の主要な金融センターのひとつであるロンドンに、地球温暖化の見通しについて教えてくれた。

一部の人びとは、地球と金星が若いとき［数十億年前］には似たような大気を持っていたと信じている。それはガスを排出する火山活動の結果である。しかし現在では、これ以上違うことはできないくらい違っている。地球では大気の成分の七八％は窒素であり、それは強力な温室効果ガスではない。他方、金星の大気の九六％は二酸化炭素であり、それは強力な温室効果ガスである。（訳注2）

違いは生命の有無である。何百万年にもわたって地球大気にあった炭素の多くは除去され、地表にたくわえられてきた。今日では炭素は、石炭や石油のような化石燃料堆積物などのほとんど安定した形態や、生物が残す石灰岩（主成分は炭酸カルシウム）のなかに存在する。しかし、その生命は脆弱である。そしてわれわれはいま比較的快適に住める環境を与えてくれたプロセスを逆

訳注2　金星の大気圧は九〇気圧。地表の平均温度は四六四℃。

転させつつある。地球というオアシスに対する人類の過剰利用は、地球上の生物種が自然界の速度よりも一五〇〇倍ないし四万倍早いペースで絶滅しつつあることを意味する。[原注3] 同時にわれわれの化石燃料への経済的依存が意味するのは、自然のプロセスが除去するよりも約百万倍も早いペースで強力な温室効果ガスである二酸化炭素を大気に戻しつつあるということだ。

いまひとつの告白をしよう。望むらくは本章のタイトル――「金星への短い旅」――が読者の注意を引いてほしい。それはわれわれが置かれている地球規模の苦境を要約し、焦点をあてることを意図したものだ。対比してみたときに、状況は常により明瞭になる。しかしビーナス（金星）を想起させることは、異なる惑星の大気組成を情報として比較すること以上の意味がある。ビーナスあるいは、そのギリシャ語の同義語であるアフロディテを想起することは、メタファー（象徴、隠喩）の目的もある。神話学において、この女神は多くの化身を有する。彼女は単なる愛や美の旗手ではない。参考文献によると彼女は豊穣の女神であり、その領域にはすべての自然、人間、その他の動物が含まれる。そのあとで彼女は「もっとも高貴な意味およびもっとも堕落した意味での愛の女神」になったのである。[原注4] 何かの事情で、ビーナス―アフロディテは巨大な貝殻から踏み出して、われわれの時代の象徴（寓意画）となった。彼女が象徴するのは、一方では自然資源の世界であり、不可避的にわれわれの経済的な富の源泉である。そして他方では、彼女はわれわれの必要な欲望と、もっと放蕩で、破壊的な行動パターンを駆動する欲望の両方を代表する。[訳注3]

基本的な人間のニーズ（衣食住、健康など）を満たすのに必要な自然資源の消費量というものが存在する。何世紀ものあいだ、エネルギーを生産し、また不幸なことに温室効果ガスである二酸化炭素を生産する石炭、石油、天然ガスの形で古代に「びんづめ」された太陽光を燃焼することが、それには含まれていた。

この汚染は、「生き残り（生存）のための排出」と呼ぶことができる。しかしまた、衒示《げんじ》［顕示・誇示］的消費（自らの財力を誇示しそれによって社会的尊敬を得る目的のために行なう消費行動）というものがあり、それは一世紀以上前にソースティン・ヴェブレンによって、アメリカが地球規模の経済的超大国として台頭する背後にある社会的な力についての批判的で皮肉っぽく風刺的な説明のなかで初めて造語されたものである。彼の著書は適切にも『有閑階級の理論』と題されている。われわれがスポーツ用多目的車（ＳＵＶ）で遊べるように、また自宅の水泳プールを温水にできるように安定した蓄積エネルギー（化石燃料）を燃やすとき、それはわれわれがビーナスとアフロディテのイメージを喚起しながら「贅沢のための排出」と注意深く呼べるものへと導いていく。その性的なニュアンスは、奇妙にも適切なものである。偉大な女神の異なる化身は、「純粋で理想的な愛」「不信心」だけでなく「情欲と金で買える愛」をも意味している。(訳注4)

私は子どものころ、父の小規模なビジネスのために働いていた下品な男性がいたことを思いだす。その会社は半導体とマイクロプロセサーの世界で技術革新を促進するという、うらやましいと思えない仕事をしていた。その従業員はあるアイデアを思い付いた。それは彼にとっては驚くべきオリジナルなもので、地元の十代のモデルをトップレスにさせて、会社の製品のコレクションを持たせて写真に撮るというものであった。それは立派な風景画というよりは、家の飾り付けのようなスタイルで街角のボッティチェリ（イタリア・ルネサンスの画家）が描く一般的な熱帯の楽園の想像図を背景に写真をとるのである。そのとき私は考えてみたが、少女と製品の結びつきがよく理解できなかった。

訳注３　女神の名前であるが、ビーナスはローマ神話、アフロディテはギリシャ神話の用語である。
訳注４　ヴェブレンの邦訳は、『有閑階級の理論』増補新訂版、高哲男訳、講談社学術文庫、二〇一五年

英国、欧州、米国のどれかの新聞や雑誌をのぞいてみれば、自動車から二重ガラス、白くて小さい収集可能な限定版の中国の装飾品に至るまで、モノとの情事を満足させることを約束する広告が見つかるだろう。先進諸国の一見したところ軽量級のサービス部門主導の経済は、現実には、消費を増やし、関連した温室効果ガスの排出も増大させるので、言わば重量級（環境負荷が大きい）なのである[原注5]。広告会社は、環境破壊的な衒示［顕示・誇示］的消費をすすめるチアリーダーと言える。最大級の百科事典でさえ、商業的に提供される不自然な関係の完璧なリストを記述する言葉は載っていない。必要以上のショッピング行為もまた、持続する官能的（感覚的）満足感をもたらす行為であるという消費社会の嘘の約束を見破るには、時間がかかる。

このようにして、いまなおほとんど全面的に化石燃料に依存する経済において、そして地球温暖化というその不都合な副作用において、われわれの最強の生命力は、うかつにも最も破壊的な行動と意図的に結び付けられている。金星との比較に戻ろう。これからの時代において、われわれの生物圏の複雑な相互作用が地球温暖化にどのように反応するかということについては、実際に誰も正確には知らない。われわれは少しばかりの幸運な驚きと、多くの不幸な驚きに直面するだろう。われわれが生きているあいだ、あるいは遠い未来においてさえ、金星のように生命に敵対的な大気が地球上に形成されることは、まずありそうにない。

しかし問題は、そうなる必要はないということだ。生命がまったく存続できなくなるよりもずっと前に、生活は何百万もの人びとにとって不快なものとなり、さらに何百万もの人びとにとって不可能なものとなるだろう。われわれはいま、気候ルーレットというゲームの出発点にいる。そこでは、賢明さと技術的洗練を総動員してもほとんどまったく制御できない自然システムのふるまいを、われわれはすでに改めて推測しようとしている。われわれの立場は正確に見てどのくらい脆弱なのだろうか。先駆的なブラジルの環境大臣であった故ホセ・ルッチェンバーガーによると、われわれのおかれた状況は、ふつう信じられているよりも、はるかにデリケートである。

そのなかで生物が生存でき、繁栄できる温度の範囲は、宇宙全体で広くみられる温度と比べて極めて狭い。その範囲とは、生化学反応を可能にし、タンパク質、炭水化物、炭化水素、核酸の化学的性質を保ち、細胞と生物体の構築を可能にする範囲であり、水が液体、気体、固体の物理的三形態で存在できる範囲でもある。(原注6)

温度は深宇宙(地球の大気圏外の宇宙空間)での、絶対零度すなわちマイナス二七三℃に近いところから、「崩壊する恒星の炉」(超新星爆発など)における数十億度の数百倍に達する温度までの広い範囲が見られる。ルッチェンバーガーはこの温度範囲を、一℃を一ミリメートルであらわす物差しで想像するように促す。その線はキロメートルの数千倍の数百倍に至ることもあり、地球から月までの距離を超えることもある。

地球上のすべての生命形態はこの物差しでいうと一〇センチメートルの範囲でしか生きられない。人類が快適に生きられる温度範囲は、そのまた数分の一にすぎない。われわれは地球温暖化の道に踏み込んでいるので、この道を注意深く歩んでいかねばならない。われわれはあらゆるものを失うかもしれないので、予防原則が非常に重要である。

すわり心地が悪い？

私は居心地が悪くはない。私はスコットランド西部高地のロッホ・シール（シール湖）のそばでこの文章を書いており、親戚の家で快適に過ごしている。しかしここでさえ、温暖化する世界のなかで生きるとはどういうことかについて、不可避的に想起させられることがある。最後の氷河期のあと、約一万年前に始まるつかのまの中石器時代において、後退する氷河から大量の水が海に入ったため、まず海面が五メートルほど劇的に上昇した。それから氷の重さから解放された陸地が隆起したために、海洋は再びゆっくりと下がった。スコットランドでは当時の人類居住地に考古学的証拠が散らばっており、古い時代の浜辺、断崖、海岸はいまよりもずっと高いところにあったのである（訳注5）。

そのような情報をどのように受け止めるべきだろうか。安心できるだろうか。地球は結局われわれがいま享受しているのとは違った均衡でも、もっと耐えられるのである（人類が生存できなくても地球は別に「困らない」）。結局のところわれわれ人類の祖先は生き残った。それともわれわれは現状を快適の反対だと受け止めるべきだろうか。歴史が意味するのは、生物圏が存続できるとわれわれが知っているということだ。かつても生物圏はあった。しかし海面がわずか数メートル上昇するだけで、世界の首都のほとんどは海面下に沈んでしまう。もっと良い大気の均衡状態が回復されるには、何万年もかかるだろう。

しかし地球温暖化とはかかわりなく、人間の知恵は何百万人もの人々の生活を必要以上に不快なものとする、その他の多くの巧妙な方法を発見してきた。しばしば見えない線が、植民地主義やアパルトヘイトのような出来事にみられる国際的不条理と、世界人口の多数に影響する債務危機のような経済的氷山、そして現代世界の光景をごみで散らかす多国籍企業の力をつないでいる。起こっていることを本当に理解するためには、それらの結びつきを視野に入れる必要がある。

そうした不快と必然的な死を（われわれ先進国が）回避できる原因のひとつは、貧しい国ぐにのオーソドックスな債務危機である。一九九〇年代後半に払えない債務が毎秒積み重なるなかで生まれたが、そこには新しい奴隷制度のあらゆる特徴がそなわっていた。（原注7）私がオーソドックスな（従来型の）債務と述べたのは、認知されていない他の厄介な債務があり、古い債務を恥じ入らせるような新しい債務があるからだ。それは気候変動という生態学的債務である。なぜそう呼ぶのか。ふたつの理由からである。第一にわれわれは、大気がかく乱されることなしに安全に吸収できないほどであるという意味で、過剰な量の化石燃料という遺産を使っている、あるいはむしろ燃やしているからである。そして第二に、大気はグローバルコモンズ（人類共有財産）であり、いま生きている人すべてが平等な要求内容を持っていることを考慮するならば、われわれの一部（先進国）が平等で安全な分け前よりはるかに多くの量を使っていることになる。地球温暖化は結果的に生態学的債務であり、その規模において、それから、貧しい諸国を解放すると、政府や金融機関が十年のあいだ、度重なる国際会議で不正直に主張してきた支払い不能の通常の財政的対外債務よりもはるかに巨大なものである。

訳注5　いわゆる「縄文海進」（海面上昇）の時代に東京湾や大阪湾の海水が内陸部に深く入り込んでいたことを想起されたい。

世界銀行ワシントン特別区の未処理書類ケース

世界銀行ワシントン特別区事務所の職員アクセル・ヴァン・トロッツェンバーグにとって、その朝は悪い日だった。アクセルは少数の最貧国の対外債務帳消しにかかわる世銀の業務を担当していた。しかしものごとはうまく進んでいなかった。たとえ一ドルでも債務を帳消しされる国あるいは人びとはごくわずかだった。

さらにまずいことに、世銀とその兄弟組織である国際通貨基金（ＩＭＦ）は債務危機の終結に向けて真剣に取り組んでいないという疑いが広がりつつあった。できるだけ多くの国に最大限の債務帳消しをもたらす代わりに、これら機関の動きは遅々としていた。債権者として、かれらは債務の帳消しに利益を見出していなかったからである。さらに皮肉なことに、うまくいくかどうかをほとんど考慮することなく、広い範囲で信用を失っている大企業本位の政策パッケージを押し付けようとしていると、多くの人から見られていた。

しかしその日アクセルは人気があった。彼の受け取った郵便物はたくさんあった。グローバルな金融機関の典型的には見えない公務員にとって、それは祝杯を挙げるべき理由になった。債務危機を終わらせるための国際キャンペーンは、「ジュビリー二〇〇〇連合」という共通の旗印でよく知られているが、アクセルとＩＭＦの同僚たちをマイナーな有名人に格下げしてしまい、（ジュビリーの運動が）ラジオやテレビの取材をよく受け、新聞で発言を引用されていた。しかしこのときに彼が受け取った手紙は、誰かの朝食を台無しにするのに十分なものだった。

ある八歳の学童が、彼にはがきを送り、なぜアフリカの貧しい人びとを「殺して」いるのかと尋ねていた。実際彼は世銀による債務危機の取り扱いに疑問を投げかける何十ものハガキを受け取っていた。世銀のやり方は、国連開発計画（UNDP）によると、年間に七〇〇万人もの子どもたちの「避けることのできる死」に責任があるのだった。(原注8) 保健医療と児童福祉に投資することができたはずのお金が、先進国政府と、ワシントン特別区に本部のある金融機関への債務返済にあてることを許されていた。

重債務貧困国イニシアチブ（HIPC）という厄介な名前をつけられ、大いに誇大広告された債務救済プログラムの始まりから五年を経た二〇〇一年までに、債務削減を議論し実施するために、世界の主要国の指導者たちは毎年会合を重ねており、金融機関は年に二回会合を重ねていた。これらの会合のあとでは、貧困国の債務危機は事実上、決定的に解決されたというストーリーが、繰り返しマスコミに流された。しかし二〇〇一年の夏に、何かがひどく間違った方向に進んだことが明らかになった。HIPC対象国は当初のリストで四一カ国あり、それが二三カ国に減ったのであるが、その二三カ国すべてが、「国を維持できない債務負担」に転落していた。言い換えると、それらの国は破綻していたのである。ごく一部の国には限定的な債務削減がもたらされたのであるが、途上国全体としては最善の努力が失敗に帰したのである。

この二三カ国以外の最貧諸国は借金のない状態を回復した。たぶん問題はそれらの国の債務が十分に大きくないことにあった。いくつかの米国の銀行を破綻させ、西側の金融システム全体を脅かすと懸念された一九八〇年代のラテンアメリカの債務危機と違って、ほとんどがアフリカ諸国からなる最貧国の著しい返済不能な債務は、およそ三五〇〇億ドルで、先進国が心配して行動するにはあまりに小さな額であった。

二〇〇三年までにわずか八カ国だけが債務のいくぶんかを免除された。

ひとつの債務危機が苦痛に満ちたまま未解決にとどまると同時に、まったく新しい債務危機がこれまでとは異なる状況であらわれ、古い危機のパターンをさかさまに変えつつある。その含意は巨大であるが、理由は単純である。地球の大気という価値の究極的貯蔵所への負債があまりに大きくなりつつあるので、われわれは環境の破産に直面している。

何世紀にもわたる地球規模の経済発展には、ふたつの著しい現象があった。ひとつは、世界経済の大きさの巨大な拡張であり、第二は富が分配される方法の劇的な変化である。しばしば、より適切に「横領」と呼ばれる富の創造は、自然資源の搾取（開発）に大きな基礎をおいている。地球規模で野心的に活動するヨーロッパ諸帝国の初期の時代から、ラテンアメリカの金と銀が古い欧州を経済的に浮揚させ、その冒険に資金を提供した。そして少なくとも最近二世紀のあいだ、化石燃料遺産という黒い黄金が世界経済の拡張と分断をおしすすめた。（訳注6）

いまや豊かな者が有限な資源の公平で安全な分け前以上のものを取っているという事実には、追加的で、潜在的に破局的な特徴がある。観察される気候変動と、環境的な制約のよりよい科学的な理解は、貧困削減への新しい国際的な約束と相まって、豊かな者によって積み上げられた莫大な生態学的債務が、新しい世界的重要性を帯びていることを示している。生態学的債務という尺度で考えることで、化石燃料のような有限な資源の使用拡大と、貧富の格差の広がりを、ロンドンに本部のあるグローバル・コモンズ研究所のオーブリー・メイヤーが最初に用いた用語、「縮小と収斂」へと大きく逆転させることを想像できるようになる。(原注9) 言い換えると、これが意味するのは、世界経済が自然の制約の枠内で作動し、かつ利益を公平に分配できるのかという問いへの答えを見つけることである。

さかさまになった世界

しかし悲しみを抱いてわれわれは次のことを観察する。この集会で富の過度な追求をやめるように繰り返し忠告したにもかかわらず、あまりに多くの人びとがその蓄えと能力を超える取引とビジネスに乗り出した。そのような正当化できない手順と贅沢な生活によって彼らは自分と家族をトラブルと破滅におちいらせ、ほかの人びとにも相当な損失をもたらした。

クエーカー教徒の手紙　一七三二年

地球温暖化の影響は波及しつつある。海は防波堤を超え、川は堤防を越え、問題が次々に起こっている。政治やイデオロギーからではなく、ふたつの大きな大陸プレートのようなもののあいだに広がる深い亀裂から、パラダイム転換が生じつつある。それは従来通りのやり方と、地球環境の限られた許容範囲のあいだの亀裂である。

パラダイム転換は近い将来においては、国際交渉の混乱をみせている古い会議室でも起こるであろう。

訳注6　青木康征『南米ポトシ銀山―スペイン帝国を支えた〝打出の小槌〟』中公新書、二〇〇〇年、などを参照。

それは世界貿易機関（WTO）の大臣会合でも起こるであろうし、国際連合は貧困を削減するために考案された国際目標の長いリストに投資するための融資を募集しようとするだろう。それは気候変動についての会合や、自称先進八カ国（G8）の会合、世界銀行とIMFの会合、そして世界経済フォーラムやビルダーバーグ・グループのような官僚的グローバルエリートの政策協議の場でも、起こるだろう。(訳注7)

変化が差し迫っている理由は、驚くほど単純である。豊かな諸国による大気というグローバル・コモンズの不平等な利用が、巨大な生態学的債務を積み上げつつあることだ。その債務と気候変動自体が、諸国や異なる社会集団に、ライフスタイルや政治指導者が現実的に行なえる約束に、全く新しい文脈を作り出した。貧しい諸国が争点をますます自覚するようになるにつれて、かれらは豊かな諸国とその金融機関が彼らに行使する権威の正当性に、疑問を投げかけるようになるだろう。彼らはたぶん補償を求めるだろう。彼らは、化石燃料遺産の不平等な利用によって行なわれる世界の富の不平等な分配という現状の継続に、ほとんど確実に異議を申し立てるだろう。

しかしパラダイム転換はさらに深く進むだろう。気候変動に取り組む計画は、各主体の大気に対する公平な要求を認めない限り、成功できないだろう。時間の経過のなかで、頭上の大気に対する平等な財産権は、資源をめぐる現実の経済にもとづく富と機会の分配についての歴史的な再調整を意味するだろう。われわれの多くは、この文脈から離れ、われわれがつくっている歴史についての認識から離れた、人間行動のますますこまごまとした細部にメディアの関心が向かうことで視野が狭くなっている。これは次のことを理解したり覚えたりしておくことを困難にする。それは生態学的債務への取り組みに必要な、ライフスタイルの変化や豊かな諸国の蔓延した大量消費の抑制のための確実な手順が存在するということだ。耳打ちしよう。地球温暖化に取り組む唯一の目に見える方法は、繁栄をもっと公平に世界にいきわたらせる方法でもあるだろう。

債務の意味

そして領主は激怒し、彼が支払うべきものを払ってしまうまで、いじめっ子のもとに差し向けた。

見苦しい召使の寓話

あなたは、どんな種類の債務を負っているだろうか。友人たちへの払いきれない感情的な債務だろうか？ お返しができないほど「負って」いる、好意の債務だろうか？ あるいは銀行やローン取り立て業者への金融的債務だろうか？ あなたがどんな債務をかかえているとしても、生態学的債務ほど根本的で、潜在的に破滅的で、一般に認識されていない債務は、ほかにない。世界の豊かで、大量消費的な少数者（先進国の中流以上と途上国の上流）は、たぶん自分たちの幸運を信じられないだろう。

あらゆる債務には物語がある。しかしあらゆる債務にかかわる物語は、債務を返済するように命じている。そしてより最近の物語では、利子をつけて返済することになっている。返済しない場合の代償は高い。

訳注7　G8とは従来の先進国サミット参加国（米英仏独加伊日）とロシアであるが、二〇一五年現在、ウクライナ問題によりロシアが排除されつつある。ビルダーバーグについては、ダニエル・エスチューリン（山田郁夫訳）『闇の支配者　ビルダーバーグの謎』TO文庫、二〇一三年、などを参照。

その対外債務を返済していない貧困国は、金融的パーリア国家（パーリアは南部インドの最下層民、のけ者の意味）とみなされて孤立させられ、国際援助も受けられない。非公式の金貸し（高利貸し）の手中に陥った金融的破産者の個人は、身体的虐待あるいはさらにひどい状況に直面する。ほとんどの庶民には破産宣告あるいは投獄が待ち構えている。政治的な関係ないしコネのある者だけが投獄を免れる。

しかし、地球というわれわれが有する価値の最大の貯蔵所を脅かしているにもかかわらず、生態学的債務については誰も勘定していない。生態学的債務は通常の意味で返済される必要はない。個人あるいは国の生態学的債務がどれだけ大きな赤字になろうとも、彼らの行動を変化させる力は生じない。

さらにひどいことになる。われわれの時代の支配的な物語は、われわれがたくさん消費するほど、幸福になるのだと語っている。われわれの生態学的債務が多くなるほど、言い換えると、環境のキャリング・キャパシティ（収容能力）の公平なひとりあたりの分け前よりも多くを消費するほど、われわれは満足するだろうということだ。ある情景を想像してみよう。自殺志願のアルコール依存症患者が、医者に行って、ひとびんのウイスキーと装塡した銃を処方してもらうとしよう。メロドラマみたいだろうか？　現在までのところ、気候変動はそのほとんどが富裕国における消費レベルの帰結である。情報時代の洗練にもかかわらず、われわれのすべての経済が圧倒的に依存しているのは、きたなくて、ねばねばした、粉じんを出す、化石燃料である。依存ということでいえば、もっとも富裕な諸文明でさえ、洞窟のなかで薪のたき火の前にうずくまって暖を取る人びとや、森林を伐採したあと即席につくった防風林のうしろにいる人びとの時代から、自分たちが思うほどには隔たっていない場所にいるのである。そして誰か別の人たちが代償を払っているのだ。

二〇〇一年三月にバングラデシュの環境大臣が述べたのは、もし海面上昇についての公的な予測が的中したならば、彼女の祖国の五分の一が海面下に沈み、二〇〇〇万人の「生態学的難民」が生じるだろうということであった。[原注11] 富裕国は彼らを環境難民として受け入れる用意があるだろうか、と彼女は問いかける。

生態学的債務は、さかさまになった世界を明らかにする。そこではコストがほとんど疑問を投げかけられることなく、富裕な生態学的債務者から、貧しい債権者へと転嫁される。それはパラドックス（矛盾）に満ちた世界であり、そこではスーツを着た政府職員や金融評論家が大真面目に、地球の多数者である貧困諸国の経済的に愚かで無責任な行動を非難するのである。もしお金が提供されるか、債務が容易に帳消しされるならば、モラル・ハザード（倫理の欠如）だという警告がなされるだろう。

しかしそれは、経済エリートの新聞である『フィナンシャル・タイムズ』が、『どうやって使い尽くすか』という雑誌を創刊し、賞を受けることができるような世界でもある。それは混乱した過剰富裕者を、お金を浪費するという難しい仕事で助けるために特別に編集したアート紙の号外のようなものである。この世界では、衒示［顕示・誇示］的消費への欲望を欠いている人や、物質的な所有で地位を築くことをしない人は、裏切り者のそしりを受けることになる。

しかしこうしたことはみな変化しようとしており、変化というだけでは控えめな表現であろう。現代経済が、自らが依存する生態系を根本的に変えてしまえることへの気づきは、ほとんどの人が認識するよりもはるかに以前からあらわれ始めた。それは十九世紀における辛辣な批評から始まったのである。

第二章　化学者の警告――地球温暖化についての議論の略史

環境を保護するため、予防的方策（Precautionary Approach）は、各国により、その能力に応じて広く適用されなければならない。

『リオ宣言』一九九二年六月に一七八カ国の政府が調印(訳注1)

「気候とはあなたが期待するものであり、気象とはあなたが手に入れるものである」二十一世紀においては、気候とはあなたが影響を与えるものであり、気象とはあなたを悩ませるものである。

マイルズ・アレン、『ネーチャー』二〇〇三年(原注1)

十九世紀後半にスウェーデンのある町で若い見習い中の化学者が引き起こした悪臭騒動は、彼が一人前の科学者になったときのアイデアが引き起こした持続的な悪臭にはかなわないものだった。

研究助手として働いていたスヴァンテ・アレニウスは、ほかの化学者から、小びんに入ったひどい悪臭のする液体を処分してくれと頼まれた。(原注2)アレニウスは自転車で家に帰ってから、頼まれていた仕事を忘れていたことに気がついた。仕方なく自転車で戻り、小びんを道端に放り投げた。小びんの壊れやすさと中身の液体の性状を過小評価していたので、液体が漏れだして町の相当な地域に吐き気を催すにおいが広がった。調査委員会は原因を見つけることができず、においは異常な気象条件のせいにされた。皮肉なことに、アレニウスに科学の歴史のなかでもっとも重要な位置を獲得させたものは、はるかに深刻で長期的な気象条件についての彼の予測だった。

一八五九年に生まれたアレニウスは、経済を動かすのに用いられる化石燃料の大量燃焼と、地球の気候の大きな変化の可能性を明確に結びつけた最初の人物であった。彼はまさしく地球温暖化を予測した男であった。今日ではわれわれは気候変動の含意を理解しようとする試みにおいて遅れを取り戻しているかもしれないが、彼の影響の大きさがよく認識されているとはいえない。アレニウスは一八九五年にストックホルム物理学会に送った「大気中の炭酸ガスが地表の温度に及ぼす影響について」という論文で、その予測を行なった。

その警告がこれほど早い時期に行なわれたとは、ほとんど信じられない。地球温暖化に取り組むための最初の国際合意である京都議定書が発効に十分な数の国の支持を得たのは、ようやく二〇〇四年末のこと

訳注1　インターネットの「EICネット」の「予防原則」から引用。ここで予防原則は「欧米を中心に取り入れられてきている概念で、化学物質や遺伝子組換えなどの新技術などに対して、人の健康や環境に重大かつ不可逆的な影響を及ぼす恐れがある場合、科学的に因果関係が十分証明されない状況でも、規制措置を可能にする制度や考え方のこと」と説明されている。上の引用は「国連環境開発会議」（リオデジャネイロ、一九九二年）で採択された「リオ宣言」の原則十五。http://www.eic.or.jp/ecoterm/?act=view&serial=2635

であった。(訳注2)

あるスウェーデンの同僚は一日考えたあとでようやくアレニウスを思い出したが、そのときでさえ気候変動との関連ではなかった。どれだけ多くの理由で、どれだけ多くの名前が、われわれの時代に至るまでの年月にあげられたことだろうか？　兵士、政治家、著述家とアーティスト、しかし文明へのおそらく最大の集団的挑戦を予見した男の役割は、一般大衆にとっては複雑な化学式と同じくらい曖昧なものであった。もっと驚くべきことは、アレニウスが彼の静かだが黙示録的な発見（彼自身も当時はその重大性を意識していなかったが）をしたのは、彼の主要な研究分野の一部としてではなく、気候学という趣味にちょっと手を出したなかでのことだったという点である。

地球の将来に起こりうる運命に出くわした男がその主要な研究成果を世間に受け入れられるために多くの問題を克服しなければならなかったことは（後にノーベル賞を得ることになるのだが）、気候変動の現実が公式に認知されるまでに多くの障害があったのと同様である。人為的な地球温暖化の展望が徐々に科学界の合意事項になり始めたのは、ようやく一九六〇年代のことであった。(訳注3)　歴史は異なる時間尺度で繰り返す。一度はアレニウスという人物で、一度は地球温暖化で。

一八八〇年代のアレニウスのオリジナルな学術研究の内容は、四流の博士論文への道を難渋しながらしぶしぶ進んでいるにすぎないのではないかという指導教官の理解をはるかに超えたものだった。彼が発見したものは、電解質と呼ばれるある種の物質が水に溶けたときに、それらは分離して正負の異なる電荷を帯びることができるということだった。そのような溶液は凝固点を下げ、沸点を上げることができる。彼の発見から導かれるすべての帰結は、生物学に関連するものだった。それらは血清の利用から、人間の消化能力、毒素と抗毒素（抗体）の役割にまで及んでいる。彼の理論の世俗的な適用は、電離という素晴らしく深遠な名前で伝えられた。人びとが彼の研究を真剣に受け取るようになったのは、一八九〇年代に電荷を帯びた原子より小さい粒子が発見されてからのことである。(訳注4) そのあとようやく一九〇三年に、彼はノーベル賞を授与された。(訳注5)

アカデミックな研究が、まだ学者が操作する余地のないバタリーケージ（鶏舎に積み上げる狭いケージ）の鶏のように仕事をする厳格なパラダイムのなかに閉じ込められていた時代の人として、アレニウスは精神の放浪を続けた。たとえば彼はオーロラすなわち北極光に思いを巡らせた。彼はまた、幻想的な名前をつけられ、いまなお論争されている「パンスペルミア説」（胚種広布説。宇宙からの微生物などが物体にくっついて地球にやってきて生命の根源となったという理論）にも思いを巡らせた。アレニウスは太陽光からの放射圧のもとで生きた胞子が宇宙に広がった結果として、生命が地球に到達しえたし、ほかの多くの場所にも行っただろうと考えた。最後に、そして私たちにとって最も重要なことは、彼は化石燃料――彼の時代には主に石炭――の燃焼に依存する経済活動の結果として、大気中に「炭酸」――今日われわれが炭酸ガ

訳注2　京都議定書は気候変動枠組条約（一九九二年）の議定書で、一九九七年採択、二〇〇四年発効。

訳注3　気象学者根本順吉の著書『冷えていく地球』（家の光協会、一九七四年）、『熱くなる地球』（ネスコ、一九八九年）にみられるように、日本では一九七〇年代には自然のサイクルにともなう「寒冷化」が注目され、一九八〇年代後半から人為的な温暖化が注目された。日本の財界・政府は（いくつかの諸外国でも）地球温暖化論議を原発推進に悪用した。

訳注4　電子の発見は一八九七年、トムソンによる。

訳注5　スヴァンテ・アレニウスは「電解質溶液理論の研究」で一九〇三年のノーベル化学賞。

スと呼ぶもの――が蓄積され、地球温暖化をもたらすだろうと予測したことである。

アレニウスの気候研究は、ほかの多くの科学者の仕事を土台として打ち立てられた。彼は地球温暖化の鍵となる温室効果という概念を考案した功績が、貴族的な数学者であり、フランス科学アカデミー会員であるジャン・バティスト・ジョゼフ・フーリエの一八二七年に公表された論文にあると公然と認めた。彼はフーリエが「大気は温室のガラスのようにはたらくと主張した。なぜなら、それは太陽の光線を通すが、地表からの暗い光線はためておくからだ」と述べた。

アレニウスのもうひとりの重要な先駆者であり、悲劇的に皮肉な最期を遂げたのは、アイルランドの科学者ジョン・ティンダルであった(原注3)。一八二〇年に生まれたティンダルは、三十歳代になってようやく大学に進んだ。彼はアイルランド人の処遇についての不満を述べたあと解雇されるまでは、測量技師として働いていて、その後イングランドにわたった。そこで彼は当時の高速輸送ネットワークである鉄道の建設現場で数年間働いた(訳注6)。

測量技師の道具に導かれて、霜がガラス板のうえを広がっていくように鉄道が英国に広がっていくと、その燃料となる化石燃料である石炭の消費も拡大していった。一八四五年から一八五二年までだけで、英国で四四〇〇マイルの鉄道線路が敷設された。それはある貴族にとっては、「自然の力に対するほとんど永久的な征服」を意味した(原注4)。産業革命は、文字通り蒸気の全出力で前進していた。ティンダルのキャリアも同様であった。その進路は地球温暖化の理解のその後の進展に不可欠となる関連性へと向かっていた。

アレニウスが生まれた年に、ティンダルは大気と、異なる気体が異なる程度に熱を吸収する仕組みについての研究を始めた。多くの気体が「色がなく、目に見えない」という点で同じように見えたが、熱はそれらのなかを非常に異なった状況で通過することに彼は気づいた。酸素や水素のような気体は、熱に対して透明（よく通す）であるように見えたが、水蒸気や炭酸（二酸化炭素）は熱をためておくように見えた。もっとも重要なことは、後者が地球大気そのもの（窒素八割、酸素二割）よりも熱を吸収することに彼が気づいたことである。これはそれらが温室のガラス板のような役割を果たすことを意味した。

ティンダルはまたアレニウスのように、趣味のための時間をつくった。当時のほかの自制できない幅広い趣味をもつ男たちの奇妙な脱線と共通であるが、ティンダルは船の霧笛の改良デザインを遺産の一部として残したのである。一八八〇年代の後半までに彼はますます不眠症に悩むようになり、かなり休みをとった。時間をつぶすために彼はアイルランド地方自治を推進するグラッドストーン英首相の努力に反対する圧力団体に参加したが、それはうまくいった。そのささやかな政治的小競り合いは、われわれがいまなお経験している一世紀以上にわたる殺人的紛争という負の遺産（アイルランド紛争）を助長した。ティンダルはまた炭鉱から海軍の航海に至るあらゆる分野での産業安全装置の推進のために市民として協力した。

彼の研究は結局、いつから安全でない量の温室効果ガスが大気に注入されつつあったかをわれわれが予測するのを助けた。しかしティンダル自身の人生は、振り返ってみれば皮肉なことだが、悲劇に終わった。彼の睡眠を助ける医薬品であるクロラールの過剰な量を、妻が間違って彼に与えたのである。

アレニウスがいまではますます有名になった論文を書いたときまでには、適量な水蒸気と二酸化炭素の存在が、地球上の生命に敵対的な極寒の環境が生じるのを防いでいることが、すでに理解されていた。し

訳注6　ジョン・ティンダル（一八二〇〜一八九三）はアイルランド出身の物理学者、登山家。ティンダル現象の発見、温室効果や反磁性体の研究で知られる。

スウェーデンの化学者スヴァンテ・アレニウスが真剣に見えるのには、十分な理由がある。19 世紀の終わりに彼は経済活動が大気のバランスを変えたりかく乱したりする潜在的力を有することを初めて見つけたからである。(撮影者不明)

かしアレニウスはさらに先まで進んだ。彼は地球の地表温度に変化をもたらすに足るほどの量の新たな二酸化炭素が人為的に放出されていることを、認識したのである。また彼は「近代工業」という人間の経済活動がその主な原因であることも認識した。大気中のわずかな濃度の二酸化炭素が、工業の発展によって、数世紀のうちには、識別できる程度に変わるかもしれないと彼は書いた。[原注5]

ある程度の幸運と良い判断力で――当時利用できた技術を考慮すれば許されることだが、彼はいくつかの点を見逃していた――彼は驚くほど正確な、今日の最良の推定のいくつかに近づくような予測を行なった。彼は大気中の二酸化炭素の濃度が二倍から二倍半になれば、温度は三・四℃上昇すると計算した。気候変動についての政府間パネル(IPCC)として知られる科学者の委員会――気候変動について諸国政府に助言する――が、一九九〇年代に一・五℃から四・五℃の温度上昇を予測しており、もっと最近ではそれを上方修正している。

どの写真を見ても、スヴァンテ・アレニウスは頑固で真剣な人に見える。彼の丸い顔、幅広くたれている口髭、立派なスーツ、すべてにわたって注意深く身だしなみが行き届いており、彼を当時としては奇妙に匿名の人物のような顔にしている（有名な科学者だと気づかれにくい）。彼は欧州やアメリカで木造の喫煙室にいても、誰にも気づかれずにいることができた。彼の表情は、当時の耐え難いほどゆっくりした写真現像プロセスの結果であるかもしれない。あるいは何か別の理由によるかもしれない。

初期には、化学者アレニウスは同僚や教師からおおむね無視されていた。結局後にノーベル賞の受賞に結び付いた彼の研究の「汚さ」は、彼が早く教授に昇進することを妨げた。しかしその経験が彼につらい思いをさせたようには見えない。彼は研究テーマを愛していた。ある晩ディナーパーティーを主催していたとき、自宅の上空でオーロラが輝き始めた。彼は客たちに屋外に出るように呼びかけ、そこで自然現象がどのように起こるかについて畏敬の念をこめて詳細を説明することができた。

しかしながら、アレニウスの学説がおよそ一八九五年から一九六〇年代というかなり長期間にわたってまたもや無視されたことの潜在的な結果は、写真を見る人を憂鬱にさせるほど、深刻なものであった。世界がほかの環境問題に目覚めた時代である一九六〇年代まで、人間活動が地球の平均気温を変化させるほど巨大なものだという考えは、ありえないと退けられていたのである。もちろんいまではわれわれは、そうではないこと（人間活動による変化の重大性）を知っている。(訳注7)

半世紀以上にわたるこの問題についての沈黙は、絶対的なものではなかった。第二次世界大戦によって

訳注7　レイチェル・カーソンの『沈黙の春』（一九六二年）などで一九六〇年代は環境意識の覚醒の時代となった。

深刻に注意が逸らされる直前、一九三八年にG・S・カレンダーは、化石燃料によって地球温暖化が激化するというアレニウスの理論を復活させた。彼もまた懐疑的な科学界に直面した。そしてカレンダーは大恐慌後の経済効果にだまされて、工業の効率性向上が温室効果ガスの生産レベルを安定化させると信じる、間違った安心感にさそいこまれた。[原注6] 一九五〇年代のあいだ、大気の変化についてのより洗練されたモデルが開発され、一九五八年には温室効果が金星の表面の燃えるような温度の原因であることが発見された。[訳注8]

約十年後、新しい計算によって示唆されたのは、大気中の二酸化炭素の濃度が二倍になると、地球の表面温度は約二℃上昇するだろうということだった。一九六八年に南極氷床の崩壊がもたらす潜在的に破局的な効果が指摘された。さらなる研究が示したのは、温暖化の悪循環（正のフィードバック）がどのように起こるか、であった。たとえば、氷床の消失が地球表面の熱吸収能力を減少させ、さらに地表を温暖化させて、氷床の後退を加速するといった具合である。西側先進国における環境意識は、レイチェル・カーソンの『沈黙の春』のような本の出版に続いて、全般的に増大しつつあった。一九六二年に出版されたこの本の冒頭には、ノーベル平和賞受賞者アルベルト・シュヴァイツァーの言葉が掲げられている。「未来を見る目を失い、現実に先んずるすべを忘れた人間。そのゆきつく先は、自然の破壊だ」（『沈黙の春』青樹簗一訳、新潮文庫、一九七四年）。

それからグリーン派（環境運動）の広がる一九七〇年代がやってきた。現在家庭で話題になる環境団体の多くがこの時期に生まれた。グリーンピース、地球の友、そして住みやすい地球環境の保全があらゆる政治的プロジェクトの前提であり、マニフェストの基盤になるべきだという考えに動機づけられた緑の政党の広がりである。英国の国家石炭委員会のエコノミストであったE・F・シューマッハーは、環境経済学の古典的な教科書である『スモール・イズ・ビューティフル』を一九七三年に出した。ローマクラブは、影響力の大きい、大いに批判された、枯渇する自然資源についての物語である『成長の限界』を一九七二年に出し（その後の研究によってこの本の主張はおおむね正しいことが判明した）、同じ年に『エコロジスト』誌は、『生存のための青写真』という有名なスローガンの特集号を出した。当時はこれらのグループのあいだでさえ、地球温暖化よりも、石油を使い尽くしつつある事実（石油の枯渇）のほうをずっと心配していた。こうした出版物の流行の波において、生態学的債務のアイデアにおそらくもっとも関連している本は、ハーマン・デイリーが編集した『定常経済に向けて』という本で、これも一九七三年に出版された。（原注7）そのなかでデイリーはその二年前にアメリカ科学振興協会（ＡＡＡＳ）によって提起され、いまなお答えられていない三つの質問を引用している。

(1) 有限な地球でいかに生きるべきか？
(2) 有限な地球でいかにして良い暮らしをするか？
(3) 有限な地球で平和にしかも破壊的なミスマッチもなく、いかにして良い暮らしをするか？

物理科学および生物学のレンズを通してみた地球は、変動しやすいが、自動平衡的な均衡によって特徴づけられる定常開放系であると、彼は述べる。（訳注9）「なぜわれわれの経済もそのようにならないのか？」無限

訳注8　金星の地表温度の平均で四六四℃、大気は九〇気圧。大気の九六％は二酸化炭素。硫酸の雨が降る。

の成長に基礎をおくが、致命的なほど有限な資源に依存するシステムである、経済学という憂鬱な科学で環境制約が無視されたことは、生態学的債務と経済システム崩壊の両方の条件をつくりだしたものである。

一九七〇年代以降に、産業革命以前のレベルに対して大気中の二酸化炭素濃度が二倍になった場合の温暖化の予測は上方修正され、新しい諸研究ではCFC（クロロフルオカーボンあるいはフロンガス）やメタンのような炭素化合物、そしてオゾンの地球温暖化への深刻な寄与が強調されている。この十年間の終わりにあたる一九七九年は、第二次エネルギー危機[訳注10]と時を同じくしており、全米科学アカデミーはすでに、二酸化炭素濃度の倍増が一・五ないし四・五℃の気温上昇をもたらしうると警告していた。緊急の国際的協調行動が必要である根拠がますます具体的になった。今日形成されつつある合意によると、産業革命以前のレベルに対して二℃の上昇は、それを超えるとコストと損害が耐えがたいものとなり、潜在的に不可逆的になるような最大限度であると示唆されている。海抜の低い島や、沿岸部ないし川沿いに住む人々にとっては、そのような温度上昇はあまりに高いものであろう。しかし二℃以下におさえるのは容易でない。

にもかかわらず、この歴史的経過において、地球温暖化を研究し、この問題についての将来の合意をめぐって交渉する政府に助言する画期的なIPCCが一九八七年に設立されるまでに、さらに十年近くが経過した。[原注8] 一九八五年にオーストリアのフィラハで重要な国際会議が開催されたあと、その組織が設置された。一九八五年は南極上空のオゾンホールが発見された年であった。突然すべての人が空を見上げ、心配そうに見えた。驚くべきことに、英国のマーガレット・サッチャー、米国のロナルド・レーガンやジョージ・ブッシュ（父）のような保守派の政治指導者でさえ、心配を表明した。しかしながらサッチャーは、成長するクルマ社会の化石燃料大量消費経済に固執していたし、ブッシュ政権は指導的なNASAの科学者ジェームズ・ハンセンに憂慮の表明を撤回するように圧力をかけ、連邦議会の多くの議員も温室効果ガスと気候変動の関連性に疑問を投げかけた。ハンセンは意見の撤回を拒否し、科学者への政府の圧力というスキャンダルは、市民の覚醒をいっそう促した。(原注9)

政治の世界では、ほとんどのパネル（識者の委員会）や委員会は、行動しているという幻想を市民に与え、権力者が当面の問題について実際に行なっていることへの批判をそらせるために設置される。報告書が出されたときには、役所の潔白を証明するために使われるか、静かに棚上げされる傾向がある。しかし一九九〇年に出されたＩＰＣＣの最初の報告書の場合は違っていた。それは十分な合意事項を提示し、十分な数の政府を心配させ、地球温暖化を阻止するための国際条約の採択を求める要求に力を貸した。その条約は一九九二年の地球サミット（リオの国連環境開発会議）で合意された。その条約は何をなすべきかという原則についてはよかったが、目標と工程表を欠いており、それ以来世界はそのことについて議論してきた。

ＩＰＣＣの第三アセスメント報告書は、二十一世紀のあいだに地表の平均気温は一・四℃ないし五・八℃上昇すると予測した。海面は九センチメートルないし八八センチメートル上昇するかもしれない。報告書はまた、西南極氷床の融解や、グリーンランドの局所的温暖化が継続した場合に起こる、劇的な海面上昇に関連した、長期的で大規模で破局的できごとについても考慮していた。

訳注9　「定常開放系」（外界との間にエネルギーや物質の出入りがあるが、それらの流れが定常状態にあり、自己を維持し続ける系。たとえば地球環境）は槌田敦など、日本の「エントロピー学派」にとっても基礎概念のひとつである。槌田敦『資源物理学入門』ＮＨＫブックス、一九八二年、などを参照。

訳注10　一九七三年に第一次石油ショック、一九七九年に第二次石油ショック。

英国気象庁の研究機関であるハドレー・センターのような気候研究機関は、環境における「フィードバック」のメカニズムは予測しがたいと指摘した。たとえば樹木は二酸化炭素を吸収し、それは肯定的な要因（温暖化を抑制する）であるが、地球温暖化は森林枯死の引き金を引くかもしれない。そのときには樹木は、炭素を吸収する「シンク」（吸収源）から、炭素を大気中に放出し、温暖化を加速する「ソース」（発生源）へと変化する。ハドレー・センターの研究者たちは、現在の予測結果を顕著に悪化させる、暴走的な気候変動の可能性についても考察している。いわゆる環境フィードバック・メカニズムを組み込んだ彼らの新しい研究は、次のことを示唆している。「二〇〇〇年から二一〇〇年にかけての地表平均気温の上昇は、従来のモデルによる予測に比べて、さらに三℃くらい大きくなる」(原注10)。いかにして、そして重要なことだが、いつ気候が温室効果ガスの蓄積に反応して変化するかについての彼らの予測は、地球温暖化を阻止する努力の核心部分における、潜在的に破局的な矛盾を明らかにする。政治は短期的な視野で行なわれている。「一週間というのは長い時間だ」という言葉を思い出してほしい。しかし気候変動は長期（数十年、数百年）にわたるものであり、ハドレー・センターが指摘するように、「大気中に二酸化炭素が長くとどまるということは、次の数十年における変化の多くは、現在の放出や過去数十年間の放出によって、すでに気候システムのなかに組み込まれているということである」(原注11)。

二〇〇四年当時の心配については二つの理由がある。北極圏に領土をもつ八カ国によって構成される北極評議会の委託で、三〇〇人の研究者のチームが四年間にわたるアセスメントを行ない、北極の氷冠は地球全体の二倍の速度で温暖化している、と報告したのである。その結果は地球温暖化のさらなる加速を含むものとなりうる(原注12)。

二つめの悪いニュースは、ハワイのマウナロアの山頂にあり、米国海洋大気協会が運営している観測所からやってきた。この観測所は、五十年近くにわたって測定を続けており、世界で最も信頼できる情報源のひとつとみなされている。二〇〇四年に二年連続で、ほかに説明因子となる自然現象もなく、大気中の温室効果ガス濃度の突然の飛躍があった。説明できないので困惑が広がったが、科学界では、これが始まっている環境フィードバック・メカニズムの初期の兆候かもしれないという疑いが強まってきた。一九五八年に測定を始めた科学者であるチャールズ・キーリングは、まだこの分野で研究を続けていた。彼は次のように述べたと伝えられている。「年増加率の増大は……現実の現象だ。これが増加率の前回のピークのような自然現象の反映にすぎないこともありうるが、記録に前例のない（人為的な）自然界の変化の始まりだという可能性もある」（原注13）。

われわれは、どれだけ上流までこいできたか？

いまや集中的で制約のない化石燃料の燃焼が二世紀も続いてきたあとであるが、気候をめぐる人類の「ただ飯食い」の時代は終わった。過去二世紀のあいだに地表の平均気温は約〇・六℃上昇した。過去および現在の汚染レベルはすでにあと一・五℃までの温度上昇を予想させるものである。このことが意味するのは、温度上昇を二℃以内におさめるために努力できる余地はごくわずかしかないということだ。人類が温室効果ガスの放出をおさえるには程遠く、国際エネルギー機関（ＩＥＡ）の将来予測では、二〇〇一年から二〇三〇年までに世界の石炭、石油、天然ガス供給量は七〇％以上増加するだろうということだ（原注14）。

非常に長いあいだ、グローバル経済は一種の化石燃料依存症を発展させてきた。これは二つの問題をつくりだした。第一に、いかなる麻薬中毒とも同様に身体へのダメージがあり、この場合は地球生命圏へのダメージであるが、その観測が欠かせないものとなっている。しかし第二の問題は、オオカミ少年症候群(「オオカミが来た」)の被害を受けてきた。『成長の限界』のような著作によって導入された、自然資源枯渇についてのおおまかな初期の予測は証明するのが難しかったので、警告を黙殺するのは簡単だった。しかし、問題がなくなったわけではない。そして石油が少なくなってくるにつれて、すべての経済大国に影響を与える麻薬制限療法は、まったく新しい領域へとわれわれを連れていくだろう。ミレニアムの終わり(二十世紀末)には欧州全域で燃料価格の高騰への抗議行動があり、それは各国政府にショックを与え、脅かした。しかし今後の数十年を経過すれば、そうした騒ぎは散歩をせがむ犬くらいの脅威にしか見えなくなるだろう。世論の沸騰に備えるための協調した努力なしでは、そして比較的小さな燃料費の高騰があっても交通網を混乱させようとする道路ロビー団体のような私的利益団体の動きに備えなければ、これから訪れる燃料ショックで各国は容易に統治不能の状態になるだろう。

私が生まれた年である一九六五年に、新しい油田の発見はピークに達した。私の四十歳の誕生日に近づくころには石油の生産量もピークに近づいており、長い減少の時代が始まろうとしていた。(原注15) 歴史の偶然が、私の人生を大いなる化石燃料浪費経済の頂点の時代に重ねることになった。通常の戦争が頻発した時代が終わろうとしたときに、気候との果てしなき戦いが始まった。その戦いと同時に、化石燃料の増大する需要と減少する供給が出会うときに引き起こされる、同じように破壊的な闘争が始まった。経済的な用語でいうと——世界経済の約八〇%が化石燃料に依存しており、そのうち半分近くを石油が占めている——それは大きな逼迫を意味している。

一九九八年に、次の数十年間に予想される世界の総エネルギー需要と、既知のあるいは期待される利用可能な燃料資源を計算して、国際エネルギー機関（ＩＥＡ）は、供給と潜在的需要のあいだのギャップに気付いた。そのギャップを満たすためにＩＥＡは、「未確認で非在来型の」化石燃料等価物と呼ばれるものを用いた。しかしこの燃料は現実に存在するものではなく、政策決定者をパニックに陥らせないための、創造的会計操作の練習のようなものだった。これからの数十年を展望してみるとき、需要供給ギャップを満たす予測についての不確かな慰めが得られるかもしれないが、必要な量の化石燃料が見つかる見込みは五％しかない。（訳注11）

私は北海油田発見の楽観主義と多幸症の時代に英国で成長した。夕方のテレビのニュース番組を見ると、塔のようにそびえる海底油田掘削装置で働く、油に汚れた英雄的な男たちの映像が見られた。われわれは石油の富がもたらす好景気を享受するスコットランド東海岸の町の様子をテレビで見せられた。私は当時、将来の物語がすでに壁に描かれていることを認識していなかった。相続遺産を酒とギャンブルで浪費する貴族の放蕩息子のように、英国は石油の富を蕩尽しようとしていた。

石油生産が最大値に達して減少に転じる時点が、地球物理学者キング・ハバートにちなんで「ハバートのピーク」と呼ばれている。一九五六年に彼は米国の油田がいつピークを過ぎるかを正確に予測した。この時点がそれほど重要である理由は、それが気候、ライフスタイル、経済に影響を与えるドミノ効果の引

訳注11　北米などの「シェール革命」も、コストや投入資源、環境負荷などの問題があり、楽観を許さない。

き金を引くからである。生産と需要の動きが反対方向を向く時点で、われわれは突然の爆発的な価格高騰を予測できる。石油を輸入する最貧国がもっとも打撃を受けるだろう。しかし米国のように石油に強く依存する支配的な国が安い石油へのアクセスを確保しようと一層の努力をするので、世界平和と安全保障全般への影響はたぶん恐るべきものとなるだろう。たとえば国際エネルギー機関は、エネルギー源の多様化と技術進歩がもっとも早く進展するベストケースのシナリオにおいてさえ、二〇三〇年までにサウジアラビアと近隣の中東諸国は世界の予想される石油需要増加の三分の二を提供しているだろうと予測している。(原注16)

地球規模では、天然ガスは石油よりも十年ほどあとにハバートのピークに達するであろうと予測されている。心配されることは、石油生産が減少するにつれて、各国政府は石炭に転換するだろうということだ。石炭は安く、石油や天然ガスよりも埋蔵量がずっと多い。しかしまたはるかに汚染が大きい。一単位のエネルギーを生産するときに、石炭は石油に比べて三分の一多くの、天然ガスに比べると三分の二多くの二酸化炭素を放出する。

しかしほかの大きな効果もあるだろう。石油は世界の交通システムの九〇%を動かしている。農業と、したがってわれわれの食料生産は、すでに地球温暖化によって脅かされている。しかし農業はまた、肥料と農薬の生産においても石油に大きく依存している。石油生産が減少するにつれて、通常の高投入農業(農薬、化学肥料多消費型の農業)の生産物もまた減少するだろう。農産物から得られる一一カロリーあたり、一〇カロリー以上の石油が投入されている。(原注17)だから減ってゆく石油供給を貪欲に追い求めるにつれて、ほんとうの意味でわれわれはもっと飢える(食料不足になる)ようになるかもしれないのだ。

なぜ効率性の改善と「技術的解決策」だけでは、うまくいかないのか？

いつも通りのビジネスの世界での唯一の解決策は、もし効率改善と省エネがうまくいくなら、二酸化炭素の必要な排出削減もうまくいくだろうというものだ。

市場が問題をえりわける（片づける）であろうという主張がある。価格メカニズムが資源の節約を進展させるだろう。技術が効率を増大させるだろうから、通常の経済成長に限界をもうける必要はない、と彼らは言う。これらの提案には致命的な欠陥がある。価格シグナルは政治と同様に、環境バランスの大きな変化よりも、別の、ずっと短い時間スケールで作動する。気候の用語でいうと、温暖化の警告ランプがつくのは、患者がすでに、おそらく回復できないほどに危機的な段階をすぎた時点になるだろう。価格だけに頼ることは、さらに、貧しい人びとを不釣り合いに多く傷つけることになるだろう。

この時間のギャップと、現在のシステムが将来を過小評価し、あるいは「ディスカウント（割引）」するがゆえに、予想されるエネルギー需要と、再生可能資源でそれを満たす能力のあいだに、すでに数十年のタイムラグが空いている。（原注18）市場メカニズムと、きたない燃料を優遇して市場をゆがめる公的補助金（石炭への助成金など）のもとでは、比較的短期間のうちに不可欠のものになるような部門を構築しようとする十分なインセンティブは働かない。

重要なことは、技術進歩が提供できる効率の改善にも、厳しい制約があるということだ。宇宙物理学者、アルベルト・ディ・ファジオは、機械や生産方法の効率がどれだけ改善すれば気候変動を食い止めることができるかを計算してみて、悲観的な結論に到達した。彼は世界経済（のＧＤＰ）が十七年ごとに二倍になると計算した。（原注19）現在のところ、世界経済のサイズと二酸化炭素の排出量の相関は、「驚くほど高い……ほとんど完全な相関だ」。（原注20）地球を人間の生活に適したものにするためには、大気中の二酸化炭素を自然のプロセスによって一億八千万年前の化石燃料に戻すという作業を、しなければならない。ディ・ファジオによると、人類は化石燃料を「百万倍の速さで」大気中に戻しているのだ。（訳注12）

主流派の経済学者（新古典派など）と政策決定者たちは、効率性は無限に改善できると想定しているみたいだ。彼らは技術がすべての回答を与えてくれると信じている。この考え方から彼らは、化石燃料を放棄せずに、通常の経済成長を制限することなく、二酸化炭素の排出を削減できると信じるようになる。しかしながら、もっともありそうにない、楽観主義的なシナリオのもとでさえ、熱力学の法則の壁の信じられないほど近くまでわれわれをつれてくることになり、技術にできる最良のことであっても、あまり大したことはできないということだ。気候変動において、われわれは地質学的な時間スケールで考える必要があることを想起すれば、最良のケースでの「当面のあいだ」を考えるとして、効率の最大限の改善でさえも温室効果ガスの特に高い限界的濃度への到達を二十四年ほど遅らせるにすぎないということだ。地球規模の最善の努力のもっと現実的な帰結は、政治行動を協調させるときの困難さを考慮すると、「無視できるほどわずかな先送り」にしかならないということだ。効率改善に期待することは、「これからの気候危機に対して意味がある、あるいは評価できるコントロールを可能にするとはいえない」ということだ。厳密に技術的な展望をふまえて、ディ・ファジオは次のように結論する。「化石燃料以外のエネルギー資源に転換するか〔それには何十年もかかるだろう〕、世界の工業生産を制限するか、あるいはその両方が、ある程度必要だ」。

こうした発言があっても、技術的解決策を求めるやけくその探索は止まらない。英国政府と米国政府が選択した解決策は、政治的経済的な回答よりもむしろ技術的な回答を求めるというものだ。二〇〇三年にミラノで開催された国際気候会議（COP9）では、科学に何が提供できるかについての、ワークショップ、記者会見が開かれ、出版物がうずたかく積まれていた。残念ながらほとんどの提案は、一時的な効果しかないものか、ばかげたものだった。それらの提案には、早く成長してしばらくは二酸化炭素を吸収する遺伝子組み換え樹木や、二酸化炭素を海底の空洞に吹き込んだり、巨大なゴルフボールのような凍結状態で貯蔵したりする（二酸化炭素の回収・貯留技術＝CCS）というものだった。（訳注13）

これらの理由から、気候変動が始まった時代は、必然的に、従来の経済成長の末期と同じように不安定な状況になるに違いないということが、ますます明らかになっている。もしわれわれがおかれた状況の非常な危険性について何か疑いがあるのなら、気候変動で何が問題になっているかを示す隠喩的な炭鉱の切羽（採掘現場）を訪ねてみよう。

かごに入れたカナリアを坑道に連れていくことが、急速に発展するが極度に危険な欧州の石炭産業が見出した、安全対策の技術革新であった。地下に蓄積する致死性のガスに対するカナリアの感受性が、この小さく黄色でもともと気楽な鳥を、早い警告の象徴にしたのである。だからミクロネシア連邦のレオ・A・ファルカム大統領は、次のように述べた。「地球温暖化の現実の帰結についてのわれわれ（小規模島嶼

訳注12　一億年をかけて蓄積された化石燃料を百年で燃やせば「百万倍の速さで」になる。
訳注13　IPCCが二〇一四年に出した報告書でも、炭素回収貯留技術（CCS）への過大な期待が語られている。

国）の経験は、炭鉱のカナリアのようなものだとみなすべきだ」。そして付け加える。「太平洋の島嶼国を脅かす気候変動は、われわれ（発展途上国）がつくったものではない。さらなる損失を防ぐためにわれわれにできることは、ごくわずかしかない」（原注21）。二〇〇一年の終わりごろに、私は『世界災害報告』の編集者の依頼でツバルを訪れ、彼らの取り組みをみてきた（訳注14）。

訳注14　『世界災害報告 World Disaster Report』は、国際赤十字赤新月社連盟（ＩＦＲＣ）が毎年出している報告書である。http://www.ifrc.org/publications-and-reports/world-disasters-report/

第三章　天国の破裂——ツバルと諸国民の運命

ツバル　所有によって乱されず、うるさい機械にじゃまされずに、平和で幸福な満足感が得られます。

旅行客向けのリーフレット

南太平洋のフィジーの空港の乗り継ぎラウンジで演奏されていた「ホワイトクリスマスを夢見る」という曲。それは生き生きとした、説得力のある夢だろう。その日の朝早くであったが、島はすでに暖かく、明るくなり、繁茂した植物の豊かさを示していた。空気にはなじみのないにおいがたちこめ、約束を混乱させていた。

私は神経質になっていた。旅行する前には、私は島をつなぐ航空路がどんなに破綻しているかを聞かされていた。私はまた、ツバルへの飛行のパイロットが、トイレに行くときに鍵で自分を操縦室から締め出してしまったエピソードについても聞かされていた。それは私が乗り継ぎで行く予定の旅行先だった。すでに気が進まず、罪悪感をおぼえていて、仕方のない旅行だったので、私の偏見は強められていた。しかし二時間の飛行のあと、故障もなく双発のプロペラ機が目的地に着くと、眼下に広がる陸地は、脆弱で、ありえないほど壊れそうにみえた。ツバルのような場所では、金星への短い旅の最初の段階がすでに踏み出されていた(訳注1)。

ツバルの主な島であるフナフティは、薄い色の木材の削りくずのように海に捻じ曲げられており、たやすく洗い流されそうにみえた。住民がそこですでに二千年ものあいだ生き残ってきたと信じるのは難しかった。着陸帯は、この国を構成する島々のなかで最大の、単一目的の土地区画だった。しかしながら、短期の滞在でも、滑走路は単一目的ではないことが明らかになった。毎週ひとにぎりの飛行機が離着陸していたが、地域住民はそこで散歩したりドライブしたりしていた。暑い夜にはそこで寝ていた。そして犬はいつもそこでのんびり過ごしていた。

私はツバルの行政の中心地であるフナフティに到着し、新しい場所に来たときはいつもそうであるように、疲れていて、少し不安だった。私はかつてないほど自宅から離れたところにおり、同僚たちから、現地での連絡先の人物があらわれないのではないかと警告されていた。しかし当時、島の唯一のホテルだったところは、四輪駆動のピックアップトラックを持っており、私は荷物をかかえてそれに乗り込んだ。私はそれでわずか八〇ヤードのドライブでホテルの玄関に着いた。この島がどれだけ小さくて脆弱であるかは、その滞在中もあと数回は身に染みて感じたのである。

私の最初の会見予約相手は、気候変動の国際会議でツバルを代表する政府高官のパアニ・ラウペパであ

訳注1　日本人の著作としては、神保哲生『ツバル　地球温暖化に沈む国』(春秋社、二〇〇四年)、『ツバル　増補版』(春秋社、二〇〇八年)などを参照。ツバルは人口約一万人。海抜は最高で五メートル。

ツバルの主な島であるフナフティでは、家族を葬る小さな土地が、海の浸食のリスクにさらされている。

った。私は彼の事務所がホテルからわずか数ヤードしか離れていないことに気付かずに、パアニに会見の約束を確認する電話をかけた。しかし彼は事務所にいなかった。彼は自分の出身の島の祭りを祝うために休暇をとっていた。ツバル人の第一の忠誠は、出身の島に対するものである。しかし会見ができないことを心配する前に、別の人物が電話に答えてくれた。「何かお役にたてることはないかね。私は環境大臣だが」。

大臣はいま忙しくないからと言って事務所をしめ、午後の休みをとり、私を島めぐりのドライブに連れ出してくれた。それは外国の業者が建設中の、高価な新設の道路を通る旅だった。いくつかの地点では、この新しい道路はほとんど島の幅と同じくらいの幅があった。少数の見捨てられたようなココヤシの樹が道の両側に点在していた。またあとでこの道路に来よう。ほとんどのヨーロッパ人にはなじみのない別の問題によって、土地の極端な不足が痛感されていた。親戚が亡くなったとき、どこにお墓をつくるかという問題である。フナフティの一方の端では、海がすでに、既存の小さな主要な墓地を侵食している。その結果、人びとは墓地を自宅の一部に組み込まざるをえなかった。

ツバルの人びとが初めてヨーロッパ人に出会ったとき、彼らはヨーロッパ人を「パラギ」〔白人〕と呼んだが、それは「パランギ」と発音する。ヴィクトリア朝時代の旅行者たちは、その言葉を「空を破って現われた人」を意味するように訳した。いまではその名前は不穏な予言だったともいえるが、それは豊かな世界のパンドラの箱から逃れた災厄である気候変動が、この地域の人びとの生活をかき乱しているからだ。(訳注2)

毎年訪れる何百組ものカップルのためにつくられた旅行客向けのリーフレットは、旅行者を「ツバル所有によって乱されず、うるさい機械にじゃまされずに、平和で幸福な満足感が得られます」と誘っている。ほとんどの広告と同様に、それは誤解を招くものだ。

春の干満では、フナフティの空港の滑走路は水浸しになる。二〇〇〇年に、住民の記憶にある限り初めて、高い潮位による洪水が五カ月続いた。それだけでも異常気象かもしれない。降雨の異常、サイクロン（台風）の頻度の増大、浸食と温度上昇とをあわせて考慮しながら、政府は近隣諸国に住民の環境難民としての受け入れを打診した。

フナフティの礁湖には、一九七二年のハリケーンのときに避難しようとして失敗した大型漁船の残骸がまだ残っている。島は平地であった。奇跡的に死者はわずかだった。海に吹き流されるのを防ぐために、人びとは自分の体を樹木にしばりつけた。島は回復した。しかし一九九〇年代のあいだ、ツバルは七回、サイクロンに襲われた。国連の地域防災専門官であるチャーリー・ヒギンズは、気候変動ゆえに、この地域の諸国は、逃れようのない一連のできごとに飲み込まれてしまうかもしれないと考えた。「極端な気象に関連したできごとの頻度が増大し、その強度も増大し、諸国は抜け出せない悪循環におちいってしまうだろう」(原注1)

ツバルには交換可能通貨（ドル）を稼げる輸出品目がほとんどない。この国が世界に提供するものとい

訳注2　ここで連想される有名な『パパラギ』という本は、一九二〇年にドイツの作家エーリッヒ・ショイルマンが書いた『パパラギ　はじめて文明を見た南海の酋長ツイアビの演説集』（岡崎 照男訳、ソフトバンク文庫、二〇〇九年）のことで、欧州を訪問した「ドイツ領サモア」（ツバルの近隣）の首長ツイアビの演説集とされたが、ショイルマンが書いたフィクションであった。

特別記念切手は、ツバルの数少ない輸出品目のひとつである。重要なイベントを祝うものであるが、この二つは奇妙に結びついている。ひとつは情報時代の大きな国際的くじ引きで勝ち取ったｔｖというツバルのドメインネームを示している。しかしそれがバーチャルなドメインを利用しているのに対して、温室効果の切手は現実のドメイン（国土）が失われる危険に瀕していることを示している。

えば、地域の海員養成短期大学からの少人数だが着実に養成される商船の船乗り――これも問題をかかえており、長い航海からうんざりして帰ったときには多くの現金を手にしているものの、ときには性感染症にかかっている――と、切手という輸出品の二つである。そう、切手である。大きくて近くにあるフナフティの図書館と質素な政府の建物で、忙しそうな人びとのチームが、明るい色の特別記念切手を郵便物にはっており、それぞれの切手は違うテーマで、英国やその他の地域の熱心な切手収集家の手に渡るのを待っている。最近の二つの特別記念切手は、ツバルの苦境をあらわしたものである。ひとつは現代のくじ引きにおける国の勝利を示すもので、インターネットのドメインネーム「tv」の権利を約三〇〇〇万オーストラリア・ドルで貸出したというものだ。もうひとつは地球温暖化の問題を提起したもので、いかにツバルがユニークな現代のパラドックスに囚われているかを示している。バーチャル空間におけるドメインを賃貸している一方で、現実の居住空間は失う危険に直面しているのだ。

「過去においてわれわれは、環境の恩恵を享受していた。それは新鮮だった。いまではビジネス志向の考え方と西洋的生活様式を身に着けた人口が増えつつある。環境はますます劣化している」とツバル環境省のマタイオ・タケネは言う。「そしてたぶんもっとネガティブな影響があるが、それはまだ明らかになっていない。気候変動と開発が島を殺そうとしているのだ」。

災害と魅力的な環境は、太平洋地域にとって目新しいものではない。しかし二つの傾向が交錯して、人びとの生活はより不安定なものになっている。気候変動と通常の開発圧力によって、人びとは災害に弱い地域の住宅に密集して住むようになり、脆弱性を顕著に増大させる。ツバルのような場所は、小さな地域におけるこうした脅威と挑戦すべき課題を明らかにしてくれる。彼らの運命は地域と世界で関心を呼ぶ。

小国の特別な脆弱性

熱帯サイクロンの「トリナ」が二〇〇一年十二月はじめにクック諸島を襲った。豪雨と強風が襲ったが、事前の警告はほとんどなかった。「ここ数日ほど海面が高くなっているのを、見たことがない」と赤十字社のニッキ・ラトルは述べた。「多くの低海抜地域が洪水になった。この地域の果物と野菜の供給は壊滅的な打撃を受けた」。国際線は飛行が停止され、道路はずたずたになり、クリスマスの活動と応急（救急）処置のワークショップがキャンセルされた。マンガイアの島では、地域住民が今回の洪水は一九七七年以来で最悪だと語った。極端な気象現象が小国を襲うと、正常な生活は停止するのである。

キナと命名されたサイクロンが、一九九三年にフィジーを襲い、政府予算の三分の一が緊急復興事業の支払いに回された。パプアニューギニアでの干ばつは一九九七年に推計一億米ドルの被害をもたらし、一九九八年には洪水で二〇〇〇人以上の死者が出た。[原注2]

小規模島嶼国の小規模、資源不足、経済的依存、相対的遠隔性が、これらの国をいわゆる自然災害に対して、特別に脆弱にしている。遠隔地のコミュニティの人びとが通常頼る「伝統的な対処手段の劣化」が、問題をさらに悪化させていると、国連開発計画（ＵＮＤＰ）は指摘する。よくないうえに、変動しやすい交易条件が、不安定な資金の流れや、国家の歳入と相まって、脆弱性を増大させている。小さな諸国は、進展する貿易自由化と資本市場の変動によって、不釣り合いに大きく影響を受ける。農産物の輸出への依存が、「外部からのショックへの感受性」をさらに高めるとＵＮＤＰは言う。

さらに、海抜の低い諸国への、新しい根本的な脅威があらわれつつある。五つの国が全面的に海抜の低い環礁でできている。キリバチ（キリバスと発音する）、モルジブ、マーシャル諸島、トケラウ、ツバルである。[原注3] 多くの要因がこれらの場所を、小規模島嶼国のなかでも最も脆弱なものにしている。高い人口密度、土地面積の割に海岸線が長いこと、地下の淡水の容量が小さいので容易に海水に汚染されること、海岸での採掘によって不安定化される生態系、住宅建設のための林の皆伐、陸地と海洋への廃棄物投棄、などはいずれもこれらの国でありふれた問題である。

あまり理解されていないのは、温度上昇や海面上昇が深刻な脅威になるということだ。サンゴの成長が自然な海の防壁を維持しており、地元の食事に不可欠な魚の生息場所を保護している。しかしサンゴ礁を形成するサンゴは、温度が狭い範囲を超えて上昇すると、死滅してしまう。研究が少ないので、ツバルの地域のサンゴの健全度を明確に理解するのは難しい。地球温暖化に結びついた温度変化と高潮は、最大の脅威であり続けている。

ツバルが二〇〇一年に注目を集めたのは、政府が気候変動と海面上昇に直面して、最悪の事態のための準備をしているというニュースが流れてからだった。役人たちによると、政府は計画の射程を八十〜百年から五十〜六十年に、つまり次世代の生涯の範囲へ調整しなければならなかった。焦点の劇的な変更は、気候変動へのアプローチを無期延期できるものから別のものへと変えた。いまやそれはあらゆる計画決定に、そして政府高官パアニ・ラウペパによれば、両親が子どものために行なうあらゆる決定に統合された。

特別な移民地位の提案をオーストラリア政府に拒否されたあと、ツバルはニュージーランドと交渉し、毎年多くの市民を環境難民として受け入れるように求めた。ツバルの人口は約一万人であり、移民の取り決めは三十年から五十年続くことが想定された。彼らが予防的アプローチをとり、徐々に移民することを計画しているのは、敗北を認め、「あきらめている」ことになるのだという批判に答えて、パアニ・ラウペパはこう答えた。「われわれは将来のために計画しなければならない。責任ある政府ならみなそうするだろう」。

ほかの人びとにとっては、脅威はさらに切迫したものである。パプアニューギニアの一部であるカータレットは、ツバルの住民の多くが住む環礁の島に似ている。しかし徐々に移住するというよりは、カータレットの一五〇〇人の人びとは、突然移住しなければならなかった。カータレットの島のひとつが、海面上昇によって二つに切断されたからである。一七〇キロ離れたタクー島では、さらに多くの人が同じ運命に直面している。洪水が家屋を破壊し、海岸を洗い流し、島の園芸に中心的な役割を果たす肥料だめが破壊された。しかしその過程で土地以上のものが失われるかもしれない。人びとが移転するにつれて、文化が薄められ、独自の遺産が失われる。長い歴史のある地域社会に住んでいたので、タクーの島民は、一〇〇〇もの伝統的な歌を記憶だけに頼って歌う能力を発展させた。それらの文化が、家屋や作物と同じくらい、地域社会の分断によって脅かされた。世界規模での文化遺産への地球温暖化の影響は、始まりつつあるもうひとつの災厄である。

気象報告

ヒリア・ヴァヴァエは、ツバル気象局の局長である。彼女はそこで一九八一年から働いている。彼女の専門知識は特別なものである。通りでひとりの女性がヒリアに近づいたが、ヒリアは自分の足の包帯に誰が気づいたのかわからなかった。「それを直しなさい」と未知の女性は言った。「あなたはツバルで一番重要な人間なのだから」。

データと、異なるトレンドから明確な結論を引き出す複雑さにかかわる諸問題の結果として、彼女は気候変動に関して確実に言えることはわずかしかないと述べた。しかしヴァヴァエは、一九五〇年から二〇〇〇年まで「気温が全般的な温暖化傾向を示していた。一九八〇年代には二月にだけ低海抜地域が洪水になり、その程度は小さかった。しかし一九九〇年代後半から、特にいまでは、洪水の頻度はおそろしく増大した。昨年は十一月、十二月、一月、二月に洪水が起こり、まったく異常な事態だ」ということに確信をもっている。

研究者のあいだで、太平洋全体で毎年一ミリほどの割合で海面上昇が生じているという合意が形成されてきた。しかしその数字は、中長期的な潮位のはるかに大きなカオス的変動を隠蔽している。気候変動を止めるための行動なしでは、予想される海面上昇は低地を氾濫させ、海岸を侵食し、嵐のときの海岸の洪水を悪化させ、河口や帯水層への塩水の侵入を増大させるだろう。(原注5)

地球規模で、一八六〇年から現在までのなかで一〇回のもっとも暖かい年のうち九回は一九九〇年以降に集中していると、世界気象機関(WMO)は述べている。一九七六年以来、地球の平均気温は一世紀単位での平均上昇率に比べて約三倍の早さで上昇している。(原注6)

一九九〇年代にはツバルで熱帯サイクロンの頻度の顕著な増大がみられた。このタイプのほかの島嶼国と共通だが、ツバルは当然、雨水が供給する飲料水に依存しているが、降水パターンも変化しつつある。全般的な降水量の減少があったが、それは干ばつ期間の増大と周期的な洪水の両方を引き起こす、気候の混乱と組み合わさっていた。

海面上昇が注目されているにもかかわらず、東西センターのアイリーン・シーやツバルのパアニ・ラウペパのような専門家は、海面上昇にこだわりすぎることには批判的である。この問題は陸地の動きによって複雑化されている。一部の人たちは、もし海面上昇を補うような形で陸地が大陸プレートに乗って上昇しているならば、その地域にとっての恐怖は誇張されていると示唆する。「地球科学オーストラリア」という機構の科学者チームが二〇〇一年に一連のGPS（全地球測位システム）のステーションを設置した。五年のあいだ彼らは、陸地の動きを考慮に入れながら、絶対的な海面の高さに何が起こっているかを明らかにしようと計画している。しかし彼らが正確に予測できないと思われるものは、将来の地球温暖化と海面上昇の速度である。しかし海面の高さに何が起ころうと、地球温暖化に関連するその他すべての影響も、回避できない脅威となるものである。

ひとつの心配はサイクロンの季節の変化であるが、それはさらに予測できないものになりつつある。地元の人びとは、正常でもっと規則的なパターンを理解しており、備えをすることができた。しかしいまや島の人びとは、パターンが変化しつつあると信じている。二つか三つの島で起きた高潮は、地域の自給的作物として栽培される、タロイモを植える穴を壊滅させた。いったん塩水で汚染されてしまうと、畑を回復するのに少なくとも一年はかかる。干ばつは三カ月ないし四カ月続くことがある。しかしそれは二週間か三週間続いたあとで問題になる。ツバル環境省によると、ほとんどの島で地下水は飲用に不適である。彼らは地元の人たちが雨水を好んでおり、それに比べると地下水はまずいという。しかし雨水を集めて貯めるのに十分な能力はない。

ツバルで普通の仕事をもつほとんどの人は政府のために働く公務員である。まだ自給自足的なライフスタイルを維持している小さな島嶼国家で、政府のほかに大きな雇用者はない。政府の気候変動対策部門で働いているセルカ・セルカは、強力なサイクロン抵抗型家屋を三万オーストラリア・ドルの費用で建てることができるが、地球温暖化の増大する影響に直面したとき、そのような多額の出費が意味をなすかどうかは疑問だと指摘した。同様に、首相執務室の上級秘書官であるカケー・カイトゥは、沿岸部の脆弱性に対する技術的解決策を退ける。「海岸に防潮壁をつくっても、何も解決しない。われわれは海岸の浸食を止めるために壁をつくってみたが、行ってみたらわかると思うが壁は流されてしまった」。

あらゆる実際的な困難さに加えて、地球温暖化に対する大衆の意識を高める途上で、想定外の問題に直面するかもしれない。

「神はノアに約束した。もうこれ以上洪水は来ないと」

やはり政府機関で働いているポニ・ファヴァエは、ツバルの外縁の諸島についてのワークショップを組織し、運営している。島民たちは熱心に参加する年配の人びとで、たくさんの質問をする。しかしそのとき困難が始まる。「問題は、地元の教会がもうこれ以上洪水は来ないと信じていることだ。彼らは神がノアに約束したと言う」。ファヴァエは大洪水とその後についての聖書の物語についてこう語る。「われわれは人びとにその反対のことを説明するためにワークショップを開いている。われわれは神がこの洪水をもたらすのではなく、人間が引き起こすのだと説明する」。だから、もっと頻繁な災害に人びとをそなえさせることは、別の問題である。

早期警戒を改善するために複雑なコンピュータ・モデル・システムにお金を注ぎ込むことが流行している。研究者には興味があるかもしれないが、それはトップダウン型のアプローチであって、華やかなコンピュータ・グラフィックスをよく理解できない災害弱者の村人たちには役に立たないかもしれない。嵐の接近に直面したときの選択肢は、いずれにしてもほとんどの人びとにとっては限られたものである。

小さな島の人びとがサイクロンの警報を受け取ったときには、非常に単純で実際的な行動がふつうはとられるものである。自分たちの発案で、村人たちは食料と飲料水を入れたプラスチック容器や樽にシールをする。家の上にかかっている大きな枝は切り落とし、屋根の上に落ちるかもしれないココヤシの実はとっておく。高い樹木はたいてい村の家屋から安全な距離だけ離れたところにだけ許される。柱は可能なら地下に入れるかもしれないし、ココヤシの樹からとったヤシの葉でできた風よけを設置する。柱と木の幹の組み合わせを、家の支持柱に結び付けて補強するために用いることもある。

政府の支援は圧倒的に災害のあとの瓦礫の片付けに集中する傾向があるので、事前の警告があるときでさえ、人びとはたいてい嵐の接近に自分たちでそなえなければならない。コミュニティが互いに離れているので、彼らはしばしば災害のあとも何日も放置される。ツバルのような環礁国家では、外縁部に位置する島々は行政センターがある島、フナフティから船で三日もかかることがある。だから政府は支援をするために一隻のボートを用意しておくのであるが、それさえも常に利用できるとは限らない。

公教育の教材は、あからさまで実用的な色彩を帯びることがある。フィジーの国立災害対策事務所はポスターを制作しているが、それは事務所のカレンダーとしても再利用されている。それは人びとに「災害は起こるものだ。用意はできているか」と思い出させる。そのように一般的な注意を喚起したあと、一連の漫画があり、簡潔な助言が記されている。提案されている行動は「津波が来たら、走って逃げろ」「地震が来たら、身をかがめろ」「火事になったら、パニックになるな」「洪水が来たら、避難しろ」というものだ。

一九九〇年代を「国際自然災害減災の十年」と宣言した国連は、たぶん不可能な仕事の目標を設定したのだろう。気候変動の累積された影響は、洪水の前のミノウ(コイ科の小型淡水魚)のような行動をとらせる。われわれはたとえ大気中の温室効果ガスの濃度が直ちに安定化したとしても、地球温暖化は何十年も続くことを知っている。

災害に先立って政府の担当の組織や協力体制を改善し、大衆の意識を喚起し、自然災害対処計画を発展させるための試みを十年続けたあとでも、まだやり残したことはたくさんある。「ほとんどの計画は標準的なモデルから出てきたものだ。それらは各国の特別な状況から導きだされたものではない。だから、適切な行動を導くことはできない」と国連地域災害担当官のチャーリー・ヒギンズは言う。彼の心配は、国際赤十字赤新月社連盟のセオ・スン・チョルも共有している。「多くの政府の計画は実際にはうまくいかない。それらは地元の人びとではなく、オーストラリアやニュージーランドの人びとが書いたものだ。計画は理解されていないし、政府部局のあいだで共有されていない。それらを実行するための財政措置もなされていない。紙の上ではよく見えるが、ほとんどはうまくいかない」。

災害に脆弱な人びとがしばしば放置されて自力で脱出することを余儀なくされるとしても、中央政府による関与、組織、資源に代わるものは提供されない。(二〇〇一年に)ミシェルと命名されたハリケーンが、時速二一六キロメートル(秒速六〇メートル)の風速でキューバを襲った。二万軒の家屋が損傷を受け、三〇〇〇軒近くが倒壊したにもかかわらず、災害専門官、ベン・ウィズナー博士によると、死者はわずか五人であった。それより弱いハリケーンが中央アメリカを襲ったときには、死者一〇人、行方不明二六人であった。ウィズナーは、キューバの一一〇〇万人の人口のうち七〇万人の注意深く計画されたタイムリーな避難が決定的な違いだったと信じている。「キューバの老朽化した自動車の隊列、燃料不足、道路整備の不足を考慮すれば、これはまったくの偉業だ。事前の準備と計画、地方の政府・党組織の努力、警報システムへの信頼、赤十字との協力によってのみ、可能になったのだ」(原注7)(訳注3)。

少なくとも理論的には、ツバルの政府当局は、災害時に人びとを救う計画のための単純な様式を用いている。災害時には脆弱性はリスクと同等である。しかしこれは、計画上のおかしな決定を防ぐものとはなっていなかった。一台の大型発電機がフナフティに電気を供給することになっている。しかしその発電機は島の滑走路の海側に設置されている。そこは外海にもっともさらされ、もっとも洪水が起こりやすい場所である。今日では「参加型災害準備」が流行になっている。各コミュニティは災害に弱い場所と人びとの地図を作成しており、それは若い人、病気の人、高齢の人の家や、トイレ、海が深くなっている場所、丈の高い草が生え起伏の多い場所など、潜在的に危険な場所を含んでいる。そのほかの対策としては、発展の陰で忘れられた、伝統的な災害対処戦略を掘り起し、リスト化しようとするものがある。伝統的な対処策は、たとえばハワイ先住民の物語(「モ」「オレロ」)、歌(「メレ」)、ダンス(「フラ」)といったもののなかに埋もれている(原注8)。効果的なコミュニティ参加の新しいモデルは、「人びとが対話と意思決定の共有によって問題を解決し、計画する」ハワイの「アハ協議会」のような古いモデルからも引き出される。

先住民の文化は、ますます不安定になる世界のなかで、意思決定のための広い安定した枠組みを提供する。これはたとえば、カロリン諸島の、長期の視点をとることを意味する「メニンカイロイル」や、北米先住民のいかなる意思決定についても七世代先の子孫への影響を考慮するといった概念のなかに埋もれている。

近代的な生活様式はばかげている

「過去には人びとは土地と樹木と必要な道具と、祖先から伝えられた知識を持っていた。それらはすべて生き残るために必要なものだった。今日見られるような貧富の格差は、以前には見たことがない」とツバル環境省のマタイオ・タケネは言う。「近代的ライフスタイル、西洋的ライフスタイルへの移行は、人びとを気候に対して、より脆弱にする。彼らは対処する方法を見失うのだ」。

通常の経済発展がもたらす富によって、環境問題は霧散するとしばしばいわれる。ひとつの見方は、発展が不可避的に災害への脆弱性を減少させるというものだ。それは同程度の災害が起こったとき、貧しい国では豊かな国よりも死傷者が多いという事実から導かれる。しかしこの地域やほかの地域での発展の状況は、まさにその反対の結果を示している。（訳注4）

鉱山の採掘、森林の皆伐、換金作物の栽培は土壌の浸食、河川の堆積物、洪水のリスクを増大させた。一九七五年以来、人口は五〇％増加した。人口の増加は、リスクにさらされる人も増えることを意味する。

訳注3　本書十六章で後述されているように、キューバは島嶼の小国であるが、防災大国として知られ、同規模のハリケーンに対して近隣の中米諸国より死者がずっと少ない。『エコ社会主義とは何か』ジョエル・コヴェル、戸田清訳、緑風出版、二〇〇九年、訳者あとがき、および中村八郎・吉田太郎『「防災大国」キューバに世界が注目するわけ』築地書館、二〇一一年、参照。

訳注4　日本を見ると、戦後六十年で台風による死傷者が減ったのは、経済発展のおかげであるといえる。他方で、経済発展によって原発事故のような新しい災害があらわれた。

人口が増えれば、極端な気象現象や地質学的脅威にさらされる住宅、農場、その他のインフラも増える。(訳注5)

人口増加は農村地域や辺鄙な島嶼から都市中心部への人口移動を伴っている。土地とまともな住宅の不足が、脆弱な不法占拠者の居住地域で深刻化しているのがみられる。住宅への大きな需要と土地のコストが、洪水、津波、高潮に対して脆弱な地域への住宅建設を助長している。ソロモン諸島、パプアニューギニアその他の地域で、洪水や地滑りの起こりやすい地域に、新しい住宅が建設されている。

従来型の経済開発への数少ない地域的な機会として、ツーリズムが奨励されている。フィジーでは、観光開発が、浸食されやすい海岸地域で増大している。観光の中心部の典型的な場所は、ツーリズムが気候変動に対して特に脆弱であることを示している。同時に、ツーリズムの発展は、地域の人びとが利用できる資源を少なくするおそれがある。観光産業の政治経済的因子や気候的因子への感受性ゆえに、その成長は新しい経済的不安定をも作り出す。二〇〇一年後半に飛行機で旅行する人の数は、米国へのテロ攻撃(九・一一事件)のあとで劇的に減少し、フィジーの観光産業は最近の軍事クーデター(二〇〇六年)によっても大きな打撃を受けた。(訳注6)

従来の開発の前提になっているアイデアは、コミュニティの洪水や嵐への脆弱さを意図せずに増大させることがありうる。災害のときに生活の基盤を確保することは、伝統的に島嶼地域では、協力と共有に方向づけられたある種の社会的経済的組織に依存していた。しかし「正統派」の開発は個人の利得と利潤を求める競争を最大化させるという市場的アプローチに基礎をおいている。

ツバル諸島の島のひとつであるナヌメアのような共有と贈与に基礎をおく島嶼経済の詳細な研究は、高度に協力的で相互支援的なコミュニティが、経済を組織する根本的に異なった方法で成長してきたことを示している。競争的で獲得重視の経済的文化の浸透の増大は、それに直接的な影響を及ぼした。人類学者のキース・チェンバースとアン・チェンバースによると、「共有システムにおいては、支援的な社会関係を維持することは交換プロセスにとって非常に本質的なものなので、物質的な利益の短期的な勘定は意味をなさない。その結果、共有はコミュニティ全体にわたって資源へのアクセスを平等化し、社会的経済的な水平化メカニズムとして役立つ」。チェンバース夫妻によると対照的に、先進国の援助プロジェクトを推進する利潤追求型の企業は「いずれも」災害が襲ったときの対処の中心にある「共有義務の弱体化を後押しする」(原注9)。何がコミュニティをまとめる骨組みを保持しているかを理解することなしには、気候変動に適応するための戦略は成功できないだろう。ナヌメアの島民によって刺激的に「心臓の統一」と名付けられた「コミュニティの結合は、しばしば事業の発展にとって根本的に重要なものだとみなされている」とチェンバース夫妻は書いている。「しかしコミュニティの価値観が、資本主義的開発の個人主義的な方向性と調和しないことは、ほとんど認識されていないようだ」。

開発の圧力は新しいものではなく、ほとんど常に破壊的なものである。十九世紀なかばにおける欧米人との定期的な接触の始まり以来、ツバルの人びとは、「訪問者たちの複雑な商業システムに不可避的に」

訳注5　世界人口の推移は、一八〇二年に一〇億人、一九二七年に二〇億人、一九六一年に三〇億人、一九七四年に四〇億人、一九八七年に五〇億人、一九九八年に六〇億人、二〇一一年に七〇億人とされている。今世紀中に一〇〇億人を超えるかどうかはわからない。二十一世紀または二十二世紀に世界人口がピークとなり、減少に転じると見る人が多い。

訳注6　二〇〇六年十二月、先住民系とインド系が対立するフィジーで、フィジー系のフランク・パイニマラマ軍司令官がクーデターを起こした。

引き込まれてきた。(原注10) 奴隷制とコプラ（ココナツの実を乾燥させたもの）の取引は、商業システムとの初期の出会いを特徴づけるものであった。奴隷商人たちは「ブラックバーダー」（黒い鳥の連中）と呼ばれた。南米の沿岸部からやってきた船が到着すると、村やコミュニティの住民が丸ごと拉致されることもあった。彼らは連行されて、鉱山やプランテーション（大規模農園）で働かされた。ブラックバーダーの一回の襲来で、ヌクラエラエ島から二五〇人が拉致され、六五人しか残らなかったこともある。(原注11)

今日では、アルコール、都市化、住宅と農業のための土地の不足、結果としての食料不足、現金経済への依存と「失業」の増大という一連の問題が、ツバルにおいて共通の課題になっている。「すべての島がますます輸入食料に依存するようになっている」と前述のマタイオ・タケネは言う。「年配の世代は、輸入食料は（品質が）悪くて高価なもので、心臓病や糖尿病のような新しい病気をもたらすものだと言う。それに輸入食料は新鮮でない。私は年配の人びとを支持するが、この問題から逃れることはできない。われわれは依存するようになってしまった」。これらの変化はコミュニティの災害への対処能力に影響するという点でも重大だ。ツバルにおける現代の社会変動は、協力行動がいかに失われたかを示している。ますます西洋化する中心部のフナフティ島において、「彼らは同じやり方でものごとを共有しない。彼らは家族の外では共有しない」とツバル赤十字協会のスネマは言う。「ほかの島々［それほど西洋化していない］では、彼らは互いに助け合う。彼らはみんなを助ける。災害のときにはいろんなものが必要だ」。

私が訪問したときにツバルの予算の最大の支出項目のひとつは、財務大臣が「公的支援の実質的な要求」と呼ぶ道路開発プログラムだった。担当官庁は年間予算の三分の一近くをそれにあてた。道路への投資は六〇〇万オーストラリア・ドルに達した。住宅不足にもかかわらず、住宅の新設や既存住宅の改修への支出は二〇万オーストラリア・ドルにとどまった。島全体が平地であり、制限速度は一五マイル／時（二四キロメートル／時）で、島の端から端まで徒歩でも一時間半しかかからないことを考慮すると、この優先順位はますます奇妙にみえる。交通事故は迷惑な新現象である。島の一方の端では、道路の終着点は悪臭のするごみの山である。ツバル環境省の役人は不満を述べている。「適切な相談なしにものごとが実行されている。もう遅すぎるが、何もすることができない。われわれが懸念を表明する前に建設会社は来てしまっていたのだから」。第二次大戦のあいだにフナフティの自給的農業はほとんど壊滅してしまった。利用できる最大の土地の上に、アメリカの軍人が飛行機のための滑走路をつくり、それがいまの空港になっているからだ。以前はそれがプラカ（タロイモの品種のひとつ）の庭園の迷路であった。欧米人は自給作物の重要性を理解できなかった。「少なくとも蚊が繁殖する湿地はみんな埋め立てられた」というのが当時のコメントだった。その遺産が輸入米と輸入コムギへのいまに至る依存である。

太平洋地域の伝統的な農業は、その地域の多くの島での災害、特にサイクロンのような気象災害への歴史的な強靭性の背景になっていると考えられている。一九九〇年代のあいだ、サモアは「百年に一回レベル」のサイクロンに二回見舞われ、また主要な作物であるタロイモも病害で損失があった。しかし、飢饉におそわれる代わりに、サモアは復興した。その強靭性は、伝統的な食料生産システムに帰せられるが、それは何世代にもわたって丈夫になるように育種されてきた多様な作物を、強固な混作パターンで一緒に栽培するものである。地域全体にわたるそのようなシステムの崩壊が「食料安全保障への影響と、ほかの災害への脆弱性をもたらしつつある」とＵＮＤＰ（国連開発計画）は述べている。(原注12)

しかしながら、新しい開発目的は、滑走路建設という歴史的な間違いを修正し、ますます災害におそわれやすくなる地域での食料安全保障を高めようと試みるものである。持続可能な農業をもっと重視する、自力更生と自給自足への転換は、前進の方途とみられているが、同時に商業的農業からの脅威にもさらされている。太平洋の多くの島嶼国家の主要な援助機関であるオーストラリア国際開発庁のピーター・ワッデル・ウッドは、こう説明する。「地域の特別な諸問題ゆえに、われわれの焦点は、自力更生と自給自足におかれている」。

ひとにぎりの基幹作物や食品が、数百の品種があるとはいえ、南太平洋の人びとの基本的な食料を提供している。バナナ、ココナツ、パンノキ、タロイモ、プラカ（タロイモの人気ある品種）、カボチャ、ヤムイモ、キャッサバ、パパイヤ、サツマイモ、ポーポー（米国東部原産の樹木。果実は食用。バンレイシ科）、魚、豚肉、鶏肉である。いくつかの品種はほかのものよりも嵐への抵抗性が強い。高地地域だけでもサツマイモの品種が四七〇種類以上もある。しかしこれらのよく風土に適応した品種の多くは、商業的な単一栽培タイプをおしつける圧力のもとで、脅威にさらされている。この地域の農業についての専門家であるジミー・ロジャーズ博士は、これがなぜ危険であるかについて、次にように強調する。「もしも災害を避けることができるなら、単一栽培でもＯＫだ。しかし自然災害であれ、価格の乱高下といった経済的災害であれ、避けることはできない」。

「土地を持っていなければ、一人前でない」

豊かな国の都市住民が、太平洋の島民にとっての土地の重要性、したがって土地を失うことの深い個人的、文化的な意味を過小評価するのは容易である。キリバスのある女性は、こう説明する。「われわれはほかの国に単純に移住することはできない。フィジーには行きたいと思う。でも私はそこに土地を持っていない。だからそこでは一人前とみなされない」。

しかしこの地域では、大規模な人口移動が不可避であるという見解が、ほとんど普遍的に受け入れられている。フナフティのほとんど完璧な礁湖（珊瑚環礁によって囲まれた海面）のほとりに腰をおろして、地元の女性、セイナチ・テラニは彼女とまわりの人びとが直面しているジレンマについて、こう語ってくれた。「気候変動は人びとを移民させる原因のひとつです。彼らはここでの自由で美しい生活を続けることを望んでいるけれども、両親は子どもたちのために島を離れる計画をたてます。ここには未来はないとみているのです」。しかし環境難民の新しい大規模な移動に適応するための準備には、大きな障害がある。国民国家の厳格な秩序と、難民地位の認定における柔軟性の欠如である。（訳注7）

国連のチャーリー・ヒギンズのような人びとは、気候変動に直面して、いくつかの国はまったく存続できなくなるだろうと確信している。それは国際社会がいかに対応すべきかについて、多くの問題を提起する。ツバルのパアニ・ラウペパは、たとえどこかほかの場所でコミュニティの再建を行なうにしても、国民の統合性を保持することを望んでいるとして、次のように述べる。「われわれは国家のなかに国家を持てると思う。それについては他の国の政府と交渉しなければならない。そうした考えは悪いものではない。良いアイデアだ。それはわれわれが主権国家の尊厳を守るのを可能にしてくれるだろう」。彼の外交官と

訳注7　日本は欧米と比べても難民認定数が非常に少ない（最近のシリア難民についても）。

しての警告にもかかわらず、ツバルの事例を考慮するためにいくつかの明らかな候補地があることは明瞭だ。「オーストラリアの北部が最良だろう。そこはツバルの気候に一番似ている。ニュージーランドは寒いが、われわれの仲間はすでに一〇〇〇人がそこに移住している」。

この南太平洋地域では移民問題は挑戦的な課題である。オーストラリアが難民条約の精神に反して行動しているとして、すでに告発されているからだ。(原注13)紛争と気候変動は移住を求める圧力を増大させている。しかしこうした圧力を吸収できる柔軟な国際社会になる代わりに、主要国のすでに硬直した秩序はますます制限的になってきている。「変化したのは、国際システムの硬直性のほうだ」とヒギンズは言う。

いったん土地が失われると、住民の国籍は存続できるのか、あるいは「世界市民」という新しいカテゴリーが必要になるのか？　気候変動は人類の集合的な課題であり、集合的な解決策を必要としているという事実を認めるなかで、そのような地位は創出できるのか？　「環境難民」としての地位を認定させて、立ち退きを余儀なくされた人びとを受け入れることができるのか？　全国民の避難のような場合に、放棄された国の排他的経済水域、領海、国籍をどうするかについての計画はまだない。

ひとつの国民のための空間を新しく作り出すことよりも、もっと微妙なことがらもありうる。少なくとも国連総会で正当なものと認められているそうしたジレンマに対処するためのプロセスが必要だろう。ポニ・ファヴァエは次の論点をとりあげる。「国連はＩＰＣＣ（気候変動についての政府間パネル）を持っているが、移民を討議するためのこれに匹敵するパネル（協議組織）は持っていない」。しかし彼はその議論はあまりに難解なものになるかもしれないと考えている。「もしみんなが移民について考えるなら、ほかの人びともそれに合流するだろう。しかし彼らはどうやって生活するのだろう。われわれは自給自足的な生活をしてきたというのに」。しかし計画はつくらねばならない。「政府は予防的アプローチをとることに決めた」とパアニ・ラウペパは言う。「われわれは未来のためにいま計画をたてなければならない」。

ツバルの物語には皮肉なねじれがある。オーストラリア政府はまだ難民に対処するために、不幸にも「太平洋地域の解決策」と名付けられたものを求めている。多くの小規模島嶼国のひとつであるツバルは、ツバル自身の避難を求める丁重な要求がはねつけられたあと、受け入れを望んでいなかった難民を「支援する」ようにオーストラリアから求められている。しかしそれよりもさらに奇妙なことになっている。

太平洋島嶼国の仲間であるナウルの物語は、開発の失敗の寓話である。その歴史は島の中心部に貴重なリン酸塩（リン鉱石）が発見されたあとの、計算された植民地的搾取の複雑な物語を含んでいる。すべての来訪者によって搾取されたこの島は、いまでは環境面で破綻しており、ほとんど破壊されて、ほとんどの必需品を輸入に頼っている（本書の第十二章を参照）。

ナウルは二〇〇一年に国際的な注目を集めるようになった。そのときオーストラリアに向かう途中の海上で拘束された難民を受け入れるようにオーストラリア政府から説得されたからである。人権団体アムネスティ・インターナショナルは一年後にかれらの監禁状態は非人道的なものだったと指摘している。それに答えて、オーストラリアの移民大臣は、「天国」での休暇よりも収監されるほうがましだろうと述べた。（原注14）ナウルの名声はリン酸塩採掘産業の終焉と時を同じくしていた。だから、快適に豊かな生活を送り、汚染を排出し、気候変動条約を拒否しているオーストラリアに向かっていた難民をナウルが受け入れたとき、脅かされているツバルから出稼ぎに来ている母国を捨てた鉱山労働者たちは、ナウルとその掘り尽くされたリン酸塩鉱山を離れなければならなかった。これらの労働者たちは、さらに別のところに移住するか、あるいは住民を徐々に移民させるために政府が交渉中のツバルに帰国するかという選択を迫られた。

しかしある初期のヨーロッパ商人が発見したように、ツバル人は干渉されるのをいやがった。その人物はツバルの外縁部の島のひとつであるニウタオで、飲料水の井戸で排尿しているところをつかまり、弁解を試みたが殺された。いまでは世界の先進国が地球の大気をトイレ（捨て場）のように使っており、ツバルのような諸国（小規模島嶼国）は法的救済を求めるための新しい方法を探す先駆者となっている。しかしその努力も、予見しうる将来に地球温暖化を止めることはできないだろう。

悲しいことに、長く忘れられていた約束がツバルで現実のものとなった。たとえそれが間違いによってであったにしても、である。ヴィクトリア時代の宣教師であったA・マレー牧師は、不運な初期の牧師であったエレカナの挫折した努力を記録している。エレカナはツバルの一部であるナヌメアの島に行ったが、「島民たちを異教からキリスト教に改宗させようとしている」と言うつもりであった。通訳のまずさから、彼は実際には「島をひっくり返す」と約束したことになってしまった。恐れおののいた島民たちは、通訳の言うことを信じ、エレカナは槍を持った島民たちに追われ、かろうじて逃げ帰った。今日では、気候変動と正統派の開発の組み合わせが、エレカナの不注意な誓約を最終的に実現しようとしている。

ツバルが経験した諸問題は、温暖化する世界における現代のカナリアの試練である。しかし彼らはまた、人類の進歩についての基本的な想定を再考する必要性に光をあてた。第一に、進歩の追求の結果が地球温暖化であるならば、進歩に意味はないであろうからである。そして第二に、いまからわれわれが行なうほとんどすべてのことにおいて、われわれは気候変動に適応しなければならないであろうからである。

第四章　人類の進歩の大逆転

「死んじまえば罪も借金もあるもんか。さあ、かかってきやがれ」。ステファノーの台詞
シェイクスピア『テンペスト』（一六一三年）第三幕第二場、小田島雄志訳、『シェイクスピア全集Ⅲ』所収、白水社、一九七五年、三四〇頁

頭の中はあれやこれやの思いでいっぱいだった。ここにいる人々は戦うが、敗北するだろうこと。敗北はするが、彼らが勝ちとろうとしたことは、やがて実現するだろうこと。しかし、それは彼らが望んでいたものとは異なるだろうこと。だから、次はほかの人々がほかの名目を掲げて、彼らが勝ちとろうとしたもののために戦わねばならないだろうこと。

ウイリアム・モリス『ジョン・ボールの夢』（一八八八年）(原注1) 横山千晶訳、晶文社、二〇〇〇年、四六頁

欧米人は、ジャマイカの浜辺での休暇を夢見るものである。実際にそこに行く人びとにとっては、飛行

機をおりると、包括的なサービスを提供するリゾート地へ直行し、誰もエルシーのような現地人に会うことはない。私がジャマイカに行ったのはエルシーに会うためであった。（原注2）

エルシーは何回も祖母になった。彼女の膝では「グロウス（成長）」と名づけられた赤ん坊が泣き叫んでいた。エルシーの娘は妊娠していたことを否定し、代わりに「グロウス」を持っているだけだと不満を言った。その赤ん坊はある日、適切な名前をもらったが、そのとき「グロウス」の成長はとまっているように見えた。私がエルシーに何人の孫がいるのかと尋ねると、彼女は笑って言った。「この子たちはみんな私の孫だよ」。エルシーは自分が六十一歳だと言ったが、真に受けるのは不親切に思えた。彼女はもっとずっと年をとっているようにみえたからだ。彼女は少量の木炭をつくって売ることで生き延びてきた。そして週に一回はクリーニング店で働いていた。

彼女の家は二つのベッドがある木製の掘っ立て小屋で、そこに三世代の家族と一緒に暮らしていた。水道も電気もなかった。プライバシーのために、彼らの庭はさびた金属の囲いによって保護されていた。近くに他の一組の家が建っていた。彼女の家の周りの路地が分割されている様子は、ジャマイカの組織暴力団員が利用する悪名高い「庭のような」土地になっていた。頭上の電線から細い針金が多くの庭にくねくねと垂れ下がっていて、それぞれの庭のような土地に二つか三つの小屋のような家があった。電気を電線から盗むことはありふれていたが、薄っぺらな木製の建物のなかでは潜在的に命にかかわる危険があった。家の火事は頻発しており、貧困のもうひとつの代償だった。電気のようなサービスへの合法的なアクセスは、公式の家の持ち主だけに与えられた。エルシーの隣人のほとんどは法の目から見ると不法占拠者であった。たとえ何十年もそこに住んでいたとしても、である。

「ジュビリー二〇〇〇債務救済キャンペーン」というNGO活動の最盛期に資料を集めるために私が訪れたとき、グロウスという赤ん坊はジャマイカの貧困層のなかでもっとも貧しい階層には入っていなかった。しかし対外債務によって疲弊させられ、多大な不平等と暴力の爆発によって分断された国のなかで、もし「グロウス」がその名前の通り生き延びるとしたら、それは多くの困難を乗り越えた勝利だった。

エルシーが住んでいるところに行くためには、タールマック道路〔タールマカダム〔tarmacadam〕で舗装した道路〕を車でくだっていくことになる。このタールマック道路は、キングストンの下町のコミュニティのひとつであるベネットランドの亜鉛の柵とほこりっぽい路地を横切っているものである。

この地域のほかの多くの道路と比べると、これは良い道路だった。しかし暗くなってからは、地元の中産階級が車でくだっていくのを怖がる道路でもあった。

このプロジェクトの名前の由来になっている道路の屈曲部では、運営費の少ない街角の診療所が、地元のコミュニティに幅広い基礎的なサービスを提供している。医療施設、学校のクラス、飲料水へのアクセス、適切な公共下水道のない地域での衛生上の支援などである。彼らは簡素な栄養供給計画さえ運営しており、人びとが食べたり売ったりするための食料作物を育てるのを奨励している。しかし診療所が英雄的な仕事を始めることができるようになる前に、解決すべき別の問題があった。

街角の診療所が援助しているコミュニティは、単に貧しくてアメニティ〔快適さ〕が欠けているだけでなく、暴力の横行によって乱されていた。診療所はまず地元の抗争集団のあいだの平和条約を仲介することから始めなければならなかった。それは同時に医師、教師、配管工、エンジニア、和平仲介人の役割を果たすことだった。また診療所は、この地域に「良い仕事」を投下する善意の慈善事業の所産ではなかった。それは放棄された建物に入り、自分たちでものごとを組織し、建物の所有者と交渉し、診療所を運営しようとする地元の人びとの活動から生まれたものだった。しかしそのような勇敢な地元の人びとをサポートするために活動するよりも、むしろ世界銀行とＩＭＦ（国際通貨基金）の形をとったグローバル・ガバナンス（国際社会）[訳注1]は、暗黙のうちに地元住民をじゃまするように動いていた。世界銀行の元チーフエコノミストであるジョセフ・スティーグリッツが書いているように、ＩＭＦは「政策パッケージをおしつけることによって、民主的プロセスを掘り崩していた」のである[原注3]。

診療所を運営しているジャマイカの女性、アンジェラ・シュルツ・クロウルによると、ＩＭＦの圧力のもとで、ジャマイカの社会福祉プログラムに使える予算が半減された。Ｓコーナーはすでに政府の痩せ細ったセーフティネットからこぼれ落ちた人びとの代金を代わりに払っていたが（無料・低額診療）、彼らも必要な資金の半分しか得られなかった。彼女は政府の保健省に手紙を書いて、さらなる支援を求めたが、その返信には次のように書かれていた。

「大変申し訳ありません。支援したいのですが、ご存じのとおり対外債務の返済をしなければならず、ですから支援できないのです。あなたがたの状況には同情いたしますが、これ以上のことはいたしかねます」。

このような世界のなかに、Ｊ・Ｍ・ケインズが人を欺くような簡潔さで「経済問題」と呼んだものがある。それは基礎的な人間のニーズを満たし、人びとを生存競争から救い出すための闘争である。ジャマイカは、最貧国よりはずっとましである。しかしそこにおいてさえ、先のミレニアム（千年紀）の終わり（二十世紀末）に向けて、「経済問題」を解決するための努力を組織化する際に、国際社会がたいてい失敗する事態がみられた。それは何十もの国で何千ものプロジェクトや公共サービスで繰り返された事態であり、しばしば、福祉実現の政治的意思もあり、必要な資源も得られないわけではないという事実にもかかわらずみられたものである。

私がジャマイカのベネットランドにいたときに、政府が支出する予算の一ドルごとに、その半分近い四六セントが対外債務の返済にあてられていた。失業率は高かった、HIV（エイズウイルス）の感染率は二年ごとに倍増していた。この国にとって砂糖やバナナのような主要輸出品目によって稼ぐことはますます困難になっていた。この島は自然資源が豊かであり、問題がないはずなのに、一次産品の国際市場価格の長期低落傾向が続いていたからである。

アンジェラは毎日、公的支出の優先順位が歪められた結果をじかに見ていた。「保健プログラムへの予算削減、教育、道路、光熱への予算削減。まわりを歩くだけでも、よごれた庭に建てられたスクラップの段ボールの家が見える。債務の返済をしている。毎日政府が来て言うのが聞こえる。「やっとIMFが設定した期限にあわせて払うことができた」。みんなが拍手する。これらの人たちは何も知らない。もし地元の人びとのこれらへの抵抗や新しい工夫がなかったら、事態は完全に荒廃していただろう。

国際関係のなかでいずれにせよ、われわれは、「債務国」が経済的弱者である第三世界諸国と同義語であるような状況に立ち至った。そして「債権国」は豊かな先進工業国という一見したところ効率性を誇る国ぐにをさしている。これらの用語は単なる経済的記述以上のものである。それらには重大性の指摘と道

訳注1　北沢洋子・村井吉敬編『顔のない国際機関　IMF・世界銀行』学陽書房、一九九五年、などを参照。二十世紀末に、重債務国の教育、保健などの予算が世銀・IMFの勧告のもとで削減された。

徳的判断がこめられている。債務国は無気力で、依存的で、非常に無能力だとされている。債権国は面倒見がよく、寛大で、信頼でき、堅固だとされている。しかし、これらの用語が帯びている含意は、現実とは正反対だ。

たとえば米国は、国際金融共同体と呼ばれる巣の中心にいる蜘蛛のような存在で、古い金融街の銀行経営者のような尊大さと偽りの信心深さをもっている。しかし同時に米国は、世界最大の経済的および環境的な債務国でもある。債務は権力と政治、（世界経済の）システムのなかでどうふるまうかをめぐるものである。しかし現在のルールとともに、システムは崩壊しようとしている。（訳注2）

従来の第三世界あるいは貧困国の対外債務問題が、この千年紀の終わり（二十世紀末）における貧しい諸国の将来をめぐる論争の中心的なテーマとなっていた。その名前をユダヤ教の「ジュビリー」という古い慣習からとったひとつのキャンペーン（市民運動）が生まれた。その慣習は五十年ごとに一回、人びとが債務から解放されるというものであった。それは特定の家族や共同体が債務の罠、そして債務がもたらすすべての社会問題や分断におちいるのを防ぐためのものであった。このキャンペーンは「ジュビリー二〇〇〇」と呼ばれ、ある第三世界開発団体――私はロンドンの近くのウォータールーの事務所で働いていた――の屋根にある小屋で発足した。わずか数年のうちに、返済できない貧しい諸国の債務の帳消しを支持する二五〇〇万人の署名が集まった。（訳注3）

しかし多くの点で、それは教養のある専門家のあいだの複雑な政策をめぐる論争のようなものであり、サイレント映画のキャンプ・シアターのようなものであった。目を大きく見開いた、無垢なキャンペーン活動家たちが路上で、あるいは会議場で、絶望的に貧しい債務国の人びとの生活のために訴えており、世界銀行やＩＭＦからやってきたヴィクトリア朝風の悪役たちが、せせら笑いながら、人生はそんなに単純なものじゃないと述べていた。

数百万人が請願に署名した。数千人がデモに参加した。何十ものレポートが書かれた（私も数本書いたから知っている）。そして、反アパルトヘイト運動以来で最大の、国際的な動員の成果は何であったか？ 役人たちは政策の見直しを行なった。彼らは最貧国の債務は持続不可能であると判断し、それに対処するための迷路のようなメカニズムを考案した。二〇〇一年七月に「ジュビリー二〇〇〇連合キャンペーン」の後継団体のひとつである「ジュビリー・リサーチ」は、『死のプロセスを厳しく批判する（Flogging a Dead Process）』と題されたレポートを公表した。(原注4)

当初の四一カ国の重債務国のうちで、国家として機能している三九カ国は、貧困削減目標を達成するチャンスを得るためには、なお債務の全面的帳消しを必要としている。ひとにぎりの国が限定的な債務救済を勝ち取って、健康と教育、そして国際キャンペーン運動の構築に予算を使えるようになったが、厳しい判断をする人びとは、すべての最良の努力が失敗に帰したと述べている。世界の最貧国は、スタート地点に戻ってしまい、多くの国は後退さえしていると。

訳注2　米国は、戦後しばらくは債権国であったが、一九七〇年代末から長く経常収支赤字の状態を継続したため一九八六年に純債務国となった。現在、世界最大の債務国である。また環境面の債務とは、資源浪費（世界の石油消費の四分の一など）による生態学的債務のことである。

訳注3　ジュビリーは［ユダヤ史の］ヨベルの年。旧約聖書のレビ記二五章十節以降に言及されている、五十年目の聖なる年（a jubile）。その年には奴隷は解放され、借金が帳消しになり、穀物の収穫などはせずに、野に自然に生えたものを食するよう書かれている。（アルク社英辞郎）

債務はともかく債務？

債務はともかく債務ではないのか、いかなる状況にせよ、債務は常に返済すべきではないのか？　それは歴史が教える教訓ではない。過去が示しているのは、もしある国が（大国としての）権力を持っているか、戦略的な重要性を持っているならば、その国の意思に応じてルールがいかに曲げられるかに注目すべきである。

たとえば英国は、第一次世界大戦以来、米国に対して一四五億ドルの未払い債務をいまなお負っている。最後の支払いは一九三四年に行なわれたが、それ以降はまったくない。非常に貧しいサハラ以南アフリカ諸国の最近の債務とは違って、英国の債務は静かに忘れ去られた。フランスとイタリアを含む他の欧州諸国は、また別の一八五億ドルの債務を負っている。(原注5) 英国は実際、ずいぶん長い間債務返済の約束を破ってきたのだ。

イタリアが近代的銀行制度の先駆的形態を考案したとき、イングランドは対外債務の返済についてデフォルト（債務不履行）を宣言した最初の国々のひとつであった。十四世紀にフィレンツェの銀行がイングランドの国王にフランスとの戦費（英仏百年戦争より前の時期）のために融資を行なった。一三二七年に返済の期限がきたとき、エドワード一世は拒否した。その結果、バルジとプルッチの両銀行は破産した。さらに一世紀後（百年戦争の時期）、メディチ家の銀行は、顧客に対して脅迫行為を行なうという評判が大きいにもかかわらず、イングランドのエドワード四世の不良債権（貸付）を返済免除した。

J・M・ケインズは次のように指摘している。「十九世紀に多額の対外債務をかかえた国の大多数は、しばしば多少ともデフォルト（債務不履行）を宣言することによって返済を逃れた」。長い歴史をもつベアリングス銀行は一九九〇年代に有名になった。利潤への強欲からニック・リーソンというトレーダーに何億もの債務をためこむのを許したあと、劇的な崩壊に至ったのだ。しかしそれは信用のあるハイリスク・ゲームへの最初の進出ではなかった。十九世紀の前半に北米の諸州に貸し付けをして、それが一八四二年にデフォルト（債務不履行）になったのである。しかしそのときは、資金を取り戻すために創造的なやり方で、ベアリングス銀行はメリーランド州の選挙で債務返済を公約にして立候補した候補者たちに融資した。彼らは勝った。また別の債務者であるミシシッピー州政府は債務を返済せず、一九八〇年という最近になってもロンドンの諸銀行は百三十八年も前の債務の回収を求めている。

何世紀ものあいだ、西洋諸国では宗教的原則によって、債務は抑制されていた。貸し付けて利子の支払いを求めることはキリスト教会によって道徳的に間違っているとみなされた。高利貸しは大罪であった。だからルネサンスの時期に、通商が発展し、より多くの人びとが取引のために資金を借りる必要が生じたとき、「宗教的な配慮が金銭上の利益におのずと譲るようになったので復活したのであった」とJ・K・ガルブレイスは（『マネー』都留重人監訳、TBSブリタニカ、一九七六年、三七頁）コメントした。(原注6) いくつかの点でそのとき以来、議論は退却戦となっている。牝牛あるいは木工の道具と同じ意味で貨幣は生産的資産なのだという議論によって、キリスト教の反対論は丸め込まれた。もし誰かがお金を貸してくれるのなら、貸し手はそのお金から得られるはずの利益を失うことになるのだから、その分を補償されるべきである。その議論は、現金が支配的な交換形態ではなくなったときには、あまり聞かれなくなった。しかしい

までは大いに問題になっている。(訳注4)

金融規制が弱く、債務(ローン)に基礎をおく経済が十九世紀以来登場して、明らかにいやな特徴を示すようになった。お金をもっている人はさらにお金を得る傾向がある。なぜなら、彼らは貸し付けの条件を設定できるからだ。だから、貧富の格差はますます大きくなる。貧しい人は借りるためにより多く払う(金持ちはサラ金を利用する必要がない)。結果としてわれわれの社会の光景には、債務者の刑務所収監と高利貸しがはびこることになり、人びとは家や年金を失う。究極的には支払い不能な債務の絶望的な返済義務を負っている貧しい諸国では、健康や教育サービスの破壊がみられることになった。

主流の貸し手たち(大手銀行)を、札束や野球のバットをもって公営住宅団地をまわって歩く男たち(サラ金など)から識別することは困難なこともある。英国では私的個人への少額貸付での二〇〇〇%を超える高利は一般的でない。イスラム諸国ではいまなお金利をかけることは間違っているとみなされている。英国の銀行の一部は、イスラム教徒の家族が利用できる特別な貸付金の設定を行なっている。しかし、これらの場合においてさえ、金利をかける代わりに、手数料は一般に支払い可能で、支配的な利率にほぼ等しいものである。

二十世紀の後半には、豊かで強力な諸国(先進国)にとっての戦略的に重要な友好国の債務は帳消しされ、貧しくて戦略的に重要でない諸国(途上国)には債務――しばしば非合法な――の返済を厳しく迫られるという傾向があった。ドイツは一九五三年に、一九九〇年代にアフリカの後発発展途上国が提示されたよりも四倍ほど寛大な条件で、戦後の債務を救済された。スハルトの軍事クーデターのあと、インドネシアは一九六九年に高額の債務救済を受けた。エジプトは一九九一年の湾岸戦争のあと厚遇を受け、ポーランドは冷戦の断末魔（終結期）のあいだ厚遇を受けた。[訳注5] 対照的に、ケープタウン（南アフリカ）の大主教は一九九七年にこう述べた。「発展途上国の対外債務は、永続的な債務になった」[原注7]。

「若者たちに祝福あれ。彼らは国の債務を引き継ぐのだから」という米国元大統領、ハーバート・フーバーの言葉はいまなお米国の債務のなかに痕跡がみられる。米国の対外債務は世界最大の債務で、五兆ドルを超えているのだ。もしそれが世界の基軸通貨国である米国に贈与された「ただ乗り」でなかったとしたら、したがって低利で借りて高利で貸すことができなかったとしたら、米国は推進動力のない船でくさい川をさかのぼろうとするような事態になっていただろう。しかしわれわれは米国のバブル経済を満足げに眺めるべきではない。われわれは心配すべきである。最近数十年以上のあいだに、米国経済の資産の膨大な成長分は、わずかな少数の富裕層の手にわたってしまった。しかし経済を進行させるときに生じる莫大な債務は、貧困層がこうむっている。[原注8] 皮肉なことに、新しい千年紀初頭（二十一世紀初頭）の先進諸国の支払い不可能な債務危機は、グローバル経済を不安定で危険な状態に追い込んだ。マイケル・ルイスは、一九八〇年代の過剰な貨幣市場についての古典的な説明と言うべき著書『ライアーズ・ポーカー』において、激しい企業の吸収合併の時期に偽の男らしさを誇る企業の大騒ぎについてわれわれがどう感じたかを明らかにしている。「アイヴァン・ボウスキー〔一九三七～　。米国のユダヤ人投資家〕が欲のためにや

訳注4　イスラム教も『クルアーン（コーラン）』にも利子の禁止が書かれている。
訳注5　一九六五年のインドネシア政変では米国政府の秘密の協力のもとに、約五〇万人の共産主義者や貧農が殺され、やがてスハルト独裁政権が成立した。映画『アクト・オブ・キリング』（ジョシュア・オッペンハイマー監督、二〇一二年、英・デンマーク・ノルウェー）などを参照。

ったことを、乗っ取りの専門家たちは負債のためにやる。負債は善だ、と彼らは言う。負債は役に立つ」(原注9)(東江訳、三八七頁)。まさに負債がいかに悪いかということが――いつものようにわずかな例外はあるが――明らかになるのは、手遅れになってからにすぎない。

巨大な経済的失敗の症状に対処しているにすぎないということを本当に認識することができなかったので、世界の指導者たちと国際社会は、最終的にあるべき解決策の周辺をうろつくだけであった。

あとは良くなるだけ?

「あとは良くなるだけさ」という歌が、一九九七年に英国で一時的な国歌のような流行状態になった。それは労働党の選挙運動で採用されたのだが、二十年近くに及ぶ保守党支配に終止符を打ったのである。しかし、たとえよろめきながらにしても、人類が着実に進歩しているという想定は、長らく西洋文明の核心部にあった。

国際社会では、前の千年紀の最後の数十年(二十世紀後半)に、諸国政府のあいだで、しばしば誠意がないにしても、ユニークな国際的合意の出現がみられた。地球規模の貧困や、エルシーやグロウスのような人びとの過酷な苦闘を終わらせることが、協調する諸国の、そして世界銀行のような彼らが指名する諸機関の活動の焦点になるだろうということだ。少なくともアメリカ政府高官ロバート・マクナマラ(フォード社長、国防長官を歴任)が一九六八年に議論を呼ぶなかで世銀総裁に指名されて以来、貧困撲滅へのコミットメントは、国家首脳の会合の大半で必要な審議事項のひとつとなった。ジャマイカや、ラテンアメリカ、アフリカ、アジアのさらに貧しい諸国のような国々の問題は、歴史に委ねられる（時間が解決してくれる）と想定された。マクナマラの世銀総裁時代は、ベトナム戦争時代のアジアにおける米国の軍事攻撃がエスカレートするタカ派的役割によって汚された公的イメージを回復させた。しかし実際、マクナマラが総裁であった一九六八年から一九八一年まで、世界銀行の融資の一〇％以下しか、健康、教育、きれいな水の供給のような一般に貧困を直接の標的にするとみなされる分野には向けられなかった。（原注10）評判や美辞麗句と現実のあいだのギャップは残り、世界の交渉会議や政治家の善意の言葉のなかに深く埋没してしまった。

一九九〇年代のはじめまで、ものごとはあまり進展していなかった。冷戦と貧しい国で代理戦争を戦う米ソ両超大国の遺産は、不安定で紛争に満ちた世界を残した。ソビエト連邦の崩壊（一九九一年）のあと、貧しい諸国が「平和の千年紀」を享受するには程遠く、これらの国が地政学的重要性を失ったことは、逆効果をもたらした。「テロとの戦争」の大義が横行したこの時代にも、期待はまったく満たされていない。超大国がひとつ（米国）となり、要らなくなったとされる軍事費から解放されて別の用途に使えるはずの資金が、増えたと想定されていた。しかしそうではなかった。次の十年間で対外援助は縮小された。また、一九八〇年代にラテンアメリカをおそった商業銀行にかかわる債務危機は、一九九〇年代にアフリカその他をおそった公的機関にかかわる債務危機に道を譲った。新しい千年紀の期待を実現するには、何か劇的な事態が起こる必要があった。

冷戦の終わりによって「雪解け」になった国連は、新しい機会を求めて大きな模索を行ない、一九九二年のブラジルでの地球サミット（国連環境開発会議）から始まって、重要性を疑えない大きな次の国際会議を開くためにたえず努力する道を進むことになった。北京（世界女性会議）からコペンハーゲン（気候変動会議など）まで、世界の大都市で大きな会議が続き、何千人もの活動家が集まって、地球環境の前途、飲料水の確保、男女の平等、社会開発、人権、都市の生活条件、栄養不良の克服、貧しい諸国の債務帳消し、それらをまかなう資金の調達などについて話し合ってきた。

最後のチャレンジは二〇〇二年にモンテレー市での会合（メキシコでの開発資金国際会議）にずれ込んだが、それはブラジルでの地球サミットの十周年となる直前であった。この会議は問題があり、示唆に富むものであった。外交官たちは非常に微妙な表現を使った。何カ月ものあいだこの会合を何と呼ぶべきか、誰も判断できなかった。それが会議なのか、サミットなのか、単なる会合なのかで、結果についての政治的コミットメントに関して異なるレベルのメッセージを伝えることになる。「モンテレー会議」の合意は採択されたが、途上国の貧困問題への対処としては効果が乏しいとわかった。(訳注6)

特別な国連会議に提示された諸課題は、世界の自称最強国および主要国のクラブであるG8会議の定期会合や、世界銀行、IMF、WTOのその他の会合でもとりあげられている。(訳注7)

仮に、ビジネスクラスの旅行、ホテル、レストランなどに使われるすべての資金が、その代わりに特別な基金にくり入れられて賢明に使われるならば、ともかく問題をある程度解決することは可能だろう。しかしJ・K・ガルブレイスが一九二九年のウォール街に端を発する大恐慌のときの米国の銀行家や政治家について観察しているように、「重要な男たち」にとっては、自分たちが重要人物であることを示し、何かが行なわれていると大衆を安心させるために、重要な諸問題について重要な会合を開くことが大切である。しかしそのとき、現在と同じく、起こっているもっとも実質的なことは、たいてい会議の開催自体であって、会議からもたらされる何かの成果ではない(訳注8)。

しかしながら、ともかく十年にわたる善意の会議の連続からもたらされた結論の多くは、世界の貧困層の運命を改善するための小さなマニフェストにまとめられた。それは通常「ミレニアム開発目標」として知られているが、援助機関や、貧困削減に国際レベルで取り組んでいるほとんどすべての人々にとっての関心の焦点となった。国家と政府の代表は二〇〇〇年九月の国連総会で次のように宣言した。「われわれは人類同胞の男女、子どもを極端な貧困というおぞましい非人間的な諸条件から解放するために、いかなる努力もおしまないだろう(原注11)」。ほとんどが二〇一五年までに達成されるべきだとされていた諸目標は、次のとおりである(訳注9)。

目標一　極度の貧困と飢餓の撲滅

・一日一ドル未満で生活する人口の割合を半減させる。

・飢餓に苦しむ人口の割合を半減させる(訳注10)。

目標二　普遍的初等教育の達成

・すべての子どもが男女の区別なく初等教育の全課程を修了できるようにする。

訳注6　とりあえず、秋山　孝允・大原　淳子（FASID国際開発研究センター）『モンテレー開発資金国際会議の成果』（二〇〇二年四月四日）を参照。http://www.fasid.or.jp/_files/library_information/report2.pdf

訳注7　二〇一五年現在、ウクライナ問題でロシアがはずされて、事実上「G7」に戻っている。

訳注8　ガルブレイス『ガルブレイスの大恐慌』牧野昇監訳、徳間文庫、一九九八年、を参照。

目標三　ジェンダーの平等の推進と女性の地位向上
・可能な限り二〇〇五年までに初等・中等教育における男女格差を解消し、二〇一五年までにすべての教育レベルにおける男女格差を解消する。
目標四　乳幼児死亡率の削減
・五歳未満児の死亡率を三分の一に削減する。
目標五　妊産婦の健康の改善
・妊産婦の死亡率を四分の一に削減する。
目標六　ＨＩＶ／エイズ、マラリア、その他の疾病の蔓延防止
・ＨＩＶ／エイズの蔓延を食い止め、その後減少させ、またマラリア、その他の主要な疾病の発生を食い止め、その後発生率を減少させる。
目標七　環境の持続可能性の確保
・持続可能な開発の原則を国家政策及びプログラムに反映させ、環境資源の損失を減少させる。
・安全な飲料水及び衛生施設を継続的に利用できない人々の割合を半減する。
・少なくとも一億人のスラム居住者の生活を改善する。
目標八　開発のためのグローバル・パートナーシップの推進
・貿易不均衡、債務、援助、開発金融、知的財産権に取り組む先進諸国の広範なコミットメント。
計画がたてられ、援助プログラムが再編され、より多くの国際公務員が世界中に良いニュースを届ける

ために飛び回っている。いかに世界をうまく運営するために調整がなされてきたかに関心をもつ人にとっては、一方の社会問題と環境問題、他方の経済問題に対して非常に違った扱いがなされてきたことは、興味深いだろう。

前者の社会問題と環境問題はコミュニティや非政府組織（ＮＧＯ）の自然な配置のなかでうまく対処できる「ソフトな」政策であると一般にはみなされ、後者の経済問題は政府、金融機関、大企業という現実の権力によって管理すべき「ハードな」政策であるとみなされている。社会的および環境的な目標を支持するための合意は、たいてい自主的なものである。もしどこかの国が参加しないと決めても、現実的な罰則はない。しかし（経済分野をみると）もしどこかの国が貿易の取引とか、ＩＭＦのような国際金融機関との合意文書を履行しないならば、その国はすみやかに地球規模の被告席にすわらされていることに気付くだろう。国際銀行による貿易制裁や、ブラックリスト化が、グローバル経済に関して我が道を行こうと

訳注９　外務省のウェブサイトに『開発教育ハンドブック「ミレニアム開発目標（ＭＤＧｓ）」』の頁があるので、参照されたい。http://www.mofa.go.jp/mofaj/gaiko/oda/doukou/mdgs/handbook.html
ＮＧＯ関係では、「動く→動かす」編『ミレニアム開発目標　世界から貧しさをなくす８つの方法』合同出版、二〇一二年、を参照。
The Millennium Development Goals Report 2015, United Nations
http://mdgs.un.org/unsd/mdg/Resources/Static/Products/Progress2015/English2015.pdf
ＰＤＦファイルで七十五枚（最終報告）
黒田峰隆「十億人以上が極貧脱出　国連　一五年までの開発目標で成果」『しんぶん赤旗』二〇一五年七月十日六面、参照。

訳注10　以下おおむね「二〇一五年までに一九九〇年水準の半分に減らす」などの形式で目標が設定されている。

する国には待ち受けている。他方、地球環境は、それに対処するのに自主的でその場しのぎの対策でよいと思われている。

環境問題の合意、第三世界の債務の帳消しや人々を欠乏と苦しみから引き上げるキャンペーンにあらわれている、国際社会のもっとも高貴でもっとも野心的な努力は、政府の外部の草の根レベルで活動している民衆グループや地域グループによってなされる傾向がある。しかしマスコミ報道を読むと、そうしたグループは混乱を引き起こしているとか、進歩に反対しているというような印象を与えられることもある。国連事務総長のコフィ・アナンはしかし、「そうしたレッテルは人権や環境、開発から軍縮に至る広範な問題でのＮＧＯのパイオニア的役割を見落としている。われわれ国連職員は、道を切り開いたのがＮＧＯであることを知っている」と指摘する。(原注12)(訳注11)

他方で一連の国際経済協定は、ＷＴＯや北米自由貿易協定――これらは大企業、国際金融機関、政府の談合から生まれた――がそうだったように、世界の貧困層を救うことに失敗してきた。一九九九年にシアトルで開かれたＷＴＯの悪名高い会合では、米国政府のオーガナイザーたちは世界の大手メディア向けに大きな支援デスクを用意していた。質問したいジャーナリストはそこを訪ねることができた。そこで彼らは、登場するどんな問題についてもコメントできるスポークスパーソンの連絡先をのせた参考書を閲覧できた。ある晩の非常に遅い時間に、交渉が暗礁に乗りあげて、記者室には人がいなかったとき、私はデスクのうしろから本を取り出して、頁をめくってみた。そこにはアメリカの養鶏農家から自動車メーカーに至るまで、あらゆる大企業と貿易団体の連絡先を満載した頁が続いていた。しかし人権団体、労働組合、環境団体などの連絡先はのっていなかった。米国政府（当時はクリントン政権）の視点では、そうした団体から役に立つ発言が聞けるとは、思われていなかったのだ。

貧困に取り組む人びとは政界への影響力の欠如に苦しんでいるだけではなかった。彼らはたぶんわれわれの時代の最大の見逃しにも苦慮していた。国際的な活動を連携させようとする熱心で自負心をもっている人びとの試み全体にわたって、ひとつの重要な問題が見逃されていた。地球温暖化である。

気候変動の影響についての適切な説明が欠けていることは、十年以上にわたる政治的努力をあざ笑うようなものだった。諸国が一緒に追求すべき大胆な新しい目標で合意することは、偉大な到達目標だった。しかし「ミレニアム」などの目標への挑戦の状況が示しているように、気候変動を止めるための現実的な計画なしには、それらは完全な時間の浪費になるかもしれない。

ミレニアム開発目標(原注13)

目標　人びとを貧困状態から引き上げる

貧困のなかで暮らす人々——一日あたりの収入が一ドル未満として定義される——の比率を二〇一五年までに、一九九〇年水準に対して半減させるという目標がある。このように（収入金額で）貧困を定義することと自体の問題点もある。たとえば取引の多くに現金を使わず、その代わりに物々交換を好むがゆえに貧しくみえるコミュニティにおいては、生活の質が非常に良いこともありうるからだ。そして共同体精

訳注11　コフィ・アナン（第七代）の後任は二〇〇七年から第八代の潘基文（パン・ギムン）となった。

神が少なく、犯罪が多く、孤立し、汚染された環境のある地域では、現金収入の面では豊かな社会でも、生活の質が非常に悪いこともありうる。(訳注12)

しかし政府が好む勘定方法を用いてシステムを扱う場合に、地球温暖化の影響が合計の数字をひどく間違ったものにするかもしれない。気候変動から生じる災害は、貧困層を標的とする傾向があり、貧困を持続させることになる。いわゆる自然災害の九〇%以上が気候関連で、自然災害に影響される人々の九〇%以上が貧困諸国に住んでいる。ひとつの極端な気象現象が、ある地域の経済全体を荒廃させることもある。たとえば一九九八年に中央アメリカを襲ったミッチという名前のハリケーンである。数日のうちにそれはホンデュラスの年間収入の四分の三を破壊し、同国首相の言うところによれば、進歩の点で国を数十年後退させた。農業は壊滅し、重要なバナナのプランテーションは更地になってしまった。国連環境計画によると、「自然」災害による経済的損失は、十年ごとに倍増している。小さいが繰り返される災害が、低レベルの消耗戦争のように作用し、長期にわたる荒廃をもたらす。ミッチはこの地域を一九八〇年から一九九八年までに襲った七〇〇件以上の災害のうちのひとつにすぎない。

保険会社は事前に計画をたてる必要がある。彼らが予測するときに思い描いている内容は、破滅的にみえる。世界保険業界の巨大企業であるCGNUの前取締役アンドリュー・ドラゴレッキーは、災害――そのほとんどは気候関連だが――による経済的損失が、今後数十年で予想される世界の経済成長に対比して上昇傾向にあることをグラフで描いてみせた。彼は二〇六〇年代なかばあたりのある時点で、つまりいま生きている人のうち相当数の存命中に、経済的損失が世界全体の収入額を凌駕するであろうという驚くべき結論に到達した。言い換えると、世界経済は「自然」災害によって破産するだろうということだ。そして、ドラゴレッキーの予測でもまだ控えめなほうである。なぜなら、それは加速された、あるいは暴走的な気候変動という、研究者の多くがかなりありそうだと思っているシナリオの可能性を考慮していなかったからだ。（訳注13）

たとえば、海面が一メートル上昇することは、今後一世紀以内にありうるが、ガイアナ（南米の旧英領）の人口の八〇％を移転させ、この国の年間収入の十倍に匹敵するコストを課すであろう。もっと穏当な五〇センチの海面上昇であっても、皮肉なことに、豊かな産油国であるベネズエラを破産させるであろう。諸国は単純に言って、海岸線を保護したり、洗い流されるすべてのものの代わりを用意したりすることは、できないのだ。

目標　人びとが十分に食べられるようにする

繰り返すが、世界で十分に食べられない栄養不足人口である八億人を二〇一五年までに半減させることが意図されている。いまでは、すべての人を十分に食べさせる分以上の食料が世界で生産されているというのが真実である。人びとが十分食べていないという事実は、実際の状況よりも書類の上ではよく見える経済認識を政府が好むという証拠である。貧しい人びとの生活に関しては、自由放任市場の風がいまも強

訳注12　二〇一四年現在の定義では「一ドル未満」ではなく「一・二五ドル未満」のようである。前掲外務省のHPのPDFファイルを参照。

訳注13　原発事故で民間保険が引き受け不能な部分は国費でまかなうことはよく知られているが、遺伝子組み換え作物でも「保険会社の敬遠」問題はあるらしい（『遺伝子組み換え食品の真実』アンディ・リーズ、白井和宏訳、白水社、二〇一三年）。

く吹いている。貧困層はいまなお市場に適応することを期待されており、ほかの対策がとられることはない。しかしわれわれが持っている資源の富を再分配することは、ガーデニングに少し似ており、介入と管理を必要とする。あなたの農園（ガーデン）が野菜を栽培している区画を乗っ取ってしまうひとにぎりの多国籍企業というスーパー雑草によって踏みにじられても気にしないなら別であるが。残念ながら貧困層のためのラディカルな市場改革――人々に土地を公正に分配するようなやり方だが――は、世界を見渡してもあまりみられない。そして気候変動が、よい食事を摂るのをますます困難にしつつある。

一般的に言うと、地球温暖化のもとで湿潤地域はますます湿潤になり、乾燥した地域はますます乾燥する。アフリカのような場所ではこれは特に問題である。二〇〇〇年のモザンビークでの大洪水はこの百五十年のあいだで最悪のものであったが、リンポポ川流域の低地が、三カ月のあいだ水浸しになった。ときには洪水は良い知らせをもたらすこともある。短期的にはイネのような作物の増収になりうる。しかしモザンビークの洪水は非常に長く続いたので、国連食糧農業機関は、「植物の遺伝資源が一掃された」と述べたほどである。(原注14) 種子、食料備蓄、農地の作物といったあらゆるものが、破壊された。

皮肉なことに歴史の記録は、アフリカ全域の年間降雨量が一九六八年以来減少してきたことを示している。まったく降らないか、雨が降るときは豪雨になるかであり、問題は干ばつという悪魔におそわれるか、洪水の海になるかということである。過去二十五年のあいだ、ＩＰＣＣによると、サヘル地域は機器による観測が始まって以来、世界で記録されたなかでもっとも「継続的な雨量の減少傾向」を経験したということだ。(原注15) 一九七〇年代と一九八〇年代の大飢饉には、多くの政治的な原因もあった。しかし土地が乾燥していくにつれて、ますます小さな政治的火花でも、飢饉という火災をもたらすことになる。二〇〇二年には、南部アフリカの一二〇〇万人の人びとが、二年続きの干ばつがもたらす飢えと病気に直面した。

サハラ以南アフリカ諸国のほとんどの農業は、直接雨水に頼っている。雇用の三分の二以上と、地域の収入の三分の一以上を農業が占めている。これまでこの地域の農民は、年月を通じて、環境の変化に対して信じられないほど強靭であることを示してきた。しかし地球温暖化は彼らをさらに瀬戸際に追いやろうとしている。

二億人がすでに飢えている地域で、穀物の収量は五分の一に落ちると予測されている。英国では市民は収入一ポンドあたり一二ペンスのお金を使っている。サハラ以南アフリカでは収入一ポンドあたり六〇～八〇ペンスものお金を使う（エンゲル係数が高い）。気候変動は世界全域で最悪の事態を作り出す。各地域の食料価格は品薄のため上昇しつつある。アフリカでは自給食料の代わりに栽培される換金作物の輸出による収入は減少しつつあるのに、それで割高な輸入食料を買うことになる。(訳注14)

目標　子どもたちを就学させる

もうひとつの目標は、すべての子どもたちが小学校に就学するのを確保することである。この素晴ら

訳注14　一ポンドは一〇〇ペンスなので、英国でエンゲル係数は平均一二％になる。「先進国で上昇する『エンゲル係数』　背景にあるのは」『日本経済新聞』二〇一二年九月十五日、によると、日本のエンゲル係数は二三％、欧米のエンゲル係数はリーマンショックのため二〇〇七年から二〇一一年にかけて上昇傾向にあり、米は八％から九％へ、英は一二％から一三％へ、仏は一六％から一七％へ増大したという。なお発展途上国はエンゲル係数が高い。
http://www.nikkei.com/article/DGXDZO46134550U2A910C1W14001/

しい目的に対して気候変動が及ぼす脅威とはどのようなものだろうか。ミッチと命名されたハリケーンが中央アメリカを襲ったとき、この国の小学校の四分の一は全壊して更地になってしまった。もっと極端な気象災害や海面上昇が人口密集地を脅かすときにはいつでも、教育もまた脅かされるだろう。それからもちろん、隠された脅威がある。飢え、病気、強制移住などはすべて、学校教育を不可能ではないにしても、困難にさせる。地球温暖化はこの三つよりもさらに多くの問題を予想させる。飢えたあるいは病気の子どもは勉学も困難になるだろう。移動中の子どもを教えることは難しい(訳注15)。

世界人口のおよそ半分が沿岸地域に住んでおり、そこはたとえばバングラデシュやベトナムの沿岸部のように、海面上昇による大混乱に脅かされる。バングラデシュ政府は近い将来、二〇〇〇万人が地球温暖化のために移住しなければならないかもしれないと恐れている。一九九〇年代のなかばにオクスフォード大学のノーマン・マイアースは、世界ではすでに二五〇〇万人の環境難民が出てきており、気候変動によってその数字は二十一世紀なかばまでに一億五〇〇〇万人に増加することもありうると見積もった。温暖化した世界で食料の減産が起こるにつれて、アフリカだけで二〇六〇年までに五〇〇〇万人の環境難民が出てくるかもしれない(訳注16)。

現時点では、環境上の理由で逃げることを余儀なくされる人びとは、政治的迫害や戦争から逃れる人びとに与えられる保護を得ることができない。彼らは第二級の難民とみなされるのである。一九九八年から三年連続の干ばつがアフガニスタンを荒廃させ、八万人が隣国パキスタンに逃れた。しかしパキスタン当局は、彼らは「自然」災害から逃げてきたのだから、難民の地位に値しないと主張した。これが意味するのは、彼らは関連のある国連機関（国連難民高等弁務官事務所など）から支援を受ける資格がないということとだ。

逃げた人びとは再び国境を越えて飢えの待つところに戻らなければならない。国際法が母国や外国の政府に介護、保護、教育の義務を負わせることができないなかで、何百万人もの子どもたちが気候かく乱の影響から逃げなければならない場合には、すべての子どもたちに良好な基礎教育を与えることは想像しにくい。

目標　女性の地位を向上させる

この目標は男性と女性の平等を推進し、少女にも少年と同等の教育を与えようとするものである。しかし現状のもとでは、気候変動が生活をいっそう困難にするであろう。貧困地域にとって良くないことは何でも、女性にとっても良くないであろう。言い換えると、「伝統的な女性の役割」にしばられて、農場や家庭でのすべての仕事を行なうので、女性は地球温暖化が貧困層に与える重荷をより多く担うことになるであろう。

気候変動によってすでに逼迫している政府予算に、さらに大きな圧力がかけられることになるので、すでに健康と保健医療サービスへのアクセスがもっとも少ない、地域のもっとも貧しい人びと、つまり女性たちはさらに貧しくなり、いっそう周辺化されるであろう。

訳注15　二〇一五年現在では、シリア難民の子どもたち、パレスチナの子どもたち、アフリカの子どもたちなど。
訳注16　マイアースの邦訳にマイアース『沈みゆく箱舟――種の絶滅についての新しい考察』林雄次郎訳、岩波書店、一九八一年、などがある。

目標　健康問題をえり分ける

ここに気候変動に対してすべてが脆弱な、広範囲の諸目標がある。それは五歳の誕生日前に死ぬ子どもの数を三分の二減らし（つまり基準年度の三分の一に減らす）、出産で死亡する女性の数を四分の三減らし、ＨＩＶ感染症（エイズ）、マラリア、その他の病気のような主要死因の蔓延を防ぎ減少させることを目指すものである。

しかしＩＰＣＣ[訳注17]（気候変動政府間パネル）の前議長、ロバート・ワトソンはこう述べた。「予想される気候変動は、マラリアのリスクにさらされる人口を、毎年一〇〇〇万人のオーダーで増加させることもありうる」[原注16]。蚊とツェツェバエ（トリパノソーマ原虫によるアフリカ睡眠病を媒介する吸血性昆虫）が生息できる場所は、変わるだろうし、それにつれて、これらの昆虫が病原体（原虫、ウイルス）を運ぶマラリア、デング熱[訳注18]、黄熱病などに新たな人口集団が感染するようになるだろう。プリンストン大学の疫学者、アンドリュー・ドブソン[訳注19]の発言が科学雑誌『サイエンス』に引用されている。「気候変動が自然生態系をかく乱し、感染症の流行地域を広げる。証拠の蓄積は、非常に憂慮すべきものだ。われわれはこれらの生物種と、病気を共有している。人間にとってのリスクは増大しつつある」[原注17]。国連機関のグループの研究での控えめな推定によれば、二〇〇〇年には地球温暖化によって一五万人の過剰な死亡が生じたとみられる[原注18]。

多くの危険が、地球温暖化から生じるほかの諸問題とクロスオーバーしている。たとえば、われわれはすでに食料生産能力への脅威をみた。飢えて栄養不良の人々は、病気にもかかりやすくなる。貧しい人びとも病気に対して脆弱である。富裕国と貧困国のあいだのＨＩＶ／エイズの感染率と生存率の違いは、この病気がかなりの程度に貧者の病気であることを示している。
干ばつもまた、人びとを安全でない飲料水に頼るように追いやる。気候変動は地球社会のもっとも弱い人びとを犠牲にするようなドミノ効果を発動しうる。洪水と嵐は飲料水を汚染する。エルニーニョ現象によって促進された洪水がアフリカ東岸に一九九七〜九八年にコレラをもたらした。牛から生物種を超えてくる（人獣共通感染症）リフトバレー熱のアウトブレーク（感染爆発）もあった。温度上昇はまた、通常は寒い時期に下火になるいくつかの病気がもっと攻撃的になることをも意味する。温暖化した世界は、いまよりもっと病気が蔓延する世界になるだろう。(訳注20)
問題は貧困国に限られるわけではない。二〇〇三年には突然の熱波がたまたまフランスの国民的祝日に起こり、季節平均に比べて一万五〇〇〇人くらいの過剰死亡が生じ、欧州全域ではさらに二万人の過剰死亡が生じたかもしれない。熱に関連した死亡（熱中症など）の増加は、世界の急成長するメガシティ（一〇〇〇万人以上の都市）に特に影響を与えるかもしれない。なぜなら、大都市は地面と大気のあいだの自然な熱交換を阻害しながら建設されており、すでに周辺温度よりも暖かい「ホットスポット」を形成しているからだ。(訳注21)

訳注17　ＩＰＣＣの初代議長はスウェーデンのバート・ボリン、第二代議長はロバート・ワトソン、第三代議長はインドのラジェンドラ・パチャウリ（二〇〇二年就任）。
訳注18　二〇一三年八月、日本で七十年ぶりにデング熱の国内感染が確認された。
訳注19　英国にアンドリュー・ドブソンという環境思想、環境政治の研究者がいる（邦訳あり）が、もちろん別人である。
訳注20　二〇一四年の西アフリカのエボラ出血熱流行と気候変動の関係は不明である。

目標　きれいな飲み水の確保、都市のスラムの改善、「持続可能な発展」

いまなお、かなり使い捨てのやり方をしており、結果を現実的に考え抜くこともない世界のなかで、この目標は諸国に、「持続可能な開発の原則を国の政策に統合する」ことを求めている。それはまた信頼できる安全な飲料水を確保できない人口を二〇一五年までに半減させ、一億人のスラム居住人口の運命をいささか恣意的な目標だが二〇二〇年までに改善することも求めている。

まずは最初に、根本的なテストケースだが、最初のポイントはすべての国に、気候変動を止める現実的なチャンスを示す世界規模の計画への参加を求めることであろう。そのような計画は、持続可能な開発を自称できる計画の土台である。そしてまだ、その計画は、本書のあとのほうで述べるように、京都議定書（一九九七年）によって世界が設定した国際的目標よりもずっと先にあるものだろう。(訳注22)

安全な飲料水へのアクセスを増大させるという目標は、また地球温暖化によって致命的に危うくされるものである。世界で一三億人ほどの人びとが、十分な飲料水を欠いていると見積もられている。経済の成長と人口の増加に伴って、その数字は二〇二五年までに倍増すると予想される。心配なことに、二十世紀においては、世界の水の消費量は、人口増加の二倍の早さで増加した。気候変動のシナリオは、いくつかの地域での極端な嵐や降雨にもかかわらず、世界の多くの乾燥地域と半乾燥地域において、水供給は劇的に減少するであろうと示唆する。チグリス、ユーフラテス、インダス、ブラマプトラのようなアジアの大河川は、流量が四分の一減少すると予想される。同時により多くの人びとがアジアのメガシティに流入すると予想され、既存の水供給にいっそうの圧力を及ぼすであろう。インドの首都デリーでは二〇一五年までに淡水供給が枯渇するかもしれないし、中国の都市の三分の二はすでに深刻な水不足に直面している。世界のメガシティのほとんどは沿岸部あるいは河畔にあり、気候変動と海面上昇に対して独特の脆弱さをもっている。アジア全域で都市人口は農村人口よりも四倍から五倍の早さで増加している。大都市における生活の質への圧力は、地球温暖化がないとしても、何百万人もの人にとってすでに耐え難いものになっている。持続不可能な速さで地下水をくみ上げることも、地盤沈下を起こすことによって問題を悪化させうる。脱塩プラントが飲料水確保のためにますます必要になるにつれて、スラム住民は特別に脆弱な地域から移転する必要があり、発展途上国に課せられる費用はさらに重荷となるであろう。

おおむね不当な（貧しい国の）金融的債務は、その帰結において残酷であり、過去数十年において多くの国で人間の進歩を妨げてきた。しかし将来を見れば、人類の集合的な未来を脅かすものは、豊かな国の逃れられない生態学的債務である。そして生態学的債務はしばしば信じられているよりも根深いものである。

訳注21　都市の「ヒートアイランド現象」などをさす。

訳注22　二〇一五年三月末までの期限に、米国、ＥＵ、ロシア、スイス、ノルウェー、メキシコ、ガボンが温室効果ガス排出削減の国別目標案を提出した。原発比率とのリンクにこだわる日本は世界第五位の排出国であるが、提出を見送った（しんぶん赤旗二〇一五年四月三日などを参照）。七月十七日に決定して国連に提出した削減目標は、二〇三〇年に二〇一三年比で二六％減（一九九〇年比で一八％減）であり、二〇三〇年の電源構成に石炭火力二六％、再エネ二二～二四％、原発二〇～二二％などを想定していて、温暖化対策の責任を果たすものとはいえない（しんぶん赤旗二〇一五年七月二十七日などを参照）。

第五章　生態学的債務

債務（名詞）　誰かが他者に負っているもの。誰かが行なったり、こうむったりする法的責任があるもの。義務あるいは負債の状態。義務。罪（聖書）。

信用借り、賭博での借金、無証書借金（debt of honour）　法律によって認知されていないが、名誉によって拘束されている債務

自然の債務　死を意味する比喩的表現

『チェンバーズ英語辞典』一九八九年（原注1）

そのような金属自体ではなく、（新大陸から）ヨーロッパへのその流入がもたらした諸結果が重要な役割を果したのであり、この点は決して不思議なことではなかった。

Ｊ・Ｋ・ガルブレイス『マネー　その歴史と展開』一九七五年（都留重人監訳、ＴＢＳブリタニカ、一九七六年）

ぴったりと合う蓋が蝶番でついている木製の小さな箱の中に、私はコインのコレクションをしていた。ふたを閉じたとき空気が圧縮され、あけたときに空気を吸い込むので箱が静かな音を出す様子が、子どものころの私は好きだった。コインは過去の扉を開ける鍵のようなものであり、変色していて、黒に近かった。ヴィクトリア朝時代の一ペニー硬貨は一世紀以上前のものに見え、子どもにとっては想像もつかないほど遠い過去のものだった。冷たい酸っぱい味がする金属は、私の手の中に歴史の存在の証拠としておさまっていた。コインは現実世界の鍵も開けた。想像できない距離によって隔てられた諸国からの罪のないエキゾチックな記念品。まったく別の生活様式の証拠。コインに刻まれた顔は、かつては母のようであり、父のようでもあった。硬貨の縁に権威をもって書かれた名前と年が、私を安心させる。疑いもなく、国旗のように固定された確実さだった。

しかしコインは物語を語るとともに、嘘もついた。それはわれわれの学校教師が隠したものを、隠し続けた。私が大人になってから箱を開けたとき、親切な祖先たちの囁きと、訪れていない諸大陸の痕跡は、私が知った真実とは異なるものであるとわかった。それら（真実の歴史）をどう読み取るかを私が知っていたなら、ためこまれたり、債務として支払われたりしてきたコインは、苦しみ、債務返済義務、さらに悪い事態についての暗い歴史物語をも語ってくれていたであろう。

いまでは私は自分が集めたコインを見て、むかつきを感じる。あたかも私が子ども時代の記憶のなかで、気付かずにテロリストや戦争犯罪人を家に泊めてしまったかのように。ファシスト独裁者であるフランコ将軍のスペインが、私の手のひらから見上げている。ここにドイツ占領下のフランスの一フラン硬貨があるが、そこには「自由、平等、友愛」（フランス革命の標語）の代わりに、ナチスのはるかに実直な価値で

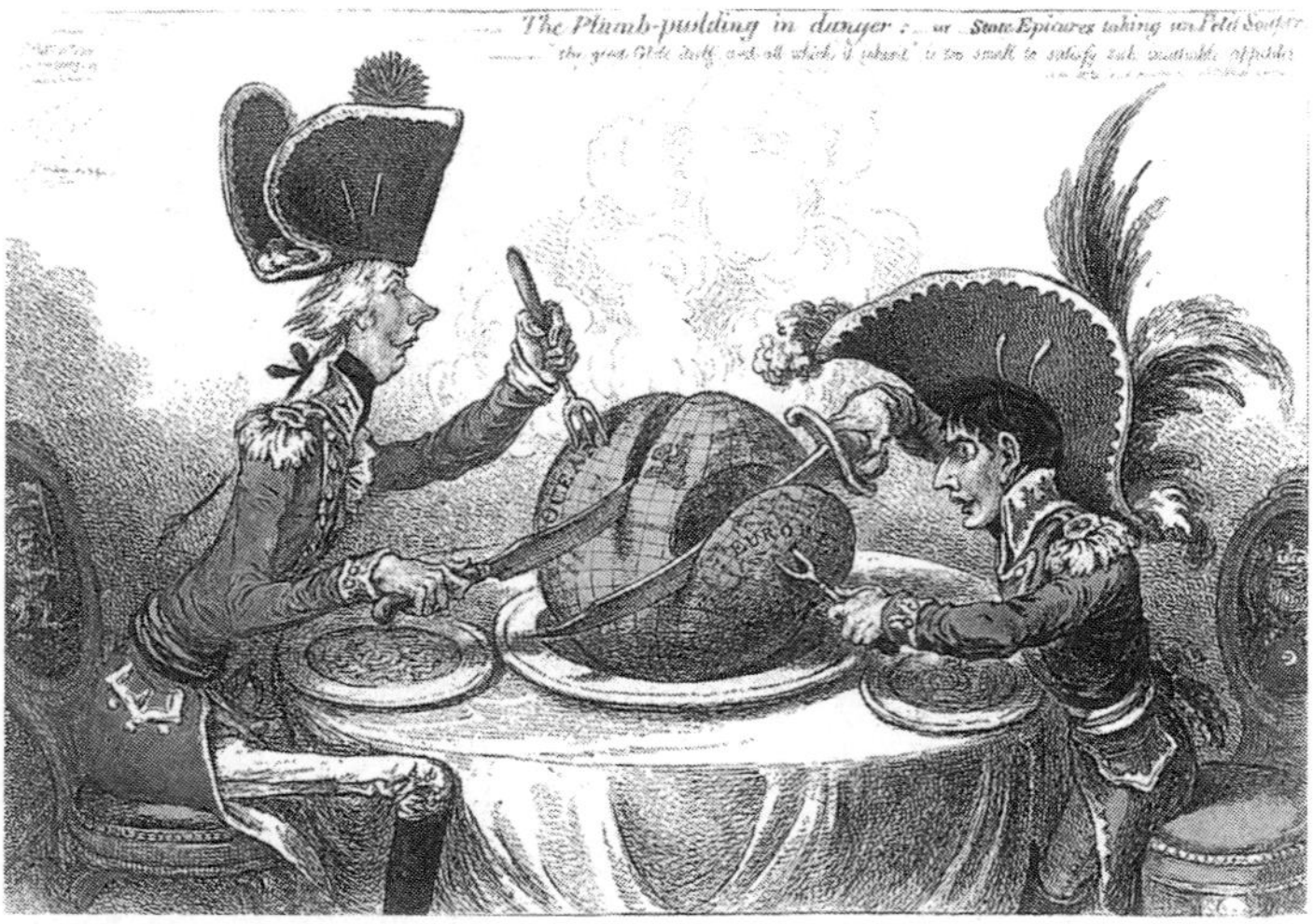

1805年の植民地帝国についてのジェームズ・ギルレーの古典的な風刺画。フランスとイギリスが世界を自分たちの目的のために切り分けている。測鉛（糸の先に鉛の重りをつけて水深を測定するもの）のプディングが危険にさらされている。あるいは軽い夜食をとろうとしている国家という名前の美食家（図版の引用はロンドンのナショナル・ポートレート・ギャラリーのご好意による）。

ある「労働、家族、祖国」が刻み込まれている。一九六七年のクーデターで確立されたギリシャの右翼軍事政権、大佐たちの時代の一〇ドラクマ硬貨では、フェニックス（不死鳥）が上空へと飛翔している。ヴィクトリア女王時代の大英帝国の小銭も、彼女のいとこたちとともに、私の小さな木製の箱のなかでくたびれた様子をしている。ベルギーのレオポルド国王時代の小さな一〇サンチーム硬貨もある。それは生態学的債務の物語の一部をなすもうひとつの暗い歴史物語と直接につながっている。（訳注1）

　子ども時代のコインのコレクションのような、非常になじみのある何かを見る場合のように、経験のおかげでものごとを非常に違った目で見ることができる。変えられた視点から世界を新鮮な目で眺めることができるのと同じように。学校教育は私たちに、近代という時代の登場が諸国のあいだ、富裕層と貧困層のあいだの力の特別なバランスをともなう、おおむね良いプロセスだったと教えた。別の視点からの説明が提供されないので、私たちは豊かな先進工業国が発展したのは、その国民が生まれつき努力をする、より良い、より賢明な人びとであったおかげだと、想定するようになる。しかし生態学的債務という箱をあけると、異なる物語が見えてくる。

ベルギー。なぜこの国がそんなに特別なのか。それは非常に巨大な駐車場と近代の地政学的中心部とのあいだに、奇妙にとらえられた国である。連合王国の南東部の平坦地にあるイーストアングリア地方で育った英国の若者にとって、ベルギーはしばしばひとりでの外国旅行の最初の目的地であった。自由のにおいは、退屈な鉄道の旅と、波に揺られるフェリーの旅で見慣れない土地へ行くことに変わった。安価な短距離の空の旅が可能になり、また何世紀にもわたる約束であった英仏海峡のトンネルが実現するようになる前は、英国とヨーロッパ大陸は、照明がまたたき、石油のにおいがするフェリーの運航によってつながっていた。居心地の悪い明るいナイロンの椅子にすわって夜をすごし、フェリーの深い揺れからくる吐き気とたたかうことは、開けようとする大人の世界に入る試みであり、序曲であった。

訳注1　レオポルド二世は在位一八六五～一九〇九年。レオポルド三世は在位一九三四～一九五一年。どちらもベルギー領コンゴなどでの過酷な植民地支配とかかわる。藤永茂『「闇の奥」の奥　コンラッド・植民地主義・アフリカの重荷』三交社、二〇〇六年、などを参照。レオポルド三世時代には現地人が過酷な労働条件のもとで採掘したコンゴ産のウランが、カナダ、米国のウランとともに、広島、長崎への原爆投下の材料となった。

ナポレオン・ボナパルトはわれわれに、「小男症候群」という概念を与えた（ナポレオンの身長は一六七センチであったといわれる）。小柄な身長で、過剰な欲求の達成をめざす個人という概念である。歴史のある時点でベルギーは似たような現象を示した。「小国症候群」である。ベルギーの君主レオポルド二世は、十九世紀にアフリカの自然資源の争奪競争へと乗り出した。それは二十世紀の中東石油資源の争奪戦へと進展した。今日では、レオポルド公園が欧州議会の建物の背後にひろがっている。ブリュッセルは、欧州連合という米国のスーパーパワーへの対抗力の、いくつかの機関の所在地でもある。

ベルギーと、競争相手である欧州の帝国主義諸国は、場当たり的な植民地プロジェクトとともに、しばしば生態学的債務の歴史と登場の窓でもあった。それはふたつの間違いようのない傾向とともにあらわれた。一方では、グローバル経済の巨大な膨張であり、他方では貧富の格差の劇的な拡大であった。

> 現代は、一六世紀に始まった資本蓄積をもって幕をあけたと私は考えている。………このことは、当初は物価の上昇とそれによってもたらされた利潤とに起因していたのであり、スペインが新世界から旧世界に運び入れた金銀財宝による帰結であったと考えている。（J・M・ケインズ「わが孫たちの経済的可能性」一九三〇年、宮崎義一訳、三九〇頁）(原注2)

ジョン・メイナード・ケインズはそうした用語を使って考えていたわけではないが、近代が旧世界の新世界に対する莫大な自然資源債務をためこむことによって開始されたことを指摘した。もちろん現実には、新世界といっても、人類の歴史的な移動パターンから見れば、旧世界と同じように古いのであるが。(訳注2)

「そのときから今日まで、二百年以上にわたる複利的な蓄積の力は、われわれの想像を超える大きなものであった」とケインズは書いている。気候変動の文脈で明らかになると思われる理由から、複利の魔術についての彼の見方は有益であり、控えめであるにしても警告的なものである。

ケインズは一九三〇年の著作のなかで、海賊から転じて「英国領土の騎士」となったフランシス・ドレイクが「黄金の雌鹿号」という船で一五八〇年にスペインという強盗から略奪し、（英国経済に）顕著で持続的な効果をもたらしたと指摘した。女王エリザベス一世が得た戦利品の分け前から、彼女は「イギリスの対外負債を全額支払い、予算の収支を均衡させたが、なお手もとに約四万ポンドが残った」（「わが孫たちの経済的可能性」宮崎義一訳、三九一頁）。女王はレヴァント商会に投資し、その利益が東インド会社の誕生を、そして物語を単純化するなら、大英帝国をもたらしたのである。ケインズは封筒の裏でいくつかの計算を行なった。四万ポンドが手中にあり、三・二五％の複利で蓄積するならば、ケインズが著述している時期に至るまでのさまざまな時期のイングランドの対外投資の総額に等しくなるのである。一九三〇年までに、ドレイクが祖国にもたらした一ポンドは、一〇万ポンドの価値になったであろう。今日では、当初の一ポンドが、一〇三万二七〇一ポンドになっているであろう。[原注3]

また今日では、気候変動を加速すると思われるのは皮肉なことに「正の環境フィードバック[訳注3]」と命名されているものであるが、これによって生態学的債務はますます複利で増えるようになったと思われる。そしてすでに工業化した北の先進国にいるわれわれが多数世界（第三世界）の富と自然資本に対する初

訳注2　ホモ・サピエンスは数万年前にアフリカ大陸を出て、アジア・ヨーロッパを経て南北アメリカやオーストラリアへと広がった。もちろん新大陸到達も一万年以上前のことである。

期の収奪の成果を手放そうと思わない限り、生態学的債務を免れることはできない。一部の人はそのことに気づいていた。

ラテンアメリカの先住民の首長であったグアイカイプロ・クアウテモックという人は、欧州諸国の政府への手紙のなかで、彼の大陸のお金の返済を求めた。

どの書類も、どの領収書も、どの署名も、一五〇三年から一六六〇年までだけで、アメリカ大陸からサンルカルデバラメダへ一万八五〇〇キログラムの金と一六〇〇〇万キログラムの銀が輸送されたことを示している。(原注4)

金銀は、アメリカ大陸の先住民がヨーロッパの発展のために認めた数種類の「友人への貸付」のうちの最初のものであると考えなければならない、と彼は続けた。「そのような驚くべき資本輸出」について何かほかの見方をすることは、「戦争を想定する」ことになるであろう。それは「野蛮なヨーロッパの再建を保証するためのマーシャルテズマ・プラン(訳注4)」であったと彼は言う。このデフレの時代に再び流行するようになった金銀の重量で、しかも「ヨーロッパ方式」である複利計算で払い戻すならば、「地球そのものの重量を優に超える金銀」が必要になるだろう。しかしながら、「借り手」の側の羞恥とか謝罪とか良心の呵責の表明などは、いまなお見られない。それどころか、旧世界とその末裔たちは、自分たちが盗んだ財産を保持し、権利を主張するために法的手段までとろうとしている。

二〇〇三年はじめに、かつてスペイン国王に奉仕していたフランスのガレオン船(訳注5)、ノートルダム・ド・

デリヴランス号（「解放の聖母マリア」という意味の船名）についてのニュースが流れた。その船は一七五五年二月一日にフロリダ・ケイズ沖で暴風に見舞われ沈没した。(原注5) それはペルー、コロンビア、メキシコの鉱山で採掘した「財宝」を積んでハバナから出航し、スペイン国王カルロス三世の宝物庫を満たすために帰る途中だった。金塊の入った一七の収納箱、一万五〇〇〇枚以上のダブロン金貨（スペイン・スペイン領アメリカで使われた金貨）、一〇〇万枚の「ピース・オブ・エイト（八枚分の硬貨の意味）」コイン、二四キログラムの銀とそれ以上の銀鉱石、一五三の金の嗅ぎたばこ入れ、数えきれない銀、ダイアモンドその他の宝石が海底に沈んだ。深海の忘却のなかに、二〇億ドルと見積もられる富が、そのもともとの所有者にとっても、旧世界から来た略奪者にとっても、長く失われることになったのである。

メディアの関心が寄せられた理由は、しかし体系的な植民地的収奪のさらなる歴史的証拠によってではなく、沈んだ貨物に対する所有権の主張と、対抗的な所有権の主張によってであった。米国に本社のあ

訳注3　増加したらさらに増加して拡大していくのが正のフィードバック。増加したら減少し、減少したら増加することにより一定を維持するのが負のフィードバック。ホルモンの血中濃度などでは、負のフィードバックがはたらいている。

訳注4　第二次大戦後に米国が欧州の戦後復興のために支援した「マーシャル・プラン」とアステカの皇帝モクテスマを重ねて「マーシャルテズマ・プラン」という造語をつくっている。法的手段をとるとは、世界銀行や国際通貨基金などを活用して先進国が第三世界から債務をとりたててきたことなどをさす。エリック・トゥーサン『世界銀行　その隠されたアジェンダ』大倉純子訳、つげ書房新社、二〇一三年、などを参照。

訳注5　ガレオン船（ガリオン船）は、十六～十八世紀に主にスペインが植民地と本国との貨物移送および艦船として使った大型の帆船。三本以上の横帆マストを備え、船首楼と船尾楼が一段高くなっているのが特徴である（スペースアルク英辞郎ＨＰ）。

る海底調査会社が、難破船を発見したと主張して、引き揚げ権を求めていた。しかしスペイン政府は、一九〇二年の米国との条約のもとで、デリヴランス号の所有権を主張することは「ほとんど確実」であった。フランス政府もまた、沈んだ船の所有者としてチャンスがあると思われていた。「財宝」をめぐる論争において言及さえされなかった諸国は、もともとその富を収奪された諸国であった。そのことが示しているのはたぶん、われわれ北の先進国に有利な形での、諸大陸のあいだでの富の歴史的な不公平分配という「自然の論理」をいかに深くわれわれが内面化し、容認しているかである。それはまた、われわれが住む不平等な世界のために支払われてきた現実の生態学的債務と経済的債務がいかに隠されているかを示している。

その観察は、歴史的な論点の指摘以上のものである。経済学者J・K・ガルブレイスの『マネー』によると、「発見と征服が、アメリカからヨーロッパへの貴金属の莫大な流出を引き起こした」。「もっとも硬い硬貨」の供給増大に反応して、欧州で物価が高騰した。高価格と高賃金の組み合わせが、投資のために使える莫大な資本を解放した。これらの価格はコンキスタドーレス（ピサロなどの征服者）よりもむしろ「ほとんどの欧州人にとってアメリカが発見されたというメッセージであった」。一部の人は金銀の流入自体が欧州の資本主義をもたらしたと見ている。ガルブレイスは、金属自体よりもむしろ光沢のある金属のもたらす結果がより重要であると強調することを選んでいる。(原注6)

アメリカ先住民の寺院は財宝を略奪されたが、特に銀に関してもっとも重要だったのは、地球の強姦であった。メキシコとペルーの鉱山が特に重要であった。略奪の大半は一六三〇年までに終わり、もっとも豊かな鉱石が収奪された。しかし一世紀半にわたる富の抽出は、絶えざる戦争でほとんど破産していた旧世界の諸大国のいくつかを再浮上させるのに十分であった。マックス・ヴェーバーはこの時期のスペインの儲けの七〇％とほかの欧州諸国の儲けの三分の二は、戦費の調達に使われ、それがもちろんさらなる植民地征服を意味したと述べている。(原注7)(訳注6)

十六世紀と十七世紀に欧州と中南米のあいだで起こったことは、諸大陸のあいだの富と福祉の持続的な格差を拡大させたという点からみて、歴史的に孤立した事例というよりはむしろ、今日の犯罪心理学者が「繰り返される犯罪行為」と呼ぶものの始まりであった。

もし英国のインド支配の歴史がひとつの事実に集約されるとしたら、それはこうである。「一七五七年から一九四七年までにインドの一人当たり収入は増加しなかった」とマイク・デーヴィスは『ヴィクトリア朝後期のホロコースト：エルニーニョの飢餓と第三世界の形成』のなかで述べている。(原注8) 他方、英国において、一人当たり収入は一七〇〇年から一七六〇年までに一四％、一七六〇年から一八二〇年までに三四％、一八二〇年から一八七〇年までに一〇〇％増加した。(原注9)

デーヴィスによると、大英帝国が支配的なグローバル権力へと膨張していく年月のあいだに、帝国の王冠の「宝石」と言われるインドは、経済的に停滞していたのである。十九世紀後半の五十年間に、大英帝国はピークに達したが、インドの収入は実際におよそ五〇％低下したとみられる。一八七二年から一九二一年までにインド人の平均寿命は五分の一ほど短くなった。

英国はインド経済を輸出換金作物中心の状態へと改造した。アヘン、綿花、小麦はいずれも、地元の消

訳注6　青木康征『南米ポトシ銀山：スペイン帝国を支えた〝打出の小槌〟』中公新書、二〇〇〇年、なども参照。

費のための食料作物を耕作から駆逐した。一八七五年から一九〇〇年までに穀物の輸出は三〇〇万トンから一〇〇〇万トンへと増大した。この年月のあいだには、「インド史上で最悪の飢饉」も含まれる。森林が伐採され、新しく粗野で収奪的な経済に不可欠な鉄道インフラが建設された。現金もまた主な輸出品であった。大英帝国の無慈悲な要求はインド飢饉のあいだでさえも、税金を絞り出し続けたからである。そして飢饉のあいだでも豊富な食料が眠っていた。

英国の支配にも、国内からの批判者がいなかったわけではなかった。オズボーン中佐は一八七九年にこう述べた。大多数の庶民にとって、英国の官僚は過酷で、機械的で、得体のしれないものであり、「殺し、課税し、投獄する権力を持った機械のようなもの」であると。

新しい経済が伝統的に確立されていた災害対処メカニズムを剥ぎ取り、国民の大多数から富を奪い、慣習上の権利をとりあげるにつれて、民衆は「自然の」気候災害に対してますます脆弱になる。(気候変動によって)厳しい気候にますますさらされることは、世界市場にますます統合され、「交易条件が劇的に悪化する」ことと、歩調をあわせている。(訳注7)

グローバル経済がこの時期にいかに拡大され、格差を広げたかを説明することは、なぜ飢饉のような気候関連災害で何百万人もの人が死ななくてもすんだはずなのに死亡したかを示し、「現在のグローバルな不平等の根源」の多くを描き出してくれる。それはまた、なぜいまなお根本的な変革がないなかで、世界人口の貧しい多数者が不可避的な地球温暖化に直面して、不公平に大きな被害に耐えているのかを示してくれる。

富の格差は、十八世紀の主要な文明国のあいだではわずかなものだった。ポール・ベアロックは研究の結果、次のように結論した。「十八世紀のなかばにおいて、欧州の平均的な生活水準は、世界の残りの地域のそれよりも、わずかに低かった」(原注10)。

インドと同様に、中国の世界的経済大国の地位からの転落は、英国の砲艦経済外交（武力を背景にした経済外交）からの大きな圧力によって促進された。特にそれは、英領インドとのアヘン貿易(訳注8)に強制的に組み込まれることによって起こったのである。

しかしかつての（そして将来の新興の）世界的大国は、一八五〇年までにゆっくりと「不承不承に」その地位をあきらめていったのである。インドと中国がまだ健在であるように見えたが、それから後退していったという事実は、ヨーロッパ資本主義の生来の固有のダイナミズムや、自由市場の解放力よりもむしろ、彼らの競争力が「戦争、侵略、アヘン、そして（英国の場合には）ランカシャー（綿産業など）によって課された一方的な関税のシステム(訳注9)によって強制的に解体された」ことにかかわっている。デーヴィスが指摘するのは、たとえ国内的な文化的および政治的要因によって説明を試みたとしても、十八世紀の終わ

訳注7　貧しくても平等なキューバはほかの中米諸国よりも自然災害に強いことについて、ジョエル・コヴェル『エコ社会主義とは何か』戸田清訳、緑風出版、二〇〇九年、の訳者あとがきを参照。第三世界の交易条件の悪化については、スーザン・ジョージ『なぜ世界の半分が飢えるのか』小南祐一郎、谷口真里子訳、朝日新聞社、一九八四年、などを参照。

訳注8　一八四〇年代のアヘン戦争などを念頭においている。

訳注9　インドとイギリスの綿工業の競争は、英国の技術的優位というよりは、関税政策などによって決着がついた。マルクス『資本論』などを参照。

表5―1　世界のGDPに占めるシェア（%）

	1700年	1820年	1890年	1952年
中国	23.1	32.4	13.2	5.2
インド	22.6	15.7	11.0	3.8
欧州	23.3	26.6	40.3	29.7

出典　アンガス・マディソン1998年（原注11）
邦訳はアンガス・マディソン『世界経済の成長史1820～1992年――199カ国を対象とする分析と推計』金森久雄訳、東洋経済新報社、2000年、アンガス・マディソン『経済統計で見る世界経済2000年史』金森久雄訳、柏書房、2004年など。

りから、「非西欧社会による、発展の第一車線に入り、交易条件を改善しようとするあらゆる真剣な試みは、英国政府あるいは競合する帝国主義諸国による軍事的および経済的対応に直面した」というしかない。

アジアおよび中南米についても同様であった。アフリカの順番がやってきて、ベルギーによる侵略と同様に、（ほかの諸帝国についても）あからさまな植民地的搾取のショッキングだが例外的とはいえない事例研究をわれわれに提供してくれる。

何世紀にもわたって旧世界――この場合は欧州――は、より古い世界――すなわちアフリカから奴隷を強制連行してきた。何百万人もの人が連行の途中で死亡したが、連行に耐えて生き残った場合には、彼らは世界中で砂糖、茶、煙草を生産する植民地のプランテーションで労働に従事させられた。一六九五年にブリストルの砂糖商人ジョン・カレイは奴隷制度を次のように描いた。「わが王国がもつ最良の交易であり、海と陸を通じてわが国民に、ときに莫大な収益をもたらすものである」（原注12）。ある国会議員は、奴隷制度の廃止は「わが国の植民地と交易にとって破滅的なもの」になるであろうと主張した（原注13）（訳注10）。

ここにはまだ解決を待っているもうひとつの債務問題がある。アフリカ西海岸の奴隷貿易港跡地を訪問したとき西洋諸国の指導者が示す困惑気味の謝罪以上のものが求められている。奴隷制度は未解決の歴史問題であり続けており、地球温暖化の形をとる生態学的債務と同様に、国際法廷で明らかにすることが必要である。[訳注11]

奴隷貿易は別として、一八七〇年代なかばまでアフリカはヨーロッパ人にとって、なおおおむね未開発のところだった。そして一八七六年から一九一二年までに、トーマス・パケナムによれば、アフリカ争奪戦が完了した。[原注14] 英国、ドイツ、イタリア、ポルトガル、フランスの欧州五カ国[訳注12]がアフリカを「ケーキのように」切り分け、その切った分をのみこんだ。それはこの大陸が今日に至るまでなお苦しんでいる原因であった。アフリカには世界の後発発展途上国の多くがあり、古い帝国主義的な力の政治に直接つながる紛争が君臨している。

スペイン人をアメリカ大陸にひきつけた、なかば神話のような物語が、アフリカについての欧州人の想像力をもかきたてた。再びパケナムを引用すると、「エルドラド（黄金郷）、ダイアモンド鉱山、金鉱の夢がサハラ地域一帯に広がっていた」。たとえばコンゴでは、フランス人は自然資源の豊饒の角（ギリシャ神話で、ゼウスに授乳したヤギの角、豊かさの象徴、有り余るほどあること、豊富、宝庫）を想像した。象牙、

訳注10　川北稔『砂糖の世界史』岩波ジュニア新書、一九九六年、ジュリアス・レスター『奴隷とは』木島始、黄寅秀訳、岩波新書、一九七〇年、土屋哲『アフリカのこころ　奴隷・植民地・アパルトヘイト』岩波ジュニア新書、一九八九年、永原陽子『「植民地責任」論』青木書店、二〇〇九年、小川了『奴隷商人ソニエ——一八世紀フランスの奴隷交易とアフリカ社会』山川出版社、二〇〇二年、ジャン・メイエール（国領苑子訳）『奴隷と奴隷商人』創元社、一九九二年、などを参照。

訳注11　国連の二〇〇一年ダーバン会議を参照（米国とイスラエルの代表が途中退席）。

訳注12　ベルギーを入れると六カ国、スペインも入れると七カ国になる。

ゴム、トウモロコシ、銅、パームナッツ、鉛である。よだれをたらすような欲望が、英国の探検家、キャメロン中尉の一八七六年一月の報告書によって刺激された。彼は中央アフリカについて、次のように報告している。「内陸部はほとんどが、たとえようもないほどの豊かさの素晴らしい健康な国だ（原注15）」。アフリカが長くほっておかれることはなかった。その後のベルギー国王レオポルド二世のコンゴ（訳注13）における恐怖の統治と富の追求は、いまもなお化膿している歴史的な傷である。

コンゴのゴムはレオポルド国王に何百万フランもの財産をもたらした。一八九〇年代後半には毎年一〇〇〇トン以上が輸出された。欧州ではダンロップ氏（ダンロップ・タイヤの創業者）が、車で旅行するようになった庶民の車両の振動をやわらげるために空気入りのゴムタイヤを発明したので、ゴムの需要は大きくなった。ブリュッセルでレオポルドは、バロック式の信じられないような宮殿を建てることに植民地からの収益をつぎこみ、その宮殿が現在は中央アフリカ博物館となっている。それはいまも市の中心部から路面電車四四番線で少し行ったところにある。社会改革の約束とともに、アフリカ物語は夢に満ちており、善良で、冒険的なように見える。博物館が最近ようやく、しぶしぶと認めたのは、アフリカにおける保護者の役割は、必ずしも称賛に値するものではないということだった。いまなお博物館の壁画に真実を見つけることは難しい。無垢の冒険と善良な動機という神話が非常に強力だからだ。レオポルド国王の風雨にさらされた胸像は、芝生もない中庭に、誇らしく立っている。旧式のギャラリーが、できのよくないアフリカの風景画を飾った内部の壁に広がっている。種々雑多な野生動物の剥製が、草地をあらわす黄と緑の、

訳注13　旧仏領コンゴが現在のコンゴ共和国、旧ベルギー領コンゴが後のザイール、現在のコンゴ民主共和国。類人猿ボノボはコンゴ民主共和国に生息している。

ベルギー、ブリュッセルの中央アフリカ博物館にあるレオポルド二世の胸像。コンゴのゴム貿易の収益で立てられた。それは芝生もない中庭に立っていて、彼のアフリカの遺産のように風雨にさらされ、しみがついている。そしてあたかも幽霊に引っかかれたように、カメラ店から戻ってきたこの写真でさえ、漂白され、プリントにしみがついている。

森林をあらわす暗緑色と黒のブロックを背景に安置されている。ゾウの剥製が展示されており、訪問者はあたかも動物が願い事をかなえてくれる井戸であるかのように、ゾウの足のまわりにコインを投げ込んでいる。たとえ願いがかなうとしても、ベルギー政府がゴム交易の暴利に決して気づかないでほしいと願ったにちがいない中央アフリカの民衆にとっては遅すぎるのであった。

英国のヴィクトリア女王のいとこであったレオポルド国王は、明らかに「この素晴らしいアフリカというケーキのひときれを楽しんだ」（彼自身の言葉）だけではなかった。[原注16] 彼は帳簿もごまかしたのだ。コンゴのゴム交易は、殺人的な強制労働に依存していることがわかった。クエーカー教徒の影響を受けた改革者のエドモンド・モレルは、植民地支配について当初は伝統的な支持者の見方をしていたが、交易が「暴力によって強制される合法的な強盗」であることに気付いた。レオポルドの私的な植民地で見聞したことにショックを受けて、彼はこう述べた。「殺人に出くわすことは十分にショックを受けることだ。私は国王のとりまきになっている殺人者の秘密組織に出くわしたのだ」。[原注17] 現地の全住民がゴム採取の達成不可能な目標値を課せられていることが、明らかになった。労働者たちは友人や家族が業務遂行不十分の理由で即決で銃殺されるのを見ることによって「激励」されていた。弾丸を節約するために、彼らは列に並ぶようにさせられ、一発の弾丸が複数の人間を貫いた。耳や手を切り落とされる人びともいた。パケナムは、兵士たちが弾薬を浪費したのでないことを証明するために「バケツ」に住民の身体部分を集めていたと記録している。ゴムを採取するために自給食料生産のための農地は放棄され、それが広範な飢餓を招いた。

人によっては、レオポルドのコンゴを例外的な逸脱事例だとみなすかもしれない。しかし英国とインドのあいだの織物戦争の話も、インドの織物労働者の労働能力をそこなうために、親指が切断されたこと

植民地主義の影がいまなおアフリカをおおっている。アムネスティ・インターナショナルのベルギー支部によって作成されたこの広告は、大陸の不安定が続いていることをはっきり示している。（9・11事件の）ツインタワーの写真を配していることは、米国の受けた傷について多くの人が感じたのと同じように、この地域の悲劇が続いていることをわれわれに想起させる。

を記録している。リヴィングストン博士を発見したことで有名になったスタンレーも、初期には、一八七六〜七七年の探検旅行のあいだに「ハリケーンのようにコンゴを突っ切り、おびえた原住民をいたるところで撃ち殺した」と自慢している(原注18)。そして、レオポルドの暴虐が真剣な国民的議論の主題になった年に、同じ生産方法がフランス領コンゴで利益をあげ始め、ドイツは南西アフリカでのヘテロ人の絶滅戦争に専念していた。一八六七年にアフリカ人の羊飼いがヴェルドにダイアモンドを見つけたことで、南アフリカの状況が変わり、英国が介入した。いままた、コンゴの場合のように過去の遺産が復活している。最近のコンゴ民主共和国の内戦では、三〇〇万人の人命が失われたと見積もられている。二〇〇三年に国連のある委員会が、多国籍企業が諸国政府と共謀して、金やその他の鉱物といった自然資源の開発で大儲けをしていると報告した。その略奪は、現在の紛争の火に油を注いでいると主張されている。(原注19)(訳注14)

UNCTAD（国連貿易開発会議）は、国連の貿易についての専門機関であるが、『世界投資報告』が定期的に示しているところによれば、アフリカに向かう少数の対外直接投資の主な焦点は、いまもなお鉱物と自然資源を抽出することに向けられているということだ。ナイジェリアとアンゴラからの石油、ダイアモンドもあるし、携帯電話の製造に必要な、コルタンからつくるタンタルのようなレアメタルもある。(原注20) ジヨセフ・コンラッドが『闇の奥』（一九〇二年）を書いたとき、著述家のスヴェン・リンドクヴィストは、彼が描いている闇の奥はアフリカ大陸にあるのではなく、ヨーロッパ人征服者の魂のなかにあるのだと述べた。(原注21)(訳注15)

植民地主義と諸国のあいだの富の格差について語るもうひとつのエコロジー物語がある。物語が語られたのは、アルフレッド・クロスビーの著書『欧州の生物学的拡張　九〇〇〜一九〇〇』においてであった。(原注22) それは、いかにして征服する植民国家が植物と動物を奪い、病気を持ち込み、その感染症が武器や宗教とあいまって、直接および非意図的に、支配される国にもともと住んでいた人びとの人口を減らしたかを、示している。また、生物学者ジャレド・ダイアモンドは『銃・病原菌・鉄』で、家畜化したり栽培したりするのが容易な動植物の地理的分布が、技術伝播の地理的な容易さと相まって、世界のある地域のほかの地域に対する優位をもたらし、それがやがては今日みられるような諸国のあいだの力のグローバルな不均衡をもたらしたことを指摘している。(原注23) これらの当初の有利な点が、台頭する植民地権力を原材料供給国の自然資源を収奪する地位へと押し上げるのに役立ったのである。広い見地から見ると、それらの出来事が、

貧しい多数者がいまなおそこから逃れようとしている世界貿易の不均衡なパターンをもたらすことになったのである。(訳注16)

植民地権力が「発見」し活用した植物から得られる大きな利益があった。いくつかの例をあげれば、コーヒー、茶、アヘン、ココア、ゴム、コカ、タバコ、じゃがいもである。(原注24) もし現在先進工業国に利用されているこれらの自然資源に現代の広範な特許保護システムが適用されていたなら、多数を占める発展途上国の富はどれほどのものになっていたか、想像してもらいたい。現在の知的財産法令の擁護できないほど抑圧的な性質を明らかにするためという以外の理由はないが、その金額を考えてほしい。自然のバランスをさらに覆す、生態学的債務のまた別の側面として、今日われわれは豊かな動植物の多様性に及ぼす気候変動の影響を説明しなければならない。われわれは現在、大量絶滅という出来事の瀬戸際にいる。科学雑誌『ネーチャー』は地球温暖化によって二〇五〇年までに陸上の植物と動物の種の三分の一以上が絶滅するおそれがあると報告している。(原注25)

訳注14　米川正子『世界最悪の紛争「コンゴ」』創成社新書、二〇一〇年、参照

訳注15　ジョセフ・コンラッド『闇の奥』黒原敏行訳、光文社古典新訳文庫、二〇〇九年、藤永茂『「闇の奥」の奥　コンラッド・植民地主義・アフリカの重荷』三交社、二〇〇六年、などを参照。スヴェン・リンドクヴィストは、**Sven Lindqvist, A History of Bombing, translated by Linda Rugg, London, Granta 2001. Granta pocket 2002.** の著者としても知られる。

訳注16　邦訳は、アルフレッド・クロスビー『ヨーロッパ帝国主義の謎　エコロジーから見た十〜二十世紀』佐々木昭夫訳、岩波書店、一九九八年。ジャレド・ダイアモンド『銃・病原菌・鉄　一万三〇〇〇年にわたる人類史の謎』倉骨彰訳、草思社文庫、二〇一二年。また、ルシール・ブロックウェイ『グリーン・ウェポン　植物資源による世界制覇』小出五郎訳、社会思想社、一九八三年、も参照。

表5―2　世界人口の上位富裕層5分の1と下位貧困層5分の1の富の比率

年	比率
1820	3：1
1870	7：1
1913	11：1
1960	30：1
1990	60：1
1997	74：1

出典　UNDP1999年
邦訳『グローバリゼーションと人間開発（UNDP人間開発報告書）』椿秀洋監修、国際協力出版会、1999年

これらすべてが重要である。そして現在の商品市場をコントロールしている方法（「八百長」と言ったほうが正直であるが）の延長線上で、なぜ貧富の格差がますます開いているのかが説明できる。しかし気候変動の債務が最大であり、もっとも生命を脅かし、あらゆる生態学的債務のなかでも緊急に対処を要するものである。

この歴史の結果は年刊の『人間開発計画』の単純な統計のなかにあらわれる。もっとも豊かな五分の一の諸国に住む人びとともっとも貧しい五分の一の諸国に住む人びとのあいだの所得の格差は、着実に広がってきた。ここで疑問がうかんでくるのは、特に近年において、正統派の新自由主義的経済理論が、ちょうど反対のこと（格差の縮小）が起こるはずだと言っていることである。

「収斂」は、世界銀行の『世界開発報告一九九五』が述べているように「理論との一致を好むエコノミストにとっては大切な概念であり、それを彼らの収入への脅威とみなす豊かな国のポピュリストに忌み嫌われている。しかし過去の経験は前者の希望も後者の恐怖も支持していない」。同報告は次のようにまで述べている。「全般的に見て、収斂ではなく分岐（格差拡大）のほうが一般的であった[原注26]」。指導的な経済予測家であるポール・オーメロッドは、『経済学の死』のなかで同じ主張をしている[原注27]。

最近、世界中で（部分的であるにしても）加速された、管理されていないマネー、商品、サービスの運

動が続いた過去二十年の経済状況が全般的貧困および貧富の格差に及ぼす影響をめぐって、激しい論争が起こっている。経済的なグローバル化の批判者に対する攻撃の主な論点は、彼らがグローバルな貧富の格差は開きつつあると言うのは間違っている、ということだ。

『エコノミスト』のクライヴ・クルックや『フィナンシャル・タイムズ』のマーティン・ウルフのような批評家は、通常、グローバル化の一部としての貿易と金融の自由化の礼賛者である。もし米ドル（真のグローバル通貨にもっとも近いもの）ではなく、地域によって異なる生活費を考慮に入れた購買力平価（PPP）と呼ばれる別の尺度ではかるならば、実際に豊かな諸国と貧しい諸国の格差は縮まってきていると彼らは主張する。それゆえに、グローバル化は機能しているに違いないとされる。しかしこの議論はいくつかの理由から、根本的な欠陥がある。

第一に、特に経済的グローバル化にかかわる場合には、ドルはそれ自体重要な尺度である。貧しい諸国がグローバル経済に参加する場合にはいつでも、彼らはドルを使わなければならない。対外債務を返済するため、国際貿易を行なうため、そして特にもしエネルギー輸入国（非産油国）であるならば国内経済をまわす石油を購入するためである。

第二に、一日二ドル以下で生活している後発発展途上国（LDC）の人口の比率は、過去三十五年以上にわたり、ほとんど変わらない。その間、すでに工業化した諸国の富は大きく増大してきた。しかしそうした貧しい人びとの実数は二億一一〇〇万人から四億四九〇〇万人へと二倍以上に増えた。彼らの平均一日消費額も少しばかり減少した。

ロンドン大学スクール・オブ・エコノミクス（LSE）のロバート・ウェイドは、グローバルな不平等の増大については圧倒的な証拠があると結論している。(原注28) 市場交換比率とPPPの両者にもとづく所得の不平等をはかるいくつかの異なる方法論を比較して、彼はこう述べている。「強力な結論は、世界の不平等は増大してきており、……世界の所得のますます大きな部分が最上層の人びとに集中しつつあるということだ。さらに諸国のあいだの所得格差の絶対的な大きさが、急速に拡大しつつある」。世界人口の最も豊かな一〇%の人びとの所得を中間層と比べると、そして中間層を最貧困層と比べると、グローバルな所得分布は過去二十年のあいだにますます不平等なものになった。

しかし状況はさらに悪いことを示唆するもうひとつの物語がある。それは諸国のあいだの状況を反映して、諸国の国内の不平等がいかに悪化してきたかを明確に示している。

それらの議論は資産にかかわるものである。最近三十年のあいだに株式のような金融資産の爆発的増加が起こったが、そのほとんどはすでに豊かなグローバル少数者によって取得された。たとえば米国では、一九八三年以来富の増大のほとんどすべては、人口のなかでもっとも豊かな一〇%にもたらされた。また重要なことは、一九八三年以来債務の増大のほとんどすべては、人口のなかで貧しい九〇%にもたらされ、もっとも豊かな一〇%がこうむった債務はごくわずかだったということだ。英国では、人口のなかで貧しい五〇%はあわせても富の一%を所有しているにすぎないが、一九七六年には彼らは一二%を所有していたのである。

支配的な経済システムのインセンティブ構造は、「トリクルダウン」の代わりに、貧困層から富裕層への富の「吸い上げ」をもたらしているのである。だから、金融が現実経済を侵食しつつあり、所得だけでなく資産も等式に含めるならば、貧富の格差はさらに大きくさえなる。(訳注17)

生態学的債務　このアイデアはどこから来たか

ほとんどのアイデアと同様に、生態学的債務の概念は時間をかけて形成されてきた。誰かひとりがその概念を考案したわけではない。アイデアの歴史（思想史）に一般的であるように、多くの人びとが、ほかの人たちが同じことをしていることに気付かずに、それについて考えてきた。一九九〇年代なかばに、私は貧しい諸国の金融的債務に対する豊かな先進国主導の金融機関によるひとりよがりの間違った管理の完璧な反対物として、豊かな国の生態学的債務があるのだということを思いついたときに、私自身の独創だとうっかり勘違いするところだった。もちろんほかの人びとも似たようなことを考えていた。しかし英国は急速に成長する「ジュビリー二〇〇〇債務救済キャンペーン」の発祥の地であり、ここでは生態学的債務概念の当否をめぐる論争などはなかった(訳注18)。

従来型の金融的債務はしばしば、抽象的な金融の世界をめぐるものである。債務の暗い力の実験で破綻

訳注17　スーザン・ジョージ『これは誰の危機か、未来は誰のものか――なぜ一％にも満たない富裕層が世界を支配するのか』荒井雅子訳、岩波書店、二〇一一年、ナオミ・クライン『ショック・ドクトリン――惨事便乗型資本主義の正体を暴く』上下、幾島幸子、村上由見子訳、岩波書店、二〇一一年、服部茂幸『新自由主義の帰結』岩波新書、二〇一三年、などを参照。一九八三年以来とは、レーガン政権以来の新自由主義のもとで格差が開いてきたことを述べている。「トリクルダウン」とは富裕層から貧困層へ富のおこぼれがしたたり落ちること。また、いま話題のトマ・ピケティの『二一世紀の資本』山形浩生ほか訳、みすず書房、二〇一四年、も格差論争の文献の一例である。石川康宏『「おこぼれ経済」という神話』新日本出版社、二〇一四年も参照。

した企業の例をあげるなら、米国のエネルギー企業エンロン、会計事務所アンダーセン、そして欧州の生活用品巨大企業パーマラットの詐欺的な広告を思い出してもらいたい。他方、生態学的債務は、それを通していかに現実世界の自然の富が利用され、また乱用（浪費）されるかを見ることのできるレンズである。貨幣形態の債務は、少数の大きな抑圧装置のひとつである。それは人びとを現在いる位置にとどめ、彼らがしばしば嫌うデスクと仕事に縛り付けるのであるが、それは封建時代に地方の領主と教会権力が人びとを一片の土地に縛り付けたのと同じ方法である。債務は人間の文明と同じほど古いが、現代における金融的債務と生態学的債務は、その規模と遍在性において、非常に違った種類のものである。

約三十年前までは、貨幣が創造され、運動する方法はかなり管理されていた。それから、逃げて野生化し、ペスト菌のような速度で繁殖する家畜のように、ものごとはコントロールから外れるようになった。「銀行が貨幣を創造するプロセスは、非常に単純なので、われわれの心は反発する」とガルブレイスは『マネー』で述べている。(原注29) 金融資産は、銀行ローン、担保、株式と債券などを含むが、ほとんどは発明された貨幣であり、相手に貸すことで現実化したものである。(訳注19)

一九八〇年に世界でもっとも豊かな五カ国におけるこのような資産の合計はすでに二〇兆ドルほどであり、それらの国の国民所得の合計の約五倍になっていた。ちょうど二十年後にこの数字は一四〇兆ドルという驚くべき高さにはねあがり、それは所得の合計の十倍であった。これは貨幣に依存している世界の構図であって、まったく文字通りに想像が現実に転化したものである。(原注30) それは秘伝的で、頭が混乱するように聞こえるかもしれないが、その諸結果は非常に現実的である。そうした借り入れが意味するのは、人びとがより多くのものを消費し、自然資源をいっそう使い尽くすということである。

われわれは貸方と借方として現金を示す貸借対照表に慣れているが、自然資源のことになるとそうはいかないだろう。これは一部には自然が無尽蔵であり、経済へと流れる神からの贈り物は勘定する必要がないという考え方がまだ強力なためであり、一部にはどこで環境の線を引き、どれが持続可能で、どれが持続不可能かを知ることが難しいからである。(訳注20)

しかし生態学的債務の貸借対照表がいまはっきりと姿をあらわしつつある。それは、世界についての異なる構図を提示する。それらは人権、平等、環境に関する国際法にますますはっきりと立脚するようになった規範に根差している。われわれのまわりの世界の自然的限界とその生命維持能力についての新しい科学的知識も重要な役割をはたしている。その他の研究動向も関係がある。

現在の国際ビジネスは商標名、特許、その他の知的財産を保護する法令によって厳格にコントロールされている。だから、豊かな諸国が何世紀にもわたり、第三世界の自然資源とローカルな技術革新を自国の利益のために体系的に収奪したり搾取したりしてきたのであり、それは植物や動物の遺伝資源のバイオパイラシーと人的資源の場合のようにまったく支払いなしであったり、コーヒー、綿花、ココアのような産

訳注18　ちなみにウィキペディアの Ecological debt　は次の三言語で記述されている。日本語はない。
http://en.wikipedia.org/wiki/Eco-debt　英語版
http://fr.wikipedia.org/wiki/Dette_%C3%A9cologique　仏語版
http://et.wikipedia.org/wiki/%C3%96kov%C3%B5lg　エストニア語版

訳注19　約三十年前とは、一九七一年の「ニクソン・ショック」を契機に固定相場制から変動相場制に移っていったことをさす。

訳注20　中村修『なぜ経済学は自然を無限ととらえたか』日本経済評論社、一九九五年、などを参照。

品でいまなおそうであるように不当な低価格で買いたたかれたりしたのだから、第三世界の諸国が苦悩していることも、ほとんど驚くにはあたらない。(訳注21)

いまや有名になった悲惨な一九九九年のＷＴＯ〔シアトル〕会合の少しあとで、インドの商業産業大臣であるシュリ・ムラソリ・マランは、貿易についての国連特別会議で演説に立った。彼は、英国が歴史的に安価な自然資源の安定的供給を享受してきた一方で、特に織物貿易を操作することにより、他国の発展がせいぜい現状のままにとどまり、最悪の場合は発展が後戻りするようにしてきたと非難した。

中国が絹と繻子（サテン）を供給してきたように、インドは欧州にキャラコ（更紗、サラサ。光沢のある綿生地で、花や動物柄などの鮮やかなプリントが施されているもの）や綿モスリン（薄手で目の詰まった無地の平織り綿生地の総称）を供給してきた。インドのスラット、そしていまや後発発展途上国であるバングラデシュのダッカとムルシダバードにあった綿製品の町は、一七五七年にロバート・クライヴ（英国の軍人、政治家）によって、「ロンドンのようにきわめて人気があり、豊かな町」であったと描写されている。インドの織物産業に起こったことは、ほかの産業でも繰り返された。千五百年前にクタブ・ミナールで重さ六トン、長さ二四フィートの鋼鉄の柱をつくることができたインドの在来の鉄製錬産業は……一掃された。このようにしてわれわれは敗れ、「第三世界」の一員になったのだ。(原注31)

それほど雄弁でないが同じくらい効果的なやり方で、同じ会合で、同じ論点を主張しながら、「国境なきパティシエ」という組織のある活動的なメンバーが、激怒した元国際通貨基金専務理事、ミシェル・カムドシュの顔にクリームパイをぶつけた。

怒りを招く一般的な事情は、先進国の多国籍企業に支配された国際市場における商品価格の慢性的な不景気によって明らかにされる。しかしこれらすべてをおおっているのが、化石燃料の消費と気候変動の亡霊である。

政治、歴史、環境と社会についての様々な論争が、生態学的債務というレンズを通して世界を見るための土台を準備する。(原注32) しかしそれは正確には何を意味するか？ もしあなたが有限な自然資源の公平な分け前以上のものを消費するならば、あなたは生態学的債務を増加させることになる。もしあなたが生態系にその再生能力を超える負担を与えるライフスタイルを維持しているならば、生態学的債務を増加させることになる。言い換えるとそれは自然資源という現実世界にわれわれを安全に着地させる経済関係を理解するための、いままでとは異なる方法である。言い換えると、無数の市場交換が現実に依存している物質的な土台が自然生態系である。生態学的債務のアイデアにはいくつかの歴史的な起源がある。(訳注22)

十九世紀に大英帝国の愛国的な観察者であったロバート・サウジーは、『イングランドからの手紙』の登場人物に次のように語らせている。「世界のすべての地域が、英国人の食卓を維持するために荒らし回されている」(原注33)。作家ジョージ・オーウェルは一九三七年に、イングランドが物質的安楽を享受する代償として「一億人のインド人が飢餓線上で生きていかねばならない」と書いた。オーウェルの職業生活は、インド帝国の警察官として始まった。彼の後年の急進的知識人としての評判にもかかわらず、彼の初期の政

訳注21　ヴァンダナ・シヴァ『バイオパイラシー　グローバル化による生命と文化の略奪』松本丈二訳、緑風出版、二〇〇二年

治的立場はあいまいなものだった。彼はさもないと（インドを搾取しないと）、帝国は「船外へ」投げ出されてしまい、イングランドは寒くて重要度の低い小さな島国になってしまって、われわれはみんな苦労して働き、ニシンとジャガイモで食っていかなければならなくなるだろうからという理由で、現在の「悪い状態」を正当化した。（原注34）

一九六〇年代には、養うことができない人口規模についての不安という第二のマルサス主義の波がやってきた。それに刺激されたゲオルグ・ボルグストロームは、英国のような豊かな諸国が国民を養うために海外の農地に依存しているという「幽霊耕地」（影の耕地）の問題に光をあてた。英国は国内の需要を満たすために、国内の農地よりさらに広大な海外農地を必要としている。イヴァン・イリッチは本書のふたつの大きなテーマを一九七四年にいっしょにとりあげたが、地球温暖化には結び付けなかった。『エネルギーと公正』（邦訳は晶文社）において、彼は、低いエネルギー消費と資源への平等なアクセスにもとづく社会は、環境崩壊にかかわらず、より自律共生的（コンビビアル）であり、より民主主義にかなっているだろうと述べた。「低エネルギー政策は生活様式や文化に広い選択の余地を与える」と彼は書いている。「一方、社会が高度のエネルギーを消費する道を選ぶならば、その社会関係は必ずや技術権力体制［テクノクラシー］に支配されることになり、そのレッテルが資本主義であろうと社会主義であろうと、それは等しく不快なものとなるだろう」。（原注35）（訳注23）

一九八〇年代後半に、公平と地理的なキャリング・キャパシティ（環境容量、収容能力、人口扶養能力）についての研究から、「環境空間」という用語が導入された。一九九〇年代の初頭にカナダの地理学者ウイリアム・リースは「エコロジカル・フットプリント」について議論し始めた。産業あるいは人口を支えるのに必要な所与の「後背地」の面積を見ることが可能になった。今は亡きインドの環境論者アニル・アガルワルは同僚スニタ・ナラインとともに一九九〇年に『不平等世界における地球温暖化問題』で鋭い政治的主張をした(訳注24)。その論文は豊かな国と貧しい国のひとりあたり汚染排出量の大きな違いを明らかにしたのである。彼らはまた、「環境植民地主義」と呼ばれるべきものについても公然と論じた(原注36)。

これらの研究がもたらした答えは、しばしば明白であった。豊かな人びとと大きな都市が外部の多くの空間を占有している。それは「どこか遠くにある」資源である。彼らはスーパーマーケットの駐車場に無造作に車をとめ、わずか数区画の距離を移動するのに車を使い、公平に与えられる空間以上の消費をすることを好む。

経済的カオスと、金利が低かった時期に商業銀行が諸国に貸し込んだローンから生じた、少なくとも

訳注22　世界全体が平均的アメリカ人並みの消費をするならば「五個の地球」が必要であり、平均的日本人並みの消費をするならば「二個半の地球」が必要であるという試算。現在の人間活動が生態系の再生能力を超えているという「オーバーシュート」の概念を参照。マティース・ワケナゲル、ウイリアム・リース『エコロジカル・フットプリント　地球環境持続のための実践プランニング・ツール』池田真里訳、和田嘉彦解説、合同出版、二〇〇四年。さらに、ハーマン・デイリー『持続可能な発展の経済学』新田功ほか訳、みすず書房、二〇〇六年、ミレニアム・エコシステム・アセスメント編『生態系サービスと人類の将来　国連ミレニアムエコシステム評価』横浜国立大学二一世紀COE翻訳委員会訳、オーム社、二〇〇七年、も参照。デニス・メドウズ、ヨルゲン・ランダース『成長の限界　人類の選択』枝廣淳子訳、ダイヤモンド社、二〇〇五年、古沢広祐『地球文明ビジョン』NHKブックス、一九九五年も参照。

訳注23　英国よりだいぶ食料自給率の低い日本にとって、海外農地の「必要性」はさらに深刻である。

訳注24　アガルワルとナラインの論文の抄訳は、若森文子訳「不平等世界における地球温暖化問題」『経済評論』一九九三年五月号、日本評論社

十年にわたる債務危機で第三世界がいまもぐらついているので、少数の南米の研究者たちが、彼らの国の自然資源の搾取について指摘し、生態学的債務について論じ始めた。一九九二年の地球サミット（国連環境開発会議）への準備期間に、ラテンアメリカとカリブ地域のグループが、『われわれの共通のアジェンダ』と呼ばれる報告書を共同で発表した。産業革命はその大きな部分において、真のコストを反映しない方法での自然資源の搾取にもとづいていると彼らは論じ、次のように結論した。「先進工業国は世界に対して生態学的債務を負っている」(原注37)。そのような債務は今日では、汚染、資源の窃盗、環境の不均衡に過剰な利用を含むように幅広く定義されている。エクアドルは現在、生態学的債務の返済を求めるキャンペーン活動の中心となっている(原注38)。

しかし驚くべきことに、革命的なアイデアの前途有望な始まりは、これまでにまだわずかな成果しかもたらしていない。地球サミットのため環境問題と社会問題を心配してリオデジャネイロに集まった人々の当初の楽観主義の時期がすぎたあと、隔たりができるようになった。環境論者は環境政策の会合に出かけ、反貧困活動家は似たり寄ったりの会合をいっしょに開く世界銀行とＩＭＦの会合に出かけるようになった。

一九九〇年代初頭以降の会合では、従来の金融的債務の問題は「反貧困」のアジェンダの優先順位の先頭に位置づけられるようになり、新しいミレニアム（二十一世紀）へと続いていくのであるが、争点としての気候変動と、概念としての生態学的債務は、ほとんど認知されていなかった。一九九九年に債務論争の動向に疑問を感じた私は、ふたりの友人とともに『誰が誰に債務を負っているのか』という報告書を書いた。それは英国のメディアではよくとりあげられた。私はその報告書をワシントンでの世界銀行の年次会合にもっていった。前の年の終わりごろにハリケーンのミッチが毎時一五五マイル（毎秒六九メートル）の風で中米に大きな打撃を与えたことがまだ人びとの記憶に新しかった。世界銀行は、ハリケーンの被害を受けた国々の債務を帳消しにすることを拒んだ。当時ニカラグアとホンジュラスは一日あたり二二〇万ドルの債務を返済していた。ホンジュラスのカルロス・フロレス大統領は、「われわれは建設するのに五十年以上を要したものを、七十二時間で失った」と述べた。（原注40）

世界銀行のチーフエコノミスト（当時）であったジョセフ・スティーグリッツとの大きな公開討論会で、私は彼にものごとの順序が逆になっていると言った。これから地球温暖化にともなって気象災害はますます厳しくなるのだから、先進国は、世界銀行が担当する疑わしい金融的債務の支払いよりもずっと大きな金額で、第三世界に生態学的債務を払うべきではないのだろうか。室内に笑いが波のように広がり、ある人たちは神経質になったが、ほかの人たちはパネリストたちの明らかな一時的戸惑いを眺めて楽しんだ。彼らは公式に回答することができなかった。

ハリケーン・ミッチの襲来以来、中米では辛い経験の影響が残っていた。二〇〇四年のはじめにサイクロンのヒータが毎時一八五マイル（毎秒八三メートル）の風で南太平洋の島国ナウエを平らにしたとき、同国の首相は「過去の歳月に積み上げてきたものが一掃された」と嘆いた。（原注41）

すべての主要な予測は、気象災害の影響がなくなるのではなく、ますます頻繁になるだろうと示唆している。（訳注25）

訳注25　ジョン・シェンク監督の映画『南の島の大統領　沈みゆくモルディブ』（二〇一一年）などを参照。

ただでもらえる時代の終わり

グローバル・コモンズ（地球規模の共有財産）としての大気と海洋が汚染物質を吸収する能力のような「公共財」を提供するということに気付く人が増えて、人びとは重要な矛盾に目を向けるようになってきた。われわれみんなが生まれながらに平等に権利を有しているはずだが、いまも非常に不公平に利用されているものがある。気候に関していえば、大気はどれだけ多くの汚染物質を吸収するとバランスが崩れるかについて、いまではよく理解されている。主な汚染物質である二酸化炭素が基本的なものである。それはグローバル経済を動かす化石燃料の副産物だからである。このふたつは密接に結びついている。大まかにいうと、経済活動がさかんになるほど多くの二酸化炭素が排出され、気候のかく乱がいっそう進む。このエレガントで単純な等式から、多くの結果が出てくる。

もしわれわれみんなが平等な権利をもっている大気のようなグローバル・コモンズが一部の人びとによって過剰に消費され、破損するならば、彼らは同じくコモンズに依存している他のコミュニティに対して、生態学的債務を負っていることになる。生態学的債務を金銭的に評価しようとする試みが行なわれてきた。(原注42) しかし地球温暖化については、真の債務は気象のバランスをかく乱する大気中の温室効果ガスの濃度である。これは被害を受ける発展途上国への補償が大いに必要であることを示唆しているが、債務を除去する（温暖化を防ぐ）ための行動計画を要求していることも重要である。

環境についての通常の知恵は、一九七〇年代のグローバルな経済的混乱のあいだにみられた態度のパロディである。このとき、国際的な経済会議の場で、「債務は善である」、なぜなら金利が事実上マイナスになっているからだ、と言われた。もし彼らがそもそも生態学的債務の存在を知っているとしたら、生態学的債務は善である、なぜなら払うべき明らかな金利はないからだ、ということになるだろう。しかし安心してはいられない。オイルダラー（あるいは石油の価格）があまりに安くて（第三世界と将来世代から借りずに（浪費せずに）いられなかったので、気候変動の暗雲のなかで、環境金利とでも言うべきものは、爆発的に高騰するかもしれないからだ。

向こう見ずな環境借金ブーム（第三世界と将来世代からの借金）は終わり、大きなエコロジー的赤字の時代が幕をあけた。地球の逆襲は不可避であり、地球の予算のために帳簿を是正しなければならない。しかしひとつのレベルでは住みやすい地球環境を維持するために必要な政策が、諸国を統治不可能にする危険がある。燃料価格をめぐる欧州での暴動は、より大きな混乱のひとつの予兆にすぎない。先進国にいるわれわれは、生態学的債務の帰結を受け入れることができるだろうか。さかさまになった世界をみつめるべきときである。新しい逃れられない物理的現実を前に世界経済を運営するのに必要な活動をするとき、それはどうみえるだろうか。多国籍企業の株主である少数者よりも地球環境の株主であるわれわれみんなへのリターンを最大化しようとするとき、それはどのように見えるだろうか。

近代における生態学的債務の物語は、金銀の採掘とともに始まった。それはグローバル経済における大きな規模拡大と、貧富の格差の始まりでもあった。しかし物語は化石燃料という黒い物質のほうへ、そしていかにわれわれがそれに独特の依存をするかという方向へ、急速に動いていった。この化石燃料中毒の仕組みを理解することによってのみ、われわれは債務を克服することができる。

第六章　炭素債務

おとなしい人びとが地球を相続するが、その鉱物採掘権は相続しない。

J・ポール・ゲッティ　米国の石油成金

われわれは、自明の真理として、すべての人は平等に造られ、造物主によって、一定の奪いがたい天賦の権利を付与され、そのなかに生命、自由および幸福の追求の含まれることを信ずる。

アメリカ独立宣言(訳注1)（高木八尺・末延三次・宮沢俊義編『人権宣言集』岩波文庫、一九五七年）

人類社会のすべての構成員の、固有の尊厳と平等にして譲ることのできない権利とを承認することは、世界における自由と正義と平和との基礎である

世界人権宣言（高木八尺・末延三次・宮沢俊義編『人権宣言集』岩波文庫、一九五七年）

二十世紀の初頭において、道は非常に悪く、石油で動く乗り物の信頼性はまだ低かったので、石油会

社でさえその生産物を馬と荷車で運んだものであった。(原注1) 百年足らず後に空港と航空交通が大幅な拡張を開始した。英国でも新しい滑走路と、より多くのより大きな飛行機が計画された。ロンドンは欧州の空路と、より遠くの目的地に行こうとする人びとにとっての主要なハブ（中心拠点）となった。一九〇三年十二月の最初の動力有人飛行から一世紀のあいだに、世界の富裕層は、このもっとも環境にやさしくない交通形態にますます耽溺するようになった。皮肉なことにインディアナ州ミルヴィルのオーヴィルとウィルバーのライト兄弟は、以前は自転車店を経営しており、もっとも環境にやさしい交通手段を推進していたのである。数世代のあいだに、運賃を払える人びとにとっては、風変わりだったものが日常的なものになった。グローバルに公平な分け前以上の量の化石燃料を使うように強いる交通形態が、贅沢というよりはむしろ「正しい」ライフスタイルになった。しかし一部の人びとは疑問を呈し始めた。

ロンドンである夏の晩に、ファッショナブルな近代的劇場の聴衆は、いらだちをおぼえていた。彼らは小さな演技者集団のショーを約束されていた。照明が落とされ、演技が始まったが、期待された俳優たちの代わりに、私が登壇したからだ。俳優たちがいない理由は、炭素負債だった。出演を予定していたのは、エコロジー的諸原則にコミットした演劇集団だった。彼らは米国のいくつかの場所で公演をするように招待されていた。集団の主要な発起人のひとりであるジェームズ・マリオットは、燃料を大量消費する大西洋空路を利用することによって彼の個人的な生態学的債務を増加させることを望まなかった。彼はほかの交通手段が可能かどうか知りたかった。彼は代わりに海路で行こうとした。そうすれば時間はよけい

訳注1　アメリカ独立宣言は一七七六年、世界人権宣言は一九四八年、ジーン・ポール・ゲッティは一八九二〜一九七六年。http://en.wikipedia.org/wiki/J_Paul_Getty

に、つまり数日かかり、劇場での公演予定に間に合わなくなるだろう。だから、聴衆の前に私があらわれて、前の週に私とジェームズが討論した宣言文を読み上げたのである。(原注2)

もしより多くの人びとが大西洋を飛ぶ飛行機の燃料タンクを満たすのに必要なものについて考えるならば、たぶん飛ぶことについても再考するだろう。英国の北海沿岸の油田で働いている友好的で匿名の人物のおかげで、私たちは燃料自体が行なう旅について知っている。

ロンドンから出発して米国まで飛ぶボーイング747(訳注2)ジャンボ旅客機の飛行を可能にするために、次の時間が必要である。

・北海の海底にある地層の新生代暁新世下層の砂岩層から高度一万フィート(三〇四八メートル)まで石油と天然ガスを上昇させるのに三十分。この地層は約六千七百万年前(訳注3)につくられものである。
・石油と天然ガスをフォーティーズ・パイプラインでキンネイルに運ぶのに二日間
・キンネイル分離プラントで石油を天然ガスから分離するのに二時間
・原油を一五マイル離れた積出港であるハウンド・ポイントまで輸送するのに二時間
・フォースの河口のハウンド・ポイントで原油を三〇万トン・タンカーに積むのに十七時間
・エセックス州のテムズ河口のコリトン石油精製施設までタンカーが航行するのに丸一日
・原油を航空燃料やその他の製品に精製するのに百二十時間
・この航空燃料をヒースロー空港の燃料デポまでパイプラインで送るのに九時間
・ヒースロー空港の第三ターミナルでボーイング747の燃料タンクに充填するのに十五分

・ボーイング747がニューヨークに向けて離陸し、アイリッシュ海の上空で時速五五五マイル、高度三万一〇〇〇フィートに達するのに半時間
・水中眼鏡を使って、液体が海面下一万フィートから上空三万一〇〇〇フィートまで、液体炭化水素が（燃焼して）二酸化炭素ガスになるまで、その経路をたどるとすれば十日弱かかる。六千七百万年前に地層におかれたものが大気中に混じるまでである。

もし世界の人びとのあいだで同じ量の温室効果ガス排出を平等に共有すべきだということになったら、一回の長距離飛行は、一人当たりの数年分の割当量に相当することになるだろう。だからこの機械文明による時間と空間の異常な短縮が、炭素債務の蓄積を推進しているのである。何百万年もかかって蓄積されてきた量の化石燃料が、数日の前処理と消費によって消えてしまうようになった。その結果は何か？　修復するのに何千年も要するような気候のかく乱である。（訳注4）

訳注2　ボーイング747は一九六九年に米国で初飛行。全日空の同機は二〇一四年春に退役した。
訳注3　暁新世は恐竜の絶滅後まもない六千五百五十万年前から五千五百八十万年前までとされており、この数字は少し大きすぎる。
訳注4　国別の温室効果ガス排出量において、二〇〇九年に中国は米国を抜いて世界一となったが、人口一四億人の中国と三億人の米国であるから、一人当たりの温室効果ガス排出量および国別の歴史的累計排出量において先進国が発展途上国をはるかに上回ることは言うまでもない。これは温室効果ガスにとどまらず、一人当たりの資源消費、環境負荷全般に言えることである。戸田清『環境正義と平和』法律文化社、二〇〇九年、などを参照。「世界一」との報道に対して中国政府は「歴史的累計で先進国が八割を占めることを見ないのは不公平だ」と反論した。

仮にヨーロッパ北部の大部分を温暖化させているメキシコ湾流の流れの一部が地球温暖化によって変化したならば、皮肉なことにこれらの諸国全体が慣れていなかった寒い気候のなかに投げ込まれる現実的な可能性があり、暖流の古い流れが回復するまでに六万年かかるかもしれない。だからますますエネルギー集約的になるライフスタイルの正当化と弁明のために「時間の節約」をあげるのは、むしろ近視眼的であるように思われる。

「すべての生命は植物に依存している」というのが、ロンドンにあるキュー王立植物園（キュー・ガーデン）のモットーである。経済は明らかに環境という大きなシステムの一部であるが、その反対の見方があまりにも根強いので、環境というのは経済が成功したときにのみ購入できる贅沢なのだと思い込まれており、この単純な論点を繰り返し辛抱強く訴える必要がある。植物がわれわれに治療薬を与え、飢えないための食料を与え、ものをつくるための化学物質と材料を与えることとは別に、グローバル経済がいまなおそのエネルギーの五分の四以上を植物由来の化石燃料に依存していることを忘れるのは、実にたやすい。[原注3] 自然資本についての環境経済学の主流派のあいだでの論争も、「現実」経済のマッチョな（「男らしさ」を誇示する）世界では風変わりな過激派の議論にようにみえる。

しかしどれだけ直接に、だが見えない形でわれわれの自然資源の運命が自己陶酔的な人間の経済に織り込まれているかは、驚くべきものである。たとえば、特別な偶然の一致によって、植物製品や地下資源などのアフリカの一次産品の交易条件の悪化による財政的損失は、[訳注5] 一九八〇年から一九九二年までの十年あまりで約三五〇〇億ドルにのぼった（それ以来さらに増大している）。この数字は、ほとんどがアフリカにある重債務貧困国の未払い債務の額――ジュビリー二〇〇〇債務救済キャンペーンが帳消しを求めていた

――とおおむね同額であった。ほかの事例は土地の分配と所得の分布の直接的な結びつきであろう。多くの研究によって見出されたのは、土地所有の不平等と貧富の所得格差の直接的な結びつきであった。（原注4）

中南米の金銀が西欧資本主義の誕生の助産師であり、乳母であったのと同様に、第三世界の自然資源の体系的な収奪は、西欧資本主義の少年期を養うものであり、石炭の利用と十九世紀後半における石油の発見は産業資本主義の思春期から成人期への進展を特徴づけた食料であり酒であった。

黒い物質についてもそうであった

新しい機械類と勃興する諸帝国は、一八〇〇年代なかばの凍った輝きをもつ石炭に対して貪欲であった。欧州は産業革命によって変容しつつあった。大きな富が生み出されたが、同時に植民地関係の両サイド（宗主国と植民地）の民衆が、変化のプロセスによって非人間的に扱われた。フランスの炭鉱労働者が直面した恐るべき状態については、エミール・ゾラの『ジェルミナール』（一八八五年）に記録されている。英国では（ホブズボームの『産業と帝国』が述べるように）一八五六年から一八八六年までに、毎年約一〇〇〇人の炭鉱労働者が（労災などで）殺された。（原注5）第一次大戦（の塹壕と毒ガス）を題材にした詩でよく知られる詩人ウィルフレッド・オウェンは、『鉱夫たち』という詩で「ところが石炭は彼らの炭坑のことをつぶやいていたのだ、そして地下の炭鉱で　顔をしかめて眠っている男の子や　空気を求めてのた打ち回る

訳注5　コーヒー、ココアなど多くの一次産品で、国際市場価格が下落し、交易条件が悪化した。特に非産油途上国が苦しむことになった。

男たちのうめきを」と描写している(原注6)(訳注6)(中元初美訳、五〇頁)。

フランスで一八五〇年から一八七三年までに石炭の生産ないし利用は七〇〇万トンから二五〇〇万トンへと増大した。ドイツでは同時期に五〇〇万トンから三六〇〇万トンに増大した。英国では当時の支配的エネルギー資源である石炭の利用はこの時期に三七〇〇万トンから一億一二〇〇万トンへと急増した。ベルギーでも同じ時期に三倍に増えた。(原注7)需要は鉄道のような新しい発展によって押し上げられた。一八四〇年代に欧州は一万三〇〇〇マイル、アメリカは七〇〇〇マイルの新しい鉄道路線を敷設した。一八七〇年代にこれらの数字はそれぞれ三万九〇〇〇マイルと五万一〇〇〇マイルに増大した。(原注8)蒸気機関を商品化したジェームズ・ワットは、予言者的にこう述べている。「われわれが彼女(自然)の弱点を見つけることができれば、自然は征服できる」(原注9)。しかし、石炭の歴史を研究するバーバラ・フリースが指摘するように、「自然の弱点を見つけようとするあいだに、われわれは自らの弱点を見つけた」(原注10)。

十九世紀のあいだに欧州の全域で、樹木が生長する時間のあいだに更新できる木炭のような燃料から、置き換えに何百万年も必要とする石炭をベースにした燃料への転換が進んだ。前述のように、ある見積もりでは、今日、自然が大気中から取り去るよりも百万倍も早い速度で、われわれは炭素を大気中に返していると示唆されている。(原注11)

一八二五年にフランスで鉄(一トン)をつくるために、一九四トンの木炭が使われたが、これに対して石炭のより揮発性の高い成分の燃焼除去によって得られるコークスの利用はわずか五トンであった。ちょうど六十年後、フランスの製鉄産業は一六〇〇トンのコークスと二九トンの木炭を用いていた。石炭利用への耽溺が定着した。(訳注7)

過去十年以上のあいだ、ますます「経済の軽量化（重厚長大産業中心からの変化）」を指摘することが流行になった。原材料への依存を減らすために情報化時代が支持された。しかしもっとも多い原材料のひとつである、化石燃料からの炭素について言えば、グローバル経済は「重量級」のままだった。一九七三年から二〇〇〇年までのあいだに豊かな諸国（先進国）だけで、石炭、石油、天然ガスからのエネルギー供給は二五％増大した。(原注12) 世界全体ではその供給は五〇％以上増加した。

インターネットを通じての仮想ショッピングは、経済の軽量化への期待を抱かせた。しかしオランダにおけるeコマース（電子化された商取引）の研究が代わりに示したのは、道路交通需要の顕著な増大だった。全体として、豊かな諸国では一九七五年から世紀末までに汚染は二八％増大した。米国で自動車の燃料消費量は最近、燃費の改善というよりも技術的改良が実施段階に入ったために、この二十年間で最少レベルになった。一九五〇年以前には貨物の航空輸送はほとんどなかったが、いまでは実例を示すと、毎年一ト

訳注6　フランス帝国が膨張した第二帝政、第三共和政の時期の民衆の生活についてはバルザックやエミール・ゾラの作品に詳しいが、ヴィクトリア時代の大英帝国の民衆については、チャールズ・ディケンズの小説や歴史家エリック・ホブズボームの著作などを参照。近代日本の炭鉱については、上野英信『追われゆく坑夫たち』岩波同時代ライブラリー、一九九四年、山本作兵衛『筑豊炭坑絵物語』岩波現代文庫、二〇一三年、などを参照。引用文献の邦訳は、ゾラ『ジェルミナール』小田光雄訳、論創社、二〇〇八年、オウェン（中元初美訳）「鉱夫たち」『ウィルフレッド・オウェン戦争詩集』所収、英宝社、二〇〇九年。オウェンは一八九三～一九一八年（戦死）。

訳注7　石炭の利点として環境派からも指摘されるのは、森林を救ったことである。十七世紀の英国は製鉄の隆盛によって還元剤としての木炭の消費が増え森林危機に陥ったが、十八世紀に石炭からのコークスが利用されるようになって森林減少に歯止めがかかった。室田武『水土の経済学』福武文庫、一九九一年、参照。

訳注8　日本ではパソコンの普及に伴って「ペーパーレス化」などの議論があった。

ンの貨物が一〇〇〇億キロメートル輸送されるのに相当する量の空路輸送が行なわれている。(原注13)(訳注8)

当時はほとんど知られていなかったが、初期の工業諸国は陸地の軍事的占領で成功したのと同様に、炭素の排出による不公平に大きな大気の占有についても成功をおさめた。第二次世界大戦のころまでに、彼らはおもに国内の化石燃料資源（欧米の炭田など）の開発を通じてこの「大気の占有」を行なった。しかし一九五〇年ころから、工業諸国がエネルギー資源の輸入（中東などから）にしだいに依存するようになるにつれて、別の形態の分岐が起こってきた。いわゆる発展途上国にとってその経験は鏡像のようなものだった。(原注14)(訳注9)同じ時期から、かれら（中東産油国など）は自ら消費する以上の化石燃料資源を産出するようになった。

世界のエネルギーのジニ係数（この耳慣れない用語はびんから出てくる雲の魔人やあなたの願望を認めることとは関係なく、単に不平等をはかる方法である）を用いてブルース・ポドブニクは二十世紀後半について、ある十年間を例外として、エネルギー消費のグローバルな不平等は長期的トレンドとして増大し続けたことを示した。一九九八年までに世界人口のもっとも豊かな五分の一は、商業的エネルギーの六八％を消費し、もっとも貧しい五分の一は、二％しか消費しなかった。しかし不平等のピークと谷は、さらに極端な画像を示している。

国連気候変動枠組条約（UNFCCC、一九九二年）が署名された十年後、米国からオーストラリア、カナダ、そして欧州諸国にいたるまで、一九九二年の地球サミット当時よりも、一人当たりでより多くの二酸化炭素を排出していた。これを置き換えてみると、新年の始まりから一月二日の夕食の席につくまで、米国の一家族は、すでに一人当たり、タンザニアの一家族の一年分に相当する化石燃料消費をしているこ

とになる。(訳注10)

エネルギー効率の技術的改善と、再生可能エネルギーのゆっくりした導入を考慮しても、経済的富のおおまかな尺度と化石燃料消費のあいだには、なおもますます緊密になる関係がある。富裕な人びとはより多くの温室効果ガスを大気中に排出している。(訳注11)

残念なことに、再生可能エネルギーが主流になるまでは、通常の経済的機会へのアクセスと、化石燃料へのアクセスは、多かれ少なかれ同じことを意味する。それは大きな問題である。それは炭素に制約された世界経済において、富の分配以上に根本的な問題はないということを意味する。

見積もりは様々であるが、科学者たちは危険な気候変動が不可逆的になるのをとめるために、二十一世紀のあいだに温室効果ガス排出の六〇~九〇%削減が必要になるだろうと示唆している。しかし理解できることだが、第三世界は、豊かな諸国の市民がすでに当然とみなしている物質的な財貨の面で、いまよりもっと豊かになる権利があると信じている。われわれが大気というグローバル・コモンズを管理する方法のラディカルな変革を実現しない限り、これは次の三つのうちのひとつを選ぶことになる。第一は、貧しい諸国に発展のための環境空間を与えるために、豊かな諸国が京都議定書で国際的に合意された範囲を

訳注9　首都圏のために福島や新潟の原発が「県内の消費量をはるかに上回る電気を生産」してきたという国内植民地主義の構図とも似ている。

訳注10　米国の資源消費のシェアが大きいこと（世界人口の三%で世界消費量の二五%など）については、戸田清『環境正義と平和』法律文化社、二〇〇九年、第四章を参照。

訳注11　エルヴェ・ケンプ〔北牧秀樹・神尾賢二訳〕『金持ちが地球を破壊する』緑風出版、二〇一〇年、などを参照。

超える大幅な排出削減を行なうこと。第二は貧しい諸国が工業国のたどった炭素大量排出型の発展経路をたどるのを単純に拒絶すること。そうした指図をある程度、かれらは当然ながら単純に無視できるだろう。あるいは最後の第三の選択肢は、従来型の発展方式を継続しながら炭素の排出を続け、そして気候のカオス（混沌状態）に至るのである。この場合は、社会の方向性のラディカルでおそらく論理必然的な変革が、突然魅力的な選択肢になるだろう。しかしこの比較的新しい人類の窮地がどんなものかを忘れることはたやすい。グローバル経済の石油耽溺は、一世紀を少し超える期間のあいだ続いてきた。それは欧州で石炭利用が爆発的に増大したのと同じ時期にアメリカで始まった。一八五〇年代後半に米国のペンシルバニア州ティッツビルのオイル・クリークでの初期の発見のあと、一八七〇年にはジョン・D・ロックフェラーがオハイオ州でスタンダード石油会社を創設した。経済の運命を環境と世界政治に緊密に結びつけたひとつの出来事としては、これにまさるものはない。

一九七五年にアンソニー・サンプソンは古典的な著作、『セブン・シスターズ：石油メジャーとかれらがつくる世界』を書いた。（原注15）英国にかかわるところでは、サンプソンは、当初から石油は国家の生き残りおよび外交と結びついており、石油はまもなく帝国そのものの一部とみなされるようになった、と述べている。後に英国の会社シェルと合併して、支配権を握るようになったロイヤル・ダッチという会社は、「コンラッドの（小説の）世界に属する起源」を持っていた。当初から英国政府の特別な保護を享受していたアングロ・ペルシャ石油会社は、のちにアングロ・イランとなり、さらに名称変更してブリティッシュ・ペトロリアム（BP）となったが、いまやBPは世界最大の企業のひとつである。その初期の時代に、この会社は「自家生産を行ない、専用の市場を持ち、海軍に石油を供給するために陸軍に保護されていた」

とサンプソンは述べている。フランシス・ドレークの金銀およびエリザベス一世との関係を思わせる性質を持ち、一九二〇年代初頭にBPは「そこから国家財政委員会が半分を取り」、当時大蔵大臣であったウィンストン・チャーチルが、政府が受け取る財政的報酬を自慢したような、莫大な利益をあげていた。たぶん予想できることだが、BPは外国の、特に植民地となった諸国の人びとから、「宗主国政府の一部門」とみなされ、腹立たしく思われていた。(訳注12)

一九二八年に、レッド・ライン合意として知られる、化石燃料の歴史のなかで最大の「分け前の切り分け」で、中東で旧オスマン帝国の版図であった地域の石油資源が分割され、英国と米国の石油会社への大きく一方的な譲歩が認められることになった。ベルギーのオステンド（またもやこの国である）でのある会合で、石油事業家、カルースト・ガルベンキアンは、文字通り赤鉛筆を手に取って、サウジアラビア、イラク、ヨルダン、シリア、トルコのあいだに国境線を引き、一撃でそれらの国ぐにの運命を変えた。たとえば、イラクにある石油の採掘権をめぐる交渉について、イラク政府の参加は認められなかった。イラク政府は石油開発におけるパートナーシップでの小さな役割を望んだにすぎないのだが。それは持続する苦悩の原因となった。(訳注13)

ある種の場所と出来事は歴史のなかで繰り返しあらわれる。第一次世界大戦と一九二〇年代のあいだ

訳注12　邦訳は、アンソニー・サンプソン『セブン・シスターズ―不死身の国際石油資本』大原 進、青木 栄一訳、日本経済新聞社、一九七六年

訳注13　一九二〇年代のイラクは「イギリス委任統治領メソポタミア」であった。一九三二年にイラク王国として独立した。

に、チャーチルが英国の新しい石油収益について非常にうぬぼれを感じていたときに、特にふたつの国が世界の最新兵器のインパクトを感じていた。それは、空から投下される爆弾である。ふたつの国とは、まさにアフガニスタンとイラクであった。その理由も〔二十一世紀のブッシュ政権の場合と〕よく似ている。英国は政治的便益と自然資源のために、両国の「従順でない地域指導者」をコントロールしたかった。一九一九年にカブール、ジャララバードおよびダッカは、「爆弾屋」アーサー・ハリスの率いる英軍によって爆撃された。この男はいまもなお、第二次大戦における非軍事目標〔民間施設〕の広範な爆撃ゆえに批判されている。一九二〇年には標的がイラクであり、その目的は最近ようやく〔オスマン〕トルコの支配から解放されたこの国を爆撃によって英国の管理下におき、〔陸軍による〕物理的占領の必要を避けるために空から攻撃することであった。このアプローチの新しさは、バグダッドの住民のあいだに「多大な混乱」をもたらした。ある報告がそのようすを伝えている。「彼ら〔老人、女性、子ども〕の多くは、湖に飛び込み、機関銃の格好の餌食になった」(原注16)。一九二三年に、バグダッドのさらなる爆撃のあと、同情的な士官であったライオネル・チャールトンは、地域の病院を訪問したあと恐怖を感じて、こう書いた。「民衆に対する無差別爆撃は……女性と子どもを殺した法的責任を伴うものであり、理不尽な虐殺にもっとも近い」(原注17)。他方アーサー・ハリスは、帝国の観点からものごとを見ていた。地域の人びとはいまや「犠牲と被害の点からみて、本当の爆撃とはどんなものであるかを知っている。彼らはいまや四十五分以内に村がそっくり事実上一掃され、住民の三分の一が殺傷されることを知っている。それをするのは、わずか四機か五機の飛行機で、住民に逃げる場所も、戦士のような栄光の機会も、逃れる手段も与えないのだ」(原注18)。インド、イラン、エジプト、ソマリランド、トランスヨルダン、南西アフリカおよびその他の地域の町や村が、一九一八年以降の年月のあいだに同じような扱いを受けた。彼らがおかれた位置を教えるためであった。それは米国と英国のような現代の帝国主義権力がいまなお教え続けている教訓である。（訳注14）

石油会社とホスト国（産油国）政府のあいだの不平等な採掘権協定は、（欧米の）会社側に著しく有利なものであり、それが帝国後期のひとつの特徴であった。驚くべきことではないが、諸企業はその後の民族独立運動の波のなかで、犠牲になった。一九六九年にリビアは西欧の石油の四分の一を供給していたが、その立場を利用して欧米企業の強固な支配を打ち破り、一九七〇年代に昔の主人たちと大きく対決することになる石油輸出国機構（ＯＰＥＣ）を励ました。（訳注15）

いまも地政学的なショックの波がわれわれをおそっているが、北アフリカのリビアから、長く戦場であったアンゴラ、大国ナイジェリアに至るまで、石油は富裕層と貧困層、先進国と発展途上国のあいだの闘争、紛争、債務に関連してきており、いまもなおそうである。（訳注16）二〇〇二年にナイジェリアは一日当たり約二〇〇万バレルの石油を生産していた。原油は政府の歳入の八〇％、外貨獲得の九〇％を占めている。石油販売から得られる約一一〇億ドルの利益が平等に分配され

訳注14　アーサー・ハリスに米国で対応するのは、カーティス・ルメイである。空爆の歴史については、前田哲男『戦略爆撃の思想』新訂版、凱風社、二〇〇六年、荒井信一『空爆の歴史』岩波新書、二〇〇八年、田中利幸『空の戦争史』講談社現代新書、二〇〇八年、『歴史地理教育』二〇一五年三月号、特集・空襲、歴史教育者協議会、などを参照。

訳注15　ムアンマル・アル＝カッザーフィー（カダフィ）大佐（一九四二〜二〇一一年）は、一九六九年のリビア革命で権力を獲得し、二〇一一年の内戦・民主化革命で殺されるまで独裁を続けた。汎アラブ、反米の立場で石油メジャーの利権とも戦った。二〇一五年現在のリビアは、「イスラム過激派」の伸張などで混乱状態にある。

るならば、ナイジェリア人一人当たり、一日に二七セントが与えられるであろう。しかしナイジェリアは軍事独裁政権時代に市場レートで五六億ドルの金融的債務を蓄積した。その債務を返済するだけで、一九九九年と二〇〇〇年にナイジェリアはそれぞれ一四億ドルを支払った。バークレーズ、HSBC、メリルリンチを含むいくつかの欧米主要銀行が、ナイジェリアのかつての独裁者サニ・アバチャ将軍につながる口座に関連して、反マネーロンダリング規制に違反したとして、シティ（ロンドンの金融中心街）規制当局によって捜査された。将軍が国庫から盗んだ額は、四〇億ドルと見積もられている。ナイジェリアの債務のほかの部分は、外国の融資、機材、技術的支援への依存ゆえに失敗した、外国からの援助プロジェクト関係によって構成されている。

ナイジェリアはしかしながら、石油収益で債務の返済を続けなければならない。同時にナイジェリアの環境破壊のコストは、その多くが長年シェル、モービル、テキサコ、シェブロンなどの活動の場であったニジェール川デルタでの石油生産に関連しているが、五一億ドル相当と見積もられている。一九九八年初頭までに、約一万四〇〇〇件の石油関連被害の補償請求事件が、グループ、個人、地域社会によってナイジェリアの法廷に持ち込まれている。(原注19) コストを見積もるのが難しいのは、油田地帯で悪化する民族的緊張のためである。南部のデルタ地域がナイジェリアの石油の四〇％を産出する。二〇〇三年初頭の州と連邦議会の選挙のときの暴力事件は、石油資源の支配をめぐって継続する闘争の一部であり、何百人もの死者と何千人ものホームレスを生み出した。(原注20) ごく最近に世界は、いくつかの原因があるイラクの紛争をめぐって再び対立したが、その原因のなかには確かに石油の支配をめぐるものもある。そして南米では米国はベネズエラ政府を弱体化しようと喜んで介入したが、石油価格をめぐる恐怖がおそらく動機であろう。

もしサンプソンが後知恵を得て地球温暖化のことを知り、いま本を書くとしたら、代わりに『石油メジャーとかれらが壊す世界』を書いていたかもしれない。

人類の化石燃料消費によって主要な温室効果ガスである二酸化炭素が排出されるが、その排出のほとんどは二十世紀に起こったものである。最初は石炭が支配的であり、石油があとに続いた。天然ガスの利用は一九七〇年代に急増した。最初からずっと、温室効果ガスの排出と経済活動のレベルのあいだにほぼ正確な相関があった。両者は一緒に増減したのである。

ひとつの仮想の家族の生活における変化を見ることができる。ジェームズ・マリオットは石油産業とその生活へのインパクトを見て年月をすごした。彼の曽祖父が家族のなかで石油のにおいをかいだ最初の人間だったと、彼は気づいた。ジェームズは生まれる前に（母のおなかにいるときに）車で旅行した家族で最初の人間だった。彼自身の両親は、国際線の飛行機旅行に年金を使った最初の世代だった。気候変動（で飛行機旅行が制限される）ゆえに、彼らはそうする最後の世代になるかもしれない。（訳注17）

特に、世界経済のなかで急速に成長した部門は、国際貿易のように、もっとも化石燃料に依存する部門

訳注16　ナイジェリアの石油紛争、環境汚染、軍事政権については、ケン・サロウィワ『ナイジェリアの獄中から――「処刑」されたオゴニ人作家、最後の手記』福島富士男訳、スリーエーネットワーク、一九九六年、を参照。少数民族オゴニの土地に油田があり、農地などが汚染されている。ナイジェリアの人口は世界七位の一億七〇〇〇万人である。ナイジェリア北部では「イスラム過激派」のボコ・ハラムが伸張している。しかしノーベル文学賞（一九八六年）のウォレ・ショインカを生んだ文化大国でもあり、二〇一四年の西アフリカ・エボラ出血熱危機でも被害は比較的軽微であった。

訳注17　中東のジョークで「祖父はラクダで、父は車で旅行したが、私は飛行機で旅行する。石油枯渇のため孫は再びラクダで旅行するだろう」というのがあると聞く。

G７諸国の炭素債務（灰色の棒グラフ）と重債務発展途上国（HIPC）の炭素債権（黒い棒グラフ）の比較

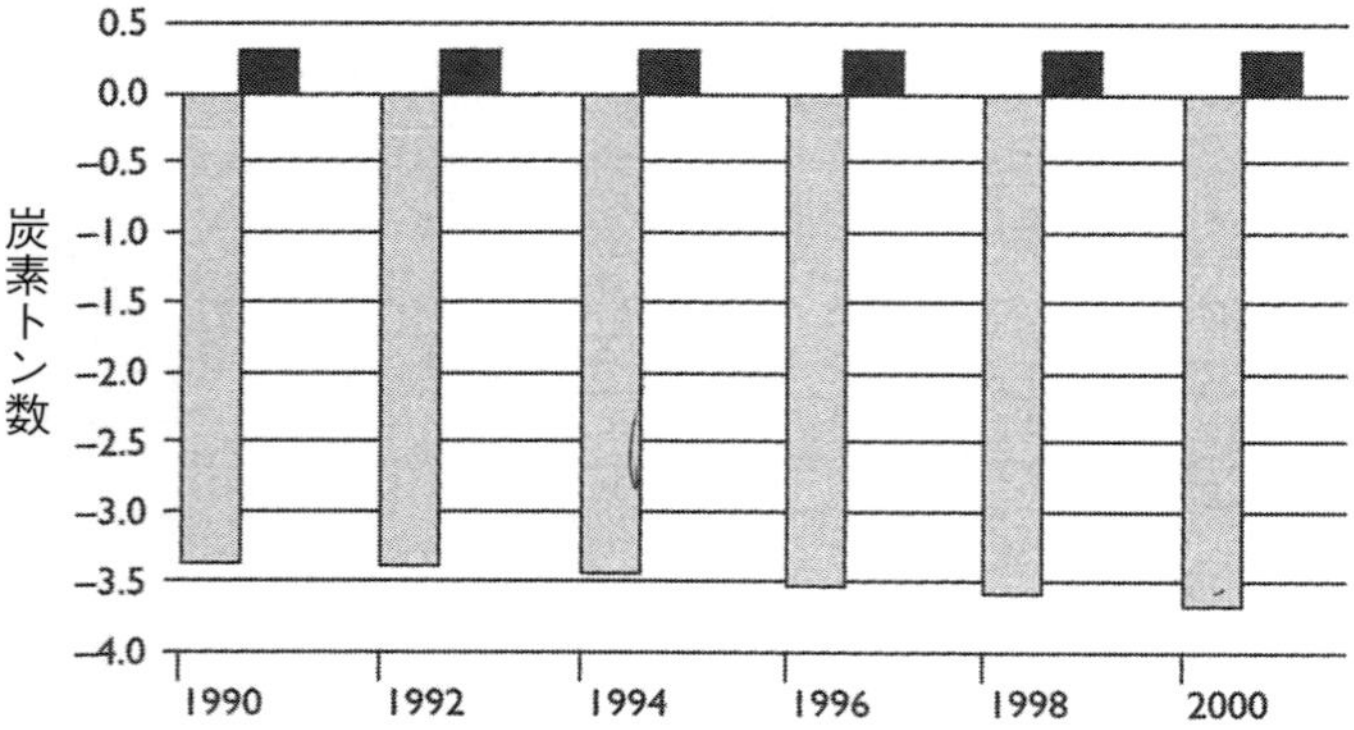

出典　シムズ『誰が誰に債務を負っているのか』1999年、クリスチャン・エイド

でもある。第二次大戦後に、貿易は生産よりも早い速度で成長した。一九五〇年から一九九〇年代なかばまでに、世界の総生産は五倍に増えたが、輸出額は十四倍以上にも増えたのである（原注21）。

生命の血液として化石燃料に依存する経済グローバル化は、社会的な分断をもたらすものでもある。またリスクと不安定を増大させ、継続可能な日常生活と安定した地域社会のために必要な基本的安全を掘り崩すものでもある。国際通貨基金の前専務理事であった保守的なミシェル・カムドシュでさえ、次のことに気付いていた。「貧困はグローバル化する世界において、安定への究極的な脅威である。……国内の富裕層と貧困層のあいだの拡大する格差、豊かな諸国と最貧国のあいだの隔たりは、道徳的に言語道断であり、経済的に浪費的であり、社会的な爆発をもたらす可能性がある（原注22）」。

どのようなレベルでの公平でグローバルな一人当たり炭素排出が持続可能かについてのいくつかの仮

定をすることによって、どこで人びとが過剰消費あるいは過少消費により、生態学的債務、もっと限定して言うと炭素債務と債権をためているかを、示すことができる。

一九九八年に私は開発支援団体「クリスチャン・エイド」で働いていた。われわれはほかの人びとと一緒に、「ジュビリー二〇〇〇債務帳消しキャンペーン」を始め、それを続けていた。当時、前述の背景のほとんどについては気づいていなかったが、貧しい諸国のオーソドックスな対外債務の多くはいずれにせよ違法であると感じており、地球温暖化こそがはるかに差し迫った純粋の債務危機のもっとも明瞭な事例であると考えた。この危機のみが、債権者と債務者の典型的な役割を逆転させる。国際環境開発研究所のオーブリー・メイヤーとニック・ロビンズとともに、私はふたつの国家グループを比較するグラフをつくってみた。通常「債権国」とみなされているG7諸国と、重債務貧困国、いわゆるHIPC諸国である（右頁の図を見よ）。それは伝統的な役割を逆転させた。エコロジー的あるいは炭素的な観点からみると、それは国民ひとりあたりに関して、ほとんどのアフリカのHIPC諸国が債権国であり、工業化したG7諸国が債務国であることを示している。(訳注18)(訳注19)

訳注18　クリスチャン・エイドのウェブサイトは、http://www.christianaid.org.uk/
ジュビリー二〇〇〇についてはとりあえず下記を参照。
http://en.wikipedia.org/wiki/Jubilee_2000
ジュビリー債務キャンペーン（英国）は http://jubileedebt.org.uk/

訳注19　G7とは、先進国サミットの当初メンバーである米、英、仏、独、伊、加、日をさす。
New Economics Foundation の Balancing the Other Budget という一六頁のPDFファイルがインターネット上にあり、この図も五頁に掲載されている（二〇一五年八月現在）。
http://www.eldis.org/vfile/upload/1/document/0708/DOC10543.pdf

ＩＰＣＣ（気候変動政府間パネル）の科学者たちの仮定にもとづくと、一九九五年に大気中の温室効果ガス濃度を安全なレベルで安定化させることは、グローバルで平等な一人当たり炭素排出の権利付与が、約〇・四三トンになることを含意している。一九九五年に典型的な米国の一人当たり炭素排出は五・三トンであった。(原注23) それは米国市民一人当たり一年で四・八七トンの潜在的炭素債務を意味する。英国政府はどれだけ気候をかく乱するかについての損害費用――しかしはるかに大きな一般的経済価値は含まない――を炭素一トン当たり（ｔ／Ｃ）五六ドルから二二三ドルの範囲と見積もった。それが意味するのは、持続不可能な炭素利用の損害費用を勘定するだけでも、それぞれの米国市民は、二酸化炭素の公平な分け前以上に汚染する特権をまかなうために、毎年二七三ドルと一〇八六ドルのあいだの費用を払う法的責任があるだろうということだ。(原注24) 国別でいうと、米国だけで、それは現在の価格で七三〇億ドルと二九〇〇億ドルのあいだの請求書を意味する。それはグローバルな貧困を削減するための持続可能な発展とミレニアム開発目標への投資に向けることのできるお金である。先進国の持続不可能な一人当たり炭素利用を土台とした、前述の計算と同時期のＧ７諸国の経済的産出高の価値の評価は、一九九四年の価格で一三兆ドルと一五兆ドルのあいだの数字をもたらすであろう。(原注25)

地球温暖化の経済的費用は劇的に増大しつつある。主な気候関連の洪水災害の数は、一九六〇年代に比べて一九九〇年代には四倍になった。(原注26) 生じる経済的損失は、同じ時期に八倍にも増えた。もしそれが続けば、保険産業が行なった推計にしたがってわれわれが見てきたように、二〇六五年ころまでにわれわれは地球温暖化によって促進される自然災害の費用が世界総生産の価値を上回るような異様な状況に直面するであろう。彼らが言うように、何か別のものを試みるべきときである。グローバル経済が「化石燃料への耽溺」からの急速で管理された撤退をすることが不可欠である。差し迫る気候のカオスを避ける方法がほかにないからだ。

誰が誰に債務を負っているのか

先進諸国はいまなお重債務貧困諸国に対して、対外金融的債務の返済を求め続けている。その代償として、何百万もの人びとが、不可欠な保健医療と教育のサービスを奪われることになりかねない。しかし本書の主張は、気候変動について地球社会に対し、先進諸国こそがはるかに大きな債務を負っているはずだというものである。地球温暖化の展望はあるレベルの環境決定論を導入し、それは政治的議論を、どの予算費目に資金をつぎこむかという通常の競争ではなく、総量の削減という論点へ押しやった。それはわれわれみんなを、相互の生き残り（さもなければ人類滅亡かもしれない）をめぐる劇場に投げ込んだ。言い換えると、うまく修正できなければ人類はだめになるということだ。

豊かな諸国の向こう見ずな化石燃料大量使用が気候変動をつくりだした。しかし気候変動に関連した極端な気象条件と、返済不可能でしばしば違法な通常の対外債務を返済するための緊縮措置の両者から、最初で最悪の苦しみをこうむるのは、貧困諸国の貧しい人びとである。

生態学的債務を政治的アジェンダ（討論の議題）にのせようという私の動機は、自然やその汚染に価格をつけようというような、必然的に困難な行為をするためではない。それはパラダイム転換（考え方の枠組みの転換）のための変数を設定するためである。その討論は、諸国および人びとはいかにして、またなぜ貧しくなり、豊かになるのか、それは何と誰を犠牲にしてなのか、をめぐるものである。決定的な疑問は、「誰が誰に債務を負っているのか」ということだ。そしてさらに、では何がなされるべきか、ということだ。今日まで、生態学的債務と従来の対外債務という双子の危機を管理しようとする国際的な試みは、第三世界に不利なように方向付けられていた。両者の危機において、問題の創出にもっとも寄与していない人びと（最貧国）が、もっとも重い負担を強いられている。そしてそれらの危機にもっとも責任のある人びと（先進国）が、責任を逃れているように思われる。貧困諸国のドル建ての債務と豊かな諸国の生態学的債務に取り組むための国際社会の主要な努力を次のように簡潔に比較してみると、先進国の根深い強情さと、政治的な失敗が明らかになる。

ふたつの債務の物語：対外金融債務と炭素債務――ＨＩＰＣイニシアティブと京都議定書(原注27)

国際社会が気候変動と貧困国の債務というふたつの大きな危機にどのように対処してきたかは、われわれの優先順位がいかに混乱しているかを示している。

誰が代価を支払うのか？

炭素債務　もっとも貧しい諸国の貧しい人びとが圧倒的に、気候変動の最悪の影響をこうむる。二〇二五年までに発展途上国に住む人びとの半数近くが「水力学的・気象学的災害」、言い換えると洪水や暴風に対して脆弱になるだろう。

ＨＩＰＣ（重債務貧困国）の債務　もっとも貧しい諸国の人びとが税金を通じて、さらに学校と病院への投資の喪失を通じて、債務を支払う。

誰が債務に責任を負っているのか？

炭素債務　歴史的に（排出量の歴史的累計からみて）、豊かな世界の工業国が、気候変動にほとんど全面的に責任を負っている

ＨＩＰＣの債務　貧しい人びとの肩にのしかかる債務は常に、先進国と途上国のエリートの共謀（結託）の結果である。とは言うものの、貧しい諸国の著しく支払い不可能な債務の規模は、一九八〇年代初頭以来の十年間の交易条件の悪化で失われた金額と、奇妙にも類似している。(訳注20)

誰がプロセスを管理するのか？

炭素債務　豊かな諸国が京都議定書を主導し、気候変動をコントロールするためにどれだけの努力をすべきかを、自分たちで決めた。

ＨＩＰＣの債務　豊かな諸国と、彼らが指名する(訳注21)金融機関の代表が、ＨＩＰＣイニシアティブを主導し、

訳注20　交易条件の悪化とは、たとえば、ある途上国がトラクター一台を輸入するためにこれまでは作物二トンを輸出すればよかったのに、一次産品の国際価格の下落と機械製品価格の高値安定のために、三トンを輸出しなければならないようになること。

貧しい諸国がどれだけ支払うべきかを決める。

目標は十分か？

炭素債務　京都議定書は豊かな諸国のCO_2排出削減目標を一九九〇年レベルに対して、平均五・二％と提案した。しかし科学的な合意は、六〇〜八〇％の排出削減が必要だというものである。英国の国務大臣、マーガレット・ベケットは、京都で米国が合意したのは七％の削減であったのに、現在（当時のブッシュ・ジュニア政権）の米国の政策は、二〇一〇年に一九九〇年レベルに対して二五％の排出増加を可能にするものだと述べている。(原注28)

ＨＩＰＣの債務　名目上、ＨＩＰＣは二三カ国の資格を満たす国について、債務の約三分の一を免除されることになっている。新経済学財団（ＮＥＦ）に拠点をおく「ジュビリー研究」の債務専門家たちは、ミレニアム開発目標を達成するためには、四二カ国のうち三九カ国が一〇〇％の債務帳消しと援助の倍増を必要とする、と見積もっている。(訳注22)(訳注23)

安定はどのようにして達成されるのか？

炭素債務　気候変動の安定化に近づきそうな国際交渉の公式提案はない。

ＨＩＰＣの債務　経済的安定化のための措置を課するマクロ経済計画が、通常の債務救済の資格を得るための前提条件になっている。

調整は要求されるのか？

炭素債務　米国市民は世界でもっとも化石燃料集約的なライフスタイルのひとつを先導している。しかし米国政府（ブッシュ・シニア政権以降）は気候変動に対応するためにアメリカ的生活様式を変えるよう求めるいかなる要求も受け入れられないとはねつけている。(訳注24)

訳注21　「豊かな諸国が指名する」とは、たとえば世界銀行総裁は常に米国人、国際通貨基金の専務理事は常に欧州人、アジア開発銀行の総裁は常に日本人、といったような人事慣行をさしている。二〇一五年現在、中国によるアジア開発投資銀行（ＡＩＩＢ）の提唱が、議論に一石を投じている。

訳注22　日本政府は鳩山政権が二〇〇九年に原発の増設を前提に、「一九九〇年比で二五％の削減」を国際公約したが、福島原発事故後の安倍政権は二〇一三年に、原発ゼロの仮定をおいて、「二〇〇五年比で三・八％の削減（一九九〇年比では、三・一％増加）」を公約した。そして、「三・八％の削減ではあまりに少ないので上方修正が必要だが、そのためには原発の再稼働が必要だ」と示唆して、国民を脅迫しようとしているようだ（二〇一四年一月七日に長崎大学で外務省の田村政美課長がゲスト講義した内容からは、そのように推測せざるをえない）。朝日新聞の神田明美記者は「国は百万キロワットの原発三基の稼働で、排出削減の一％に相当すると試算する」と指摘している（「記者有論　温室ガス削減　原発頼らず高い目標値を」『朝日新聞』二〇一四年一月十八日）。二〇一五年七月に削減目標は、「二〇三〇年に二〇一三年比で二六％削減（一九九〇年比で一八％削減）」となり、二〇三〇年の原発比率は二〇～二二％、石炭火力は二六％程度とされた。

訳注23　ミレニアム開発目標についてはとりあえず国連開発計画（ＵＮＤＰ）のウェブサイトを参照。
http://www.undp.or.jp/aboutundp/mdg/
「動く→動かす」編『ミレニアム開発目標　世界から貧しさをなくす８つの方法』合同出版、二〇一二年、勝間靖編『テキスト国際開発論――貧困をなくすミレニアム開発目標へのアプローチ』ミネルヴァ書房、二〇一二年、を参照。

訳注24　アメリカ的生活様式を変えないことについては、一九九二年地球サミットのときのブッシュ大統領の発言が典型的。戸田清『環境的公正を求めて』新曜社、一九九四年、も参照。

HIPCの債務　根本的な経済調整（新自由主義的な改革）に合意することが、通常の債務救済の資格を得るための前提条件になっている。

誰が債務のための安定化と調整を設計するのか？

炭素債務　調整はほとんどないが、発案は豊かな諸国である。

HIPCの債務　豊かな諸国。（訳注25）

合法的か？

炭素債務　京都議定書の実行を助けるために炭素排出量取引のレジームを先進諸国が設定しつつある。しかしあなたが所有していないものは取引できないはずだ。結果的に排出資格割り当てのために合意されたグローバルで公平な基礎ができる前に、いかなる排出量取引もすでに盗まれた商品（先進国の排出量の既得権）をやりとりする取引になってしまうだろう。

HIPCの債務　G8諸国だけで国際通貨基金の理事会における投票権の四九％を占めており、投票権の配分は財政的貢献の大きさに関連している。ほとんどの選挙制度をもつ民主主義国で、投票の買収は犯罪行為とみなされるのであるが。（訳注26）

自然資源勘定の観点から眺めると、非常に貧しい諸国が豊かな諸国の発展をいくつかの経路で資金援助しており、その逆（先進国が途上国を援助）にはなっていない。彼らは環境空間とそれが代表する経済的機会を譲っている。ＨＩＰＣは汚染と自然資源開発によって引き起こされる物理的および環境的ダメージを通じて、豊かな諸国の開発における環境コストを負担しており、また地球温暖化のような問題への適応のコストを支払わなければならない。たとえば環境難民の創出により、あるいは自然資源の支配をめぐる紛争を通じて、社会的大混乱は、勘定しなければならないさらなるコストを発生させる。(訳注27) 多くの場合において、従来型の対外債務の返済は、自然資源開発へのなおいっそうの圧力をもたらすが、特に支配的な政策パラダイムが一次産品に高度に依存した輸出主導の開発戦略を強調する諸国ではそうである。(訳注28)

炭素債務は豊かな諸国に対して特にふたつの疑問を提起する。第三世界はいかにして炭素債務とその結果を補償されるのか、そして豊かな諸国はいかにして環境予算をバランスのとれたもの〔浪費的でないもの〕にするのか、という疑問である。以下の章では、両者に取り組むために可能な方法を見ていこう。

訳注25　世界銀行・ＩＭＦの構造調整については下記を参照。北沢洋子、村井吉敬編『顔のない国際機関　ＩＭＦ・世界銀行』学陽書房、一九九五年、ミシェル・チョスドフスキー『貧困の世界化――ＩＭＦと世界銀行による構造調整の衝撃』郭洋春訳、つげ書房新社、一九九九年

訳注26　Ｇ８とは前出のＧ７（米英仏独伊加日）にロシアを加えたもの。

訳注27　こうした点については、いわゆる公害輸出を想起されたい。日本弁護士連合会公害対策・環境保全委員会編『日本の公害輸出と環境破壊――東南アジアにおける企業進出とＯＤＡ』日本評論社、一九九一年、などを参照。また、環境難民については、神保哲生『ツバル　地球温暖化に沈む国』春秋社、二〇〇七年、山本敏晴『地球温暖化　しずみゆく楽園ツバル』小学館、二〇〇八年、川名英之『世界の環境問題　第９巻　中東・アフリカ』緑風出版、二〇一三年、ジャン・ジグレール『世界の半分が飢えるのはなぜ』勝俣誠訳、合同出版、二〇〇三年、などを参照。

訳注28　債務返済のために熱帯林を伐採して木材を輸出するとか、鉱物を採掘して輸出するなど。

第七章 自己破壊の合理化：なぜ人間はカエルよりも愚かなのか

情熱と理性とが、別々のことを勧める。どちらがよいのかはわかっていて、そうしたいとは思うの。でも、つい悪いことのほうへ行ってしまう。

英国大蔵大臣ジョン・サイモン卿、一九四〇年

（ラテン語の出典は、オウィディウス『変身物語』上巻、巻七、二十節、中村善也訳、岩波文庫、一九八一年、二六〇頁）

快感原則は、……外界の重圧のもとで有機体が自己を保存するためには、最初から不適切なものであり、そのうえ著しく危険でもある。（訳注1）

シグムント・フロイト『快感原則の彼岸』一九二〇年（原注1）『自我論集』中山元訳、ちくま学芸文庫、一九九六年、一一九頁

古代ローマの大プリニウス（博物学者・作家・ローマの歴史家（二三〜七九年）は、人の願望の最も繁《しげ》きものは死への願望なり、と云っておる。

ピーター・アクロイド『魔の聖堂』一九八六年、(原注2) 矢野浩三郎訳、新潮社、一九九七年、一三九頁

人間はあまり多くの真実には耐えられないのです。

T・S・エリオット『四つの四重奏』一九六九年、(原注3) 岩崎宗治訳、岩波文庫、二〇一一年、四八頁

カエルを徐々に温まる水のなかに入れてみよ、やがて茹でられて死んでしまうだろう、という物語がある。カエルにはまわりの水温がどの時点で命にかかわるようになるかを認識できないとみなされている。彼らの中枢神経系は必要なフィードバックの信号を受け取ることができないので、なりゆきに任せてしまうというのだ。詩人ウィルフレッド・オウェンが『鉱夫たち』で書いたように、「そのぬくもりで夢心地のまぶたが閉じることだろう」(原注4)(中元初美訳、五一頁)。カエルは、地球温暖化に直面する人類の苦境を完璧に示しているように見える。(原注5)

しかし、「ばかげたことだ」とカエルの生理生態をよく知る人は言う。「もしカエルが外へ出る手段をもっていたら、確実に出るでしょう」と、米国立自然史博物館の爬虫類および両生類担当の研究員は言う。「彼らは見物人に見せるために水中にとどまるのではありません」とハーバード大学生物学部のある教授は言う。「カエルは熱くなる前に飛び出すでしょう」(原注6)。カエルが茹でられるという物語は、都市伝説のたぐいと同じものなのだ。

訳注1　快楽原則とも訳される。

だから人間は、カエルよりもひどいに違いない。世界が暖かくなるのをわれわれは座視しており、なにが起こりつつあるか、結果はどうなりそうかを熟知しながらなおそうであり、なりゆきに任せているのだ。だから何かもっと深い事態が進行しているに違いなく、カエルの池の底どころの騒ぎではない。「深み」をさぐるには、シグムント・フロイトによる人間の無意識の当初の探求を、追体験してみることから始めるのがよいだろう。彼は人間の非合理な行動への興味深い手がかりを作り出した。なぜなら、彼は人類の膨大な自己破壊（第一次世界大戦）の時代をも生き抜いたからである（フロイトは一九三九年没）。フロイトが彼の考えを発展させ、患者たち、もっと正確に言うとモルモット（実験台）を診察したウイーンのアパートを、いまでも訪れることができる。いまは亡きオーストリア・ハンガリー帝国の心臓部で、彼の支援を求めた金持ちで、貴族主義的で、混乱した人びとの足跡を、いまでもたどることができる。街路から門を通って丸石で舗装された歩道を通り、右へまっすぐに向かう大きな階段をのぼっていく。自己認識を求めて何百人もの手袋をした指に何年ものあいだおされてきたベルを鳴らす。なぜ生物種としての人類はカエルよりも愚かなのかを、立ち止まって考えるために、ここは良い場所だ。

莫大な人命の喪失を伴い、膨大な経済的政治的コストも伴いながら、第一次世界大戦をあれだけ長く続けるためには、殺戮を「合理化する」ことが必要だった。これには複雑な心理学的要因が前もって存在するだけでなく、知識人から大衆に至るまでのあらゆる人びとのあいだで世論を大量動員し、操作することも必要だった。[原注7] いったん戦争の大義なるものが確立されると、枯渇性の自然資源の際限ない消費を土台とする社会の正当化と同様に、議論による合理的な論駁にも、容易に耐えることができる。「まるで人類には進歩がなく、くり返しのみがあるみたいに見えます」（出淵敬子訳『三ギニー』一〇〇頁）とヴァージニア・

ウルフは一九三八年に書いたが、そのときには再び戦乱が欧州に近づきつつあった。(原注8)

フロイトの理論の多くは信用を失ったが、彼の洞察のいくつかは、時の試練に耐えて生き残っている。彼やその後継者の精神分析学的結論を文字通りに受け取るのは賢明でないが、それらを完全に無視するのもまた愚かであろう。理論のいくつかが、われわれの現在の状態に気味が悪いほどあてはまるという事実だけからみても、それらを考慮すべきである。

しばらく、われわれが集合的な「死の願望」を持っていないと想定し(それは軽率な仮定かもしれないが)、われわれは単純に現実を「否認」しているだけだという、軽微な告発について考えてみよう。チャールズ・ライクロフトは、精神分析についての批判的な辞典のなかで、こう書いている。「苦痛にみちた知覚を否認するのは、快感原則の一般的指標なのだから」、苦痛にみちた知覚はすべて、快感原則の抵抗に打ち克つ必要があるわけである(原注9)(山口泰司訳『精神分析学辞典』一七六頁)。彼はそして、精神が避けることについての説明を行なう。

最初、心は、もっぱら快感原則もしくは快―苦原則によって動かされているが、この原則は、本能の緊張増加によって生じた苦痛や不快を心に回避させるのに、緊張緩和に必要な充足の幻覚を起こさせることをもってする。快感原則が現実原則によって修正を受けるのは、もっと後になって、自我が発達をとげてからのことでしかない。現実原則は、個人を導いて、幻想的な願望充足の代わりに、新しく適応行動を採らせる。(前掲山口訳、四一頁)

この文献において精神（サイケ）は精神（マインド）の別名であり、自我《エゴ》はイド（精神分析用語で、精神の奥底にある本能的衝動の源泉。エスと同義）と対比しながら用いられている。自我は理性と常識を意味するとされ、イドは情熱（パッション）に関係があるとされる。社会と地球温暖化にかかわる状況は、もっとあからさまに単純に記述できるかもしれない。快感原則は、われわれが常に積極的に快楽を追求し、結果をのろっていることを意味しない。それはむしろ、われわれが積極的に苦痛にみちた現実（不都合な真実）を避けていることを意味するのだ。

だからもし社会が集合的自我あるいは常識をまだ発達させていないとしたら、それは完全に理解できることであり、もし申し訳が立たないとしたら、その集合的な否認はまだ「現実原則」によって修正されていないのである。そしてまた、社会はまだ効果的な「適応行動」を発達させていないのだ。何かの集団療法が必要だろうか？　私は「適応」が地球温暖化論争の鍵となるトピックだということは、偶然の一致以上のものだと信じている。ライクロフトは、「現実原則」を快感原則とは反対のものとして描いている。それが苦痛にみちた現実を避ける代わりに、コントロールするときには、個人は「外的世界の諸事実や外的世界内に在る諸対象への適応による」本能満足を求める（山口訳、七五頁）。

フロイトは快感原則について次のように述べている。「快感原則は、……外界の重圧のもとで有機体が自己を保存するためには、最初から不適切なものであり、そのうえ著しく危険でもある」（「快感原則の彼岸」『自我論集』中山元訳、ちくま学芸文庫、一九九六年、一一九頁）。新たな理性の力は、快感原則を放棄するのではなく、単に「満足を得る多くの可能性」――燃料を浪費するスポーツ用多目的車（ＳＵＶ）の運転や、世界一周の休日飛行への参加のような――を断念するのであり、「快にいたるまでの長い迂回路」

の途上で多くの「不快」に耐えることを促すのだと、彼は言う。

その完全な意味における快感原則は、フロイトによれば、われわれの「教育しにくい」性的な欲動に強く結びついているので、有機体全体に有害な効果をもたらし、頻繁に現実原則を支配するのである。快感原則が多くの代償を払ってまで避けようとする苦痛は、ほとんどが「知覚できるもの」というよりは、触知できないものであると、フロイトは信じた。地球温暖化と闘うために必要な生活の変更へのわれわれの抵抗の核心部にある苦痛へのおそれも、知覚できるものだということはありうるのだろうか。そして実際、もっとも工業化された諸国の比較的近い過去に起こったように（第十章を参照）、変化は代わりに何かの予期しない快楽をもたらしうるのだろうか？

アパルトヘイト時代の南アフリカで育ったスタンレー・コーエンは、苦しみと残虐行為を目撃する人間の能力にとりつかれるようになり、まだそれに抵抗する行動はしていない。世界のあちこちで見たことにとりつかれているので、彼は否認がたどる別の道筋をたどってみることにした。彼は「何かを知りながらも同時に知らない」という矛盾した状態にいることが、人びとにとっていかに容易かを描いた。(原注10)権威への服従、社会的同調を促す圧力、必要ゆえに行動すること、人生の諸領域を分離して隔離する能力、それらすべてが一定の役割をはたしている。否認は文字通りの、解釈的な、あるいは暗示的なものでありうる、と彼は言う。それは個人的、公的、あるいは文化的なレベルで働きうる。文字通りの否認は、何かが真実である、あるいは存在することをまったく否定することであり、「気候変動のようなものは存在しない。それは（研究費獲得などの）自己利益をはかる科学者たちの陰謀だ」と主張する。他方、解釈的な否認は、何かが起こっていることは認めるかもしれないが、その重要性を小さく見積もる、たとえば「地球温暖化は存在するが、自然的サイクルの一部にすぎない」というような主張である。また暗示的な否認は、イベントあるいは争点についての事実は受け入れるが、その重要性や、対処する義務を認めたり受け入れたりするのを拒むことである。だからわれわれは次のように結論する。「気候変動は起こっているが、私とは関係ない。なぜわざわざ私の行動を変える必要があるのか」。否認は「注意の撤回や注視をさけること」のように受動的なものでもありうるし、「拒絶、拒否、否定、否認」のような能動的なものでもありうる。

著述家W・G・セバルドが書いた『破壊の自然史』は、文化的否認の複雑さと徹底性についての事例研究である。（原注11）それはいかに戦後ドイツの作家たちが、注視を避けて、第二次大戦中に自国民に対して行なわれた戦争犯罪（訳注2）を無視することを選んだかを分析している。ドイツは侵略国だったからといって、連合軍が刑事免責を得てドイツの民間人を攻撃する自由があったわけではない。空爆の時代以前においてさえ、「何らかの手段で……無防備の都市、村、住居あるいは建物を砲撃する」ことは、一九〇七年のハーグ陸戦条約のもとで違法であった。しかし、いわゆる「戦略爆撃」は、自己防衛できないドイツ市民を正確に標的とするものであった。一九四二年に、三万七〇〇〇トンの爆弾が、ほとんどは夜間に、ドイツの住宅地域に投下された。その後の二年間に爆撃をエスカレートさせるという公式の空爆計画は、一〇〇万人の市民を殺し、さらに一〇〇万人を負傷させ、二五〇〇万人をホームレスにすることが期待されていた。（訳注3）

英国政府の高官はこう答えている。「我が方の爆撃政策についてのいかなる文書においても、国際法の諸原則に反するこの側面を強調することは、不必要であり、望ましくない」（原注12）。公式の否認、つまり知らないふりをすることだ。戦略爆撃の構築者のひとりであるアーサー・「爆撃屋」・ハリスの丁重な公式の認識をめぐる英国での論争は、いまもなお続いている。英国のハンブルク爆撃は、英国の諸都市へのドイツの空爆をすべてあわせたよりも、多くの市民――ほとんどが女性、子ども、老人――を殺した。(原注13) 合計すると、戦争が終わるまでに、連合国はドイツの一三一都市に約一〇〇万トンの爆弾を投下して、六〇万人の市民を殺し、三五〇万の家屋を破壊した。(原注14) しかしこの無慈悲な殺戮は、何十年ものあいだドイツ人の意識から拭い去られていた。否認は率直なものではなかった。犠牲者と加害者が共謀しうる。それは、気候変動についての否認に対処するのが容易でないことをも意味する。(訳注4)

コーエンは、否認は逸脱ではなく、人間の基本的な心理状態であると結論する。例外は、人びとが彼らの即時的な物質的利害に影響しない状況に介入する場合である。われわれがかかわっており、コーエンが

訳注2　国民に対する戦争犯罪とは、ドイツ国籍のユダヤ人や精神障害者などへの犯罪をさす。もちろんそれと並んで外国人（外国籍のユダヤ人、スラブ人など）への犯罪もあった。

訳注3　第二次大戦中の枢軸国と連合国の戦略爆撃（絨毯爆撃、無差別爆撃）については、前田哲男『新訂版　戦略爆撃の思想　ゲルニカ・重慶・広島』凱風社、二〇〇六年、を参照。枢軸国が始めた戦略爆撃を連合国がエスカレートさせ、その頂点が原爆投下であった。連合軍のドレスデン大空襲や東京大空襲も戦争犯罪である。

訳注4　最近のネオナチは「連合国の無差別爆撃はひどかったが、ホロコーストは誇張されている」と主張している。連合国のドイツへの戦略爆撃としてよく言及されるのは、ハンブルクとともにドレスデンである。カート・ヴォネガット・ジュニア（伊藤典夫訳）『スローターハウス5』（ハヤカワ文庫ＳＦ、一九七八年）などを参照。

日本の右派の一部（百田尚樹、小林よしのりほか）は「米軍の原爆投下や無差別爆撃はひどかったが、日本の戦争犯罪は誇張されている」と主張し、よく似ている。第二次大戦について日本人の死者三一〇万人、日本人が殺したのは二〇〇〇万人とよく言われる。三一〇万のうち軍人軍属は二三〇万と言われ（六割以上が餓死・病死）、民間人は八〇万である。八〇万の大半は米軍の空爆による。一日の死者が多いのは、東京大空襲と広島・長崎原爆投下である。

描くものにみられる否認経路のいくつかは、しかしながら、地球温暖化についての行動を不可能にするものではない。反対に、「当局／権威」が行動を方向づけることがありうる。「気候にやさしい」方法で生活することが、いったん合意の転換点を超えたならば、積極的な社会的同調を求める行為になりうるのであり、あるいはほかの動機付けを凌駕する必要な行為として理解されるようになりうる。

しかしおそらく、われわれが自己破壊を合理化する際には、より暗い力も働いているであろう。

タナトス、死の願望と個人的変身（原注15）

第一次世界大戦の影がまだ色濃く、第二次世界大戦に向かいつつあった時代に、フロイトは「死の願望」あるいは「死の本能」について考え、また著述した。精神分析学のすべての用語と同様に、しかしこのアイデアは、一見してそうみえるほど、単純明快なものではない。結果的に、それははるかに興味深いものでもある。

死の本能は、自己破壊に向かう直接的な衝動と同じではない。フロイトは医学の訓練を受けた人であり、最近の第一次世界大戦の何百万人もの機械的な殺戮をもってしても、人びとのなかに基本的な自殺の衝動が存在するという仮説を科学的証拠によって支持することはできないということを、認識していた。しかしながら彼は、人生のほとんどは誕生から死へと向かう意識的な一方通行の旅なので、その旅には心理学的な構成要素があるに違いないと考えた。どこかで、生命を更新しようとする性の本能と、死すべき運命へと滑り落ちていくという知識のあいだで、闘争が起こった。死の本能については、もっと微妙な解釈が押し出されている。この場合に死の本能とは、自己の溶解を通じて個人的変身へと向かう衝動に与えられたラベルである。この人間共通の動機付けの存在を疑う者は、日々のテレビ番組の羅列を見るだけでよい。

この図式は興味深い。なぜなら、誰かが論じているように、近代性と近代の主要な動因と同じ特徴を持っているからだ。文芸および文化批評家のマーシャル・バーマンによると、近代主義の決定的な特徴は、解体を通じて変化するというプロセスである。彼は非常に独創的な著書の書名のなかに、近代性の経験を要約している。それは『堅固なものはすべて空中に溶けていく（All That is Solid Melts into Air）』である。(原注16)

開発の悲劇

文明がその物質的生活水準を前進させるために行なった約束には、どこか深い意味でファウスト的なものがある。権力と成功のために魂を売り渡す代わりに、地球温暖化の時代において、一度限りの化石燃料の遺産が、その蓄積に何千万年、いや何億年もの歳月を要したものなのに、人間のわずか数世代のあいだに燃やされてきた。地球温暖化に直面しているのは、ある種の解体を通じての経済の変貌である。そしてファウストは、近代の古典的な精神あるいは建築家としてバーマンが特定する文学的登場人物である。

近代的であるとみなされるものは何であれ、必要でありやめられないものと考えられる。たとえ自覚しなくても、われわれはみんな近代性の外観をまとって闘争している。しかし明るさは人を盲目にさせるものでありうる。ゲーテの有名な悲劇には、開発と経済成長についての寓話がある。ファウストという人物(訳注5)

は多くの化身を持つ。彼の最初の自己は、夢見る者である。しかし夢見る者は溶解し、ファウストは愛する者に変身する。最終的に、彼の最後の変身と「自己発展のロマン主義的な探求において、……彼は近代生活のもっとも創造的で、もっとも破壊的な潜在的可能性のために働くであろう。彼は、完璧な解体者にして創造者、暗くて深い両義的な人物、われわれの時代が『開発業者』と呼ぶ存在になるだろう」。

ファウストは、グローバル経済の中心的な矛盾を劇にしている。彼は「彼の仕事からもっとも利益を得るのは、普通の人びと、労働者で受苦者の大衆であると確信している。……しかし、彼はその道を掃き清める人間の苦しみと死の責任を受け入れる準備ができていない」。彼は進歩を求め、彼が出会ういかなる障害をも野蛮に道からはらいのける。たとえその障害が、その名前を借りて彼が建設事業を行なったのと同じ人びとだとしても、である。ここに自分の行為の結果について「否認」し、変身をもたらす死の本能によって動かされる男がいる。ファウストの仕事に伴う強制移住の光景は、中国やインドの巨大な近代的ダム・プロジェクトを見た人には、直ちに認識できるだろう。(訳注6)

バーマンはこう説明する。「ゲーテの主張のポイントは、ファウスト的開発のもっとも深い恐怖は、そのもっとも名誉ある目的と、もっとも真正な達成から生じるということだ」。同様に、制約されない経済成長がもたらす良い生活の約束は、無意識のうちに、成長によって修復することが不可能で、善以上の害悪をもたらす諸力（そのなかに温室効果ガスもある）を解き放つのである。

成長の目的は、尊大な近代性の大義に包まれているが、手段の費用を無視し、そして当初の目的を見失う。ファウスト的な開発は、「みたところ過剰な破壊行為を伴っており、それは何らかの意義ある有用性を作り出すためではなく、新しい社会は過去の状態に逆戻りできないように、これまでに通って来たすべての橋を燃やさなければならないという象徴的な論点を強調するためである」。

行為における否認

ほとんどすべての災害映画には、特別なストック・キャラクター（お定まりの登場人物）が含まれる。『ジョーズ』、『ジュラシック・パーク』、『ロボコップ』のような古典的な人気映画において、一触即発の危険を隠そうとするスーツ姿の男が常に登場する。隠蔽が行なわれるのはたいてい、「その危険がどのようなものであろうとも」誰かの金儲け事業計画――夏の観光業、新しいテーマパーク、販売を待つ不敗のロボット警官など――を脅かすからである。(訳注7)

気候変動にもまた、何も心配することはないと言うあからさまな反対意見の人という献身的な登場人物

訳注5 ゲーテ（相良守峯訳）『ファウスト』岩波文庫、一九五八年、参照。

訳注6 中国の三峡ダムや、インドのナルマダ・ダムをさす。下記を参照。

戴晴、鷲見一夫ほか『三峡ダム――建設の是非をめぐっての論争』築地書館、一九九六年。

鷲見一夫『三峡ダムと日本』築地書館、一九九七年。

鷲見一夫ほか『三峡ダムと住民移転問題――一〇〇万人以上の住民を立ち退かせることができるのか？』明窓出版、二〇〇三年。

藤村幸義『中国の世紀――鍵にぎる三峡ダムと西部大開発』中央経済社、二〇〇一年。

鷲見一夫『きらわれる援助――世銀・日本の援助とナルマダ・ダム』築地書館、一九九〇年。

段家誠『世界銀行とＮＧＯｓ――ナルマダ・ダム・プロジェクト中止におけるアドボカシーＮＧＯの影響力』築地書館、二〇〇六年。

がいる。ヴァージニア大学のフレッド・シンガーや、マサチューセッツ工科大学のリチャード・リンゼンのような人たちは、石油産業に雇われたコンサルタントであった。退職した英国の学者フィリップ・ストットやオーストラリアのヒュー・モーガンのような人たちは、産業界の後援を受けた反環境主義ロビー活動団体につながっていた。(原注17) しかし、その否認がもっと遠回しで、したがってもっと興味深い、地球温暖化ドラマのほかのふたりの登場人物を詳細に眺めてみよう。

マーティン・ウルフは『フィナンシャル・タイムズ』のような財界寄りの新聞に寄稿する反対意見のコラムニストである。彼は気候変動論争についての「映画」の適任の登場人物のひとりとしてあらわれる。二〇〇〇年十一月のハーグでの京都議定書解釈についての会合の破綻のあと、ウルフは読者に心配しないようにと語りかけた。「大げさな警報を発する人たち」は間違っていると、彼は述べた。彼の議論は、いつも通りの弁護論で典型的に使われる論法の大半を用いていた。彼は、京都議定書は地球温暖化に現実的な影響を及ぼすには不十分だという一般的な観察結果を述べ、議定書が国際的な政治的合意の構築に向けての最初のステップとしては、これまでで唯一のものであることを無視した。それから彼は気候科学には「不確実性」があると主張し、「われわれは地球温暖化がどのような危害をもたらすかを知らない」と述べた。(原注18) これは解釈的な否認の事例である。なぜなら、あるレベルではすべての科学が不確実だからである。

科学は蓋然性を基盤としており、懐疑の余地を残している。一度多くの人に受け入れられた理論は、日常的にひっくり返される。別のレベルでは、先ほど述べたように、地球温暖化が何をもたらすかについて、しばらくのあいだ、かなりの合意が存在してきた。それはトラブルを引き起こすだろう。英国、中国、ブラジル、オーストラリアなどを含む一七カ国の国立科学アカデミーが、二〇〇一年五月に、過去しばらくのあいだに何がわかってきたかを繰り返した。人間が引き起こす地球温暖化が「明らか」であり、「強力な」気象現象や干ばつを増大させるであろうということである。それは、「農業、健康、水資源」にダメージを与えるであろう。（原注19）（訳注8）

しかしこれらアカデミーの専門家たちは、いわゆる「大げさな警報を発する人たち」として退けられた。そのなかには、英国政府気象庁の一部である気候研究ハドレー・センターに勤務する研究者たちや、温暖化した世界での地球規模の経済的破産の可能性について公然と問題提起している保険業界の関係者も含まれる。

ウルフはそれから「明らかな解決策」は「地球の有限な吸収能力を前提とした財産権の公平な分配」にもとづく世界規模の計画という選択肢だと譲歩してみせる。しかし、そのような計画を実行するのに必要なグローバルな当局がまだ存在しないので、彼はその案を退ける。暗示的な否認である。「何が論点なのか？」がわからなくなる。幸運にも挫折したので、彼はパイプ煙草と安楽椅子というイデオロギー的な隠れ家に退却するのである。こうしたことが彼に、従来通りの化石燃料中毒の経済成長が、新たな問題を作

訳注7　『ジョーズ』は米、一九七五年、スティーブン・スピルバーグ監督。
『ジュラシック・パーク』は米、一九九三年、スティーブン・スピルバーグ監督、マイケル・クライトン原作。
『ロボコップ』は米、一九八七年、ポール・ヴァーホーヴェン監督。

訳注8　下記の本でウルフは、多国籍企業・米国政府主導の経済グローバル化の賛成論者として登場する。スーザン ジョージ、マーティン ウルフ〔杉村昌昭訳〕『徹底討論 グローバリゼーション賛成／反対』作品社、二〇〇二年。

り出すけれども、それに対処する最良の解決策でもあることを語ってくれるのである。
中心におかれているが道理に反する論理が貫かれている。われわれは富をつくるために成長を続けなければならない、成長によって作り出されたダメージ（気候変動が起こった場合）を償うためにも成長が必要だ。何人も、人が住める大気の喪失が起こったとしても、財界の重要なビジネスに干渉することは許されない。個人に適用されるなら、この論理は、病気になるまで働かなければならない、仕事に復帰するのに必要な薬を買うためにも働け、といった形になる。もっと単純に言うと、われわれは富をつくるために地球を破壊しなければならない、地球を修復する費用を支払うためにも破壊を続けよ、ということになる。合理主義と否認の混合物である。

いかにしてわれわれは、そのような混乱をときほぐすことができるだろうか。二つの中心的な見解が、この催眠術的で下向きの推論のらせんを打ち破るものとなる。第一は、経済的グローバル化の不平等な力学を考慮すれば、経済成長だけに依存することは、世界の貧困層に気候変動から自衛するための資源へのアクセスを与えるには、非効率的できわめて信頼できない方法だということである。グローバル経済において富は貧困層から富裕層へ吸い上げられる傾向があり、上から下へとしたたり落ちる（トリクルダウンする）[訳注9]ものではない。また貧困層が、経済成長に結びついた環境破壊の被害を最初にこうむり、地球温暖化の極端な気象にもっともさらされるのである。

第二の問題は、「ハンプティ・ダンプティ」[訳注10]的な問題である。もしわれわれが気候を壊すなら、それを完全に元通りに直せるのだろうか。いまでは暴走的な気候変動が起こるかもしれないという現実的な可能性がある。氷床の融解、植生の死滅など、さまざまな要因が将来のある時点で相乗効果を発揮して、世界の主要な首都を水没させるというものだ。これまでに観察されたパターンの単なる継続にもとづく温暖化の予想でさえ、人類の制御能力を超える問題という難題を作り出す。

ウルフはそれから、予防原則の概念を操作して、再解釈する。予防というのは、今後五十年間の急速な経済成長によって温暖化の悪影響に対処する以上のことができるはずだから、成長に背を向けないことこそが予防原則にかなっている、という意味に解釈しなければならないと、彼は言う。無神経に環境主義的な主張によって、彼の意図を妨害することは許されない。再生可能エネルギーでさえ、ウインド・ファーム（風力発電地帯）は「ださい／おぞましい」ものだという「合理的」な根拠から拒否される。対照的にハリケーンと原子炉は美しいものであると想定される。従来通りにやればよい。巨大なサメは死んだ。ア

訳注9　新自由主義のトリクルダウン（おこぼれ）「理論」への批判として、下記を参照。
石川康宏『「おこぼれ経済」という神話』新日本出版社、二〇一四年。
服部茂幸『アベノミクスの終焉』岩波新書、二〇一四年。

訳注10　ハンプティ・ダンプティは英国の童話に出てくる卵男。「ハンプティ・ダンプティ、壁の上に座って、ハンプティ・ダンプティ、ドシンと落ちた。王様の馬のみんなも王様の家来のみんなもハンプティを元には戻せなかった。」（マザーグース）（アルク社英辞郎）

セヴァン・スズキが一九九二年の地球サミットのときに、十二歳の「伝説のスピーチ」が話題となったが、そのなかにも「どうやって直すのかわからないものを、こわしつづけるのはもうやめてください」という有名な一節がある。
ナマケモノ倶楽部ＨＰ　http://www.sloth.gr.jp/relation/kaiin/severn_riospeach.html
『あなたが世界を変える日――十二歳の少女が環境サミットで語った伝説のスピーチ』セヴァン・カリス＝スズキ、ナマケモノ倶楽部訳、学陽書房、二〇〇三年。
映画『セヴァンの地球のなおし方』アップリンク　http://www.uplink.co.jp/severn/introduction.php

ンドロイド警官は安全だ。ベロキラプトルは逃げ出さないだろう。(訳注11)

内側からの攻撃　自己満足の作法

最近の緑の運動（環境保護運動／エコロジー運動）への攻撃についてもっとも雄弁な論者のひとりは、自称「懐疑的な環境主義者」であるデンマークの統計学者、ビョルン・ロンボルグである。(原注20)通俗的な反対論者の想像力を駆使して、彼は環境主義者がこれまでに提示してきたあらゆる心配に反駁する。しかしながら、それは真実ではない。彼自身の記述を追ってみても、事態は希望がないようにみえる。彼が書いたように、人間活動の環境への影響の結果として、生物種は「自然界での通常の絶滅速度よりも千五百倍の早さで」絶滅しつつある。ほかのところでは、「熱帯林の二〇％」が消滅したと述べている。ナイジェリアやマダガスカルのような国ではその比率が「優に半分以上」となっており、中央アメリカでは五〇ないし七〇％が失われたかもしれない。(訳注12)

それだけにとどまらない。世界の海洋で漁獲される魚の三分の一以上は、「減少傾向を示す資源」から漁獲されたものである。農地の浸食によって、耕作地の三八％が劣化している。たぶんもっとも重要なのは、地球温暖化が起こっており、人びとがその原因については「議論の余地がない」と思っているという事実である。そして彼が書いているように、気候変動は特に「発展途上国に対して過酷な」ものとなるであろう。だからみなさんは考えなければならない。もしこれらが「懐疑的な」環境主義者の結論ならば、「平均的あるいは悲観的」な緑派（環境派）の描く未来図はどれほど暗いものだろうか。

これがロンボルグの問題のひとつであった。あるときには彼は、あらゆる自然資源が次の火曜日には枯渇するといったような、環境保護運動の長く忘れられてきた亡霊との戦いをとりあげる。次に彼は地球の健康の否定的な傾向（悪化）をとりあげるが、彼が他人に対しては要求する証拠と分析的厳密さに照らしてみると、基準をはるかに下回る経済政策的結論に到達する。

原子力を高価な安全保障上のリスクとして大ざっぱに退ける彼の議論に反対する環境主義者はいないだろう。ソーラーパワーやその他の再生可能エネルギーが、できるだけ早く採用すべき、将来の不可避的なエネルギーであるという彼の結論にけちをつける人もいないだろう。しかしロンボルグは、熟考する反対論者の役割を演じている。ロンボルグの刺激的な宣伝は、読者が、ロンボルグは地球温暖化の現実を否認する（文字通りの否認）であろうと疑うように仕向ける。しかしロンボルグは譲歩してみせ、地球温暖化は起こっており、深刻で予測不可能なものであり、世界のもっとも貧しい人びとに最大のコストをもたらすであろうと認める。彼はまた、一〇メートルの海面上昇をもたらす西南極氷床の崩壊のような、「破局的」シナリオの可能性も否定しない。彼は次のように書く。「それは本当に大きなコストをもたらす極端な現象であるから、われわれはその可能性の監視により多くの努力を払うべきである」。

ロンボルグはそれから、地球温暖化を拡大したり縮小したりすることがありうる不確実な気候フィードバック[訳注13]に焦点をあてるが、しかし将来予測のより小さな（楽観的な）数値を強調する。彼は、単純にもの

訳注11　ベロキラプトルは、『ジュラシック・パーク』にも出てくる小型で敏捷な肉食恐竜。

訳注12　ビョルン・ロンボルグ（山形 浩生訳）『環境危機をあおってはいけない　地球環境のホントの実態』文藝春秋、二〇〇三年

ごとはそんなに悪くはならないものだと考えたのだ（解釈的否認）。彼は予防原則を自己満足の作法と交換した。気候変動の予防にお金を浪費するなと彼は述べた。貧困諸国を助ける援助資金の流れを増加させたり、儲けの場を提供できる世界貿易機関（ＷＴＯ）によって管理されるグローバル市場を信用したりするほうがいい、というのである。

ここで「懐疑的な環境主義者」は、「だまされやすいエコノミスト」になった。一方では、先進諸国の最低の援助実績がほとんど期待を抱かせないからである。他方では、さらに二〇〇〇万人の環境難民が予想されるバングラデシュが、たとえば世界の繊維製品貿易をめぐるＷＴＯを通じての中国との競争によって貧困を克服できるとは信じがたい。ＷＴＯは国連によって「最貧諸国の悪夢」と呼ばれ、世界銀行の貿易政策専門家によると、その義務は「発展への関心をほとんど示していない」のにである（原注21）。

ロンボルグはまた、経済成長についても書き、ＧＤＰ（国内総生産）の価値を重要な指標と評価する一方で、持続可能な経済厚生指標のような、より包括的な代替案についての、経済学者ハーマン・デイリーの広く引用される業績には言及しないのである。デイリーは米国について、経済成長は「不経済な（無駄の多い）」ものでありうることを示した。すなわち、「経済は成長しても、福祉は減少する」こともあるということだ。福祉を向上させる決定的要因は、単なる経済成長ではなく、より良い分配を確保する政策である（訳注14）。

ロンボルグはまた、世界の漁場のようなグローバル・コモンズの問題の原因を、まともな財産権制度の欠如のせいだとしている。しかし、京都議定書の限界を正当に憂慮しながらも、彼は地球温暖化問題を解決するための主要な政策候補のひとつには言及しない。それは、人口一人当たりの平等な財産権を大気に適用することによるアプローチであり（本書の第十一章を参照）、彼が提示したすべての疑問に答えるものでもあるのだが。(訳注15)

意図的かどうかはわからないが、ロンボルグは、「従来通りのビジネス」のバイブルを書いたのである。「危機とは一体何の危機なのか」（たいしたことはないではないか）という彼のメッセージを信じるのは大変なことであろう。われわれは誰でも退職し、山に登り、小説を書くことができる。しかしロンボルグの気休めは、二〇パーセントの視野しか持たない裸足のタクシー運転手の雑談に似ている。何もかもうまくいくだろうと言い、自分は道を知っていると言い、風を切ってあたりを横目で見ながら、車道を時速一〇〇マイルで走るような連中である。（交通事故のリスクを）否認するような男だ。

もしわれわれが文化レベルでの否認から抜け出さねばならないとしたら、メディアには大きな役割があるだろう。しかし報道の構造は、特に放送メディアでは、しばしば偽りのバランスを作り出す（しかし興味深いことに環境のようなある種の主題についてだけであり、経済についてはそうではない）。何年ものあいだ、気候変動が論じられるときにはいつでも、地球温暖化の特定の影響を警告する科学者それぞれに対して、

訳注13　負のフィードバックが強ければ地球温暖化は緩和されるし、正のフィードバックが強ければ促進される。実際にどうなるかは、不確実性が大きい。

訳注14　デイリーの主著は、ハーマン・デイリー〔新田 功、大森 正之訳〕『持続可能な発展の経済学』みすず書房、二〇〇五年、である。

訳注15　地球大気、海洋、南極、月など、私有、領有されていない人類の共有財産をグローバル・コモンズという。ロンボルグの主張は、コモンズ（共有地）の乱用を防ぐための私有化を主張したギャレット・ハーディンの「コモンズの悲劇」（一九六八年）の影響であろう。ハーディン〔松井 巻之助訳〕『地球に生きる倫理——宇宙船ビーグル号の旅から』佑学社、一九七五年、など参照。

反対論者、否認論者が反論するという形になっていた。一般視聴者に対してこのアプローチは、「専門家」のコミュニティでは温暖化への賛否両論が同等の重みをもっているという印象を作り出す。実際、気候変動にかかわるところでは、不同意のレベルは、いまでは進化論を否定する人びとと似たものになっている。言い換えると、少数派である。別の問題は、報道機関もまた、個人や政府と似た否認の特徴をはっきり示すことがあるということだ。知っているのに知らないふりをするということだ。(訳注16)

『インディペンデント』は英国の進歩的な日刊新聞であり、地球温暖化の脅威と現実について、定期的に報道している。二〇〇三年六月という夏のさなかのある土曜日に、同紙は一面のほとんど全部を使って「熱帯雨林の大いなる悲劇」という記事をのせた。その前年、アマゾンのブラジル地域では、ベルギーの面積に匹敵する森林が破壊されたと述べている。地球温暖化との関係でいうと、アマゾン川流域は重要なシンク(吸収源)のひとつであり、温室効果ガスを吸収するが、気候変動に対して非常に脆弱な地域でもある。いくつかの予測では、温暖化によって大規模な枯死が引き起こされ、森林は吸収する以上の量の炭素を放出することになるかもしれないとしている。しかしフルカラーの新聞一面のトップに、もっとも気候にやさしくない形態の輸送手段――欧州の中型航空機――を用いた大胆な新聞販売促進活動の記事が出ている。熱帯雨林の大いなる悲劇の記事のすぐ上の紙面で、「流行の飛行機」を奨励しているのだ。

もうひとつのもっと一貫性のあるリベラルで進歩的な日刊新聞は『ガーディアン』である。気候変動の脅威と、環境破壊的な航空輸送のとめどない拡大についての、二〇〇三年と二〇〇四年の一連の一面記事の報道と、姉妹雑誌の詳細な報道記事のあとに、一面でひとつの提案をしている。「アメリカ行きのひとつのフライトに二ポンドのポイントがつきます。ニューヨーク、ロサンゼルス、米国のその他二二の都市、およびカナダ、メキシコ、中南米のその他八都市への便でも」(原注22)。もし短距離航空よりも環境破壊的な旅行があるとしたら、それは長距離飛行だろう。その矛盾には気づかないようで、同紙は自動車愛好を賛美する一連の雑誌付録もつくっている。雑誌の表紙の言葉は次のようになっている。「それには一〇万三〇〇〇ポンドかかります。ガソリンを供給するために、あなた自身の油田が必要です。誰かがアストンマーチンDB（アストンマーチンは英国産の乗用車メーカーの商標。映画「007」のボンドカーとしてDB5が有名）を愛用するでしょうか。答えは簡単です。それはとても速くて、贅沢で、とても美しい車なのです(訳注17)」「私はより良い道を見て、それを気に入ったが、それでもなお、より悪い道をたどることになってしまった」という意味の表現がある（本章冒頭の引用を参照）。このような事態を毎日のように見ているのだが、人びとは自宅の外に駐車している自動車より先の光景を見ようとしないものだ。

訳注16　環境についての報道は、両論併記で見かけ上の公正を装い、経済については支配層寄りだということであろう。「3・11」以前の日本の報道では、温暖化否認論者は少なく、「温暖化対策のために原発を増やせ」という議論がはびこっていたように思う。石油産業の影響力が日本より強い欧米（や産油国）では、温暖化否定論が多かったらしい。

訳注17　アマゾン川は国際河川であり、流域はブラジル、ペルー、ボリビア、コロンビア、エクアドルにわたっている。

第八章　世界の終わりの駐車場

当初は浪費的なものとして始まったのに、消費者の理解の上でやがて生活必需品になってしまう、ということが生活水準の構成要素のなかでしばしば生じる。

ソースティン・ヴェブレン〈高哲男訳〉『有閑階級の理論　増補新訂版』一八九九年、第四章、講談社学術文庫、二〇一五年

もはや五体の血にひそむ恋の熱情などではない、ヴェニュス（ヴィーナス）大神ご自身が、銜《くわ》えて放さないのだ、餌食を！

ジャン・ラシーヌ『フェードル』第一幕、第三場、一六七七年、ラシーヌ〈渡辺守章訳〉『フェードル　アンドロマック』岩波文庫、一九九三年、一六四頁

運輸は人間をあらたな浮浪者に仕立ててしまったのである。人間は常に目的地から遠ざけられていて、自分の身体の力でそこに到達することができないくせに、毎日そこまで行かねばならないので

ある。現在では、人びとは職場へ行きつくための金をかせぐのに、一日の大半を費やして働いているのである。

イヴァン・イリッチ〔大久保直幹訳〕『エネルギーと公正』一九七四年、晶文社、一九七九年、四一頁

美と魅力、そして個性の力は、どんな人をも狂わせるに十分だ。

ボルボ社の自動車広告　二〇〇三年

私は自動車の運転をしない。しかし私の生活は車によって支配されている。それらは様々な方法で、私のまわりにあり、私のなかにもある。私は道を歩くときにはいつでも、口と鼻から車の排気ガスを吸い込む。子どものころ私は車の魅力に幻惑され、たくさんのおもちゃの車を買ってくれと両親にせがんだ。それは私の犬が車にひかれる光景を見たあと、また別のときに九歳の級友がうわの空で道路を横切っていたとき、ブレーキをふむのが遅れた車の衝撃で車輪のあいだに入ってしまった（どちらの事例でも被害者は死なずにすんだ）のを見たあとでも、そうだった。「トップトランプ」のようなカードゲームは、私と友人たちに、車についての不必要な情報を山のようにふきこんだ。私の家族が最初に買った車は大きなおもちゃみたいに見えた。それはスタンダード・ペナントと呼ばれた。気味の悪いことに、私はその車のプレート番号を、家族の誕生日よりも簡単に覚えた（５４０ＣＪＯだった）。家族の車が売られたとき、喜んで客席の窓にはっていたウェールズの駐車場のウインドウステッカーを見られなくなるのを悲しんだ。フロイト

学派には、生きていない物体に人びとが思い入れをする感情をあらわす術語がある。それは「カセクシス（備給）」と呼ばれる。車について私に何度も起こったことだった。

いまやいたるところに車へのカセクシスが見られる。私は車のあいだで素早く身をかわしながら、ある場所から別の場所に行ったものだ。私は道を歩きながら車にどなって会話をした。私は家で車が駐車したり発進したりする音を聞いて、車の音響システムによって目を覚ました。私が好きな場所は車のために分割され、舗装されていた。私の故郷エセックスに新しい交通システムが導入されるまで、私は町の中心部に行くときは、二車線がある道路を歩いていくことができた。そのあとは、十三ほどの車線を超えていかなければならなかった。

車のショールームがいま交差点の角にある。それほど昔ではないあるとき、私がその前を通ると、窓に広告が掲げてあって、クライスラー社が作った最新の「レトロ」モデルを宣伝していた。私が外に立っているとき、窓にはわびしい風景がうつっていた。スパゲティのかたまりのように混雑した交通と、脆弱な歩行者の点在である。ポスターはそれにもかかわらず、ＰＴクルーザー（クライスラー社製の乗用車）を買うことで「あなたの魂を買いなさい」と招待していた。ファウスト博士が再び活動していた。

キンレンカという南米原産の植物につく黒い蠅のように、車はわれわれの生活を覆い尽くし、窒息させる。しかしともかく車の支配は奇妙にも目に見えないものでもある。われわれの生物種としてのユニークな適応性は、車の驚くほどの「遍在性」にも慣れてしまっていて、それを奇妙に思わないことをも可能にする。

車が病気だとすれば、それは流行病である。それが害虫だとするなら、大発生である。それが水だとす

イングランドのエセックスのコルチェスター動物園でおもちゃの車に乗る幼いころの筆者は、偉大なる自動車経済に洗脳された様子を示している。

るなら、破滅的な洪水である。しかし魔法にかかったように、われわれは大いなる破壊者を抱擁し、そのまわりにわれわれの生活、地域社会、田園地帯を設計する。合理的にみれば、われわれは煙草のパッケージと同じスタイルで公衆衛生上の警告表示をつけるべきであるのに、車を歓迎して生活のなかへ迎え入れる。「車の運転はあなたの健康を深刻に害します」「車は凶器になることがあります」という警告表示をすべきなのに。

地球温暖化との結びつきを考える前に述べておくと、最初の交通死亡事故が記録されてから一世紀のあいだに、車は約三〇〇〇万人の生命を奪ってきた。(原注1) 国際赤十字赤新月社連盟は、二〇二〇年までに交通事故が第三位の死傷原因になるであろうと予測した。世界保健機関は、毎年一二〇万人が交通事故死すると見積もったが、これはマラリアの年間死者数にほぼ匹敵する。(原注2)(訳注1)

国政選挙において数えられた得票数が、ありそうな結果を強く示唆する転機となる瞬間がある。たいていはバランスのとれた議席配分になるような結果に落ち着く。評論家はもし与党が政権を維持できるだけの票を得て、それでも野党第一党の獲得議席が多かったならば(小選挙区の効果)、与党は政権を去るべきだと言うだろう。私の故郷であるエセックス州のバシルドンはそのような場所だった。一九九七年に労働党が町の選挙区で勝ったとき、それは二十年にわたる保守党支配の終わりを告げるものだった。

地球温暖化の場合において、現在の大気のなかで「政権をとっている(支配的な)」現象が、大衆の態度を動揺させているのは、たぶん車とその所有についてどう感じるかということである。化石燃料の持続不可能な利用にかかわる場面では、車以上に象徴的なものはない。もし喫煙についてはすでに起こったように、車への人びとの態度が変わるなら、われわれは合理的な希望をもてるだろう。その反対もまた真実である。

車は、社会の組織、経済の運営、そして個人のアイデンティティの構成に非常に深く組み込まれているので、それに対する態度の変化は、気候変動に対処する行動に大衆が乗り出す準備ができているというシグナルになるかもしれない。大衆的な行動は、最終的に問題の規模にふさわしい行動である。

車は、現在の「イコン」的で支配的な地位に偶然入ってきたわけではない。車のために歴史上最大の「赤いカーペット」が広げられたのだ。甘やかされた若い王子のように、車は生まれ、経済的な銀のスプーンで食べものを口に運ぶように育てられたのである。私の少年時代に首相であったマーガレット・サッチャーは、われわれが「大いなる自動車経済」のなかに暮らしていると語った。車のために道路と駐車場が公費で建設され、鉄道や路面電車のような競争相手は自動車に有利なように意図的に削減された。英国では、英国鉄道委員会の技術者であり委員長であったリチャード・ビーチングによって考案されたビーチング・プランが一九六三年から一九六五年までに、鉄道網の大きな部分の閉鎖によって、隠喩的にも文字通りの意味でも、車社会のために道を開いた。より環境にやさしい交通システムの解体への貢献で、彼は爵位を

訳注1　自動車時代以前に交通事故がなかったわけではない。たとえばピエール・キュリー博士は一九〇六年、馬車にはねられて死亡した。「マラリアは百カ国余りで流行しており、世界保健機構（ＷＨＯ）の推計によると、年間二億 人以上の罹患者と二〇〇万人の死亡者がある」（国立感染症研究所、二〇一三年）。
http://www.nih.go.jp/niid/ja/kansennohanashi/519-malaria.html
なお喫煙関連疾患による死亡は年間約五〇〇万人と見積もられている。マラリア以外の三大感染症でいうと、結核の年間死者は約一六〇万人、エイズは約二〇〇万人である。また大気汚染による年間死者は二〇一二年に約七〇〇万人（ロイター、二〇一四年三月二十五日）である。
http://jp.reuters.com/article/topNews/idJPTYEA2O02420140325

得た。一九六五年にビーチング卿となったのである。
一九二〇年代に米国でもっとも重要な諸都市は、有名な路面電車という公営の電気鉄道体系をもっていた。一二〇〇の個別の体系があり、総延長四万四〇〇〇マイル（七万二四〇〇キロメートル）の路線があった。自動車メーカーのゼネラル・モーターズ（GM）は一九二一年に赤字を出し、自動車市場が壁に突き当たったのではないかと恐れた。彼らの答えは、路面電車と都市の鉄道を標的にした広大な戦略でそれらを事業から排除して、自動車の市場を拡大することだった。会社のなかに特別なチームが編成され、戦略は不穏なほど成功を収めた。米国連邦議会上院の元助言者・訴訟代理人であったブラッドフォード・スネルが書いているように、「GMが法廷提出文書で認めているように、一九五〇年代なかばまでに、そのエージェントが一〇〇〇カ所以上の電気鉄道を訪ね回り、そのうち九〇％以上を自動車交通に置き換えたのである。(原注3)(訳注2)
戸口から戸口へ人や荷物を運べるような（時間はかかるにしても）自動車の長所は、大いに称賛された。流行病のような規模での殺傷（交通事故）や、都市と農村の環境の破壊のような短所は、大目に見られ、無視された。サッチャーは、大いなる自動車経済に問題があるときに何が起こるかについては決して言及しなかったし、現在われわれの車依存には病的なものがある。コメディアンで活動家の映画監督マイケル・ムーアは、郷里である米国のフリントという町で自動車工場が閉鎖されたときの影響を描いた『ロジャーと私』（一九八九年）という映画を公開したことで、名を知られるようになった。この町の経済は、ほとんど全面的に自動車メーカーに依存していた。英国各地の町でも、一九八〇年代と一九九〇年代に自動車製造の自動化（人員削減）がいっそう進み、工場のアジアへの移転が進行したとき、似たような不況の苦しみを味わった。私の学校時代に集団旅行のひとつは、ロンドンの東にあるダゲンハムのフォード社の工場を見学することだった。それは、一時期には地域社会を支配したが、いまはほとんど跡形もない。

しかし「車の王立保護部隊」とでも言うべきものは、当時よりもいまのほうがずっと活動的である。そしていっそう馬力のある車へのわれわれの中毒は、ますます強くなっている。毎年西欧では、一五〇〇万台の車が販売されている。市場は巨大なだけでなく、少数の巨大企業の手に高度に集中されている。世界の自動車販売の七〇%を大手六社が占めている。(訳注3)

自動車設計における潜在的な環境負荷の改善は、人びとがより大きく、より早い、オフロードの車を欲しがるという事実によって相殺されている。米国では全般的に自動車の燃費は一九八〇年よりも二〇〇〇年には改善されている。憂慮する科学者同盟（UCS）によると、「燃料節約技術の二十年間の進歩によって、炭酸ガスの排出は削減されたが、その代わりに自動車の重量と性能は増大したので、効果は相殺された」。(原注4) 欧州でも広告は同様の傾向を示している。「積極的な自動車購入大衆」へのインターネット上の呼びかけで、アドリンクという会社は、「ヨーロッパ人は速い車が好きだ！　車のエンジンの平均馬力は過去

訳注2　鉄道を買収して電気機関車をディーゼル機関車に変えたり、路線を廃止して道路に変えたりして売上を伸ばしたことについて、下記を参照。ブラッドフォード・スネル（戸田清ほか訳）『クルマが鉄道を滅ぼした』増補版、緑風出版、二〇〇六年

訳注3　世界自動車メーカー販売台数ランキング（二〇一二年）で上位一〇社はトヨタ自動車、ゼネラルモーターズ、フォルクスワーゲン、日産・ルノー、現代・起亜自動車、フィアット・クライスラー、フォード、ホンダ、プジョー・シトロエン、スズキとなっており、トヨタは一〇〇〇万台に迫っている。
http://sekaikeizai.blogspot.jp/2013/05/2012_12.html

十年で二五％増大した」と述べている。もちろん大きくて速い車への需要はいまに始まったものではない。二〇〇〇年に欧州の五大市場で、約六〇億ユーロが自動車広告につぎ込まれた。米国ではショールームに展示される車の広告費は二〇〇三年に一〇〇億ドルに達し、なおも増え続けている。(原注5) お金は投入されるだけではない。自動車会社は沈黙を守っているが、注意深い心理学的な研究が、部品のデザインから最終製品の広告までのあらゆる段階に分け入って行った。われわれの生活にとって車が不可欠だという外見を維持するために、あらゆる意思決定が注意深く査定されている。そのプロセスは驚くほどの成功を収めた。

一九五〇年には世界全体で推定七〇〇〇万台の自家用車、トラック、バスがあった。二十世紀末ころには、六億台ないし七億台があった。二〇二五年までにこの数字は一〇億台を超えると予想されている。しかし自動車所有の分布は、世界全体で非常に不平等であり、またこれからもそうであり続けるだろう。一九九〇年代なかばに、米国では一〇〇〇人あたり七五〇台の自動車があった。当時中国では一〇〇〇人あたり八台、インドでは七台であった。発展途上国で自動車が大幅に増えると予想される二〇五〇年の時点でも、世界人口の一六％にすぎない先進国が、世界の自動車からの排ガスの排出の六〇％を占めると想定されている。(原注6) われわれの自家用車利用とそれへの依存は、生態学的債務国の会員バッジのようなものである。

産業界が使うメッセージは、息をのむほどの偽善に満ち、侵略する軍隊のようにわれわれの悪夢を支配する恐怖につけこんでいる。それらはみんな車を、独自の特権をもち、多額の補助金に支えられた地位に維持するように作用している。車を物理的にも心理的にも不可欠のものとすることに、産業界はどれほど成功してきたであろうか。「もちろん車はセックスのようなものだ」と、車の社会史を描いた二つの文献を参照しながら、ロイ・フォスターは書いた。「しかし車は、スポーツや環境やナショナリズムのような、われわれの意識を構成する他の抽象概念にも関係している」(原注7)。アイデンティティの包囲は非常に強固なので、ギャリソン・ケイラー(一九四二年アメリカ生まれの作家、ラジオ・パーソナリティ)の小説『ウォビゴン湖』からアイルランドに至るまで、カトリックとプロテスタントの人びとは、それぞれ異なる車種を愛用していたと彼は書いている。

フォスターは、のちに運輸大臣となるムーア・ブラバゾン大佐の物語とともに、車時代の先導役をつとめた熱狂を示している。一九三二年に大佐は、交通事故で死ぬ人が増えているという不満を退けた。「毎年六〇〇〇人以上が自殺しているけれど、誰も騒がないじゃないか」と彼は述べた。大臣職としての彼の資質は、明らかに完璧だった。

社会の変化が要求したのは、千いくつもの新聞や雑誌の広告で車のために毎日語られている物語をわれわれが「語らない」ことだった。これらの広告は自動車産業にとって、幸福そうにほほえむ労働者というスターリンの国家プロパガンダ・ポスター、ニュース映像、芸術作品のようなものだった。それらは野蛮な現実と、裸の放縦な皇帝を隠していた。

意味をつくる――もっとたくさん車をつくる

「あなたの欲望と必要をどのようにバランスさせるか」というのが、高級雑誌のカラー印刷広告の助言である。その答えは明らかに、一万八〇〇〇ポンドを投じて、馬力が大きく流線型のイタリア製アルファロメオのスポーツカーを買いなさいというものだ。欲望と必要のあいだというもっとも難しいバランス（奇妙なことに世界の環境保護活動家が直面するのとまさに同じ挑戦課題である）をとる行為をいかにして達成するかについての、製造業者の理解は、速くて、強奪的なスピードで走るという男のファンタジーを満たすだけでなく、ほかのスポーツカーと違って四ドアで実用的でもある車を提供することだ。しかし、もしもサハラ以南アフリカの平均的な所得を得ている人が、この車を買うことで欲望と必要をバランスさせたいと思うとしたら、問題が生じる。第一に彼らは生涯所得に相当する金額を何とかして貯金しなければならない。それから彼らはさらに十年分の所得に近い金額の借金をする必要があるだろう。二〇〇二年にこの地域の平均寿命はちょうど四十三歳に低下したが、それは記録が始まって以来の低さであった。三五〇ポンドの平均年収をもってしては、車を買うためにあらゆるものを節約し、ほかには何のことにもお金を使わなかったとしても、五十一年もかかるであろう。同じように興味深い価値観を示しているのが、ジープ社のチェロキーというモデルの車で、「一カ月の生活費一九九ポンドの人を想定しています」という広告で販売している。たぶん同じ広告会社を利用しているのだろう。もちろん彼らが言いたいのは、彼らが適度の価格とみなすもの（車の購入）で、単にシンプルな生活を送るよりも本当に「溌剌と」生活できるということだろう。(訳注4)

この観点から見ると、車は世界とその諸問題を理解しにくいものにした。英語はグローバル言語かもしれないが、その特定の単語は異なる国では異なる意味をもつ。ほとんどの人が衣食住、きれいな飲料水、保健衛生と教育のニーズをおおむね満たしている場所では、「ニーズ（必要）」は通常、基礎的なニーズを超える何かを示唆している。たとえば、「私には新しい車が必要だ」「私にはもっと大きい家が必要だ」というように。先進国で想定されるニーズは、実際のニーズを超える日常生活の層のなかに見出される。それらは「サブシステント（自立生活的・生存経済的な）」なライフスタイルの反対物のなかにある。それはぎごちない表現だが「スーパーシステント（贅沢品愛用的な）」ライフスタイルであり、世界の低消費の多数人口（発展途上国）の環境銀行勘定から借りることによって（エネルギー多消費などの生態学的債務をすることで）豊かな生活を送ることである。借りるのであるが、返済するつもりはないということも、付け加えておきたい。しかしこれは、近現代の大量消費時代の中心的なイコンを、それを通じて見るように強制される「歪められたレンズ」の始まりにすぎない。

ほとんど自明のことに見えるとしても、広告の鍵となるメカニズムのいくつかについて想起することは有益だろう。広告はわれわれと車との関係を位置づけるとともに、媒介する。広告はわれわれを車との恋に陥らせ、ほかの車種ではなく、ある特定の車種を買うように説得する。広告はわれわれに、ある種のイメージを繰り返し提示することで、通る車両の少ない田舎の道路で車を楽に進ませる光景を想像させる。実際は、スモッグのたちこめる大都市の高速道路で渋滞に巻き込まれることが多いのだが。しばしばわれわれは、歩く速度よりゆっくりとしか進めない。有名なのは、いまではロンドンの中央部で、ヴィクトリア朝時代の大型四輪馬車よりもゆっくりとしか進めないことがあるということだ。もちろん広告は、われわれの恐怖と欲望を利用し、コントロールする。なによりも広告は、素晴らしい感情操作の魔術を行なう。われわれは冷たい機械に対して熱い感情を抱くように、様々な創造的方法で説得されるのである。

訳注4　サハラ以南アフリカの平均寿命低下は、貧困、新自由主義的な構造調整政策、ＨＩＶ感染、内戦などの総合的な影響によると思われる。チェロキーは、アパッチ（ヘリコプター）と同様に、北米先住民の部族名。

少数の熱狂者は、わざわざ奨励されなくても、自分が選んだ機械へのびっくりさせられるような献身的愛情を常に示すだろう。しかし動く金属、プラスチック、ゴムのかたまりの魅惑のもとに社会全体を引き込むには、何かもっとほかのものが必要だ。この場合には、それは車とそれに対するわれわれの関係についての、巨大で、蔓延していて、一方的で、高度に統制され、持続的に強化される言説である。実際、それを「おとぎ話」と呼ぶほうがいいだろう。このおとぎ話では、この事態を正当化する大きな語りによると、われわれみんなが車の価格を支払うことで、王子や王女のようになれるのである。数千ポンドを払うことで、われわれはハッピーエンドの幻影を買うことができる。

われわれは産業界が投げかける魔法を見て、彼らの物語のなかに自分をとじこめるのである。彼らのばかげた主張を笑わないようにさせるものは、主張を本当にしてしまうわれわれ自身の隠れた欲望を別とすれば、いったい何であろうか。左の頁の写真に、いくつかの細部を含めて車の広告をランダムに例示してみた。

約束、約束

パワー、スピード、セックスの約束は、車の広告のなかでもっともありふれたものである。いくつかの派生的な約束も、かなり普遍的に見られる。どのタイプの市場にあなたが適合するかに応じて、車は次のようになるだろう。あなたの個性を高める（スポーツカーあるいは小回りのきく車）、あなたにとって大事なもの（家族など）を保護する（セダン型自動車あるいはワンボックス車）、他人の羨望を呼ぶ（大型車あるい

これらは近所のショールームにある車、あるいはあなたが見るのが好きな車だろうか。あなたが買う車だけでなく、自動車メーカーが示すのは、いかに必死で買わせ続けるかという熱意である。

は皮肉なことだが、少し不十分であるにしても社会的な野心をほのめかす車）、あなたにスピリチュアルで感情的な充足を与える（車のデザインのブランドから外れた小型ないし中型車）。

「あなたは力を持てる」

反対の証拠があふれているにもかかわらず、車の広告は、われわれがパワフルになれると語りかける。ジープ社のグランド・チェロキーという車種は、たくさんのパワーを提供する。ジープがあなたを自然の威力のただなかで車の座席にすわるように招待し、風雨を神のようにコントロールする（荒天のなかでも安全に運転できる）のだからなおさらである。荒れたプレイリー（大草原）のような光景のなかで、グランド・チェロキーは空気を吸いこみ、木造の車庫から車のスリップストリームに入って走るのだ。車は自然のなかでもっとも破壊的な現象と同じ力を持っていると広告は言う。それは都市を破壊できる地殻の変動と同等の力であり「リヒター・スケール（地震で放出されたエネルギーを対数であらわすもの）で8になる」と広告は言う。「でも地震のことを言っているわけではない」。もちろん自然は、コピーライターの最後の笑いを奪ってしまう傾向がある。広告を見て、現実の地震が高速道路を崩壊させ、強力な四輪駆動車をも虫のようにつぶしてしまう状況を想像せずにいることは難しい。皮肉なことに、この排気ガスを放出する怪物による温室効果ガスを考えると、（車の破壊力についての）彼らの主張には意図せざる真実が含まれていると言えるだろう。しかし次のようなジープの広告を読むと、彼らの真意がわからなくなる。「グランド・チェロキーを運転して、マンハッタン地区を洪水にしよう」。

再び広告を見ると、何かほかのものがある。産業社会が自然環境とのあいだに持っている、奇妙に統合失調症的な、矛盾した関係があらわれる。匿名のシルエットの人物が、自然の景色のなかで車を運転している。車はあなたを自然の近くまで連れていくが、それでも車体は輝いていてエアコンがきいており、あなたは自然から隔離されていて、孤独である。それは、最初はあなたを自然の近くに連れていくように見えるが、それでも自然から引き離しておこうとする。荒れた土地は人びとの気分を引き立たせると同時に、恐れられている。自然は大きくて強力であるが、車のなかにいるあなたは、さらに大きくて強力である。あなたの車は力を与えてくれるだけでなく、高貴な孤独をも与えてくれる。陰気な空のもとで、荒れたモノクロ写真のような景色のなかで、あなたは生き残った人であるだけでなく、征服者でもある。あなたは最強の地震を除くすべての自然力よりも強力である。

これらすべては、「電気的に調整され、スエードやレザーをあしらったシートのある」車の生産ラインからやって来たものだ。実際のところ、広告は、誇り高い所有者であるあなたが、都市や郊外の制約を離れたら、きれいな自然の景色のなかを速くドライブでき、景色が提供するロマンティックな雰囲気を味わって、そして自然の景観から都市の現実に戻ってこられると言いたいのである。

これは現在提供されている、もっとさわやかだが、さほど想像をかきたてない広告のひとつだと、付け加えてもいいだろう。だれかが新聞広告を目立たせるためにジープ（もともとは米軍の車両）を「一台しかない」と宣伝しているのかもしれないが、これは製品の間違った宣伝を防ぐための商品表示法（商品の広告やラベルにおいて品質に関する虚偽や誇大表現を禁止するために英国で一九六八年に制定された法律）に違反するのではないだろうか。しかし、もし本当にジープが（民間の市場に）一台しかないのなら、その環境への影響はかなり小さいことだろう。

車の馬力についてのもうひとつの約束は、三菱自動車のものである。同社は、その商品名が急坂をのぼらせてくれることをほのめかすような、大型車を売っている。ランサー・エボリューション（槍騎兵の進化）Ⅷである。槍をもった騎兵と自然の力をあわせたようなイメージだ。それだけでなく、この車種はバージョンⅧへと進化したものである。この馬力ある車を使いこなせるかどうか、注意しなさい。それは制限時速が七〇マイル（時速一一二キロメートル）の田舎道でも「時速一五七マイル（時速二五一キロメートル）までのスピード」を出せると自慢する。なぜか。私はかつて自動車愛好家である英国の裁判官に、不当に法律を破る可能性のある車を販売することがなぜ合法的なのかを尋ねたことがある。法の執行の責任を持つ人間であるのに、彼は悩んでいるようには見えなかった。彼は「スピード違反者」については大目に見ていると認め、追い抜きのためには余分な馬力が必要だとしかいえないと思っているようだった。

「あなたはセックスができる」

広告は、車はあなたがセックスするのを助けてくれるとともに、車はセックスと同じくらい良いものだとも語っている。そう約束することで広告は本領を発揮するのだ。これは小さな選択にすぎない。

ボルボ社　「情欲、羨望、嫉妬。ボルボの危険性」
アルファロメオ社　「乗って安心感のあるセクシーな小型車はいかがでしょうか」
マツダ社　「しゃれたベッドタイムの運動は？」
ＳＥＡＴ社　「新しいイビザ（商品名）。情熱と馬力から生まれた」

三菱自動車「初体験を決して忘れないでしょう」

ホンダ社「創業者の本田宗一郎が初めて車を見たのは、まだ八歳のときだった。「オイルを漏らしていた」と彼は愛情をこめて振り返る。「私は手と膝をついてにおいをかいだ。香水のようなにおいだった」。

多くの若い人たちにとって、セックスと車のあいだには実際的な結びつきがある。車は相対的にのみ私的で閉じた空間であり、若いときにはそこでセックスできる。大人にとってはそうはいかないので、産業界は車を再び性的なものにするために、何百万ポンドも使って広告する必要がある。それは大きな赤いスポーツカーについては、明白さと決まり文句をはるかに超えるものだ。

標準的な生産ラインのアジアの車種からスウェーデンのボルボの堅実性に至るまで、われわれは、車は性的満足と充足への入り口だと言い聞かせられてきた。しかし、ちょうど馬力についての矛盾した約束と同様に、「セックスのメッセージ」もまた解決できない矛盾をかかえているようにみえる。

第一に、多数の人にとって、実際のドライブ経験は、ティーンエージャーがそれを乗り越えようとしてつまずく、あるいは失敗するという点でのみセックスと似ているに違いない。誇大広告と現実のあいだには違いがある。高価で、渋滞していて、駐車しにくく、運転中にいらいらし、しばしば故障するので、車がもし何か官能的なものを提供するとしても、それは非常に不満足なセックスみたいなものである。現実は言葉とイメージにははるかに及ばない。

アルファロメオのメッセージは、古典的で混乱したファンタジーを提供するとともに、おだやかだがポルノ的なものである。南京錠がジッパーにかかっており、美しい若い女性の背骨に沿って少しずつ下がっていく。イメージに埋め込まれた意味を脱構築する一九七〇年代や一九八〇年代の記号学者なら、大はしゃぎできる機会が得られるだろう。そこでは彼女は受動的であり、男性の注視にさらされていて、客体とみなされることを望んでいる。彼女の背中は見る者にさらされ、彼女の唇は性的な招待をほのめかしている。暗示は後背位でのインターコース（性交）についてのものである。ジッパーの上の南京錠は、彼女が車であるかのように、あなたが鍵をかけ、鍵をあけて思うままにセックスできることを示唆している。ドレスは、現代の貞操帯である。ここでは一万三〇〇〇ポンドから一万八〇〇〇ポンドまでの価格で提供される満足、うきうきした気分、そして安全（セキュリティ）である。それはまったくあけすけであり、「あなたが安心して感じることのできるセクシーな小さい数字」である。そこには、利用できる現実についてポルノが行なう嘘の約束──疑問を持たない女たちとの複雑でないセックス──のようなものはなく、より広い義務もない。この車と女は、口答えすることはなく、あなたに快楽を与えるだけの存在である。やはりポルノと同様、これらは満足をもたらさない依存症である。見る者としての女という別の解釈は、同じように問題がある。ドレスは閉じることができるし、開くこともできる。ノーはノーを意味し、イエスはイエスを意味する。それは非常に良くて力を与えるかもしれないが、広告がそのように構成されることはない。女性の姿勢は差別的ではない。彼女の注視は目をあわせたり、見る者に挑戦したりすることはなく、受動的であり、右の遠くのほうを見ている。彼女がゆっくりと服を脱ぐのは、みんなに見られるためであり、あけすけな招待である。

ほとんどすべての広告は、彼らの製品を、製品の製造と消費の実際の諸条件から分離するために存在し、作用する。自動車製造過程にみられる単調さ、機械化、汚染が、最終製品のためのスマートで誘惑的な光沢紙を用いた広告にあらわれることは滅多にない。

広告にあらわれるような車は、わが家の外に駐車している。すべての住宅の外に車が駐車されている街路では、それは目立たない隣の家に住んでいる若い人たちは、(アルファロメオの)宣伝文句が示唆するように、車に乗ることで魂が興奮させられているように見える。(原注8) 彼らは都市で働く殆どの人びとと同様に、疲れ、いやがらせをされ、あるいは無表情で無関心なように見える。たぶん保証されたセックスと安全の暗示的な意味が、ドライバーの想像力のどこかにひそんでいるのだろう。たぶんそれは感情的な見方から徐々に後退して、消費社会の物憂げな不安という印をあとに残すのである。約束が満たされないことへの不安感であるが、その約束は所有が存在の代わりになりうると信じるように絶えず我々を誘導し、あるいは誤認させるものであった。様々な高級で贅沢な生活用品を集めること——顕著な事例としての車への一歩前進——は、巣のなかのカッコウのように、意味と目的の代わりに充足感(満足感)をもたらすのである。

言い換えると、現在の経済システムの文脈のなかで、この完璧に理解できる誤認は、あなたが目的、意味、良き生活の発見への近道を見つけられることを示唆する。いかに生きるかについて問いを発したり、反省したりする代わりに、メッセージは意味不明になってしまい、充足感を達成するために物を買うことになるのである。商業的な観点から見ると、前者のアプローチは苛立たしいほど自由であり、購入促進には利用できない。

「あなたにとって大事なものを保護できる」

「子どもたちを安全に目的地へ送り届けることは、あらゆる親たちの優先事項である。それはわれわれのリストでも最上位にある」。これはフォード社がモンデオという車種の広告で約束したことだ。それは家族市場向けの車のかなり典型的な謳い文句である。図らずもそれは車が社会的疎外を増大させる方法の別の要素を認めてしまっている。指導的なモータリゼーション推進組織でさえ、自動車の利用は世界からの退却であって、世界への参加ではないことを認めてしまっている。（原注9）フォードの約束は純粋であり、非常に限られた意味では真実かもしれない。たとえば、ある車は別の車よりも安全性が高いかもしれない。別の意味ではそれはナンセンスである。なぜそうか。近年における小児喘息の顕著な増加は、増大する自動車交通による汚染と結び付けられてきたのだ。（訳注5）

公衆衛生と化石燃料の燃焼についてのあるワーキンググループが、化石燃料汚染の健康への影響、特に人びとが自動車排ガスから吸い込む超微粒子の影響を概観した。彼らは、気候にやさしい政策――先進国と発展途上国が炭酸ガス排出を顕著に減らす政策――が多くの命を救うだろうと結論した。（原注10）それは粒子状物質の排出を削減することで七〇万人の早死にを防ぎ、もっとも利益をうけるのは発展途上国であろう。今後二十年にあいだに八〇〇万人の死亡――そのうち六三〇万人は発展途上国――を防げるとした。

毎年交通事故で死傷する子どもの数は、もしそれがインフルエンザウイルスの新しい系統によってもたらされていたとすれば、国民的なパニックをもたらすほどのものである。スポーツ用多目的車に設置される、動物と衝突したときのダメージを軽減するために車の前部に取り付けたバンパーの場合と同様に、非常にしばしば、運転者にとって車を安全にすればするほど、外の世界（歩行者、車いす者、自転車など）にとってはますます危険になる。（訳注6）

「学校への走行」として知られるようになったもの――両親が子どもたちを学校へ車で送り迎えするこ

と――は、都市の交通渋滞の不便を増大させる最大の要因のひとつであり、英国では特別な規制の対象になろうとしている。長期的な観点からみると、子どもの安全への配慮は、地球温暖化への不釣り合いな寄与と果たして両立できるのだろうか。

訳注5　下記のインターネット情報を参照。
【レポート】やっぱり大きな要因だった！　車の排ガスが小児喘息を引き起こす
By Autoblog Japan Staff　二〇一三年三月二十九日
　自動車の排気ガスには健康に悪影響を及ぼす有害物質が含まれており、これらが小児喘息などを引き起こすと、ヨーロッパの呼吸器系専門メディア『European Respiratory Journal』が発表した。
「なぜ、いまさら？」と思う読者もいるだろうが、実は過去に発表された多くのレポートでは、「排ガスは持病の喘息を悪化させるだけ」と言われていたのだ。ところが今回、ヨーロッパの一〇都市の子供たちを調査したところ、実際は小児喘息の症例のうち約一四％もが排ガスが原因だということが明らかになったという。
　また昨年、世界保健機関（WHO）は、ディーゼルエンジンの排気ガスがガンを引き起こすと発表したが、現在のところ新たな排ガス規制の制定にはつながっていない。問題は山積しているが、我々の健康が脅かされているのはこれで明らか。排ガスの多い車の排除など、健康を重視した環境づくりへの一層の取り組みが急がれている。
By Sebastian Blanco　　翻訳：日本映像翻訳アカデミー
http://jp.autoblog.com/2013/03/28/your-cars-exhaust-can-cause-not-just-trigger-kids-asthma/
二〇一四年九月三〇日閲覧
　また、気管支喘息とディーゼル排ガスについては下記の第五章を参照。
嵯峨井勝『PM２・５、危惧される健康への影響』本の泉社、二〇一四年

訳注6　交通事故でたくさん死傷しても「あたりまえ」とみなされるのに、感染症で死亡すると「騒ぐ」とか、結核、マラリア、エイズでたくさん死んでも「あたりまえ」とみなされるのに、それよりはるかに少ない人数がエボラ出血熱で死亡すると「騒ぐ」といったような現象はよく見られる。

道路での安全と気候にやさしいことの両者の条件からみて、公共交通が（自家用車よりも）常にすぐれている。しかし車を優先するために、公共交通は脇へ押しのけられ、弱体化されてきた。公共交通には人びとの支持を獲得するための広告予算もない。フォード社の広告には、子ども向けの本に見られるのを予想できるようなタイプのイラストがある。短い柔毛で覆われた動物が自分の子どもたちをながめている。ペンギン、カンガルー、ライオンである。氷の家が地球温暖化で溶けるペンギンにも同情してほしい。絵本のやり方で車も描かれている——「フォード社のモンデオは、一番安全な居場所のひとつ」——その車やその仲間が外の世界にもたらす大惨事も考慮しなければならないだろう。車が私たちに安全を約束するのと同様に、車は私たちをより脆弱にもする。

「他人の嫉妬を呼ぶことができる」

一八九九年にソースティン・ヴェブレンは『有閑階級の理論』という題の本を出版した。それは彼の名声を高めることになった。その本で彼は「顕示的消費」（衒示的消費とも訳す）という造語をつくった。ヴェブレンについてショッキングで他の学者と違っていることは、彼が市場における人間の行動を、機械論的な経済学よりも、人類学的研究の方が適していると見たことである。彼は米国の悪徳資本家（直訳すると泥棒男爵）の時代を観察した。アメリカにはヨーロッパの階級システムのような微細な社会的成層構造が欠けているので、人びとは先住民の部族のような行動を用いて、自分たちを差別化する別の方法を探し求めた。彼らは上手に組み立てられた経済法則に支配されてはいなかったが、「強力で不合理な衝動」をもっていて、「軽信的で粗野で儀式好きな」やり方で行動した（原注11）（ハイルブローナー『入門経済思想史』四〇〇実である。

頁）。成功した人びとは富と消費の法外な誇示で自分を目立たせようとしたが、このことはいまもなお真実である。

マツダの広告は問いかける。「いまどき隣人の印象を喚起するには、何が必要ですか？」それから解決策を提示する。「追い越せるというのに、なぜジョーンズさん一家のあとをついて行こうとするのですか？」そして、アルミの内装仕上げがしてあるマツダ323の購入によって目的が達成されるのだという。製造業者は単に、たとえ魅力的でないにしても、よく確立された行動傾向に便乗し、奨励しているのである。しかし残念ながら、それは決して満足することのない（果てしない）軍拡競争のようなものだ。安全保障、あるいはこの場合の自己満足は、無期限に引き延ばされる。常に誰かが、道路の先のほうか、角を曲がったところにいて、先を目指し、相手に勝とうとしているだろう。その一方でマツダは、自社の車が「（競争の）幕をとじてくれる」であろうと約束する。

「別人になれる」

手短に言うと、私が観察するのが好きな自動車広告は、多くの会社が大量生産の車の購入によってあなたの個性を表現する機会を約束するそのやり方を示すものである。

車依存社会がつくられてきたが、それはもとに戻すことができないとされる。それは常にキメラのようなものであり、化石燃料という有限の血液供給に依存する機械化された蚊の群れのようなものであった。大いなる自動車経済は、労せずして得た、持続させることのできない収入と、嘘の約束のうえに築かれた。

結局のところ、それはさほど「偉大な」ものではない。

意図せざる広告の皮肉についての最後の言葉は、一ガロンあたり三〇マイル（一二・七キロメートル／リットル）以下という平均的な燃費をもつクライスラーのスポーツカーについてのものだろう。その広告のなかで、小見出しは、クライスラーの潜在的な顧客に「空にキスしなさい」と呼びかけている。もし広告業者として十分に正直な文句を選ぶとすれば、彼らは次のように変えざるをえないだろう。「顔に向けて屁をしなさい」。

民主的でリベラルな社会は、社会契約のうえに構築されている。完全な個人的自由は、他者に危害を与える行動の禁止によって制約されている。もし他者がわれわれに損害を与えたら、国家のレベルではわれわれは法律に訴える。しかしグローバルなレベルでは、社会契約はおおむね欠けている。意図的であろうとなかろうと、世界人口のある部分の利己的な行動が、他者に危害を与えるのを防ぐものは、ほとんどない。しかし地球温暖化を動機づけの要因として、その状況は遠からず変わりうるだろう。

第九章　返済期間：法律、気候変動、生態学的債務

諸国が道徳的に行動して、自国の大きな歴史的不正義を認めるべきだという要求は、新しい現象である。

エルザー・バルカン『諸国民の罪』二〇〇〇年(原注1)(訳注1)

貴台は私を破滅させようと図った。私は貴台を訴えはしない。法律は時間がかかりすぎる。私が貴台を破滅させることにする。

米国の財界有力者コーネリウス・ヴァンダービルトが商売仲間に送った手紙(原注2)（ハイルブローナー『入門経済思想史』三四八頁）(訳注2)

ベネチア（ヴェニス）は沈みつつある。旅行者が足をぬらさずに聖マルコ広場を歩けるように、かさあ

訳注1　歴史的不正義とは、植民地支配、奴隷貿易、侵略などをさす。

訳注2　ヴァンダービルト（一七九四～一八七七年）は、米国の海運業と鉄道業で財を成した実業家、慈善家

げされた歩道が、毎日数時間の工事で、次第に整備されてきている。これほど何気なく沈下しつつあるヨーロッパの由緒ある都市を見るのは、最初のうちは驚くほどショッキングなことだろう。ほかのどの都市でも、特に宝石のような建築物にあふれているところでは、都市の中心部が（豪雨などがなくても）洪水におそわれたらパニックが起こると予想されるだろう。

狭くて交差している歩道をふらふら歩いていると、洪水のような水面に建物が完璧に映っており、災害映画のためにつくったコンピュータ・グラフィックスの光景のような気がしてくる。しかしそれは現実であり、地元の商人たちはうろたえていないように見える。実際、あなたの家が危険にさらされるような洪水では、パニックになるのが当然かもしれない。ベネチアがこのような状況になっている理由は複雑であり、都市がどのようにつくられたか、土地のどの場所が気候変動とどのように関係しているか、ということに大いにかかわっている。しかし、海面上昇は、すでにわれわれを落胆させている展望を改善してくれるわけではない。

二〇〇一年の初頭に私は初めてベネチアを訪れた。グローバルな電子議会というアイデアについての会議に、傍聴者として招かれたのである。

このすぐれた会議の組織者たちは、いかに魅力的な「テーマ」であっても、十分に聴衆を引き付けることは滅多にないことを、認識していた。会議で結論は出なかったが、しばらくのあいだ私の頭で大きな関心事であったアイデアを追求するうえでは、最初の晩に聖マルコ広場が洪水に見舞われるこの場所は、格好の機会であり、適切な開催場所だった。私は法律のことはよく知らないが、この会議には広範な分野の国際的な法律専門家が参加していた。

ある夕方、静かに燃えるような夕焼けの空の下で、ベネチアのおだやかな池のほとりの引き船道（家畜に船を引かせるために、川や運河に沿って作られた道）を歩きながら、私は国際法の教授をしている米国人アンドリュー・ストラウスにある質問を投げかけた。国家は個人と同じようなやり方で損害賠償を請求できるのでしょうか？　この場合は、地球温暖化によって発生した費用を他の国に損害賠償請求できるかということだ。不調な国際交渉や不十分な行動に直面しているなかで、法廷は気候変動を止めるための協定の次の舞台になるだろうか。アンドリューはしばらくその質問を考えてみましょうと約束した。その当時は新しいアイデアに思えたが、その何年か前の個人的な経験が、私にその考えを植え付けたのである。

　ロンドンの中心部では、ラッシュアワーを過ぎていた。郊外に向けてヴィクトリア駅を出る夕方の列車に乗っている通勤者たちは、漠然と孤独な様子で、疲れた事務労働者の催眠をかけられたような目つきをしていた。意識がもうろうとした雰囲気に加えて、われわれが乗った車両の暖房システムは、全開で固定されていたが明らかに故障していた。あまりに暑かった。わずか数分前に座った人びとは、すでに頭をだらりと垂れており、食べかけの辛味のビーフバーガーを手に持っていて、倒れそうになっていた。もうたくさんだ。私のパートナーであるレイチェルは、隣の車両に移ろうと言った。この車両はそれほど子宮のような状態（狭くて暖かい）ではなく、たしか一二人の乗客が、チューインガムが散らかった青いナイロンの座席にまばらに座っていた。しかしこのより涼しい車両では、仕事のあとの忘却に徐々に入ろうとしていた乗客たちは、くつろぎを邪魔されたような雰囲気だった。

　駅を出てから数分で列車は速度をあげ、線路のポイント（転轍機）の上で少し車体が持ち上がりながら走っていた。いつ私が疑念を抱いたかを正確に思い返すことは不可能である。しかし私がレイチェルの腕をつかんで、うるさがる彼女を引きずって車両の床の上に伏せさせたことを覚えている。それは私の情熱のせいではなかった。列車はポイントの上を通過するとき、いつものように揺れたが、それから横のほうへと、より極端に回転し始めた。何かが故障していた。車両は再び急に傾いて(揺れて)、金属的なきしみ音をたてた。われわれが乗っている車両は脱線したのだ。列車は減速したが、われわれの車両は空中に持ち上げられ、横へねじれた。ひとりの女性がヒステリックに叫び始めた。おびえた若い男が彼女の肩をつかんだ。引退したボクサーのように短身でずんぐりして屈強な年配の男が、パニックに近い状況のなかで声をはりあげて、何回も叫んだ。「パニックになるな。パニックになるな」。それから暗くなった。

数秒で、われわれの車両のなかのみんなは、他の人びとの不運を受動的に傍観する状態から、夕方のニュースでその不幸が報道される集団へと変わった。われわれは幸運であり、少し動揺していた。私は背中にけがをしたが、誰も死ななかった。二時間以内に、消防隊が来て、傾いている車両を慎重に安定させ、われわれを救出した。

約三年後、私は怪我についてのしぶしぶの補償として、少額のお金を受け取った。訴訟に勝つには、電話、医師の報告、手紙、忍耐、多くの時間が必要だったが、ものごとの是非という観点からは、責任の所在は明らかだった。私は主張を通すためには特権的な位置にいた。私は事故の後ただちに鉄道会社に連絡をとった。そして電話やファックスを用いて、法律に詳しい友人に助言を求めた。

そのようなかなり些細な経験から、私は、地球温暖化という災害のように国境と世代を超えた、大きな歴史的不正義の調停と補償を求めるほかの人びとは、確かに法的手段に訴える権利を持っているはずだと思った。結局のところ、多くの先例と類例があり、謝罪する用意のある政府高官もあらわれたのである。

「すまない」ではすまないとき

最近では、国際関係の世界で謝罪の波が押し寄せている。奴隷制度の記憶、戦争と植民地主義の犯罪が、公共生活の他の分野では見られない程度の謙虚な言葉を、政治家や国家元首に発言させている。一九九三年には、クリントン政権が、米国によるハワイ諸島の征服百周年にあたり、ハワイ人に謝罪した。一九九八年にはアフリカに向き合い、クリントン大統領は奴隷制度について「半分謝罪」をした。第二次大戦中の日系米国人強制収容の誤りを認めた市民的自由法が一九八八年に成立したときには、日系米国人への謝罪が行なわれた。今度は日本政府が「申し訳ない」と言わねばならない厳しい時期もあった。第二次大戦中に日本が女性たちに性的奴隷制（日本軍慰安婦制度）を強いたことを認めるようにとの人目を引くキャンペーンは、日本政府から純粋な悔恨の表明を引き出すことができなかった。(訳注3)

一九九五年に英国の女王エリザベス二世は、ニュージーランド訪問にあたって、先住民マオリ人に対して、英国による所有権剥奪と虐待について謝罪した。彼女は、インドでシーク教徒にも植民地支配責任の観点から謝罪をした。マオリの場合には興味深いことに、王室の謝罪は、王族の公式訪問中にも見られた「裸の尻を見せる連中」という伝統的なマオリ人への蔑称の使用を禁止することにはつながらなかった。

二〇〇三年に、百三十六年前にフィジー人の祖先によって食べられてしまった英国人宣教師の子孫に謝

訳注3　猿谷要『ハワイ王朝最後の女王』文春新書、二〇〇三年、などを参照。

罪したフィジーの貧しい村人の、力強い遅すぎた謝罪の不本意さについては、謝罪の技法が皮肉の対象になった。英国の国民的な新聞である『タイムズ』は、フィジーの事例を手本にして、スカンジナビア人は千年以上前に終結したバイキングの英国への襲撃について、いまこそ謝罪すべきだというジョークをのせた。またモーゼの子孫たちは、さらに古い時代に彼がエジプト人にもたらした疫病について謝罪すべきだとか、現存しないがかつては人気のあったポップ・グループであるスパイス・ガールズのマネージャーは、世界全体に向かって自分の文化的野蛮行為を謝罪すべきだ、などとも書いた。

　彼らが言いたいことは明らかだった。ごめんなさいという発言があまりに行き過ぎているというのだ。しかし皮肉なのは、世界のその他の部分に関する限り、謝罪の言葉は決して十分なものではないということだ。アングロサクソンが主流を占める諸国における訴訟の文化の高まりの影響もあって、歴史的な間違いを正して、紛争を解決するために法廷を利用することが、世界中の民衆と国家のあいだでますます人気を得ているのである。諸国民の罪と企業犯罪の償いを求めることが、ますます法廷闘争の課題になってきている。(原注3)

　最近の数年間だけでみても、多くの事件や潜在的訴訟があらわれてきた。スイスの銀行であるＵＢＳとクレディ・スイスが、南アフリカのアパルトヘイト体制の犠牲者たちによって米国の法廷に提訴された事件で、名前をあげられた。(原注4)八歳のイラン人難民少年がオーストラリア政府を相手取って民事訴訟を起こした。ダーウィンの西方五〇〇マイル以上にあるアシュモアサンゴ礁のウーメラ難民収容所での生活が、彼を急性あるいは慢性の心的外傷後ストレス障害（ＰＴＳＤ）にしたまま放置したという主張である。少年の代理人である弁護士はこう述べた。「五歳の少年［彼の収容時の年齢］を収容することは、制度的な児童虐待の事例といえる」(原注5)。二〇〇三年十月に英国の競売所であるクリスティーは、オランダの有名画家であるヤコブ・ダックの絵画作品の過去の履歴——それはナチスによって略奪されていた——を隠していたとして公然と恥をかかされ、法的措置の対象になった。

十九世紀末に東アフリカの一部を占領した英国の士官たちの日記から得られた証拠が、ブニョロの国王——その領地が現在のウガンダ西部の基礎になった——による補償請求の根拠となった。ブニョロのイグル国王は、一八九〇年代の日記のなかで明らかに認められている残虐行為と搾取の行為について、英国政府に二八億ポンドの補償を求めたのである。ウガンダ駐在の英国領事であったヘンリー・コルヴィル大佐は、ある士官に次のように指示していた。「カバレガ［イグルの祖父］の財宝の確保が、貴職の主要な目的であると考える」。ある大尉の日記は次のようにコメントしていた。「私は将来、彼らの家屋を焼き、穀物を破壊し、バナナのプランテーションを切り倒すつもりである」(原注6)。同様の事例がナミビアのヘレロ族の子孫によって、二〇〇三年に米国でも提訴されている。この部族は「アフリカ争奪戦」のあいだに、ドイツの植民地権力によって事実上殲滅された。一九〇四年から一九〇七年までに、推定六万五〇〇〇人が殺されたとみられる。この歴史的犯罪に加担したとして訴追された現存のドイツ企業に対して、一二億ポンドの補償請求がなされた。

これらの事例のいくつかと、大昔のことについての謝罪だと嘲笑されている事例との違いは、これらの事例がいま生きている人びとに及ぼしている明らかな影響である。現代のアフリカが経験しているトラブル、紛争、依存、苦難の多くには、明らかな植民地支配の痕跡がある。難民を移動に駆り立て、人びとに避難所を求めさせる理由の多くも、同様に歴史の中に根源がある。ナチスドイツの犯罪は、それを経験した人びとの心のなかに、いまでも生きた記憶としてある。そして略奪されたあとスイスの銀行に隠され、ナチスの犯罪に寄与したものについてどうすべきかについて、いまなお法的な議論がなされている。

われわれがいまなお植民地的虐待の長い影にいかに関係しているかを示す事件であるが、マーティン・デイ弁護士は最近、一九五〇年代にさかのぼる時期に現地の女性たちが繰り返し強姦され、虐待されたことで、英国の元軍人を訴追した事件において、ケニアの多くの女性たちの代理人となって、英国の軍事当局の巨大な力と対決した。

しかし法廷という劇場について、人びとは法律によって国家権力に頭を下げさせる情景をイメージするだろう。それは、誰かに行為の責任をとるよう強制するために法律を活用してできることについての、人びとの期待感を変えた。

一九九〇年にアメリカ最大（世界最大でもある）の煙草会社（フィリップ・モリス）の社長が、連邦議会下院の委員会で、自分たちの会社がシガレットに入れたニコチンは非依存性のものであり、その結果、言外の意味により、何千人もの依存性喫煙者の癌による死亡に煙草会社は責任をもつことはありえないと宣誓供述し、それがテレビで放映された。

長い話を要約すれば、嘘をついたという証拠が示されたときには、「巨大煙草会社」の事例は、不正を行なった者がどんなに巨大組織であろうと屈服させるために法廷を活用できることを、小市民に最終的に信じさせたのである。その瞬間は非常に象徴的だったので、数冊の本と映画の題材になった。何十億ドルもの請求をする訴訟が続いた。しかしながら、地球温暖化は巨大な煙草会社をも小さくみせるほどの問題である。

炭素排出が法廷に持ち出される

このアイデアについて数カ月考えた後、アンドリュー・ストラウスは、気候変動の犠牲者にとって法律に訴えることは可能であるだけでなく、彼らがとりうる多くのアプローチがあることに同意した。二〇〇一年の夏に彼は生態学的債務についての英国での最初の会議に自分の考えを提示したが、その会議は私がロンドンの現代芸術研究所で組織したものであった。それから事態はより大きな舞台で動き始めた。

世界中の国家元首が地球サミット（一九九二年）の十周年に際しての失望を語るためにヨハネスブルクに集まる準備をしていたとき、あるショックが待ち受けていた。グローバルな交渉を行なう疲れ果てた世界のなかで、新しい戦略があらわれつつあった。ひとつの小さな脆弱な国が、交渉のテーブルを捨てて訴訟をする準備をしていたのである。

当時のツバルの首相カロア・タラケは、彼の国が、世界の最悪の汚染者たちを相手に温室効果ガスの排出について、裁判所に訴える意図を表明することで、国際社会を驚かせたのである。しかし本当は誰も驚くべきことではなかった。海面上昇は、地球温暖化から生じる極端で予測できない気象と相まって、ツバルあるいはその他の海抜の低い島嶼国（の生活環境）を荒廃させるであろう。彼らの小規模な国土と、世界のなかでの周縁性（僻地であること）は、是正を求める彼らの選択肢を少なくしている。われわれの時代のおそらく最大の環境的脅威に対応するために国際関係の法的整備が進展していることの帰結として、訴訟というのはほとんど不可避的なものである。戦争犯罪についての法廷、ナチスのホロコースト（ユダヤ人虐殺）の補償、そしていまでは人道に対する罪としての奴隷制についての訴訟のあとで、かつては無視されるか、外交交渉の対象だったものが、いまや国際的な法的手段の対象になりうるというさらなる証拠があった。

国際関係の法制化に向かう傾向は、たまたまいくつかの理由から起こったものだ。ひとつの理由は外交の失敗および、複雑で常に権威を掘り崩されている国連への欲求不満である。別の皮肉な要因は、経済的グローバル化の成功である。ますます多くの商業取引が国境を越えて行なわれるようになるにつれて、それらを保護するために、ますます成熟した包括的な国際法体系が必要になった。さらなる皮肉は、それがまた米国のグローバルな野心にもよるということだ。その野心がどこへ導くものであれ、それは米国式の独特な訴訟好きの政治文化に沿ったものとなる傾向がある。米国でのすべての訴訟のおよそ半分が、いわゆる「不法行為」絡みの請求である。（原注7）これらは補償を求める請求であり、無謀な、怠慢な、あるいは不適切な行動から生じた場合には、（高額の）「懲罰的損害賠償」を求める訴訟となる。

米国は、十九世紀のフランスの歴史家、アレクシス・ド・トクヴィル（訳注4）が一八三五年の著書で行なった有名な観察のように、「合衆国では、ほとんどどんな政治問題もいずれは司法問題に転化する」（『アメリカのデモクラシー』第一巻（下）、松本礼二訳、岩波文庫、二〇〇五年、一八一頁）。温暖化する大気は、米国が大きな役割を演じるような、大規模であるとともに拡大を続ける政治問題なので、早晩、司法的解決策が求められてくる。もちろんものごとは、まっすぐにはいかないだろう。法律は証拠、訴訟当事者、適切な司法制度を必要とする。その損害にふさわしい補償の額を評価するとともに、危害の加害者を抑止する能力を必要とする。しかし地球温暖化の原因と結果については、他のほとんどいかなる環境問題よりも、大きな科学界の合意がいまでは存在する。すべての工業国が、グローバルに持続可能な限界よりも、はるかに多くの一人当たりの比率で、化石燃料の消費を行なっている。これが彼らの生態学的債務である。洪水、暴風、干ばつという形での気候災害に特にさらされるのは、世界の貧しい諸国の大衆である。だから、生態学的債務をためこんでいる先進国の人びとに指図するために法律が呼び出されるのは、まったく論理的なことである。

今後数十年についての科学的予測で提示されたひとつの仮説では、ツバルとほかに少なくとも四つの小規模島嶼国は人が住めなくなり、国全体が存続できなくなるということだ。同時にアジアやラテンアメリカ、中東やアフリカの数百万人の人びとが環境難民になるであろう。移民はすでにヨーロッパでは爆発性を秘めた政治問題であり、社会の安定を脅かすようなやり方で不当に利用されている。先進諸国自身が作り出した問題から生じる大きな新しい圧力は、環境難民が政治難民を人数で上回るのに、法的保護の認知を欠いているというような問題を浮き彫りにするかもしれない。

そのような諸国の排他的経済水域に何が起こるかについて、そして国民集団はどのような地位とアイデンティティを持つようになるかについて、まだ答えられていない深刻な問題がある。ひとつの国全体が住めなくなる場合には、それらの国民は、ほかの諸国で彼らのために割愛された新しい主権的領土を持てるようにすべきなのだろうか。適切な環境難民的地位のない状態が続くなら、世界は環境難民となった人びとのために、多くの「小さな新しいイスラエル」（アラブ人の土地に強引にイスラエルを作ったように）をつ

訳注4　トクヴィル〔松本礼二訳〕『アメリカのデモクラシー』全四冊、岩波文庫、二〇〇五年

くらねばならないのだろうか。それとも彼らは、最初の真の「世界市民」になるのだろうか。もし国家が残されていないのなら、いかにして国家（政府）は市民を守れるのだろうか。オクスフォード大学の学者ノーマン・マイヤース（訳注5）によると、地球温暖化が二〇五〇年までに一億五〇〇〇万人の環境難民を作り出す可能性があるので、それは国際難民法にとっての大きな挑戦課題となるであろう。この問題を単純に無視しても、問題は、決して消え去りはしない。脅かされたコミュニティと同様のやり方で、法律も現実に適応しなければならないように思われる。言い逃れ・屁理屈もあるだろうが、（既存の法律は）国家によって明らかに「危害を加える道具」として、また民衆を迫害するために使えるのであり、市民の権利侵害は現在の法制度のもとでは証明しなければならないことがらである（被害者に挙証責任がある）。しかし難民としての地位を求める議論との関連で、危害を意図的と呼ぶことはできるのだろうか。たとえば少数民族が生きる峡谷地帯に洪水を起こすように、もし一連の政策が、損害を与える結果をもたらすことを十分に知りながら追求されるならば、である。気候変動の原因と結果――誰に責任があり、誰が被害を受けるかということ――は、いまではよく理解されている。その知識を積極的に無視することは、明らかに意図的な行動である。

二〇〇一年に国際赤十字赤新月社連盟によって公表された『世界災害報告』は、気候変動についての国際的な法的挑戦は避けられないと予測した。翌年の同じ報告書は、気候関連災害に影響される人びとの数が大きく増えることを示す新しい予測値を出した。南太平洋の諸島を含むオセアニア地域については、予想人数は前年の報告書の六十五倍になっていた。

地球温暖化の経済的コストを評価するための国連環境計画（ＵＮＥＰ）の試みは、数字がまもなく年間三〇〇〇億ドルに達するかもしれないことを示している。貧しい諸国におけるコストを正確に評価するうえでの技術的な諸問題――たとえば保険がかかっているものが少ないので損害を算出しにくい――は、数字が容易に二倍あるいはそれ以上になりうることを意味している。気候変動に物理的に適応するために貧しい諸国にどれだけのコストがかかるかについての、グローバルで適切な評価はまだ行なわれていない。海岸や河川のようなもっとも影響を受けやすいと思われる地域に、多くの人口やインフラが集中していることが多い。開発支援団体による最良の推定は、気候変動が今後二十年間に六兆五〇〇〇億ドルにのぼるコストを発展途上国にもたらすかもしれないというもので、予想される援助資金の流れを何倍も上回るものである。(原注9)

しかしこれら計算のいずれも、国土の存亡、土地、歴史、排他的経済水域、神聖な場所の喪失に直面している諸国の損失を計測することはできない。新しい種類のバランスシート（貸借対照表）を発明せねばならないだろう。しかしこれらの諸問題にもかかわらず、法律が最良の実を結ぶだろうとわれわれは確信できるだろうか。

法律には少数の基本的原則がある。そのひとつはもし誰かがあなたに危害を加えるならば、ふたつのことが起こるはずだというものである。第一に、彼らは行なっていることを停止すべきであるし、第二に彼らはあなたに与えた危害について損害賠償すべきである。気候変動は一部の人びとに危害を与えつつあり、それは他の人びとが行なっている行為の結果である。

訳注5　著者は先進国による地球環境破壊が「未必の故意」であると示唆している。

一九九二年にブラジルでほとんどの国が署名した気候変動枠組条約は、署名国に大気というグローバル・コモンズを平等に共有することを求めている。それ以来の遅い進展、そして逆行さえあったことを考慮すれば、当時署名採択できたことは、驚くべき成功であった。その結果、汚染の公平な分け前以上のものを大気に放出しているいかなる国も、法的に挑戦を受ける可能性がある。明らかに米国は、特に抵抗しがたい法的な標的である。米国は世界人口の四・六％を占めているが、人為的な温室効果ガス排出の二五％を占めている（二〇〇八年当時）だけでなく、ブッシュ（訳注6）（子）政権はこの気候変動枠組条約にもとづく国際気候条約である京都議定書を上院に批准のために提示することを拒否した。英国政府の環境大臣であるマーガレット・ベケットによって公表された数字は、ジョージ・ブッシュ（子）のエネルギー政策では、京都での交渉で米国は（一九九〇年水準に対して）七％の排出削減を求められているにもかかわらず、米国の排出は二〇一〇年までに二五％増加するかもしれないことを示唆した。

ツバルのような国によって、様々な法的選択肢が探求されてきた。それらは、ほかの諸国を相手取って国際法廷の訴訟事件にすることから、私企業を国内法廷に提訴することなどに及んでいた。前進は容易ではないだろう。やはりそのように大規模な法的措置については、裁判権の獲得から、法廷の帰属、法的因果関係の証明や損害の証明まで、多くの問題がある。

なぜ気候変動がますます法廷に持ち込まれようとしているかという別の理由は、それが多数世界（発展途上国）に影響を与えるだけではないからだ。豊かな諸国も打撃を受けるのである。ドイツ内務省の役人は、二〇〇二年の夏にドイツをおそって、三三万人ほどに影響を与えた大きな洪水のコストを、六九〇億ユーロと見積もった。二〇〇三年夏のフランスの熱波は、例年に比べて一万五〇〇〇人も多くの人びとに死をもたらし、最大の死亡率はパリに集中して、無数の悲嘆に暮れた家族を残した。(原注10)ますます洪水におそわれやすくなる地域の家屋の価格は、保険プレミアム（割増料金）の増大と、顧客の信頼度低下によって、下がるであろう。責任の帰属としたがって法的責任の証明、そして損害金額の算定といった技術的諸問題だけが、人びとに補償を求める法的手段を躊躇させてきた。

この問題を解決するための探求の先頭に立っているのは、地球温暖化の悪影響にもっともさらされ、そのコストを引き受けることになりそうな業界、つまり保険業界である。マイルズ・アレンは科学雑誌『ネーチャー』に書いた記事のなかで、彼らがどのように取り組めるかについて説明している。(原注11)たとえば保険会社は確率のバランスにもとづいて、気候変動による洪水のリスクが増大している地域にある家庭の保険料を引き上げるであろう。それは直ちに生じる直接的コストをあらわすとともに、家屋の価値を減少させることになりそうなシグナルを送るのである。アレンが言うには、あなたがしなければならないことは、「現在利用できる情報と整合的なすべての確率を平均化して、起こりそうなことにもとづいて重みづけをした法的責任のあり方」を考え出すことだけである。業界用語を読み解いてみると、それが意味するのは、もし過去の温室効果ガス排出が洪水リスクを（あるいは台風による損害や、干ばつによる穀物収量の減少リスクを）十倍に増大させるなら、洪水によって引き起こされる損害賠償の九〇％は過去の排出者に帰

訳注6　ブッシュ（父）は気候変動枠組条約（一九九二年）に署名せず、クリントンは京都会議（一九九七年）で七％排出削減を受け入れ、ブッシュ（子）は京都議定書から離脱（二〇〇一年）した。米国が人口の割に多くの汚染排出や資源消費をしていることについては、戸田清『環境正義と平和』法律文化社、二〇〇九年、を参照。

属できるということだ。アレンによると、大気というグローバルコモンズにおける温室効果ガスの蓄積ゆえに、「公平な解決策は、排出量に応じて法的責任を配分することであろう」。リスクが変化するので、保険コストは前もって負担させられる。しかし実際の損害についての補償を求めるのを助けるために、災害のあとでも同じような計算方法を利用できるだろう。洪水によって荒廃したロンドンのテームズ・ゲートウェイ再開発地区にヤッピー（若い都会派プロフェッショナル）風の共同住宅を持っている不幸な家族から、ツバルやナウルのような南太平洋の島嶼国民に至るまで、こうした計算は補償を求めるためにもっと多くのことを可能にさせるだろう。

この原稿（本書初版）を書いている二〇〇四年初頭に、気候関連法的措置の最初の一歩が始まった。それらは温暖化する世界のいたるところの川岸や沿岸部で起こっていることに対応するように、洪水のように押し寄せる訴訟の波ができるかもしれない。欧州連合と米国のあいだで鉄鋼と遺伝子組み換え食品をめぐる貿易上の引き分けを考慮すると興味深いことだが、上記のいずれよりももっと効果的でありうる、別のもう少し間接的な経路がある。短期的な目的は、国際的プロセスを米国が順守するように強制することだ。彼らの現在の離脱（ブッシュ子政権の京都議定書離脱）は、京都議定書のもとでの削減実施の費用を回避するものである。それは米国の国内産業に補助金を与えるにも等しい行為だ。ＥＵはその補助金の価値を計算して、アメリカが舞台に復帰するまで、米国からの輸出の一部に対して「国境税」による調整を適用することができる。そのとき米国は世界貿易機関（ＷＴＯ）の紛争解決機構に提訴するであろうが、その場で自国の行動を弁明しなければならないだろう。しかしながら、京都議定書のような誠意をもって交渉された多国間環境協定を擁護するために一群の国によって集合的に課される貿易制裁は、国際法におい

て完全に正当であり、米国の意向に反する決定がなされる可能性が高い。（原注12）

ジョージ・W・ブッシュ（子）の気候変動問題についての助言者のひとりが、二〇〇四年十一月の大統領再選確定の翌日に英国公共放送（BBC）のラジオに出演するように求められたのは、おそらく私がこの主題について短いレポートを書いた少しあとで、（原注13）ミラノでの二〇〇三年の年次気候会議でいくつかの国際メディアの注目を集めた、上記の行動経路がありうることが認識されたからであった。エクソン（石油メジャー）も出資している超保守的な「競争的企業研究所」のマイロン・エベルが、十一月四日の早朝に、BBCのラジオ4の議題設定的な（重要な政策課題の選択に影響を与える）番組である「今日のプログラム」でインタビューに応じたのである。ブッシュ政権と密接な関係のある人物への長時間インタビューは初めてであると説明された。エベルによると、地球温暖化は米国の経済的支配を掘り崩すための「ヨーロッパの陰謀」であり、ジョージ・W・ブッシュ政権は二期目において京都議定書に復帰する見込みはないとのことであった。インタビューのタイミング、主題、攻撃的なトーンは、いずれも、この問題が国際社会で真剣に取り上げられており、米国だけの問題ではないということの、明らかなシグナルであった。

上記の短いレポートを公表したあとで、私は欧州議会の緑の党議員である友人のキャロライン・ルーカスに、当時の欧州貿易大臣であったパスカル・ラミ（フランス人、二〇〇五～二〇一三年には世界貿易機関事務局長）に公式書簡を書いてほしいと頼んだ。問題は単純で、京都議定書を批准した欧州が、米国のように批准していない国に対して、経済的競争を公平化するように、米国の意向に反する措置をとりうるということにラミは賛成するのか、ということであった。彼の返答は、否認と容認に関する政府高官と政治家の言葉のニュアンスを研究する者にとっては、素晴らしい実例であった。彼はそのアイデアを、米国が京都議定書の批准を拒否して以来燃え上がっている論争への「思考を刺激する貢献」であると評価することから始めて、彼がとる選択肢はまだ未決定のままであると述べたのである。(原注14) ＥＵが議定書を批准するようにロシアを説得しているときに貿易措置を複雑化するのは「反生産的」であると彼は書いたが、そのとき以降にその問題は解決された。それから彼はこう書いた。「われわれの産業に及ぼす否定的な影響に気付いているので、それらを最小限にするためにわれわれの権限でできることをすべてやるための、明確な根拠がある。その意味で『競争条件を公平化』するためにＷＴＯ規則のもとで措置をとれる範囲についての再検討を続けることも関係してくる」。

興味深いことに、そのなかで役割が逆転していた先行事例がすでにあった。一九九二年の地球サミットのときに欧州委員会は気候変動税の導入を検討していた。そのアイデアを補強するために、彼らは米国の有害物質対策についての信託ファンド――スーパーファンドとしてよく知られている――に言及した。スーパーファンド制度は、米国内の毒性物質汚染サイトを浄化するための財政的メカニズムである。その基金には、石油化学産業に課された税金からの支払いがあてられる。石油および化学品の輸入にはさらに高率の税が課せられた。このことが意味するのは、環境浄化の目的を追求するために、直接的な通商措置を用いることができるということだ。欧州共同体が苦情申し立てをしたあと、スーパーファンドはＧＡＴＴ（関税と貿易についての一般協定）の紛争解決パネルで検討された。パネルは気候変動税がＧＡＴＴ規則に適合したものであり、効果的な国境税調整は受け入れることのできない貿易制限であるとは言えない、と裁定した。(原注15)

気候変動をめぐる責任回避者に対処するために法律を用いることにもし問題があるとすれば、アドホック（その場しのぎ）な法的プロセスは、効果的でグローバルな気候交渉の必要性にとって代わりうるものではないということだ。暴走的な気候変動を防止するのに十分なほど低い大気中の温室効果ガスの安全な濃度の目標値を設定し、それからその目標を達成するために排出を削減する必要性にとって代わりうる代案は何もないのである。またそのなかで目標設定と削減を行なう、適切でグローバルな法的枠組みにとって代わりうる代案もない。炭素の排出許容量の縮小および物理の法則はまた、その排出許容量が地球人口のなかでいかにして公平に配分されるかについても明らかにするにちがいないだろう。しかしその目標に向けてわれわれが努力するなかで、訴訟という下剤のような手段が、ものごとを推し進める力をもつだろう。とくに（訴訟社会である）アメリカは、間違いを正すうえで、訴訟がいかにして中心的なメカニズムたりうるかを、世界に率先して示してきた。もし法律が地球温暖化をめぐって米国を立ち直らせるとするならば、独特のアメリカ的正義感がその生まれ故郷にもどってくることを意味することになるだろう。

第十章　懐疑派のためのデータ：戦争経済の教訓

歴史は何も教えはしない。しかしその教訓を学ばない者を罰する。

ヴァシリー・クリチェフスキー[原注1]ロバート・ハイルブローナー〈中村達也・吉田利子訳〉『二十一世紀の資本主義』ダイヤモンド社、一九九六年）三頁

私はこれまで、自由社会に全体主義的方法を適用しようと試みていると非難されてきた。これほど見当外れの批判というのもあるまい。全体主義国家には、犠牲の分配という問題は存在しないのである。……政府の任務が社会的公正の要請のために複雑化するのは、ひとり自由主義社会においてのみである……したがって、本書の目的は、自由社会の分配制度を戦争という制約条件のもとで適合させる方法を工夫することである。

J・M・ケインズ、『いかにして戦争の費用をまかなうか』一九四〇年[原注2]邦訳は宮崎義一訳「戦費調達論」『ケインズ全集　第九巻　説得論集』東洋経済新報社、一九八一年、所収、四五五頁

一九一四年から一九一八年の第一次世界大戦で最後の砲弾がベルギーで怒りをこめて発射されて以来──それらの砲弾は人びとを殺し続けた──数十年が経過した。(原注3) 古い戦場の硬い粘土質の土を耕している農民たちは、いまなお当時の不発弾を掘り当ててしまうことがある。一九八三年にロケル村の近くでジャック・コヴメケルという農民のトラクターがぶち当たった爆弾の「くぐもった音の爆発」が報道された。その爆発で農民は死亡し、息子と妻が遺族となった。その不発弾がドイツ軍のものなのか、連合軍のものなのかはわからなかった。イープル（毒ガス戦で有名）の近郊の半径二五キロメートルだけでも三五〇トンの爆発物が埋まっていると推定されており、毎年回収が続けられている。ドヴォスと呼ばれる不発弾処理の特殊部隊に毎日一五回の呼び出しがかかり、さらに三〇回の救援要請が記録されている。ベルギー政府は、不発弾の処理が完了するまでにあと百五十年もかかると見積もっている。(訳注1)

ハリウッド映画『グラディエーター』(訳注2)の有名な台詞を変えて引用するなら、われわれの行為は死んでからずっと後までも影響するので、人生においてなすことには注意深くあるべきだと言うべきだ。われわれが現在大気中に放出する温室効果ガスは、気候をかく乱し続けており、第一次世界大戦の不発弾に比べてさえ大きな激変を引き起こすであろう。それはひとつの類似点である。しかしそのような悲劇的な出来事から、学ばないことで「罰せられる」かもしれないということよりも、もっと楽観的な教訓もある。

訳注1　アフガニスタン、イラク、カンボジア、シリアなどでも地雷やクラスター爆弾の不発弾の処理に何十年（何百年？）もかかるだろう。
訳注2　『グラディエーター』は米国映画、二〇〇〇年、リドリー・スコット監督。古代ローマの剣闘士を描いている。

諸国政府が本当に望むなら、良いことも含めてほとんど何でもできる。それがこの第十章の単純な論点である。どのように膨大な仕事であろうとも、もし必要な行動がなされうるという説得力のある根拠が示されれば、なんでも可能である。もっと最近の歴史が示しているのは、経済全体が短期間のうちに再編成できるということであり、それがまさに地球温暖化がわれわれに求めていることだ。たとえば英国首相トニー・ブレアは、二〇五〇年までに排出を六〇%削減する必要があると述べた。たぶんそうなるということではないにしても、過去はそれが可能であることを示している。

過去の紛争事例から学ぶには、戦争の愛好者である必要はない。戦争は驚くべき程度に、そして教訓をもたらすほどに、政府の精神に焦点をあてる。戦時中における社会的および軍事的動員の経験が、地球温暖化にかかわる最大の問題に答えてくれるということは、ありうるだろうか。それは、温暖化を阻止するのに十分なほど、また間に合うように、われわれのライフスタイルと経済構造を変えることができるかどうかという問題である。

この場合に敵はほかの国ではなくて、干ばつ、洪水、暴風というようなますます猛威を増す武器を解除する必要のある、敵対的な大気である。その変革は起こりうるのか。持続可能な発展の最大の挑戦課題は、豊かな諸国(先進国)における消費レベルを削減することだ。冷笑家は、比較的豊かな人びとがライフスタイルを変えるのは不可能だと言う。ブッシュ(子)大統領のあとにはまたブッシュのような人が控えていて、米国はその「生活様式」を守るために世界を燃やしてもいいと思っているように見える。しかし人が住みやすい大気を保持するための行動は、A地点からB地点に行くのに十分な燃料を飛行機に積むのと同様に、交渉によって変えられるものではない。そして歴史が示すのは、容易ではないにしても、焦点をしぼったリーダーシップ、公衆の教育、共通の大義の感覚によって、行動は変えられるということだ。

今日の紙面にバロウ夫人の手紙を掲載してくれたことを見ると、刈った草を食用にすることの提唱者としての私の発言にも紙面をさいてくれるという期待がもてる。これまで三年のあいだ私は、刈った草を食べてきたのだ。私がいま食べている草のサンプルは、ミッチャム・コモンのゴルフ場から刈り取ったものだ。

（J・R・B・ブランソン、『ザ・タイムズ』紙への投書、一九四〇年）

草を食べるという習慣の結果として、J・R・B・ブランソンという人の健康に何が起こったかを知ることはできないが、戦時中と戦後の英国を包んだ質素（耐乏）な生活の雰囲気は、ときにはそう見えるほどみじめに単刀直入なものではなかった。

私の両親（訳注3）は第二次大戦中に育ったが、そのときにいまに至るも彼らが保持している習慣を学んだ。一九四二年の『良い家政』のような雑誌の言葉が、彼らの耳に響いた。「あらゆるタイプの浪費を犯罪とみなすように心がけなさい」と指を振って言う。「戦争に勝つ意志があるのなら、ゴム、紙、錫などを節約しなさい」。韻を合わせてコピーライターが話す。

私が十代で熱心な環境主義者になったとき、母は新しい緑の行動主義（環境保護運動）について考えた。

訳注3　著者が一九六五年生まれなので、両親は一九三〇年代～四〇年代生まれくらいであろう。

「私たちが第一世代の緑派（環境派）だと思う」と母は述べた。ほとんどの資源が不足していた時代にみられた、燃料を節約し、食品を保存し、家庭用品をリサイクルする数えきれない方法を彼女はあげた。母自身の第二の本性になっている諸価値を新しい世代が改めて発明したことに、彼女は困惑しているのだと私は思う。母は何年ものあいだそこで人びとが暮らしてきたことを知っているのに、新しい大陸を発見したと信じ込んでいる探求者の熱心さで彼らが説教するのを楽しんでいた。

戦時中の食事で太るのでなく、適応しなさい。季節の果物と野菜をフルに活用しなさい。「余分なもの」を削り、浪費を減らしなさい。必要以上に食べるのをやめなさい。そうすれば貯金できるでしょう。……そして以前よりももっと生活が調和していると感じるでしょう。

（食料についての事実1号、英国食糧省、一九四〇年）

政府の楽観的で希望に満ちたトーンは、説得と法律制定という二重の戦略の一部であった。それはご都合主義のレトリック以上のものであることがわかった。道徳的なリーダーシップと配給制度の組み合わせは、ふたつの顕著な結果をもたらした。実際、人びとはより元気で健康になり、資源の消費は劇的に削減された。各人に果たすべき役割があるという自覚が、国民全体に広がった。一九四〇年七月の「女性の自発的奉仕」へのレディー（貴族の女性の称号）・リーディングスのコメントは、地球温暖化の文脈においても、意図しない逆説的な効果を帯びている。「われわれのうちのごく少数しか前線でのヒロインにはなれないが、ある英雄的な戦いについてのニュースを放送で聞くときには、われわれみんなが小さな思考のスリルを味わうことができる。『多分あの戦闘機ハリケーンの機体の一部になったのは、私が供出したソースパン（片手鍋）だったのではないか』と」(訳注4)。

当時は人びとの生活のあらゆる側面が精査されるようになった。通商委員会は一九四三年に『赤ちゃんの誕生にそなえる』というリーフレットを発行したが、それは国民に「実際に必要以上のおしめを決して買わないようにしなさい。他の人の取り分も考慮しなさい」と促していた。非政府団体も人びとの行動の変革に一役を担った。一九四一年の『戦時中の犬猫への餌やり』という冊子で、王立動物虐待防止協会（RSPCA）は人びとにこう助言した。「じゃがいもはたくさん余裕があるので、勝利のために土地を耕す努力をしているときに、じゃがいもを余分に植えるとしたら、良心に痛みを感じずにペットの餌を確保しておくことができるでしょう」。

外部の脅威を打ち負かすことは、あなたの日常生活でもっとも小さな行為をいかに遂行するかにかかっているというメッセージから逃れるすべはどこにもない。それから、いまのように、もっとも大きな課題のひとつは、燃料の節約温存である。政府はそれを「燃料のための戦い」と名付けた。もしあなたが一九四二年の終わりごろのホテルに滞在していて、戦時中の英国人の不安を払拭しようと決意したとしたら、燃料電力省の次のサインを見たことであろう。「燃料のための戦いのなかであなたに割り当てられた役割を果すために、あなたはこの風呂で水の深さが五インチを超えないようにすることが求められています。風呂の水を満杯にしないことで、あなたの名誉を保ちなさい」。英国燃料電力省は、誰にも次のことを忘

訳注4　ハリケーンは、第二次世界大戦で使われた、英国のホーカー・エアクラフト社が一九三〇年代に設計した戦闘機ホーカー ハリケーンをさす。

れるのを許さなかった。「英国の一二〇〇万世帯は、燃料を節約するための偉大な戦いの一二〇〇万の前線です」。人びとは、湯のタンクを適切に断熱材で包み、牛乳瓶のふたを保存し、タイヤとタイヤの中のゴム製チューブをリサイクルすることを、求められた。

『良い家政』という前述の雑誌は、一九四三年に読者に次のことを厳しく想起させた。「再読に耐える本はほとんどありません。あなたの本棚を資源供出のために探索しなさい」。現在の働き過ぎの書評家たちは、誰か反対するだろうか。国家節約委員会は人びとに次のことを思い出させた。「『浪費の虫』は、買い物のための買い物というあの致命的なうずきを引き起こします。買い物中毒の症状です」。『縫って節約しなさい』という冊子を書いているジョアンナ・チェースにとって、その大義は彼女が読者に語るときに、福音を伝えるような長さになった。「下着の引き出しにあらゆる種類のものを六枚ずつ持てるお金や空間がみんなにあるような時代は過ぎ去りました。しかし、みなさんはあらゆるものを三枚ずつ持つように試みるべきです。一枚は身に着けて、一枚は洗濯に、一枚は起こるかもしれない緊急事態のためにきれいですぐ使えるようにしておくのです」。だから英国の古典的な常備品でさえ、戦争努力のために犠牲にされたのだ。

情報の連続的な発信は成功であった。戦時中に導入された緊急の権限の組み合わせと、国民の態度を変えるために準備された公的キャンペーンが浪費を減らした。たとえば一九四三年四月までに、週当たり三万一〇〇〇トンの台所ごみが削減され、それは豚二一万頭の飼料に相当するほどの量であった。食料消費は一九四四年までに戦前に比べ一一％減少した。金属スクラップは週当たり一一万トンのペースで節約され、供出された。(原注4)

このもっとも重大な時期に、不必要な旅行は「犯罪」です。

鉄道会社の広告、一九四二年

一九三八年から一九四四年までに、英国での自動車利用は九五%という驚くべき率で削減された。米国においてさえ燃料は厳格にうまく配給されて、不必要な旅行をなくした。そのような消費削減はもっとも悲観的な気候観測者が今日の豊かな諸国に必要だと述べているような消費の最大の削減幅をも上回るものである。同様の時期である一九三八～一九四三年に、公共交通の利用は一三%増大した。

すべての商品とサービスにわたって消費は一六%落ちたが、家庭レベルでの削減はもっと大きかった。(原注5)一九三八年からの六年間だけで、英国の家庭は電気製品の利用を八二%削減した。同じ時期に「娯楽」への支出は一〇%上昇した。(原注6)だれかが膨大な節約活動の必要性を疑うことのないように、英国情報省は『疑い深い人のためのデータ』というマニュアルを発行した。

歴史は親切にも、この新しい生活様式の人びとの健康への全般的効果についても情報提供している。一九三七年から一九四四年までに乳幼児死亡率は劇的に減少したが、これは国民の健康のより全般的な改善の明確な指標であった。この時期の始まりにおいて、一歳の誕生日前に死亡する子どもの数は、一〇〇〇人あたり五八人くらいであった。一九四四年までにその数字は一〇〇〇人当たり四五人へと減少した。(原注7)英国の経験は低エネルギー経済への移行が、よりコンヴィヴィアル(自律協働的)なライフスタイルを作り出しうることを示している。現在のような交通量増大、とりわけ車の増加は、先に自動車の調査で示したように、二〇二〇年までに死亡と障害の第三位の原因となることが予測されている。(訳注5)

人びとが住みやすい地球を保全し共有するために必要な消費削減の程度を理解したときに、彼らがあげる叫び声を想像することはたやすい。多くの人にとって、それは多すぎる犠牲のように見えるだろう。そしてほとんどの意思決定者たち（政治家など）は、気候変動の殺人的な現実から遠く隔たったところで生きている。先進工業国にいる人びとにとって、特にその家屋が洪水に見舞われたことのない人びとは、地球温暖化の脅威は彼らの私生活や消費習慣を大きくかき乱すには、あまりに疎遠なできごとだと、いまでも思っているだろう。ロンドンのプリムローズ・ヒルに住んでいる人びとにとってよりも、バングラデシュやモザンビークの洪水常襲地帯に住んでいる人びとにとってのほうが、とるべき行動はより緊急性を帯びているようにみえるだろう。しかし地球規模の「環境戦争経済」における状況は、英国の「第二次大戦経済」において諸個人が直面したジレンマとさほど違っているわけではない。通商委員会の委員長であるヒュー・ダルトンが一九四三年に述べたように、「この戦争において犠牲の平等というものはありえない。ある人びとは命や手足を失うに違いないが、別の人びとはズボンの折り返しだけですむだろう」。

現在の主要な工業大国はすべて、比較的最近の戦争経済の経験をもっている。一九四二年に米国は「不可欠でない」自動車については、ガソリンの使用を週当たり三ガロン（一一・四リットル）に制限した。ドイツは戦争のあいだじゅう配給制度をしき、日本は一九四一年に配給制を導入した。米国における配給制は、市民と兵士の双方が商品の公平な分配を受けられるようにするための愛国的な願望によって動機づけられていた。ガソリンの受給資格は、その個人がそれをどれだけ必要としているかによって設定された。米国が一九七〇年代初頭にＯＰＥＣによる第一次石油危機のときに、エネルギー資源の配給制を実施した際には、同様の論理が使われた。その目的についての連邦議会下院のある宣言は、「全般的な福祉を守り、……希少なエネルギー資源の供給を維持し、公平で効率的な分配を確実にするためには、積極的で効果的な行動が必要だ」と述べていた（強調は引用者シムズによる。傍点は原文イタリック）（原注8）」。同じ諸原則を現在もっと一般的に適用すれば、地球温暖化に取り組むための計画ができるであろう。

証拠をあげて主張する

ナチスドイツの侵略に直面したときでさえ、あらゆる局面において、戦時中に資源を保全するための政府の大規模な行動の必要性については、証拠をあげて議論しなければならなかった。当時の大きな課題は、いかにして工業国として復活したドイツと戦うための資源を見つけるかということだった。ちょうど現在では当時とは逆に、行動しないことがもたらす余分な費用を調査することなしに、米国やロシアの政治家たちが、地球温暖化を食い止める措置は金がかかりすぎると主張している。第二次世界大戦がはじまったときに、財政的に保守的な雑誌である『エコノミスト』は、戦費をまかなうために当時の政府支出を歳入レベルの三倍以上に増額すべきであると論じた。J・M・ケインズも、『ザ・タイムズ』紙の一連の論説

訳注5　乳児死亡率は現在の先進国では一〇〇〇人あたり一〇人未満である。「コンヴィヴィアル」はイリイチの現代文明批判のキーワードのひとつである。イヴァン イリイチ（渡辺 京二・渡辺 梨佐訳）『コンヴィヴィアリティのための道具』（日本エディタースクール出版部、一九八九年）。「現代文明の根底的な解剖。本書は、イリイチの著作の中でも戦略的な高地を占める。教育・交通・医療に関するイリイチの衝撃的な提言を、産業主義社会批判の各論とすれば、この本はイリイチの立脚点の全貌を構造的に提示する総論の位置にある」と説明されている。

と『戦費調達論』というパンフレットを通じて、財務省にロビー活動をしていた。公式の戦史によると、ケインズは、「戦時問題の本質を国民に納得させようとし」、「戦争継続努力の穏当な発展でさえ、一般消費の大幅な削減を必要とする」と指摘した。(原注9) もし課税、配給制度、希少性についての認識をもってしても消費を減らすには不十分であるならば、賃金と物価の制御できないインフレ・スパイラルの危険があることをケインズは予見した。そのような場合に、国家の「精神と効率」は危険にさらされるであろう。それを避けるためにケインズは、戦争が終わったときには払い戻しの約束をした義務的貯金の計画を提案した。

第二次世界大戦について後知恵で知っている立場からみれば、驚くべきことにみえるかもしれないが――ヒトラーと闘うには、確かにどんな手段でも大きすぎるということはなかったから――当時ケインズの処方箋は大げさすぎると考えられた。意見は身近なものではなかった。気候の破局に直面して前向きに行動しようとする政府にとっては、あまりに不確かな教訓である。ケインズは次のように嘆いた。「私の不安は、いまや明白になったことだが、一般大衆はいかなる計画も好きではないという事実から来ている」(原注10)

ケインズは、気候にやさしい、そして気候変動に耐えるものへと経済構造を変革する仕事に取り組んでいる現代の役人につきまとうような諸問題に直面していた。比較的簡単に推進できる諸手段は、「厳格な実施が個人に打撃を与えたときには、苦難と不平等についての厄介な苦情をも」引き起こすことを理解していた。その当時でさえ再分配政策の友であったケインズは、苦情が行動に移さないことの理由にはならないと考えた。そして彼は政府の強硬姿勢を緩和する鍵であるアジテーションの方法を見つけた。一九三九年に『ザ・エコノミスト』誌は書いている。「彼の偉大な奉仕は、戦争についての中心的な経済問題の状態を明らかにするために、いわゆるオピニオンリーダーたちを駆り立てることになった」(原注11)

ジョン・サイモン卿は、当時英国の大蔵大臣であり、確かに自分がおちいっているトラブルに気付いていた。当時のメモにラテン語で書きとめられた彼の言葉を考えてみると、地球温暖化に気付いてはいるが、不可避的に温室効果ガスの排出を伴う従来型の経済成長パターンに加担したままである現代の政府の動きを連想させるものである。「(ラテン語で)ビデオ・メリオラ・プロボク、デテリオラ・セクオル」を公式の歴史は次のように翻訳している。「情熱と理性とが、別々のことを勧める。どちらがよいのかはわかっていて、そうしたいとは思う。でも、つい悪いことのほうへ行ってしまう。」(訳注6)

戦争が進展するにつれて、贅沢な支出への攻撃手段として、購入税(消費税)が導入された。さらに時間がたつと税はいっそう洗練されるようになった。毛皮のコート、シルクのドレス、宝石のような本物のぜいたく品は、最高の税率で攻撃された。タオル、ベッドのリネン、実用の衣服のような必需品は除外された。しかしこれらの措置でさえひとつの闘争であった。毛皮取引団体は政府にロビー活動をして、その経済的重要性を強調した。戦争の終わりにこの業界が活動不能の状態ではいけないだろう、とその業界団体は言った。その結果、ウサギと羊でつくった「実用的毛皮製品」という特別な非課税品目が導入された。

これから政府は、その製造と使用が化石燃料の燃焼に依存している多くの製品の消費をいかにして削減するかということに、苦労するであろう。彼らは懐疑的な大衆を説得することに苦労するであろうし、それは豊かな諸国では多くのものを当たり前と思っている、ある程度裕福な大衆なのである。ソースティン・ヴェブレンが一世紀以上前に指摘したように、いったんぜいたく品が一般に利用可能になってしまう

訳注6　本書第七章冒頭の引用文を参照

と、それらはぜいたく品でなくなってしまって、代わりに必需品としての性格を帯びるのである。(原注12) 第二次世界大戦中の英国が有名であるが、ポットや鍋や家庭の外の手すりなどが、戦争継続の努力を助けるための余分な金属として国に供出された。一部の人びとは、収集のより重要な目的は戦況の深刻さを国民に納得させることであり、金属自体は二義的なものだと信じていた。今日では、政府が同様の目的の必要性を大衆にうまく説得するためには、ケインズのようなアジテーションが必要であろう。(訳注7)

私はほかの人たちとともに、いくつかの省庁によって組織されたリオでの地球サミット（一九九二年）の十周年行事の準備のためのディナーに招待された。私たちは民間のホテルの食堂の親密なディナーテーブルで顔をあわせた。公務員たちはアイデアを探していた。彼らは二〇〇二年にサミットが行なわれるヨハネスブルクに持っていく大きなアイデアを欲しがっていた。私が最初に提案したのは、アフリカでの会議に謙虚な姿勢でアプローチし、われわれの生態学的債務を認めるべきだということだった。貿易産業省から来た役人は、あざ笑った。デザートが出されるときまでに、私は別の提案をした。なぜ彼らは英国の国民に対して正直な態度になり、必要な排出削減がなされるなら、日常生活はどのように変わるかについて、語らないのだろうか。あとで適切な政策を売り込めるように、必要な行動の規模を認めることによって、世論に準備させようとしないのは、なぜだろうか。その場には、息苦しい雰囲気があった。戦争中の国民とのコミュニケーションの率直さとは違って、公務員たちがいまできると感じている最大限のことは、国民が月に一回自動車旅行を減らすように「提案する」ことであった。

もちろん現代の国民は、一九四〇年代当時よりも、政府が語る内容について、信頼をおいていない。化石燃料使用の本当の制限がライフスタイルに及ぼす影響や、自分たちがしなければならない生活の変更について、多くの人びとに不快感をおぼえさせるであろう。われわれは消費の制約については、どれだけお金を使えるかを理由とする制約だけに慣れてきた。燃料の配給制度というアイデアは、耐えられないものとみなされ、激怒を呼び起こすだろう。しかしわれわれが家に持ち帰る収入が富の配給であるというのと同じ意味においてのみ、それは配給制度である。財政上の予算以上に、「環境上の予算（の限界）」を超えて生きることはもはやできなくなる。われわれはあとで困難な問題におちいることになるからだ。そして、破産した気候（気候変動の結果）から回復するのは、破産した銀行を再建するよりもむしろ困難であろう。このアナロジーにおけるほかの大きな違いは、われわれが、いかにして解決策を見つけるかにも影響するのだが、大気は環境の耐性（許容限度）の物理的な限界に束縛されたグローバル・コモンズだということである。財政的予算は、少なくとも理論においては、はるかに柔軟な限界を示す。それゆえに、誰かが生得の権利あるいは生まれた場所の偶然（先進国かどうか）によって、ほかの誰かよりもグローバル・コモンズの分け前をより多く得てよいという理由はない。

気候変動は、侵略してきそうな軍隊ほど差し迫った脅威とはみなされていない。しかし現代文明のバランスの観点から見て、それは第二次世界大戦よりもはるかに長引くような、より大きな地球規模の大混乱をもたらすおそれがある。

これらの問題すべてが事前に取り組まれ、そして一部は克服されているのを知ることは、少し慰めをもたらすかもしれない。しかし、それらは緊急性と必要性が一般に理解されたときにのみ、克服されるので

訳注7　金属の国への供出が戦時中の日本でも行われたことは、言うまでもない。

である。一九四〇年代の英国に比べて、われわれの現在のジレンマは違った風に対処されるであろう。現代のコミュニケーション方法は、より洗練されている。そして多くの人びとはすでに、一方で大気というグローバル・コモンズをどうやって保護できるか、経済活動の廃棄物（温室効果ガスなど）の捨て場としそれを使いたいという世界の人びとの競合する要求をどのようにバランスさせるのかについて、一所懸命考えてきたのである。

第十一章　新しい構造調整

ウェヌス（ヴィーナス）は勇敢な者を好む

オウィディウス（中原善也訳）『変身物語』岩波文庫、一九八四年

社会の福祉にとって臨界となる一人あたりのエネルギーの量は、人類の八割が個々に出せる馬力をはるかにうわまわるが、フォルクスワーゲンの運転手が操る出力よりもはるかに低い範囲内にある。

イヴァン・イリッチ（大久保直幹訳）『エネルギーと公正』一九七四年、晶文社、一九七九年、一八頁

太陽系の所有者を自称する男

あなたは月面の土地区画一エーカーを一九ポンド九五シリングで購入できる。少し安いのは金星で、そこでは一エーカー当たり一四ドル二五セントおよび登記料で購入できる。そんなことができるのは、デニ

ス・M・ホープという人が一九八〇年十一月二十二日にサンフランシスコ郡の役所に行って、両者の所有権を登記したからだ。(原注1) 確認したいというつもりであろうか、彼は米国連邦政府でも登記を行ない、ソビエト連邦と国連総会でも所有権の主張を行なった。あらゆる財産を購入したという宣言のコピーも入手できる。デニス・ホープはそれだけでは満足しなかったようだ。彼は火星、水星、木星、土星、天王星、海王星、冥王星の諸惑星、(訳注1)そして各惑星の衛星のすべてについても、所有権を宣言した。まもなく木星の衛星イオの土地区画が「登記可能」になる。彼はカリフォルニア州リオ・ヴィスタに「月の大使館」なるものを設置し、土地区画を売るために他人にも免許を与え始めた。そのひとつであるムーン・エステート・コム（月の不動産）は、自社を英国で「唯一の地球外土地代理人」であると説明している。

彼らはまさか本気ではないだろう？　一九六七年に国際社会によって宇宙条約が署名され、いかなる国の政府にも、天体についての財産権を主張することを明確に禁じている。しかしそこには、抜け穴がある。条約の文案作成を担った委員会は、彼らの草案に私企業や個人を含めるのを忘れていた。一九八四年にこの間違いが発見され、月条約が合意された。それは、私的利益のための宇宙の搾取を防止するであろう。しかしわずか六カ国しか署名していない。

現在「宇宙牧場」を熱心に売りたがっている連中は、それを良いことだとみている。彼らの目にうつる月条約は、「宇宙の残りの部分における財産権を非合法化し、宇宙植民を『全人類の共有遺産』という泥沼に無期限にはまり込ませてしまう」からだ。一方で何千人もの人びとが土地区画を購入している。財産権と結びついた大きな富の展望があなたの現実認識をゆがめてしまうことがありうるという証拠をこれ以上探す必要はない。月条約の欠陥なるものを非難しつつ、売り手たちは次のように指摘する。「もしその条約がすでに批准されていて、月に石油が見つかったとしたら、法によっていかなる企業もその採掘を禁止されるであろう。確かに、天体の財産権は公益にかなうものではない。（もしそれがあなたの私有地に見つかったとしたら、おめでとう、あなたは大金持ちになれる！）(原注2) ここではそのシナリオがありそうにないということは考慮されていないし、採掘や輸送に内在する諸問題、あるいは石油燃焼による気候変動さえ考慮されていない。売り手たちは真剣さを確認しようとして、さらに遠くへ進む。火星については、あなたと「土着生物」のあいだに起こる土地紛争を仲裁するために、注意深い「民権条令」［もともとは、権利の宣言（the Declaration of Rights）を承認した法律、一六八九年、をさす］が起草された。それは彼らがつくった制度の独創性すら否定している。

財産についての制度は、綱渡りのようなもの［微妙なバランスが必要なもの］である。間違った種類の制度は、悲惨な結果をもたらす。たとえば、医薬品に適用される独占的な特許権は、患者を殺すことにつながりうる。健康問題で活動している英国のオクスファムなどの慈善団体は、特許権が医薬品を貧困国に住む人びとが買うには高額すぎるものにすることによって、毎日三万七〇〇〇人(訳注2)が死亡していると見積もっている。これらは財産権、またの名を「排除する権利」がもたらした、避けられる死亡である。しかしながら、財産権の不在もまた、弊害が大きい。地球温暖化は、「コモンズ（共有地）の悲劇」の教科書的な事例である。この概念は、気候変動についての合意が成立する前に、大衆的な論争を引き起こしたが、大気

訳注1　冥王星は二〇〇六年に太陽系第九惑星から「準惑星」へと変更された。
訳注2　毎日三万七〇〇〇人なら年間一三五〇万人となり、三大感染症（エイズ、結核、マラリア）と煙草病の死者合計を上回る数字である。

はあまりにも足にフィットする靴のように財産権の不在という概念にふさわしいものである。

一八三三年（人口増加の危険についてのヨーロッパ人に想像力を刺激したロバート・マルサスの死の前年）にウイリアム・フォースター・ロイドによって書かれたパンフレットからアイデアをとって、ギャレット・ハーディンは一九六八年に専門雑誌に「コモンズ（共有地）の悲劇」という有名なエッセイを発表した。(原注3)(訳注3)ハーディンはまた、否認の心理学にも問題点を見出した。過放牧の事例と、制約を課せられない放牧者によって共有牧草地にもたらされる破壊を引き合いに出して、コミュニティ全体だけでなく、重要なことは、自分たち自身の長期的な利益をも犠牲にしながら、自らの短期的利益を追求する個人を彼は見出した。しかし彼は希望ももっており、「教育によって間違ったことをなす自然の性向を是正できる」が、求められる知識を「絶えず更新する」必要もあると信じていた。

米国が地球温暖化対策を意図的に拒否して行動する理由は、ジョージ・ブッシュ大統領父子によって、驚くべき一貫性をもって示された。それは、米国市民が（自らの好む）アメリカ的生活様式を追求する自由への制約を受け入れるのは不本意だということだ。ハーディンによると、これはコモンズの悲劇の核心にある態度である。


共有地を新しく囲うと、必ずある人たちの人間としての自由の侵害が起こる。遠い昔に行われた侵害については現代の人でその損害をぼやく人もないので受け入れられている。われわれが強く反対するのは新しく提起される侵害である。「権利」と「自由」の叫びは、巷を満たしている。だが、「自由」とは何を意味するのか。人間が泥棒を取り締まる法律案を通過させることをお互いに協定した時、人間はより自由になった。共有地の論理に閉じ込められた人が自由であるということは、世界の破滅を導くだけである。ひとたび、われわれが相互規制の必要を認めるようになれば、われわれは他の目的を追求する上で自由となる。(前掲ハーディン「共有地の悲劇」松井訳、二六二〜二六三頁)

英国には、「飛ぶ自由」という名前のロビー活動団体がある。彼らは航空産業への環境面からの制約に反対している。諸個人がコミュニティ全体への責任を否認しながら自己利益を追求するのは、コモンズの悲劇の特徴である。その起こりそうな結果を承知したうえでの見境のない汚染が、気候変動の場合に、実際に人びとの死亡、経済的損害、多大な身体的危害をもたらすとき、それは飲酒運転と一体どれだけ違うだろうか?(原注4) もしもあなたの国のライフスタイルが、安価な化石燃料の持続的供給を確保するために戦争に行くこと[石油のための戦争]をあなたに要求するならば、それは路上強盗や武装強盗とどれだけ違うだろうか? その場合に、人びとはなぜ「飲酒運転の自由」とか「路上強盗の自由」といったようなロビー活動団体をつくらないのだろうか? それら[石油のための戦争と、路上強盗]は結局のところ、ほとんど同じようなものになるからだ。しかしそんなに単純なことだろうか? ほかのはるかに小さい犯罪を犯罪として扱うことには何の問題も感じないというのに、石油のための戦争が犯罪的な損害と危害だとは思わないというだけの理由で、気候変動のような危機が起こるままに放置することが、あってよいのだろう

訳注3　米国の生物学者ハーディンは、共有地の競争的酷使によって環境破壊が生じるので私有権を設定すべきだと主張した。「共有地の悲劇」は、ハーディン(松井巻之助訳)『地球に生きる倫理——宇宙船ビーグル号の旅から』(佑学社、一九七五年)に所収。たとえば、クジラのような「共有資源」は容易に乱獲された。

か？　そうであるならば、われわれの課題は、大気を管理するために憲法的、法的な枠組みをつくることであり、それはわれわれに大気についての認識を変えることを強制するであろう。その枠組みはわれわれの権利と責任を決定するであろう。

英国や米国のような国の政府関係者のあいだで受け入れられている「知恵」は、ラディカルなライフスタイルの変更を推進するのは政治的に不可能だ（国民に不人気だ）ということである。皮肉なことのこの同じ諸政府が、何十年もかけて、世界の最貧諸国に、金銭的な対外債務を返済させるために、ベルトをしめ、支出を削減し、経済を完全に構造改革するようにと、要求してきたのである（構造調整政策）。インドの著名な学者であるM・S・スワミナタンは、次のように書いている。

世界銀行とIMFは財政的（金銭的）な条件で、構造調整について語っている。私自身の感覚を言えば、われわれが本当に必要としているものは、持続可能なライフスタイルへ向けての調整であるが、それは世界銀行が勧告したものではない。彼らの構造調整は貨幣にかかわるものであって、価値にかかわるものではないからだ。しかし、もし発展途上国が財政問題に関してそのような調整をしなければならないのであれば、先進工業国もまた、〈持続可能な〉自国経済の構造調整プロセスを経なければならないであろう。(原注5)

貧困諸国における従来の経済構造調整は、二段階からなるプロセスである。全体の安定化が最初にきて、その次に経済の根や枝の部分の再構築がやってくる。生態学的債務に取り組み、環境的に持続可能な経済を確立するために、これはどのように適用できるだろうか？

最初の仕事は、大きなゆがみを取り除くことだ。現在の標準的な経済的計量は、社会的費用と環境的費用を含んでいない。これはふたつのことを意味する。たとえば経済的な〔企業の家計への〕「ただ乗り」で、家族が無給で育児・養育や〔老人・障害者の〕介護、また労働力を維持するようなやり方である。また、化石燃料のような自然資源が使い尽くされ、経済システムへの無料の収入として扱われ、一度限りの家族の遺産のように浪費されていることである。第二の効果は、極めて過剰に価値づけされた経済で、減価償却も支出もカウントしない。それはエンロン〔米国〕のような企業に破滅をもたらしたある種の会計システムを連想させる。

他方でフルコスト会計処理は、経済への情報の適切なフィードバックを作り出し、より慎重な経済計画のために国民勘定の収支のバランス回復を助ける。しかし調整期間ははるかに長く、交渉を伴うプロセスである。

第一に、より広範な経済民主主義を発展させるために、幅広い改革が必要である。第二に、すべての経済計画が既知のあるいは予防的な環境制約——この場合は主に気候変動であるが——の枠内に設定される必要がある。これらの変化は環境保全のための支出によるバランスの回復と呼ぶことができるもの——輸出入のフローに関連した一般的な経済用語にならって——にかかわるものであるが、この場合は、人間の経済活動と自然環境のあいだの交換にかかわるバランスである。

主な目的は、悪影響を与える程度の大気中の炭酸ガス蓄積にあらわれているような生態学的債務を取り除くことであろう。しかしどのような秩序ある手順と枠組によってそのようなプロセスを先導し、形成することができるだろうか？

大気は人類全員によって平等に所有されるべきだと考える男

アインシュタインが、問題というものはそれを作り出してしまった考え方の枠内で解決することはできない、と述べたことはよく知られている。彼ならば、卓越した音楽家が国際的な気候交渉の世界に参入するのを見れば、満足するだろう。ほかのふたつの理由から、なおさらそうである。ひとつは彼が演奏した楽器（ヴァイオリンやピアノ）のゆえであり、ふたつめは宇宙の物質と創造についての普遍的理論の探求においてアインシュタインに続いて理論物理学がとった特別の方向性ゆえである。

私が一九八〇年代後半に初めてオーブリー・メイヤーに会ったのは、われわれがふたりとも英国緑の党に関与したときであった。私は十代の少年だったときにドイツ緑の党のペトラ・ケリー（訳注4）に触発され、地域政党にかかわるようになったが、大学を出てから緑の党の安っぽいが熱心な全国事務所――同じように安っぽい南ロンドンのバルハム・ハイ・ストリートにあった――に入り浸るようになった。私は党のキャンペーンに奔走し、党の若手の演説家となり、理事会にも参加することになった。当時バルハムについて誰もが知っていたことは、亡くなったコメディアンのピーター・セラーズの嘲るようなトラベログ（観光旅行に関する情報を集めた映画）によるものであった。この地名を口にすれば、ある世代の人は誰でも笑って言うだろう。「ああ、ロンドン南部地域の入り口だね」。しかし歴史は、普通の場所で始まる普通でない出来事に満ちている。

われわれの宇宙の基本的な成り立ちを記述するための最近の試みは、「ひも理論」（弦理論）と呼ばれている。その基本的な形態において、この理論は、すべての物質が原子以下のレベルにおいて、元素の土台をつくるために異なる様子で振動している「ひも」から成るのだと示唆している。だから、われわれの気候の将来が、元プロのヴィオラ奏者であり作曲家であった人物〔オーブリー〕の手中にあるべきだというのは、奇妙にも適切なことである。

オーブリーを知るようになることは、ゆっくりとしか自らの本質をあらわさない都市を知るようなものである。私は初めて彼の自宅を訪問する前に、数年間は彼と時々顔をあわせていた。われわれは仕事について語りあうつもりだったが、バイオリンが壁に立てかけてあるのが見えた。私はマックス・ブルッフ（ドイツの作曲家）のバイオリン・コンチェルトが好きだと述べた。その作品は自分のレパートリーに入っていないとさりげなく言いながら、彼はそれにもかかわらず、バイオリンをとりあげて弾き始めたが、音符は完璧で、そのコンチェルトの一節であった。しかし彼の気候変動についての情熱の深さを理解するためには、光沢紙に印刷されたコンサートのプログラムが鍵をにぎっている。オーブリーは作曲家であるとともに、ミュージシャンでもある。彼の音楽の一篇は、最近英国のある大手オーケストラによって演奏された。作曲家として参加したコンサートで、彼は自分の写真と短い人物紹介を活用して情報を提供し

訳注4　ペトラ・ケリー（一九四七〜一九九二年）はドイツの平和活動家、緑の党の政治家。女性。http://en.wikipedia.org/wiki/Petra_Kelly
ペトラ・ケリー（高尾 利数訳）『希望のために闘う』（春秋社、一九八五年）および、モニカ・シュペル〔木村 育世訳〕『ペトラ・ケリー』（春秋社、一九八五年）を参照。

た。彼はミュージシャンのちょうネクタイのユニフォームを着た標準的な写真の下に経歴の詳細を説明する代わりに、コンサートの忘れっぽい観客向けに、彼が「縮小［総量の削減］と収斂［格差の縮小］」と呼ぶ、地球温暖化の健全な解決策の説明をかかげていた。(訳注5) 彼はそれを推進するためにロンドンに本拠をおくグローバル・コモンズ研究所(原注6)を立ち上げていた。

一九八〇年代後半と一九九〇年代前半の緑の党関係者を通じて、オーブリーはエネルギー問題、自然資源の枯渇、気候変動に関心をもつ多くの人びとに出会った。それらの会話から出てきたのは、世界を救うための純粋な計画であった。オーブリーが理解したことは、デニス・ホープの惑星の土地強奪と違って、もしわれわれが気候を救いたいのなら、すべての人がその生命維持システムに対して平等な享受の資格を持たねばならないということだ。グローバル経済における富裕層と貧困層の「拡張と格差拡大」の一世紀にわたるプロセスとは反対に、地球温暖化と人類全体への公平な配慮の両者が意味するのは、次の段階は「縮小と収斂」のプロセスでなければならないということだ。

「縮小と収斂」とは何か

もしあなたが正しい目的地を知らずに旅行に出かけたならば、そこに到着することはありそうにない。気候変動についての国際交渉とは、まさにそのような比喩であらわせるものである。それらは豊かな諸国について二〇〇八〜二〇一二年の約束期間までに一九九〇年レベルに対して平均五・二%削減という温室効果ガスの恣意的な削減目標を設定したが、その目標値は、実際に必要な削減幅についての科学的知見とは関係がない。そしてこれまでのところ、諸国の共同体はこの思いつきにすぎない目標値の達成にさえ失敗してきた。諸国が話し合うのはよいことであるが、「旅行計画」は明らかに間違っている。そのような環境外交の不可解な働きをわれわれはどのように理解すべきだろうか。

それはあたかも人びとの一団が、生命を救う医学的治療を受けるためには、その特別の治療を利用できる唯一の場所であるバルセロナに旅行しなければならないことを発見したかのようである。しかし不同意が発生した。ある人びとはスペインの食べものが好きでなく、ほかの人びとはスペインの言葉(訳注6)がしゃべれず、また別の人びとは気候が体に合わなかったからである。だから彼らは歩み寄って、代わりにベルリンに旅行することを決めた。結局のところ似たようなものだった。それもヨーロッパの大都市であり、名前はBで始まる。誰もまったくの幸せではなかったが、みんなが一歩前進だということに同意した。旅行が始まった。しかし残念ながら、その生命を救う治療はベルリンでは利用できない。グループの全員がそのことに気付いているが、沈黙の同意がそれに公然と言及することを妨げている。それでも彼らはバルセロナに行く必要があり、残された時間はなくなりつつある。国際気候交渉とのアナロジーを完全にするために、物語はこのように展開すると仮定してみよう。それからグループはベルリンに到達することにさえ失敗する。飛行機のなかで誰がどこに座るかについての議論があり、そのため何人かのメンバーは旅行を続けることを拒否する。それから他の人たちが旅行する時間の余裕がないと言う。彼らの荷物を荷物入れから取り出す必要があるので、飛行機は離陸の順番待ちから外される。空港の職員が、いったい何が起こっ

訳注5　グローバル・コモンズ研究所のウェブサイトは下記である。http://www.gci.org.uk/
訳注6　バルセロナの本来の言語は、スペイン語（カスティリャ語）ではなく、カタルーニャ語である。

ているのかと疑問を抱き、新しいセキュリティ規則のもとでフライトは翌日まで延期されることになる。

気候変動交渉の目的地は、大気中の温室効果ガスの濃度を安全とみなされる予防的レベルにとどめることであろう。そのような合意は容易ではないだろう。一部の海抜の低い南太平洋の島嶼国家は、現在の温室効果ガスの濃度でさえすでに高すぎると考えている。非常に長期的には、濃度を現在のレベルより下げて、産業革命前の濃度まで戻すことは可能かもしれない。(原注7) しかしながら次第に、大気は平均であと摂氏二度以上は温められるべきではないという議論があらわれつつある。それ以上の温度上昇は、南極の大きな氷床の崩壊とか、森林の死滅のような一連の不可逆的な環境プロセスの引き金を引き、それが制御できない地球温暖化を招くかもしれない。大気中の温室効果ガスのどれだけの蓄積がわれわれをそのような許容最大限の温度上昇に押しやるかを解明することは、気候政策の目標のひとつともなるであろう。それが気候変動を止めて、「縮小と収斂」のプロセスに入るための最初のステップである。

基本的には、この目標は世界経済が食べるべき炭素というケーキの許容できる最大の大きさを設定することにある。諸国政府がそのような目標によって拘束されることに同意すれば、世界が放出できる炭酸ガスとその他の温室効果ガスの削減量は、二十一世紀の各年について計算できるだろう。この目標が「縮小」の最初のパラメーターを設定する。「収斂」とは、地球規模の放出というケーキの各年のスライスが、世界の諸国のあいだでどのように共有され、分配されるかを記述するものである。

世界のすべての人が等しい量の化石燃料を使うということは、決してありそうにない。われわれのおかれた状況はあまりに異なっている。しかしながら、大気というグローバル・コモンズを管理するための何らかの協定は、炭素排出量の制約がある世界において、あらゆる人が、温室効果ガスを安全に吸収できる大気の能力のシェアについて、平等な資格を持つべきだという原則に基づかねばならないという合意が得られることは、きわめてありそうなことである。世界がクリーンな再生可能エネルギーに転換するまでのあいだ、これ（排出の資格）は経済的機会へのアクセスにほぼ等しいものである。しかしながらこのプロセスは、世界が毒素ショックの経済的等価物と言うべきものに陥ることなしには、一晩のうちに実現することはありえない。それは合意された時間枠、すなわち「収斂期間」のうちになされる必要があるだろう。

これまでのプロセスを要約してみよう。最初に温室効果ガスの総排出量に上限をもうけ、それから徐々に排出量を削減する必要がある。それから設定された時間枠のなかで一人当たり等しい量へと向かう国際的な収斂パターンのなかで、排出量を分配し、あるいは「事前に分配する」ことになるだろう。このような計画があらわれてくるときには、公平な分け前よりも多くの量を排出する——分配される炭素のケーキよりも大きなスライスを食べる——人びとや諸国［先進国や富裕層］は、「分け前よりも少なく汚染する人びと」の余分な資格あるいは炭素のケーキを購入することによって、何らかの補償をしなければならないだろう。さもなければ彼らは、大きな生態学的債務を負うことになる。（原注8）

グローバルな協定にならない規模の協定では、気候変動問題を解決することはできない。フリーライダー的な［費用を払わずに便乗する］諸国からの制御されない温室効果ガス排出という問題は、常に存在するだろう。たぶん世界の炭素のケーキをいかにして削減するかについての交渉を始める唯一の方法は、われわれがみんな排出量に対して平等な権利をもつという原則を確認してから始めることである。それ［等しい分配の原則］を使ってどうするかは、また別の大きな問題である。

等しい分配の原則は非常に多大な、そして発展の観点からは非常に積極的な結果をもたらす。それは貧しい地域の発展を支援するために大量の資源を提供しうるだろう。しかしもし地球温暖化とたたかうための行動が遅れるならば、排出が増大するとともに人口も増加し、許容できる炭素のケーキのスライスもますます小さくなるであろう。言い換えると、われわれが早く行動すればするほど、結果は良いということだ。「縮小と収斂」の唯一の弱点は、交渉するのに時間がかかるのに、多くの貧しい諸国はいま気候変動に適応するために、絶望的なほど資源を必要とするということだ。しかしそうしたことが意味するのは、豊かな地域から貧しい地域へ資源を移転するための国際的メカニズムに唯一の正解があるわけではないということだ。

しかし、たとえ予測できないし、ある程度融通がきくものであるとしても、一定の有限な枠の中にとどまらなければならないという概念は、多くの人びとにとっていまなお把握することは難しい。このことは、いかに容易に高級官僚でさえこの課題を完全に誤解しうるかという事例で、示すことができる。英国政府の環境部局であるＤＥＦＲＡ（環境食糧農林省）からとったグラフ（左頁図）を見てみよう。(原注9) グラフを見るのにアレルギー的な拒否反応を示す人にとってさえ、この特別で記念碑的な見過ごしは一見の価値がある。温室効果ガスをあるレベルで「安定化」させるための排出削減の予測は、二〇七〇年頃までには、豊かな諸国のクラブ（ＯＥＣＤなど）の外にある国ぐに（途上国）にとっては、化石燃料はまったく残っていないだろう――燃やすべき一バレルの石油も、ひとやまの石炭も、ひと缶の天然ガスも――ということを示している。インド、中国、ブラジル、エチオピアなどからの代表団に、彼らの論理が洗練されていることで名高い英国の公務員たちが説明する様子は、興味深い大臣会合の光景を見せてくれるだろう。彼らは必要な総排出量縮小のレベルを示したが、収斂（一人当たり排出量の南北格差の縮小）については何も示して

従来通りのシナリオと、550ppm で安定化させるためにのシナリオについての、世界全体の排出量推移の予測が英国政府の部局であるDefra（環境食糧農林省）によって示されているが、これは発展途上国に許される排出量を示していない。

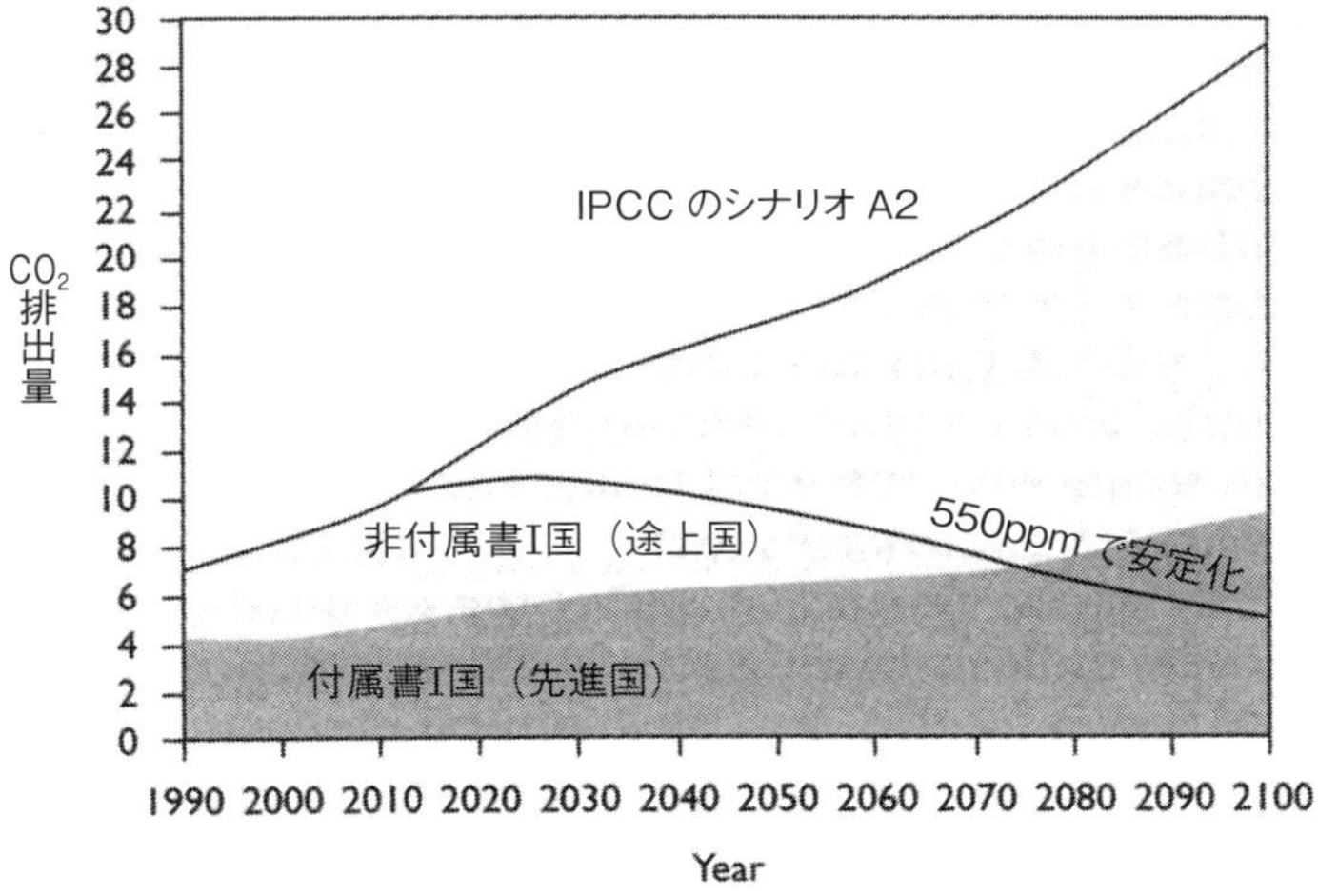

注釈：付属書Ｉ国　主要な「第一世界」の工業国（欧米や日本）であるが、いくつかの「移行」経済〔旧共産圏〕を含む。
非付属書Ｉ国　付属書Ｉ諸国を除くその他すべての国
Ａ２はＩＰＣＣが将来の気候変動のありそうなシナリオを予測したもののひとつで、急速な経済成長を想定したほかのシナリオよりも保守的なものである（原注10）。

いない。しかし縮小（総量の削減）と収斂（格差の縮小）は同時に起こらねばならない。

　このプロセスについてのもうひとつの大きな疑問点「懸念」は、もっとも気乗りしない国である米国をいったいどうするかということである。米国が二〇〇一年初頭「ブッシュ息子政権の発足直後」に気候交渉〔京都議定書〕から離脱したときには、大きな批判が沸き起こった。しかしそれ以前でさえ、米国は不誠実な交渉をしていた。二〇〇〇年後半にハーグで行なわれた国際交渉で、ある種の「炭素ロンダリング」が提案されたが、それは国内の森林と農地を炭素の「シンク」〔吸収源〕とみなして、必要な排出削減に対するクレジット〔支払い猶予期間〕として扱う〔森林などを吸収源とみなして削減義務を緩和する〕ことを主張していた。私がそれを「ロンダリング」と呼んだのは、石炭と石油という信頼できる安定な炭素の蓄積を、死んだら炭素を放出する樹木や植物という形の不安定な貯蔵所に置き換えるものだからである。当時の米国の提案は、現実の排出削減どころか、全体で一四％の炭酸ガス排出増加さえもたらしうるものであった。(原注11)(訳注7)

ジョージ・W・ブッシュ政権の一期目（二〇〇一〜二〇〇四年）で、米国は国際交渉からの離脱を弁解するためにふたつの議論を用いた。ひとつは軽率なもので取り下げられたが、もうひとつは興味深いもので、小さな突破口を作り出すものであった。第一に、彼らは行動することが「できない」と主張していた。しかし、もしも世界でもっとも豊かで、もっとも資源に貪欲な国が行動できないのなら、いったい他のどの国が行動できるのだろうか。明らかに一人当たり炭酸ガス排出量が米国の二十分の一であるインドではないし、一人当たり排出量が米国の三百分の一であるモザンビークでもないだろう。

第二の見解は、米国上院で一九九七年に採択されたいわゆる「バード・ヘーゲル共同提出決議」に由来する。それは、貧しい諸国（発展途上国）も削減交渉に参加するときにのみ、アメリカの排出を「制限」あるいは「削減」するように求めるものであった。バード・ヘーゲル決議は、地球規模の排出を規制し、削減する論理を受け入れた。これが意味するのは、地球規模の総排出目標で合意しなければならないのであり、大気中の温室効果ガス濃度に上限をもうける必要があるということだ。それはまた、人類の平等には関係がないと自ら宣言することによって、米国が「縮小と収斂」のモデルを採用できるということを意味する。

現行の合意である京都議定書が二〇一二年に約束期間を終了したときに、それにとって代わることのできる、気候変動への取り組みの地球規模の枠組みのための、いくつかの微妙に異なる、公平をベースにした提案がある。しかし「縮小と収斂」のみが、世界の多数諸国〔発展途上国〕への真の権利付与を行ないつつ、環境の健全性を守るというテスト――安全な環境制約と政治的な実行可能性を同時に満たすこと――に合格するのである。

しかしそもそも先進工業国は、そのようなモデルに適合するのに必要な程度の資源消費削減を行なうことができるのだろうか。第一に、前の章で述べた戦時経済の歴史的経験は、もし政治家が意図するならばできることを示唆している。(原注12) 第二に、課題にわれわれが背を向けることは、もっとも深い偽善であろう。なぜか。世界の最貧諸国は、何十年ものあいだ、はるかに不当な理由〔「債務」返済など〕により、構造改革〔新自由主義的政策〕をさせられてきたからだ。もしそれらの国が、世界銀行とIMFの厳格な監視のもとで、疑わしい対外債務〔彼らはそれについて、部分的にしか責任がない〕を返済するためにそれができたのなら、豊かな諸国がもっと現実的な生態学的債務を返済するために改革〔新自由主義ではないが、ある種の構造改革〕ができない理由は見当たらない。

多数世界の諸国〔発展途上国〕は、北の諸国〔先進国〕が享受しているような、保健衛生、教育、社会保

訳注7　炭素ロンダリングというのは、マネー・ロンダリング〔資金洗浄〕からの類推借用である。また、高速増殖炉で原子炉級プルトニウムを消費して超兵器級プルトニウムを生産することを「プルトニウム・ロンダリング」〔藤田祐幸〕と呼ぶこともある。

障のシステムを欠いており、オーソドックスな債務危機を解決するために意図された、設計のまずい「構造調整プログラム」を耐えしのいできた。しかし、保守的な『フィナンシャル・タイムズ』でさえ、いわゆる「ワシントン・コンセンサス」のもとで、これらのプログラムを推進することを通じて、ＩＭＦは「おそらく救ったのと同じくらい多くの国民経済を破滅させてきたのだ」とコメントしている。[原注13] この考えは、ノーベル経済学賞受賞者ジェームズ・トービンの次の発言のなかにも反映している。「彼ら（世界銀行とＩＭＦ）の標準的な処方箋、財政的な厳格性と懲罰的な利子率は、諸国民の経済的生活にとっては破滅的なものであった[原注14]」。豊かな先進国にいるわれわれが、「縮小と収斂」がわれわれに与える目標を用いて、われわれのエコロジー的な予算をバランスさせるための「サステイナビリティ（持続可能性）調整プログラム」の枠内におさまることができないと言うことは、いまや恥ずべき二重基準と言うべきであろう。われわれも「苦い薬」を服用するほど柔軟であるべきだと求めることは、はたして過大な要求であろうか。

しかし「縮小と収斂」の枠組みも、「環境的戦時経済」のアプローチも、それだけでは成功しないだろうということは、ありうる。金融という仮想的世界と、自然資源という物理的世界への貨幣供給を再結合する通貨制度の改革も、必要になるかもしれない。歴史の流れを回転させて元に戻ってみると、かつては貨幣供給と金銀のあいだにつながりがあったものである。金銀の利用可能性（保有量）はある程度、経済が何をなしえたか、どれだけ大きく成長したかを制約する要因でもあった。

もし排出許可証の取引がたとえば米ドルで行なわれるならば、支配的な「強い通貨」諸国に有利な組み込み済みのバイアス（偏向）がまだ残ることになるだろう。米国は世界の基軸通貨国としての立場をさらに利用し、そのニーズを満たすために貨幣を印刷するだけでよい。これが意味するのは、改革への圧力を避けることができ、世界経済における現在の不均衡を固定させることになるということだ。

ポイントは人びとが使うエネルギーの量を削減すること自体ではなく、化石燃料由来の使用量を削減することだ。これがいかになされうるかについてのひとつの提案が、リチャード・ドウスウェイトによってなされている。彼は、「縮小と収斂」の枠組みにおける低消費国からの予備の排出許可証が、「ｅｂｃｕ」（エネルギーの裏付けがある通貨単位）という特別通貨で取引できるだろうと述べている。諸国政府へのｅｂｃｕの配給は、一回限りのものであり、排出許可証と同じく一人当たりの基準でなされるだろう。所与の上限のもとで、予備の許可証は、ｅｂｃｕでの支払いによって利用可能になるだろう。だから、「使ってしまった」ときは、ｅｂｃｕは循環から取り除かれるのであり、使用済みの許可証は廃棄される。これが市場における予備の排出許可証あるいは「特別排出権」の量を厳格にコントロールする。そのようなアプローチが、組み込まれたインセンティブとともに、並行的な通貨制度を創出し、化石燃料経済からの管理された（秩序ある）撤退を容易にするであろう。実施の複雑さは、ドウスウェイトによると「地球大気のなかの人為的に排出された炭酸ガスになる化石燃料由来の炭素の八〇％は、わずか一二二社の化石燃料生産者からやってくる」という事実によって軽減される。（原注15）

どのようにして「縮小と収斂（C&C）」アプローチは気候変動の生態学的債務を調整するようにはたらくか（原注16）

すべての国が、大気中の炭酸ガス濃度安定のための目標で集合的に合意する。そして濃度の数値から、「地球規模の排出予算」を計算する。新しい科学的知見に沿って改訂できるように、目標は毎年見直しをする。ひとたび「縮小予算」が決定されたら、次の問題は諸国のあいだでいかにして排出資格を分配するかということである。「縮小と収斂」のもとでは、諸国のあいだでの排出資格の分配は、特定の時点で一人当たりの排出量が平等になるように収斂するであろう。それから排出資格は諸国の人口に比例して分配されるが、そのレベルは（自国の排出権を多くするために）人口を増やそうというひねくれたインセンティブを避けるために、特定の基準年の人口にあわせたものである。排出権取引は、このモデルの特徴である。

C&Cアプローチは気候交渉の複雑さを縮減して、合意する必要のあるふたつの変数へと簡素化するであろう。

・目標となる炭酸ガスの大気中濃度
・排出資格が一人当たり平等へと収斂する期日

このアプローチは大きくて、きわめて破壊的な国際的パラドックスを解決する最良のチャンスを与えるものである。このままでは、多数世界（第三世界）の諸国は、地球温暖化の被害を最初に、最悪の形で受けることになるだろう。たとえば、前述のように、一九九〇年代の十年に及ぶ一連の国連会議で提起された貧困削減のための国際的に合意されたすべての目標は──まとめて「ミレニアム開発目標」と呼ばれている──気候変動によって悲劇的なほど弱体化されるだろう。

しかし多数世界の諸国は、従来なされてきたようなやり方での気候交渉に参加するのは、気が進まなかった。彼らは豊かな諸国が経済発展の過程において、地球の有限な化石燃料資源をフリーライダーのように制約なしで使ってきたのに、なぜ自分たちの国は経済活動への制約を受け入れることを通じて、発展を危険にさらされなければならないのか、納得がいかない。しかしC&Cモデルはこの一見したところ避けられないように見える罠に対処しようとするものである。発展途上国は、明らかに不公平なやり方で、有限な炭素予算への財産権を事前に分配する枠組み──いわゆるグランドファザリング──を一貫して拒んできた。そこでは、出発点は諸国が過去の排出レベルを相続することだとみなされる（過去の化石燃料大量消費が、既得権とみなされる）のである。このアプローチは事実上、「炭素の貴族政治」（先進国の特権の保持）を作り出す。

一人当たりで平等な排出権への収斂の期日を設定することによって、C&Cアプローチは発展途上国に余剰の排出割り当てを提供し、途上国はそれを余分な排出権を必要とする諸国──ほとんどは先進国──に売ることができる。余剰な許可証の販売から得られる収益は、発展途上国に歳入を与え、それが地球規模の気候交渉への参加を促すであろう。それはまたクリーンな技術への投資に対する追加的なインセンティブをもつくりだす。多数世界の諸国（発展途上国）はより多くの便益を受けることになり、合意が早くなされるほど便益は大きくなる。時間が経過するにつれて、暴走的な地球温暖化を防ぐために必要な削減幅は大きくなるので、取引可能な排出量は少なくなってくる。排出権取引が行なわれる前の時期においては、それは豊かな過剰汚染国がコストを払う必要なしに大気というグローバル・コモンズを乱用することをも意味するであろう。

C&Cアプローチと米国

興味深いことに、C&Cアプローチはまた、そうでなければ扱いにくい米国が宣言している立場にも適合するであろう。気候変動についての声明のなかで、ジョージ・W・ブッシュ（ジュニア）大統領は、どのような種類の条約に米国は署名したいかについての、特別な判断基準を設定した。それには次のようなことが含まれる。発展途上国のための排出目標（別の観点からみれば、排出資格）を含む真にグローバルな協定と、科学にもとづくアプローチの必要性である。「縮小と収斂」アプローチは、地球規模の参加デザインと、正式の温室効果ガス濃度目標を伴うものであり、まさにそのような（米国が望んでいる）アプローチの条件をみたすものである。

第十二章　ミネルヴァのふくろう

その人の肩越しに星が落ちるのが見えた。その星は私だった。

トレイシー・シュヴァリエ『天使が堕ちるとき』二〇〇一年、(原注1)松井光代訳、文芸社、二〇〇六年、二九一頁(訳注1)

ミネルヴァのふくろうは、たそがれがやってくるとはじめて飛びはじめる。

G・W・F・ヘーゲル『法の哲学』序文　一八二一年（藤野渉・赤澤正敏訳『法の哲学』岩崎武雄責任編集『世界の名著　35　ヘーゲル』中央公論社、一九六七年、所収、一七四頁

「町のおよそ三分の一が消えてしまったと思う」と被害調査チームの一員であったテリー・マレーは述べた。二〇〇二年十一月初頭のある週末、夜間にいくつかの竜巻と強力な雷雨が米国アラバマ州カーボ

訳注1　これは小説のなかで十歳の少女が変質者に絞殺される悲劇的な場面である。

ン・ヒルの町を襲い、建物をなぎ倒した。遺体が道端に散乱し、倒れた松とオーク（樫）のにおいが空気を満たした。[原注2] それより二週間弱前に、石油の巨大企業であり、欧州最大の企業でもあるBP（ブリティッシュ・ペトロリアム）が第三四半期の石油・天然ガスの生産量予測を下方修正した。[原注3] その結果、株価は下落し、収益は減少した。理由は？　BPは熱帯暴風雨のイシドアとハリケーンのリリがメキシコ湾の沖合の石油掘削施設での生産を壊滅させたのが原因だと説明した。

もし神が何かのヒントを与えてくれるとしたら、これは彼または彼女がものごとを進めるやり方を示していると思う。気候変動対策で行動することにもっとも消極的な国（米国）のカーボン・ヒル（炭素の丘）という町が、地球温暖化によってもっと頻度が増えるような種類の極端な気象現象によって破壊される。そして利益の八〇％を、大気に温室効果ガスを放出する化石燃料である石油と天然ガスから得ている企業が、別の極端な気象現象によって同様に打撃を受ける。

私は金星という惑星と、愛の女神に言及することから話を始めた。いまや別の神、すなわち古代ギリシャでもっとも人気のあった知恵の女神ミネルヴァを呼び出すときである。ミネルヴァはアテナとしても知られる。ふくろうがアテナの聖なる鳥であり、そのミネルヴァとのつながりを通じて、知恵のシンボルになった。先に引用したヘーゲルの有名な表現にみられるように、黄昏［斜陽の兆し］がわれわれの若い文明にも急速に表面化してくる。もし知恵が飛び立つとしたら、それにはわずかな時間しか残されていない。

歴史を通じて様々な文明は気候変動によって崩壊してきたという証拠が集まってきた。古代マヤ社会は、九世紀にその千年紀で最悪の干ばつが襲ったときに崩壊した。そして干ばつと寒冷化が四千三百年ほど前にエジプトからメソポタニアに至る諸社会に打撃を与えたとき、パレスチナ、ギリシャ、クレタの文明が困難な時期をむかえ、衰退した。(原注4)

今日では、洗練された気象予測技術と適応技術があり、われわれはもっと安心できるかもしれない。しかし疑うべき理由がある。多くの点でわれわれは昔よりもますます脆弱になった。世界人口のより多くの部分が、一〇〇〇万人あるいはそれ以上のメガシティに集まっている。それらメガシティの多くは河畔あるいは沿岸部に位置しており、地球温暖化の影響の最前線に立たされている。その住民の多くは貧困層あるいはスラム街居住者であり、かろうじて豪雨に耐えられる程度の生活で、ハリケーンの強風や洪水に対しては弱い。きれいな飲み水と、食料を育てる肥沃な土地へのアクセスは、ますます困難になっている。

われわれのライフスタイルの変化の引き金となるような科学的警告とエネルギーのオルタナティブ（再生可能エネルギーなど）は、何十年も前から利用可能であった。しかしわれわれ（先進国の住民）は反対方向へさらに進んできたのであり、いまもなおそうであり、われわれを傷つけるもの（化石燃料など）の大量消費を続けている。

われわれの出発地点である金星という惑星に戻ると、一部の科学者は、そこで誕生した生命が暴走的な温室効果を生き延び、大気中の高濃度の硫酸の雲にも耐えられるように微生物へと退化したのではないかと推測している。(原注5) たとえその仮説が真実だとしても、それはわれわれ人類の生存戦略には役立たない。(訳注2)

私の頭には、歴史はグローバルな格子のイメージがある。歴史とは、複雑に織りなされたワイヤーの

訳注2　微生物は多細胞生物よりも苛酷な環境に強い。遠い将来の地球についても、数億年後に多細胞生物が滅び、微生物だけの世界に逆戻りするという仮説がある。

大きなかたまりであり、生きていて現代世界を動かす出来事の流れとともに音をたてているというものだ。それらの動きは爆発的で、機能不全で、多様で、豊かで、貧しく、ひとりよがりで、狡猾で、欺かれていて、思いやりがあって、希望に満ちている。もし歴史家や心理学者や電気技師が、私が感じているワイヤーのからまりを解きほぐすことができたなら、われわれはものごとを改善できるかもしれない。それは合理的で善意の見方である。私は、ほとんどの人は善良だと信じているからだ。しかし別の問題がある。現代生活では、世界の動きの歴史的なからみあいは、ほとんど隠されており、政治的な壁のなかに、学校の床の下に、商業的な家具のうしろに埋もれている。さらにまずいことに、あたかも誰かが電源のスイッチを見つけて、回路を閉じてしまったかのように見える。あたかもわれわれが現在という島に住んでいて、以前に起こった出来事に影響を受けないし、今後に続くことにも責任がないかのように見えるかもしれない。

進歩するということが意味するのは、われわれの歴史に再びつながり、歴史が現在に残した痕跡を理解することを意味する。それが意味するのは、人類の時代という限られた時期によってではなく、何千年(何百万年)も続く生物種の寿命によって時を刻む「長い現在」の時計を考案した思想的先駆者たちがしたように、「長い現在」という枠組みで考えることである。

地球サミットの五周年である一九九七年に、国連はわれわれがものを生産し消費するやり方のラディカルな変革なしには、「次の四半世紀の世界は、生活水準の低下と、紛争および環境ストレスのレベルの増大によって特徴づけられるものになるだろう」と述べた。(原注6) 同時に国連総会のある特別委員会は、一九九二年の地球サミット以来「わずかな進歩」しかみられないとしている。

われわれは地球を保護すると同時に食べることはできない

われわれは有限な化石燃料という地球の遺産をむしゃむしゃ食べているので、生命を維持する大気をもむしゃむしゃ食べていることになる。従来通りの文明のやり方はせいぜいのところ、ある種の向こう見ずな環境投機のようなものであり、最悪の場合は変えることのできない恐慌へとわれわれを沈めるものである。しかし変革は必要であり、可能でもある。世界の貧困層は、しばしば疑わしい従来型の対外債務の重圧のもとでおしつけられた質素な手段で生活している。彼らはまた愛するものや生活や手足を失い、地球温暖化がおそうときには農場や家族を失うだろう。われわれが一家に二台目の自動車や、地上の楽園への長距離飛行の機会を失うことについて心配するときには、これらのことを念頭におくべきだろう。

数十年前という近い過去において、米国は「国民全般の福祉」を守り、「公平で効率的な分配を確保する」ためにエネルギーを節約した。戦時中に米国人はそれを「配給制度」と呼んだ。今日ではそれはある種の所有権の発行であり、環境予算の枠内で生活することだ。そして多数世界［第三世界］諸国は、初めて公平な財産資格を受け取ることができるだろう。地球の健康はその自然の富の基本要素を享受する平等な資格を人びとに与える方式によって、保護されるだろう。多くの人の恐怖感とは反対に、環境予算をバランスさせるための慎重な管理は、ビジネスの死を意味するものではなく、新しいチャンスを設定するものであろう。

成熟することは、部分的にはどんな行動が深刻に反社会的なものであるかを学ぶプロセスである。反社会的な行動とは、事務所のフロアに座って叫び声をあげ、同僚の頭にペンキをふりかけて食べものを投げつけるといった奇矯な行動ではない。十代の少年少女は自分たちが宇宙の中心ではないことを苦労して学ぶが、それは雇用者たちが児童労働を搾取するのは悪いことだと学び、社会全体が奴隷制度は間違っていると学ぶのと同様である。気候変動の促進は反社会的行動に、新しいけれども重要な類型をつけ加えるものである。歴史を通じて人びととビジネスは、新しい規制環境に適応してきた。化石燃料消費の必要な削減幅にさらに近づくためには、政府がまず公の場で議論を促し、次に行動によって事態を打開することが求められる。豊かな社会でいますぐにそれをしないと、あとで必要な手段がとられなければならないときに、諸国が統治できない状態に放置されることになりうる。

生態学的債務は国際経済において、誰が何を所有しているかについての、根本的な再編成を提案するものである。豊かな諸国の側での謙虚な気持ちという新しいムードが、発展途上国との関係を特徴づけるものとなることが必要だ。

孫たちのための経済的可能性

それではわれわれの孫たちのための経済的可能性とは何か？　ケインズが一九三〇年にこの問いを投げかけたとき、予測は悲惨なものに思えた。株の向こう見ずな投機が、投機的な株式市場を破綻へと導いた。長い不況が始まった。しかしケインズは楽観的だった。彼は資本の長期的な成長——［十六世紀のフランシス・］ドレイクの略奪行為を思い出せ——と技術的効率性の劇的な前進のなかに、彼の著作発表から百年以内にあらわれる大きな希望を見た。

彼は「経済問題」と呼ばれるものの終わり（解決策）が見えたと考えた。「生存のための闘争」――贅沢な「必要」ではなく、絶対的な必要を満たすために努力すること――は、人類だけでなく、「生物の王国」全体を特徴づけるものである。何としても避けなければならないのは、「大規模な戦争」と、人口の著しい増加である。ケインズはこれから来るはずの紛争［第二次世界大戦］の規模についても、人口増加の正確な力学についても、知ることができなかった。しかしそれと釣り合いを保つかのように、彼はこれから来る息をのむような技術進歩の加速についても知ることができなかった。だから、彼のおかれた条件のもとでは、経済問題が「人類の永遠の問題」であるとか、そうなるはずだという認識は、まだ登場する余地がなかった。[原注7] しかしケインズは、地球温暖化も知らない時代に著述をしていた。経済の深層での趨勢は人間社会を良い方向に導きつつあるという彼の感覚は、今日ではより厳しい障壁に直面している。

いまやわれわれがグローバル経済について当然だと思っているすべてのことが、変わらなければならない。化石燃料中心の経済のうえに築かれた発展の機会は、人類全体によって、共有されねばならない。経済の世界に入ってみると、一方には、グローバル経済を動かす疑問の余地がない想定として、資本蓄積の増加を伴う経済成長の義務がある。もし気候変動の原因と結果についての有力な見解が受け入れられるなら、重大で避けられない、そして多くの人にとって深刻な結論がある。大胆な予測を行なう前に、われわれはどれだけ慎重でなければならないのか？

訳注3　英語で「部屋の中の象」とは、「［誰もが認識しているが］話したくない［あるいは口に出したくない・無視している］重要な問題［あるいは事実］」を意味する比喩表現

経済学者の言葉でロバート・ハイルブローナーは、「部屋の中に象がいる」(訳注3)とあえて指摘する。気候変動は「外部性」［外部不経済］をもたらし、それは桁外れのものなので、「システムの生命力を左右する蓄積プロセス」そのものを明らかに阻害する。(原注8)そのことをもっと単純に表現できるだろうか。私はできると思う。問題は適切な言語表現が、あまりにも古い政治的闘争によって汚されているので、また歴史の重みを背負っているので、その意味は反発の避けられない混乱のなかに埋もれてしまうかもしれない。しかし地球温暖化がおそらく意味するのは、グローバル経済の支配的な組織的枠組みとしての資本主義の終焉である。もしその表現が劇的に聞こえるのだとすれば、英国ではすでにそうなっていることを思いだしてほしい。たとえば、経済の三分の一が政府支出によって占められ、それが異なる領域へと進展しているのだ。

もし資本主義の解体がほんとうにありそうなことであるなら、何が資本主義にとって代わるのだろうか。今日われわれが市場として認識しているものは、かつては経済生活の小さな部分を占めるにすぎなかった。車輪はいまや一回転を終えたのかもしれない。大きな環境的、経済的、政治的な不安定に直面して、私的利益を求める闘争が社会をまとめる接着剤になりうるという考えは、突然ばかげたものにみえるようになった。われわれは何を考えていたのか？　われわれがいま目の前に見ている経済構造は、自己の「効用」を最大化すると想定されている諸個人によってなされた無数の小さな決定の結果である。しかし、ほとんどの効用が貨幣や地位によって測られたものであり、これが究極的には不満足と、商品とサービスの消費のさらなる増大をもたらすのである。市場経済のなかにいる人々は自らにとっての効用を予測することが非常に下手であるように思われる。ある経済アナリストが述べたように、大きな赤いフェラーリ（スポーツ車）を持てばその人は幸せになれると考えるかもしれないが、そうはならないのであり、次には自家用のジェット機を持てば幸せになると思うだろうが、これも外れるのである。(原注9) これらの短期的な意思決定はすべてその長期的な結果への配慮なしに行なわれるので、そこにはフィードバック効果はない。それぞれの意思決定は、外見上は無難であまり満足感の得られないものであるが、時間が経過するなかで一緒に集められると、環境への影響は破滅的なものになる。

生態学的債務の計測と管理は、必要な情報の流れを作り出すであろう。われわれはもはや刹那主義という罠にはめられることはなく、長期的な視点で生活することになるだろう。しかし短期的な満足の最大化の追求を克服できるような人間の感情というものはあるのだろうか。私が信じるところでは、その答えは、個人的な富の蓄積による実践によってではなく、さらに強い感情である、人間の生存への集合的な願望と、家族と愛するものの保護によって動かされる経済である。

ケインズのように、IPCC（気候変動政府間パネル）の科学者たちは、百年後の将来を想像することも好きである。地球規模の気温上昇と海面上昇についての彼らのシナリオは、すべての場合において、莫大な激変を含意している。中程度ないし悪いシナリオにおいて、彼らはケインズの楽観主義の反対物――人類進歩の大きな逆転――をもたらしうる圧力を示唆している。それは単に適応能力の乏しい諸国（発展途上国）についての予測ではない。二〇〇二年の夏に、ドイツの選挙は欧州全域にわたる極端な洪水に影響された。二〇〇三年八月に、破壊的な熱波で数千人が死んだあと、フランスの政府高官たちが辞職した。直接的な一対一の因果関係が証明されることは滅多にない。しかし気候変動はこの種の一層極端な気象現象をもたらすであろう。そして気候の不安定を現在のレベルにとどめるためでさえ、いかなる政府も内心では可能と思わないようなレベルの炭素排出削減を必要としている。

私が少し前に訪れたナウルは、遠い南太平洋の島である。ここでは銃、酒、性病の蔓延がヨーロッパ人のもたらす開発との出会いが早すぎたことを示した。それから一八九九年に、訪問者アルバート・エリスがドアのストッパー（開きすぎて壁などに当たらないようにするもの）として使われている高純度のリン酸塩のかたまりを見つけたとき、経済の進歩は実際に「離陸」の過程に入った。それは何千年ものあいだに蓄積した鳥のグアノ（糞尿）であった。島の内部全体がグアノでできていた。次の一世紀のあいだに島は掘り尽くされ、島の辺縁のわずかな土地にしがみついていて、生活必需品をほとんど輸入に頼って暮らしている先住民の人びとを残すだけとなった(原注10)(訳注4)。

ひとたび島の上で環境制約が越えられてしまうと、制約的な移民法にもかかわらず、人びとが島から脱出するということが起こりうる。しかし地球のような「宇宙空間のなかの島」で制約が越えられてしまうと、（地球外への脱出は困難なので）移民法にかかわりなく、対処すべき問題は少しばかり困難さを増す。

人口が増加しながら、ますます不平等になる世界をいかにして、炭素排出が制約される経済という「縮小する環境空間」へと適合させればよいのだろうか。豊かな世界でわれわれは、たとえ結論を受け入れる準備がまだできていないとしても、答えを知っている。化石燃料の燃焼を必要とするものの使用をより少なく、さらに一層少なくしなければならない。ナウルの歴史を研究してきた学者たちは、彼らの結論を次のように要約している。

長い目で見て、ぜいたくな生活――その特徴には、大型の自動車と輸送のための小型トラック、何千マイルも遠方から運んできた商品、大きな住宅、別荘、ヨット、レクリエーション自動車、遠い観光地でのリゾート方式の休暇などが含まれる――は多大な環境への影響をもたらし、その結果、自転車と公共交通による移動、地場生産の穀物、果物、野菜などの食事、簡素だが十分な住宅、地元での休暇などを含むまったく異なる消費パターンのライフスタイルに比べて、ある地域でのキャリング・キャパシティ（収容可能な人口）はずっと少なくなる。(原注11)

これは自明に見える。しかし、選択できるぜいたく品を有するわれわれのうちどれだけ多くの人が、実際に（シンプルライフを）選択する準備ができているだろうか。

われわれは迫りくる大気のカオスと、希望がないほど化石燃料に中毒したグローバル経済をかかえている。拡大する不平等と紛争、不幸、不安定によって分断された世界のなかで、将来の人びとは何ができるのだろうか。われわれが数百年の経済史を逆転させるプロセスを始めるための、そして生命を脅かす生態学的債務を削減させるための、想像力と論理を持っていない限り、できることは多くない。

大きな問題はいまなお、経済学者という専門職業である。ロバート・ハイルブローナーは十九世紀初頭を、「苛酷で残酷なだけでなく、経済法則の装いの下にそうした残酷さを合理化した」世界として、特徴づけている(原注12)（『入門経済思想史』二〇二頁）。経済の諸法則は自然力であるかのような衣装をまとっており、重力の法則と同様に異議を受け付けないように見える。息苦しいような皮肉をもって、自然資源を代価の要らない経済的収入として扱うような、現在の未熟な経済的想定は、確立されるのに何百万年もかかった

訳注4　ナウルの繁栄時代は、国民一人当たりの所得が世界最高水準で、医療や教育は無料化され、肥満や糖尿病の人も多かったが、資源の枯渇で生活は急変した。ナウルの悲劇と呼ばれる。

自然界の秩序を侵害している。ケインズは経済学者たちに、「歯科医師のようなレベルの」控えめさで自らを考えよと呼びかけた。(原注13) いまや彼らにとって、歯科医の位置に戻るべき良い時期である(宮崎義一訳「わが孫たちの経済的可能性」『説得論集』ケインズ全集第九巻、東洋経済新報社、一九八一年、四〇〇頁)。

気候変動に取り組むための「縮小と収斂モデル」の支持者たちの賛同人・賛同団体名簿は、毎日のように長くなっている。豊かな国と貧しい国の政府、諸委員会、産業界、遅ればせながら学術団体と環境キャンペーン団体などである。重要なことは、枯渇性の自然資源に依存する経済の部門を縮小する必要があるだけでなく、経済の他の有益な部門も拡張することはできないということだ。

諸研究が示しているように、十分な暖房、食料、衣服、家屋のような基本的な必需品が満たされる時点までだけ、人びとの幸福は通常の富の増加とともに増大する。その時点以降は、われわれの福祉は物質的な富とは別のもの、つまり友情、創造性の機会、家族関係の質などに依存する。これが意味するのは、何が本当に良き生という感覚をもたらすかについてのより良い自覚をもつだけでなく、広告宣伝を無視することによって、われわれは実際により少なく消費しながら、より幸福に生きられるということだ。

たとえばわれわれは、しばしば無償のケア労働［介護など］を考慮して、インフォーマルな社会的経済の範囲を拡張することができる。ひとにぎりのブランド企業やチェーン店に支配され、ますます味気なく画一的になる小売り経済のなかでは、われわれは零細ビジネスや中小企業を奨励することによって、多様性を拡張できる。われわれは、富を再定義し、現行のシステムで起こる社会福祉や環境の損失を計測する経済学によって、人間の良き生を拡張できる。米国のウォルマートや英国のテスコのような巨大小売企業の隆盛に伴って広がる経済的ゴーストタウンは、不可避的なものではない。それらは特定の選択と、経済の運営の仕方の結果である。

地域通貨や「時間貯蓄制」(訳注5)のようなイノベーション――そこでは、商品やサービスの交換の媒体が、人びとの時間の平等な単位である――が、周辺化され、公式には失業者とされている人々を支援して、有益な社会貢献につなげることができる。彼らは、貧しい地域社会や世界中の公営住宅団地で、オーソドックスな「自由」市場からは取り残された真空のなかに、新しい経済的空間を作り出せる。スループット(資源の処理)や材料の廃棄よりもむしろ、経済的リユース、リサイクル、イノベーションのサイクルを基礎にして、経済を拡張できる。

ケインズは彼の時代の富裕な諸階級を、基礎的な必要を満たすための苦闘から解放された世界の「約束された土地を探り出す……前衛部隊」とみなした。自分の観察にもとづいて、彼は不安をいだいて将来のことを考えた。富裕層は彼らの自由を願望充足から善用へと向けることに「惨めな失敗を重ねてきた」。だからわれわれが行なう必要があるのは、顕示的消費のつかのまの満足からわれわれ自身を解放せよというケインズの助言にしたがって、「活力を維持することができて、生活術そのものをより完璧なものに洗練し、生活手段のために自らを売り渡すことのないような」国民になることである(原注14)(ケインズ「わが孫

訳注5　時間貯蓄制　自分が行なった仕事の対価として、一時間当たりの仕事量に相当する単位。アメリカではタイム・ドル、イギリスではタイム・クレジットという単位に代えて貯蓄でき、後で他人の仕事という形で引き出せる制度。コミュニティの活性化などのために使われることが多く、例えば介護の奉仕活動をして貯蓄しておき、自分が介護を受けるときに利用することができる。(英辞郎より) 地域通貨については日本国内にも多くの実践例がある。丸山 真人・森野 栄一『なるほど地域通貨ナビ』(北斗出版二〇〇一年)などを参照。

たちの経済的可能性」『説得論集』宮崎義一訳、ケインズ全集九巻、東洋経済新報社、一九八一年、三九五頁）。英国の進化生物学者リチャード・ドーキンスは、なぜわれわれ人類はここにいるのか、という大きな問いを提出した。彼は、探すため、奮闘するため、予見するため、コミュニケートするため、ものを造り、意味を求めるためにいるのだという結論に到達した（原注15）。

しかしいま、われわれがお互いの肩の上を見るならば、星が降ってくるのを見ることができる（本章冒頭の引用文を参照）。それはわれわれのものである。現代人類文明の短い支配的立場は、落ちるべく設定されている。われわれは自然界の普遍的な図式のなかで、きわめてありそうにない生物種であり続けてきた。だからあなたは、保護するためにすべてのことをする価値があると考えるだろう。しかし現在利用できる最良の証拠によれば、われわれが地球温暖化を阻止できない限り、ほかにできることはほとんどないだろう。なぜなら賭けられているものが住むことのできる地球であるから、ほかのすべての経済的関心事は、いかに重要であろうと、二次的なものとなってしまうのである。二〇〇四年一月に米国大統領ジョージ・ブッシュは、宇宙における生命の探査の一環として、火星に人間を送る計画を公表した。かれはかつてＮＡＳＡ（米航空宇宙局）でのスピーチのなかで、人類は太陽系に参加すべきときであると述べた。しかしむしろここでそれを言いたい。なぜわれわれは火星や金星、その他すべての惑星を小さなロボットや宇宙探査機の活動のために残して、最良の場所である地球をわれわれ人類と動植物のために保全しないのだろうか。詰まるところ、われわれはすでに地球上に生命がいることを知っているのである。少なくともいまのところは。

第十三章　スタンレーの足跡のなかで

征服というのは……見て気持ちのいいものじゃない。

ジョセフ・コンラッド『闇の奥』一八九九年、黒原敏行訳、光文社古典新訳文庫、二〇〇九年、十九頁

あなたはすでに十分知っている。だからやりなさい。われわれに欠けているのは、知識ではない。欠けているものは、われわれがすでに知っていることを理解し、そこから結論を引き出す勇気である。

スヴェン・リンドクヴィスト『野獣をすべて殲滅せよ』

ブリュッセルの中央アフリカ博物館とは反対方向に向かう散歩道がある。森のなかを指し示す標識が、関心のある訪問者に「スタンレーの足跡」から立ち去るように求めている。これは興味深い招待である。前述のように、スタンレーはかつてコンゴの奥地に踏み入り、「おびえた先住民を銃で左右にばたばたなぎ倒した」ことを自慢していた。しかし訪れる人が不足することはなく、組織（国立博物館）はまだ彼の

ブリュッセルの中央アフリカ博物館にある「スタンレーの足跡」にて

足跡をたどる人――暗喩であろうと経済的であろうと、その他の形であろうと――を想定している。

たとえばコンゴ（訳注1）において、二〇〇六年の末に、世界銀行は「不透明な鉱物取引と、再建基金の不正な扱い」にかかわる摘発に巻き込まれることになった（原注1）。世界銀行の内部メモは、世界銀行が資金提供する鉱業部門の「改革」にかかわる汚職で「共謀の認知および／あるいは暗黙の了承」の危険を犯したと述べている。世界銀行がそのような告発に直面したのは初めてではなかったが、「グッド・ガバナンス（良い統治）」というテーマでの貧困諸国への日頃の説教を考慮すると、それは最悪のもののひとつであった。以前に、モブツ・セセ・セコ（大統領）が旧ザイールでの泥棒政治（国の資源・財源を権力者が私物化する政治）を運営していたとき、膨大な返済不能の債務を生み出すことになる何十億ドル相当の融資が、この国際金融機関（世界銀行）自身の職員によって内部から警告が発せられてから十年たっても、なおモブツに提供されていた。

コンゴの熱帯雨林は、南米のアマゾンに次いで、世界第二位の広さである。二〇五〇年までに森林破壊によって三四〇億トンの炭酸ガスが放出されると予測されており、この量は英国全体の過去六十年間の排出量に近い。全体として、温室効果ガス排出の四分の一までが熱帯林の破壊によるものと考えられている。しかし森林は多くの理由から貴重である。それ自体として、希少な霊長類およびその他の生息地として、さらなる地球温暖化に対する防波堤として、そしてコンゴ民主共和国（ＤＲＣ）の場合には、それらは人口の三分の二にあたる四〇〇〇万人に食料や薬を含む生活手段を提供している。再び世界銀行がこの地域における自然資源への脅威に関連して評判を落としている。紛争の時期に続いて、世界銀行は、二〇〇一年にＤＲＣへの融資を再開し、二〇〇六年までにこの国に四〇億ドル以上を注ぎ込んだ。

世界銀行の債権者としての影響力にもかかわらず、事態は悪化した。それは二〇〇二年以来の新規の伐採の「権利」や現行の権利の拡張のモラトリアム（凍結）および、林業実施基準の導入にもかかわらずであった。二〇〇二年からの四年間に、合計一五〇〇万ヘクタールを伐採する一〇七件の新しい契約が調

訳注1　国名は、コンゴ自由国（国王私有地）、ベルギー領コンゴ、コンゴ民主共和国、ザイール共和国、コンゴ民主共和国と変遷してきた。初代大統領パトリス・ルムンバの暗殺にはベルギーと米国の政府も関与した。モブツは陸軍出身の独裁者。この国はウラン鉱山（現在は閉鎖されているが、盗掘があるとみられる）、類人猿ボノボの生息地としても知られ、アフリカ最悪の内戦の舞台でもあった。米川正子『世界最悪の紛争「コンゴ」』創成社新書、二〇一〇年、参照。

印された。取引によって地元の人びとに約束された利益も実現しなかった。税金逃れと木材密輸もはびこっていると報告されている。あるアセスメントは、「世界銀行は、伐採会社がおおむね地域社会に収益をもたらすだろうという幻想を保持しており」、「商業伐採の拡張を制御するという目的の実現に失敗してきた」と結論している。その代わりに、世界銀行は、「貴重な森林資源をめぐる見えないところでの奪い合いを覆い隠す」ためのモラトリアムの導入を助けてきた。[原注2]

中国の興隆および世界の工場としての台頭は、衝撃的なものである。英国、他の欧州諸国、米国を通じて、家庭でも産業界でも、「中国製品依存」が広がってきた。[原注3] それはまったく新しい現象というわけではない。私は「台湾製」という表示のあるプラスチックのおもちゃに囲まれて育った。しかし中国はほかの発展途上国の台頭とは違っている。それはある種の部門において、経済学者が言いたがるような「比較優位」を享受しているだけではない。中国はすべての経済領域において潜在的に「絶対優位」を持っているようにみえる。しかし中国でさえ単独でグローバルな経済支配を達成できるわけではない。比較的資源が乏しい国としてのその規模を考慮すると、中国はどこかよそから自然資源を調達することによって、富裕なグローバル消費者たちの貪欲な需要を満たしうるにすぎない。ここで再び、アフリカが重要な標的となる。英国の違法木材製品輸入は五億ポンドくらいと推定されるが、その半分近くは中国から来る。[原注4] そして中国の業者はその木材の相当部分をアフリカから調達しているのである。[訳注2]

中国が欧米とより明白な競争状態に入る中で、新しい「アフリカ争奪戦」が語られるようになっている。国連の『世界投資報告』によると、対外投資としてアフリカに流れ込む資金の半分以上は、石油部門に直行する。関係諸国のラインナップは少し変わるかもしれない。米国、中国、フランス、そしておそらくインドである。二〇〇八年四月に第一回の「インド・アフリカ首脳会議」が、一四カ国の国家首脳の参加のもとに開催された。すでに石油輸入の一一%をナイジェリアに頼っているインドは、何十億ドル相当もの貸付とその他の財政援助という、その「資源外交」によって増大する商品需要を満たすためにアフリカ大陸を開放することを希望している。

鉱物資源、森林、化石燃料は簡単にそっくり収奪できる。それはアフリカの土地も同様であるように見える。また二〇〇八年に、韓国の企業である大宇物流（大宇自動車と系列関係）は、マダガスカルで一〇〇万ヘクタール以上の農地を一世紀間のリースで契約する計画を発表した。その目的は、食料とバイオ燃料向けの作物を栽培して韓国に輸出することである。豊かな諸国が貧しい諸国の生産的な土地を買い上げる同様の取引への投資は、ラオス、スーダン、カンボジアにも広がっている。ここでも中国は、経済的に弱い国の土地の借用をうかがう国のひとつであった。中国は、北東部で土壌浸食に直面しており、穀倉地帯での収穫が過去五十年のあいだに四〇%減少しているからだ。[訳注3] 新しい争奪戦の結果は、かつての争奪戦と同様になるかもしれない。十九世紀末に列強がアフリカ諸国を分割したときの再来である。保守的なことで知られる国連食糧農業機関（FAO）の事務局長ジャック・ディウフ（セネガル出身）は、マダガスカルで行なわれているような土地取引について、ある種の「新植民地主義」を作り出していると述べた。[原注5]

石油と天然ガスはアンゴラからナイジェリア、スーダンに至る流血の紛争の原因となっており、潜在

訳注2　鉱物資源や農業関係などでも中国の「アフリカ資源外交と開発援助」はよくマスコミの話題になる。

訳注3　「NHKスペシャル　ランド・ラッシュ　世界農地争奪戦」二〇一〇年二月十一日放映、および、NHK食料危機取材班『ランドラッシュ　激化する世界農地争奪戦』新潮社、二〇一〇年、を参照。

的にはソマリアやエチオピアの国境紛争にもかかわりがある。チャド、アルジェリア、エジプト、リビア、赤道ギニアでも石油が産出される。二〇〇一年に公表された報告書で、開発援助団体クリスチャン・エイドは、スーダンについて「武装勢力や軍が市民を脅かしており、家屋を焼いたり空爆したりしているが、背景に石油をめぐる紛争がある」と述べている。（原注6）「石油が死をもたらした。採掘が始まったとき、戦争も始まった」と南スーダン（訳注4）のヌアー族の族長であるマロニー・コラングは述べた。

戦争における付随的被害（民間人、民間施設への誤爆）がみられるように、石油開発の地政学に付随してときどき流血の事態が生じる。二〇〇六年にラゴス（一九九一年まではナイジェリアの首都。現在の首都はアブジャ）で、あるパラドックス（矛盾）のゆえに数百人の人が死んだ。ナイジェリアは世界最大級の産油国のひとつである。（訳注5）しかし同国の都市や農村における燃料不足はありふれた事態だ。だから貧しい。その結果、燃料パイプラインに破損が生じたり、組織的な暴力集団が夜間に穴をあけて燃料を盗んだりするときには、村人たちも容器を持参して集まり、こぼれた貴重な液体を集めることができる。しかしこのときには、破損が起こった時に地下のパイプラインが爆発した。数百人の遺体は燃えて人物の特定ができないほどになってしまった。

二〇一五年までに米国は原油輸入の四分の一が西アフリカからになると予想されるが、二〇〇七年にアフリコム（米軍アフリカ司令部）と呼ばれる組織を設置した。（訳注6）「今世紀（二十一世紀）のアフリカ争奪戦は、前回（十九世紀から二十世紀）の争奪戦と同じくらい、威厳のない、命取りのものになるかもしれない」と、英国ブラッドフォード大学平和学部のメアリー・ターナー研究員は警告している。（原注7）

そして米国の第二次侵略（第一次は一九九一年の湾岸戦争、第二次は二〇〇三年のイラク戦争）に続くイラクの経験が暗示するように、アフリカ大陸についても懸念すべきであろう。それはおそらく、ひとつの地域の資源の搾取の歴史的な連続性のもっとも粗野な事例であり、パックス・アメリカーナ（アメリカ主導の平和）のレトリックと現実のギャップがもっとも明瞭にあらわれる事例であろう。イラクの労働組合連合や市民社会の諸団体の要望に反して、外国の石油企業に異常に寛大な条件での参入を認める石油立法の採用を求める強い圧力が、これまでイラク政府に加えられた（本書執筆の時点で）のである。(原注8)(訳注7)

グローバルな（欧米主導の）石油の政治は二〇〇六年と二〇〇七年になおいっそう強化されたが、このあいだにベネズエラは、国内の石油産業の外国資本が所有する部門を、しだいに自国の手に取り戻していった。ウゴ・チャベス大統領（二〇一三年死去）の動きに続いて、数千人の労働者が夜を徹してオリノコ

訳注4　南スーダンは二〇一一年にスーダンから分離独立して、一九三番目の国連加盟国となった。なおヌアー族は、英国の社会人類学者の古典的研究でも知られる。エドワード・エバンズ＝プリチャード『ヌアー族ナイル系一民族の生業形態と政治制度の調査記録』向井元子訳、平凡社ライブラリー、一九九七年。エドワード・エバンズ＝プリチャード『ヌアー族の宗教』向井元子訳、平凡社ライブラリー、一九九五年。エバンズ＝プリチャード『ヌアー族の親族と結婚』長島信弘、向井元子訳、岩波書店、一九八五年。

訳注5　ナイジェリアの石油については、ケン・サロウィワ『ナイジェリアの獄中から――「処刑」されたオゴニ人作家、最後の手記』福島富士男訳、スリーエーネットワーク、一九九六年、などを参照。

訳注6　自衛隊はジブチに基地があるので、二〇一五年安保法により、米軍のアフリカ作戦に協力させられるかもしれない。

訳注7　ローマ帝国、大英帝国、「アメリカ帝国」がそれぞれ主導する大国中心の「平和的秩序」をそれぞれパックス・ロマーナ、パックス・ブリタニカ、パックス・アメリカーナという。米国政府はフセイン政権崩壊後のイラク政府に、新自由主義的な経済政策（欧米多国籍企業の優遇策）を強要した。イラクの石油立法は成立した。イラク戦争の結果、欧米石油資本の利益が増大したと報道されている。

川流域の油田地帯に移動し、BP（ブリティッシュ・ペトロリアム）、シェブロン、エクソンモービル、コノコフィリップス、スタトイル（本社ノルウェー）とトタルを含む外国企業が、国営ベネズエラ石油に操業権を譲った。

あらゆる方向において、一見すると、生態学的債務は地球温暖化および貧困と手を携えて進展しており、それは両側から悲しげな表情の子どもたちに答えを求めて見上げられている、厭世的な祖父母のようなものである。

法律の短い腕

本書の初版（二〇〇五年）で焦点を当てた初期段階の傾向に一致するかたちで、化石燃料の利用と地球温暖化に関連した国内法と国際法を是正する動きが広がってきた。しかし、人生や社会のほかの局面と同様に、法律は気候変動との戦いにおいては、予測できず、不正確な武器である。

ナイジェリアのニジェール川デルタ地帯（湿地帯の地下に原油がある）の人びともまた、石油産業につながる日常的な環境破壊を耐え忍んできた。この地域におけるガス焼却（油田から出てくる天然ガスを採取せずに燃やしてしまう）は、石油産業の怠惰な副産物であり、毎年同国に推定二五億ドルの余分な費用（焼却費用と逸失利益）をもたらしている。ナイジェリアの油田で毎年生じる炭酸ガス排出は、スウェーデン一国のそれに匹敵すると見積もられている。ナイジェリアでのガス焼却をやめるようにとの法的命令を順守するための時間は十分あったにもかかわらず、英国とオランダの石油企業シェルは、裁判所の命令によっ

て課された期限である二〇〇七年四月末を越えて、焼却を続けたのである。（原注9）

アマゾン川がペルー国内を流れる地域に住む先住民のアチュアル族は、「アマゾン流域の石油から利潤を得る野放図な計画」の一部を構成した、三十年に及ぶ「無責任で、向こう見ずで、不道徳で、違法な諸行為」（公害防止設備の欠陥により川が汚染し、住民や家畜に健康被害が生じた）に関して、巨大石油企業オクシデンタルを二〇〇七年に提訴した。アチュアル族の人びとは、彼ら自身の健康と地域の環境への危害の補償と、汚染した環境の浄化費用を求めていた。（原注10）

先の本書第六章において、ＢＰ（ブリティッシュ・ペトロリアム）の歴史について手短にながめてみた。もっと最近では、ＢＰは環境配慮を特徴とする現代の雰囲気に適合した企業だと宣伝している。この企業は略称のＢは「ブリティッシュ」・ペトロリアムよりむしろ「ビヨンド（Beyond、乗り越えて）」（石油文明を超えて）を意味するのだと主張するキャンペーンを始めた。一般大衆を対象とする広告は、容易にＢＰはクリーンな再生可能エネルギー取引を中心とするエネルギー企業だという印象を残してしまう。しかしこの企業が潜在的な投資家に利用可能にした情報の表面的な読み方でさえ、ＢＰにとって、石油を超えての探索は、実のところ、もっと多くの石油を見つけることであったことを示した。「われわれの主要な活動は、原油と天然ガスの探索と生産である。精製、販売、供給、輸送。石油化学製品の製造と販売」と二〇〇六年に述べている。（原注11）その資本投資の七〇％以上はいまなお、より多くの石油とガスの発見に向けられている。

実のところ、焦点をあてられているのは、石油に依存した経済が国民の安全、環境、その他人びとの生計手段を供給するのに必要な「解決策」を確保するために、石油会社の事業活動をじゃまするのは許されないということだ。二〇〇六年夏の一カ月を見るだけでこのことを示すには十分だ。たとえばＢＰは、クシアナ・クピアグア油田の採掘において、コロンビアに強い結びつきをもっている。コロンビアの石油収入はこの国の内戦の資金源となり、その代償として諸企業は自社の施設を保護するために費用を捻出しなければならなかった。(原注12)

こうした背景のもとで、二〇〇六年七月にBPは、農地を通る大きな石油パイプラインの建設によって極貧に突き落とされたコロンビアの農民たちに、三〇〇万ポンドの補償金と訴訟費用を払わねばならなかったと報道されている。農民の代理人となった弁護士たち、すなわちレイ・デイ共同事務所は、一九九五年にまでさかのぼる損害について農民に補償しなかったこと、そしてパイプラインを防護する者たちによって行なわれたテロ戦術で利益を得たことを理由に、BPを提訴した。

この事件での困惑のあと少したってから、BPはアラスカの大きなプルドーベイ油田の閉鎖を余儀なくされ、それに伴う罰金と法的な影響に対処しなければならなかった。腐食したパイプによって、大量の石油流出が起こった。このニュースは世界の石油価格の記録的な高騰を引き起こし、BPアメリカ支社の最高経営責任者であるボブ・マローンを屈服させた。「われわれはこうした措置が必要になったことを遺憾とし、政府とアラスカ州にこれがもたらす悪影響について謝罪する」と彼は公式声明のなかで述べた。(原注13)

英国の元首相トニー・ブレアの支持によって設置された「国際気候変動タスクフォース」によると、現在の排出傾向が続けば、暴走的な気候変動が深刻な可能性になる時点は、早ければ二〇一五年に訪れることもありうる。さらにNASAのジェームズ・ハンセン博士のような人びとは、われわれはすでにあまりにも遠くまで来てしまったので、逆転させる必要があると述べている。しかし、なお当時は指導的な「進歩的」企業最高経営責任者であったブラウン卿がBPを気候変動論争に関与させたとき、さらに半世紀以上後に対策の目標日時を設定する議論を行ない、彼の会社が必然的に大きな余裕のある対策時間を得られるようにしていた。(原注14) ＢＰのもっとも最近の策略は、自動車のドライブによる排出を（植林などで）オフセット（相殺）することによって、車を乗り回す人は「炭素中立的」になれるチャンスを与えられるべきだと述べている。

残念ながら気候の科学は、オフセットというアイデア全体に、ほとんど信頼性を与えていない。マンチェスター気候変動研究ティンダル・センターの上級研究員ケヴィン・アンダーソンは、このアプローチは不確実であるとともに、効果も乏しいと考えており、「危険な先延ばしテクニック」であると評している。(原注15) そしてたとえ地球温暖化についての認識が高まるとしても、ロンドンのシティのような金融センターでは、化石燃料産業への投資にさらに大きな資金をつぎ込むので、相殺されてしまうかもしれないと示唆する。

世界中で、裁判所は気候変動に関連した訴訟でますます忙しくなっている。オーストラリア政府は、地球温暖化が環境に及ぼす影響を考慮していないということで、環境保護団体から提訴され、同国の別の場所では裁判官が、新しい炭鉱採掘の計画決定について、温室効果ガス排出を考慮するべきだ、という判決を下した。ドイツでは、ドイツ輸出信用機関（日本輸出入銀行などに相当する機関）を通じて公的支援を与えられたプロジェクトが、気候変動に及ぼす影響についてのデータを開示するように政府に強制するための訴訟が開始された。米国では活動家たちが、清浄大気法を用いて温室効果ガスの削減を法的に義務づけるように環境保護庁（ＥＰＡ）に求めている。(原注16)

別のところでは、カナダと米国の北極圏先住民のイヌイットの人びとが、「米国の行動と排出によって引き起こされる地球温暖化から生じる人権侵害からの救済を求めて」米州人権委員会に請願を出した。(原注17)

THE INDEPENDENT

NEWSPAPER OF THE YEAR

70p

Monday 9 October 2006

Today

.media

16-page supplement inside

FREE INSIDE: DOUBLE-SIDED PRINTS

CLASSIC PHOTOGRAPHY

A CELEBRATION OF 20 YEARS OF INDEPENDENT IMAGES

09.10.06: Today mankind's 'borrowing' from nature hits new record

Earth's ecological debt crisis

By Martin Hickman

Today is a bleak day for the environment, the day of the year when mankind over-exploits the world's resources and the day when we start living beyond our ecological means.

Evidence is mounting that rapid population growth and rising living standards among the Earth's six billion inhabitants are putting an intolerable strain on nature. For the first time an organisation – a British think-tank – has sought to pinpoint how quickly man is using the global resources of farming land, forests, fish, air and energy.

The new economics foundation has calculated from research by a US academic group, Global Footprint Network, that the day when we use more than our fair share of the Earth – when "humanity starts eating the planet" – is October 9.

In other words, assuming that the world has a certain quantity of natural resources that can sustainably be used up each year, today is the date at which this annual capacity is reached. And environmentalists warn that just as a company bound for bankruptcy plunging into the red or a borrower "maxing out" on credit cards must face the consequences, so must man.

The biggest problem relating to the over-consumption of resources is climate change, but its other effects include deforestation, falling agricultural yields and overfishing.

Overfishing is one of the most easily understood examples of the abuse of nature. Catching too many fish has left species that were once common, such as cod in the North Sea and bluefin tuna in the Mediterranean, struggling to survive.

Although it is possible to make ever-increasing catches for a while, eventually only small, juvenile fish are left, and stocks become unviable. Similarly, emissions of greenhouse gases are rising, exacerbated by the growth of China and India, but the climate is poised to wreak its revenge. Already polar ice caps are melting at a rate that is startling scientists, and examples of extreme weather, such as Hurricane Katrina, which devastated New Orleans in August last year, are being attributed to global climate

CONTINUED ON PAGE 2

新聞の一面記事に生態学的債務が特集された。

しかし、汚染企業と公的機関に対する提訴の動きの高まりにもかかわらず、訴訟の限界は依然として痛切なほど明瞭である。化石燃料産業への投資とともに、排出はなおも増加しつつある。このため一部の人びとは、より根本的な解決策を求め始めた。ひとつの帰結は、われわれが最後の章で言及する予定であるが、最新の気候科学に沿って、相当量の化石燃料資源に「燃焼禁止」を宣言すべきであり、諸企業は未利用資源の規模を説明するときには、これらの禁止分を資産として表示すべきでないというアイデアである。燃焼許可と燃焼禁止の炭素資源については、別々の勘定が用意されねばならないだろう。(訳注8)

アイデア［キーワード］としての「生態学的債務」の台頭

二〇〇六年十月九日、英国の全国紙『インディペンデント』は、「世界生態学的債務の日」についての

訳注8　日本については、下記のニュースを参照。

温暖化は「公害」と提訴　ホッキョクグマも原告

地球温暖化を「公害」として、電力会社に二酸化炭素（CO_2）の排出削減を求めた公害調停の申し立てを公害等調整委員会が却下したのは違法として、日本環境法律家連盟などが十一日、決定の取り消しを求め、東京地裁に提訴した。原告には、温暖化で絶滅の恐れがあるホッキョクグマも加わった。記者会見で籠橋隆明弁護士は「温暖化は全ての生物に悪影響を与える。CO_2を大量に排出している電力会社は責任を取るべきだ」と話した。訴状によると、二〇一一年九月と二〇一二年三月に調停を申請。電力会社一〇社と電源開発の計一一社に対し、一九九〇年時点のCO_2排出量を二〇二〇年までに二九％以上削減するよう求めた。公調委は公害としてではなく、地球の環境保全として取り組む課題で、公害紛争処理制度による解決には適さないと判断した［二〇一二年五月十一日　スポニチ］。

http://www.sponichi.co.jp/society/news/2012/05/11/kiji/K20120511003230670.html

一面トップ記事をかかげた（三〇八頁を参照）。私と同僚たちが、人類のエコロジカル・フットプリントという定着した手法を用いて丸一年を見る方法を考案したレポートについて取材して、この記事はつくられている。実のところ、世界が利用可能なバイオロジカル・キャパシティー（ある地域または地球全体の生態系が供給できるリソース量）をオーバーシュート（超過）したときに、われわれはこれを考案したのだ。(訳注9)

アイデアとそれらを支えた人びとについて言えば、大衆の注目を浴びることよりも、黒子に徹することに慣れていたので、それは稀有な瞬間であった。しかしこの記事は短いあいだに、かつては困惑を招く概念であったものが、比較的容易に、大衆の想像力の一部になったことを示した。「生態学的債務」という言葉は、いまや幹部クラスの政治家の演説や、国連職員の発言、国際機関のレポートなどのなかに、よく見られるようになった。会議が開かれ、学術論文が書かれ、この問題をとりあげる国際的ネットワークが成長しつつある。

注目度が高まるにつれて、生態学的債務に価格をつけようとする強力な誘惑が存在する（私自身も抵抗できなかった誘惑である）。数年のあいだにいくつかの印象的な図表を作成してきたし、本書の初版（二〇〇五年）でもいくつかの新しい図表を作成した。たとえばジュビリー債務帳消しキャンペーンは、豊かな諸国（先進国）の年間「炭素債務」は一兆ドルのオーダーになると見積もった。(原注18)他方、低所得諸国（貧困国）は、仮想的に九三〇億ドルの炭素債権をもっている。かれらの化石燃料利用は、安全な「一人当たりのグローバル・シェア」（各人への平等な分配量）の枠内に優におさまるからだ。(原注19)彼らにとってそのような数字は、貧しい諸国から豊かな世界の諸政府、その民間企業および国際機関へ、一日当たり一億ドルもの金銭的債務の返済が高利で行なわれており、年間で約四〇〇億ドルに達するようなばかげたグローバル・システムが続いていることに、注目を集めるものである。

これらの数字は、本書の初版で使われたように、炭素一トン当たりの環境破壊コストの英国財務省による見積もりを、一人当たりの石炭、石油、天然ガスの諸国による過剰消費の量にあてはめて算出したものである。

さらにもっと最近では、ある学術的研究で、六つの重要なタイプの環境被害の影響が吟味された。それは豊かな諸国のライフスタイルと消費レベルによってもたらされる自然資源への圧力を広範囲にわたって調査したものであり、それらに価格をつけようとしている。農業の集約化と拡大から、森林伐採、過剰な漁獲、マングローブ湿地の損失、オゾン層破壊と気候変動まで、研究者たちは、環境破壊がその危害を貧しい諸国に集中させているという、先行研究と同じ結論を引き出している。それらによって引き起こされた損害の評価額は、失われた生産高として一・八兆ドルに達すると見積もられ、(原注20)それら諸国の対外債務の合計を上回るものであった。(原注21)

相互確証破壊（米ソ冷戦時代の軍事用語。ＭＡＤ）というゲームで軍拡競争したのと同様な資源争奪戦に関して、欧州委員会とドイツ政府に資金助成を受けた、生態系の経済学についての別の研究では、年間の森林喪失が二〜五兆ドルの価格に相当すると見積もられた。(原注22)

これらは有効な状況説明である。価格換算をしてみなければ、市場経済のなかでは、ものごとは過小評

訳注9　エコロジカル・フットプリントはカナダで考案された手法。下記を参照。マティース・ワケナゲル、ウィリアム・リース（池田 真里訳、和田 喜彦監訳）『エコロジカル・フットプリント――地球環境持続のための実践プランニング・ツール』合同出版、二〇〇四年。

価されてしまうか、あるいは完全に無価値とされてしまう。環境費用勘定は、この不均衡をいくぶん是正してくれる。一部の人たちは、すべての環境問題は、もし生産が引き起こす損害の総費用を商品の価格に含めるような正確なシステムがありさえすれば解決するのだという示唆さえしている。これは政府と政策立案者にとってものごとをやりやすくするだろう。そのとき世界を救うというビジネスは、新自由主義の夢である、ゆるやかに規制された市場で操業する事業者にゆだねられてしまうかもしれない。

しかし、どんなに賢明なものであろうと、価格付けのシステムでは解決できない問題がある。それが意味するのは、生態学的債務の単純な金銭評価をベースとした市場的解決策はありえないということだ。「言っていることをブリキ缶の上から実行する（無駄なやり方でするという比喩）」という慣習において、私はそれを環境経済学のパラドックスと呼び、次の質問を提示したい。「ひとたび燃やされたら、バランスを崩し、破局的な暴走的気候変動の引き金を引く一トンの炭素に、どうやって値段をつけるのだろうか？」

人が住みやすい、さらには快適な気候は、人類にとって、想像できる最高の芸術作品のようなものである。文字通り値段がつけられないものだ。その喪失の全面的な結果を勘定することは、いかなる意味であっても不可能であり、不適切であるという意味で、それには値段がつけられないのだ。それはまた、暴走的地球温暖化をまさにコントロールしようとするわれわれの理性の裏をかいてしまうという意味でも、値段がつけられない。われわれはほとんど確実にそれを「買い戻す」ことができないのである。たとえそう望んでおり、そうするためにある種の犠牲を払う覚悟があるとしても。だからわれわれの生態学的債務への解決策を求める際に、価格に依存する市場メカニズムの限界と、集合的な政治的イニシアティブの重要性の両者を認識しておくべきだ（いかに不十分で、強い欲求不満をもたらすことがわかったとしても）。それは、市場がわれわれの主人ではなくむしろ奴隷として使われるときに、最初から公平を考慮して設計されているときに、市場制度は有益でありえないということではない。たとえば、地球のバイオロジカル・キャパシティー（ある地域または地球全体の生態系が供給できるリソース量）を平等に共有する権利を人類全員にあらかじめ分配することなどによって、公平を確保できる。

新しい関心領域は、独自の専門用語を必要とする学問分野を急速に生み出す。生態学的債務についての私の当初の定義は単純なもので、次の通りである。「もしもあなたが利用可能なバイオロジカル・キャパシティーの公平な分け前以上のものを取っているのなら、あなたは生態学的債務を負っていることになる」。「生態学的債務」の意味を限定するために注意深く定義された用語もある。「赤字額」「オーバーシュート（超過）」「フットプリント［エコロジカル・フットプリント］」などである。ここでこれらの用語に拘泥する必要はないが、これらを熱心に探求することはできる[原注23]。

そして大きな文化的変革（パラダイム転換）なしには、なにごとも起こらないのであり、そのための変化はまだ始まったばかりである。

米国のゼネラル・モーターズ（GM）のような自動車の売り上げが、ひとつの四半期（三カ月）で五分の一近くも減少した。不景気が大きな要因ではあったが、その時点では、石油の価格も下落していた。そして、もっと興味深いことには、GMは、大型のSUV（スポーツ用多目的車）の需要が特に「スランプ（伸び悩み）」に陥っていたのである[原注24]。カラー印刷した雑誌の付録を開いてみると、巨大なオフロード車の環境面での信頼性を強調するために、自動車メーカーがいろいろ屁理屈をこねているのがわかる（もちろん最も困難なものは、事故のとき以外は決して道路から離れないという要求である[訳注10]）。

同様に、航空産業に短期的および長期的に影響する意識の変化も始まっている。苦心の跡があり、もっとも信じがたい、炭素排出をオフセットするという約束は、いまや新聞の旅行記事や、航空会社のパンフレット類にありふれたものとなっている。遅まきながら、勇気を得た鉄道会社は、いまや気候にやさしい交通手段として自己を宣伝している。地方自治体から、「プレーン・ステューピッド」のような活動団体、そして多くの国会議員に至るまで、たとえばヒースロー空港に新しい滑走路を計画しようという試みは、かつてなかったほどの疑問にさらされている。われわれは、長距離飛行のような汚染の多い交通手段のやみくもな利用について、明らかな逆風を目撃しているのであり、それは十分な理由があることなのだ。

われわれはすでに十分知っている。われわれは都市のスーパーマーケットの駐車場から出てきたSUVドライバーたちの不安げな態度や、気候変動に配慮していると主張しつつ、他方では新しい空港滑走路や、石炭火力発電所を推進する政治家たちの自己防衛的な空威張りから、それを知っている。われわれに必要なのは、理解し、結論を引き出し、スタンレーの足跡から踏み出す勇気である。

結局のところわれわれは数十年前から十分知っていたことがわかった。一九七二年にMIT（マサチューセッツ工科大学）の科学者たちが『成長の限界』を出版したとき、それは広い範囲の人びとから非難された。大衆の記憶によれば、その本は間違っており、地球の苦境を誇張しており、幅広い環境保護運動の信用を落とすものだと言われた。(訳注11)

「オオカミが来たと叫ぶ少年のたわごと」として無視され、批判されたが、いまでは結局のところ、ドアのそばに野生の腹をすかせた肉食動物がいる（警告は本当だった）ように思われる。詳細な研究によって、『成長の限界』の当初の予測と、その後三十年間に観察された傾向および実際のデータが比較された。

予測と現実のあいだに確かな相関関係があることがわかった。実際、それらは「良く対応していた」のである。（原注25）

世界最大のエネルギー投資銀行の創設者であるマシュー・シモンズは、『成長の限界』のメッセージはかつてないほど現実味を増しており、われわれはこの本のメッセージを読み誤ることによって、行動に移すべき貴重な三十年間を浪費してしまったとコメントしている。だから、いまこそすばやく行動すべきである。（原注26）

訳注10　SUVについては、ブラッドシャー・キース（片岡夏実訳）『SUVが世界を轢きつぶす　世界一危険なクルマが売れるわけ』築地書館、二〇〇四年、を参照。

訳注11　ドネラ・メドウズほか（大来佐武郎監訳）『成長の限界　ローマ・クラブ「人類の危機」レポート』ダイヤモンド社、一九七二年、デニス・メドウズほか（枝廣淳子訳）『成長の限界と人類の選択』ダイヤモンド社、二〇〇五年、を参照。

第十四章　気候変動時計の刻み

（熱力学の）第一法則はあなたに勝ち目がないと、第二法則は違反することとさえできないと述べている。

C・P・スノウ　熱力学の法則の説明（訳注1）

もし人類が、文明が発展したのと、あるいは生物が適応したのと同様の条件の地球環境を保全したいと望むなら、……炭酸ガスは現在の三八五ppmから多くとも三五〇ppm、おそらくさらに低いレベルまで削減することが必要であろう。……もし現在のような炭素排出目標のオーバーシュート（過剰な排出）が続くなら、不可逆的で破局的な影響を生じる可能性がある。

ジェームズ・ハンセン、NASA／ゴダード宇宙研究所（原注1）

古典的な英国の喜劇映画『モンティ・パイソンと聖杯』の一場面であるが、かなり哀れをさそう騎士たちの一団が、カチャカチャいうココナッツの殻を持って、騎乗するふりをしながら、恐ろしい敵と向かい合っている。「攻撃しろ」や「突撃しろ」という命令で戦闘に突入する代わりに、「逃げろ」という叫びがあがる。たぶんそれは、気候変動の現実に直面したときに、多くの人がどのように感じるかを象徴するものであろう。(訳注2)

しかし地球温暖化に直面したとき、最終的には、逃げる先はどこにもない。そしてごく最近の科学界で有力になりつつあるのは、暴走的な気候変動という仮説である。長らく『ニュー・サイエンティスト』に記事を書いてきたフレッド・ピアスは、著書『最後の世代』において、自然界の複雑な大気のフィードバック・メカニズムについての様々な査読論文を列挙して、それらが気候変動をどのように見ているかを述べている。凍結から永久凍土層まで、森林、海洋、また論争の多い領域であるが、雲の動きまで、ほとんどすべての事象が、バランスの悪いドミノのように、ふらついているように見える。破局的な連鎖反応のなかで、それぞれが倒れて、ほかのものに突き当たろうとしているかのようだ。そのほかの現象には、気候変動に結び付いた強い風力によって、海洋の炭酸ガス吸収能力が低下することも含まれる。これはすでに南の海洋と、北大西洋で観察されており、大気中の炭酸ガスを増大させることで、気候変動を加速している。

産業革命以前に比べて摂氏二度以上の地球平均気温上昇は、超えるべきでない限界なのだというおおま

訳注1　スノウは『二つの文化と科学革命』松井巻之助訳、みすず書房、一九六七年、などで知られる。

訳注2　聖杯は、中世の伝説で、イエス・キリストが最後の晩さんで用い、アリマタヤのヨゼフに与えたとされる杯。また磔にされたキリストの血を受けたとされる。イエスが最後の過越の食事をしたときに子羊の肉を載せた皿だとする説もある（アルク社英辞郎）。

かな合意が、あらわれてきた。それを超えると、大きくて不可逆的な気候変動の可能性が、受け入れられないほど高くなるというのだ。しかしこの野心的とされる上昇二℃以内という目標についてさえ問題があり、それはわれわれがこの目標さえ「安全」とみなせないことを意味している。なぜなら、「平均」の気温上昇は、顕著な局地的変化を覆い隠してしまうからだ。たとえばグリーンランドの氷床の崩壊は、今後千年のあいだに七メートルもの海面上昇の引き金を引くことがありうるのだが、それは地域の温度が二・七℃上昇するだけで起こる可能性があり、そのときでも地球平均の温度上昇は二℃あるいはそれ以下におさまっているかもしれない。(原注2)ほかの研究は、われわれがほぼ避けられないわずか一℃の平均気温上昇でも、グリーンランドの氷床の運命を決めるのに十分であり、三倍早く、つまり三百年という短いあいだに氷床が消えることもありうると考えている。(原注3)

　氷の喪失は奇妙にも「正のフィードバック」と名付けられたもののひとつである。奇妙だというのは、気候変動にかかわるところでは、正の（ポジティブ）フィードバックは、否定的な（ネガティブ）結果をもたらす傾向があるからだ。氷の喪失は、熱の反射が少なくなることにつながる。暗色の大地と水の表面はより多くの熱を吸収することになり、温暖化のサイクルが強化される。たとえそうであっても、上昇二℃以内の目標を維持することが含意するのは、はるかに現実的で意欲的な温室効果ガスの削減であり、大気中の濃度レベルを今以上に上げるのを止めるべきだということだ。気候変動についての政府間パネル（IPCC）として知られる国連の科学者グループが二〇〇七年に『第４次評価報告書』を公表したときには、人為的温暖化の事実についての合意を確認し、強化していたが、あまりに保守的な見積もりをしていて、環境フィードバックの影響に重きをおいていないとして、批判された。(原注4)(訳注3)

その生計の糧を直接土地から得ている何十億人もの人びとにとって、暴走的変動が避けられないという展望は、考えられないほどひどいものである。

世界全体の将来の干ばつのパターンをモデル化した最近の研究は、「恐るべきもの」という形容詞に値する。英国気象庁に属する英国気候予測研究ハドレー・センターは、極端、深刻、あるいは中等度の干ばつになりそうな地球表面積の比率を予測した。彼らの結論によれば、極端な干ばつをこうむっている陸地表面積の比率は、十年足らずのあいだに、一%から三%へと、すでに三倍になった。それから、気候変動の中位シナリオを用いて、同センターは、この傾向が続いて、二〇九〇年までには極端な干ばつが陸地面積の三〇%以上に影響するようになるだろうと予測した。[原注5]

干ばつは、欧州、北米、ロシアの大きな穀倉地帯、さらには中東と中央アジア、北アフリカ、南部アフリカ、ブラジルのアマゾニア、中米をおそうであろう。その変化はすでにいくぶん現実となっている。ケニア北部には推定三〇〇万人の農民がいる。ある機関によると、最近四半世紀のあいだに、このマンデラ地域で干ばつが四倍に増えた。気候におけるこれらの変化は、およそ五〇万人の人びとに、遊牧生活を放棄するように強制した。[原注6]

このモデルは深刻で全般的な乾燥パターンを予測しているが、ある地域はより湿潤になるであろう。中央アフリカ、南米のホーン岬、東アフリカと西アフリカ沿岸部の一部、中国と東アジア、北半球の高緯度地域は、雨量の増加が予測されている。しかし雨量の増加は、恵みの雨になるのと同じくらい容易に、大

訳注3　二〇一四年に『第5次評価報告書』が公表された。気象庁のＨＰを参照。
http://www.data.jma.go.jp/cpdinfo/ipcc/ar5/index.html

洪水（大氾濫）のような破壊的な形になることがありうる。たとえば二〇〇七年九月にアフリカ諸国の大部分を破滅的な洪水が襲って、家畜を殺し、作物を破壊し、ダムを決壊させ、数十万人の住民をホームレスにした。[原注7]

歴史的にみると、その時点でも、地球の陸地面積の二〇％は極端な、深刻な、あるいは中等度の干ばつに見舞われていた。これがいまでは二八％に上昇し、二〇二〇年までには三五％になり、二〇九〇年までには陸地の半分、五〇％となって、さらに上昇すると予測されている。干ばつは継続期間もずっと長くなるであろう。[原注8]

そしてわれわれが心配するのは陸地のことだけではない。熱帯および亜熱帯の海洋における地球温暖化によって、海洋の飢饉が作り出されつつある。これらの地域での海の温暖化が意味するのは、植物プランクトン、つまり食物連鎖の土台となる微小な緑色植物が少なくなるということだ。それが繁殖するためには、表面の海水が、栄養塩の豊かな深いところの海水と混合する必要がある。しかし海表面での温度が高くなると、混合が妨げられる。[原注9]大気中の大量の二酸化炭素が海洋に吸収される。それが起こるとき海洋は酸性化する。過去の時期の酸性化は、海洋の生物種の大量絶滅のできごとと一致していた。大量絶滅が起こると、バランスが回復されるまでに数万年を要する。しかし悪夢のシナリオについての最後の言葉は、未来をのぞくコンピュータ・モデルやハリウッド映画の過熱した想像力ではなく、過去の環境についての科学的証拠に属している。古気候研究が、生物圏はわれわれが思っている以上に敏感であり、ＩＰＣＣが示唆するグラフの比較的ゆるやかな曲線よりもはるかに迅速に変わりうるのだということを明らかにし始めている。あなたの頭上に大きな松かさが堕ちてくるかもしれないという最悪の事態を恐れながら森林のなかを歩いているときに、突然どこからともなくゴシック建築の大聖堂が倒れてくると想像してみよう。IPCCが予想する最悪のケースでは、一世紀のあいだに六℃の気温上昇が警告されている。しかし古気候の記録が示すのは、以前にわずか十年のあいだに一〇℃の気温変化が起こったことがあり、「たった一年のあいだに」それくらいの温度変化が起こることもありえないことではないということだ。(原注10)そして最後の氷河期が始まり終わったとき、「一六℃上昇という局所的温暖化が繰り返し起こった」のである。(原注11)そのような大きな自然変動が起こりうるという事実が意味するのは、以前思われていたよりもはるかに突然の変動が起こりがちなシステムを人類がもてあそんでいるということだ。

もし重要な人物たちの会合が有益な指標だとしたら、最終的に集まりつつある証拠の重さだけで、社会に影響をもたらすように思われる。

本書『生態学的債務』の初版刊行(二〇〇五年)以来、ロンドン中心部における一撃だけで、気候変動は政治の周辺部での話題から、政界主流の関心事へと、最終的に変わった。公開討論会には後に首相となるゴードン・ブラウン、当時の首相であったトニー・ブレア、当時の環境大臣でありすぐ後に外務大臣となったデヴィッド・ミルバンド、気候変動の経済的影響についての新しい報告書(スターン・レビュー(訳注4))の主要な著者であり、少し気合負けしているように見えるニコラス・スターンが列席していた。彼の報告書はまもなく公表される予定だった。(原注12)しかしそれはウエストミンスター(イギリス国会議事堂)の単なる

訳注4 二〇〇六年のスターン報告(『気候変動の経済学』)については、とりあえずウィキペディア英語版などを参照。
http://en.wikipedia.org/wiki/Stern_Review

政府高官の会合以上のものだった。それは気候変動の現実を体制側が広く最終的に受け入れるようになった瞬間であった。英国だけでそうだったのではない。西側世界（欧米と日本）の政界上層部で幅広い合意が得られたのである。

しかしその報告書が多くの人を平凡な否認の恍惚状態から目覚めさせたのと同様に、それは自覚の苦痛を鈍くさせ、必要な行動計画を回避させるような鎮静剤としての役割も同時に果たしたのである。非常に長い報告書であったが、その見出しのメッセージは、わずかで単純なものであった。結局のところ、スターンは気候変動に対処するにはGDP（国内総生産）のわずか一％相当の費用を振り向けるだけでよいと結論したのである。それは多くの人が聞きたがった朗報であった。しかし彼のアプローチには二つの根本的な問題点があった。第一にそれは、広範な技術的解決策を用いて大気から十分な量の炭素を買い取ることができるという前提をおいていた。第二にその結論は、科学がますます危険で高すぎるとみなすようになりつつあるレベルで大気中の温室効果ガスの濃度を安定させるということが目標であった。

その当時スターンは、当時の英国政府の主任科学顧問であったデヴィッド・キングの見解にあわせて、大気中の二酸化炭素の濃度を五五〇ｐｐｍで安定化させることを目指すという考えを持っていた。(原注13)参考までに言うと、二〇〇七年には炭酸ガスの濃度は三八三・六ｐｐｍという高さになっており、ＮＡＳＡのゴダード宇宙研究所によると、その年は一九九八年と並んで、記録上二番目に暖かい年になるということだった。(原注14)しかし、キングのような有識者は、五五〇ｐｐｍが目指すべき最低限の政治的に実行可能な目標レベルだと示唆した。

しかし気候変動の脅威に最初に諸国政府の注意を向けさせたひとりとして広く知られているＮＡＳＡ

の科学者ジェームズ・ハンセンは、二〇〇八年のはじめに、将来について論争するよりもむしろ、大気中の炭酸ガス濃度をかなり高いレベルで安定化させることは、すでに現状でも高すぎるのだから、もっと削減する必要があると提案するまでになっていた。前述の対処困難な「正のフィードバック」の多くを阻止するためには、われわれは炭酸ガス換算で三五〇ｐｐｍまで下げる必要があると彼は述べた。しかし現在、われわれは急速に間違った方向へ進みつつある。(原注15) ライフスタイルを変えなくても、技術だけで気候変動を克服できるだろうと希望する人びともまた、ハンセンから悪いニュースを聞いていた。大気中から五〇ｐｐｍの炭酸ガスを取り除くための「地球工学」には、二〇兆ドルの費用がかかるだろうと彼は見積もった。(原注16) つまり地球規模の収入の一％ではなく、二〇〇七年の世界経済の価値（諸国のＧＤＰの総計）の三分の一と二分の一のあいだであった。

二酸化炭素排出の地球規模での増加率は、急上昇していた。二〇〇八年の「グローバル炭素プロジェクト」の知見は、二〇〇〇年以来、地球平均濃度の上昇は、その前の十年間の三倍を超えるものとなっており、その前の年にも再び顕著に上昇していることを示していた。(原注17) これらの増加率はいまや、ＩＰＣＣによって潜在的な地球温暖化をモデル化するために用いられた最悪シナリオよりもひどくなっている。豊かな国と貧しい国双方のエネルギーミックス（エネルギー構成）における炭素のレベル（化石燃料への依存度）も、上昇しつつある。

得られつつある合意が示唆するのは、せいぜいのところ、われわれの気候に潜在的に不可逆的な変化が起こる前に、地球規模で温室効果ガスの濃度を安定させるためには、あと十年足らずの時間しか残されていないということだ。

百カ月、そしてカウントする……

もしもあなたが混雑した劇場のなかで「火事だ！」と叫んだら、無責任な行動で平穏を乱したという理由で逮捕されても、誰も驚かないだろう。しかし気候変動についての統計は、ドアの下でくすぶっている煙のようなものである。

「危険な」レベルの温暖化を構成する要因は、ふたつの事柄についての重要度に依存している。あなたが世界のどこでどのように生活しているか、そしてある種の出来事が起こる蓋然性である。ハンセンのような科学者は、われわれがすでにあまりにも遠くまで来てしまったと考える。しかしたとえもしもあなたが科学界のより慎重な多数派によって設定された解釈を採用するとしても、事態は悪くなっているようにみえる。非常に保守的な見積もりに基づいて考えても、二〇〇八年八月から、世界が地球温暖化の新しい、より危険な局面に入るまでに、あと百カ月しか残されていない。(原注18) 人間活動によって、毎秒、約一〇〇〇トンの二酸化炭素が大気中に放出されている。そしてこれらのガスがあるレベル――しばしば「転換点」と名付けられる――を超えて蓄積されたときに、地球温暖化は加速され、おそらく制御できなくなるだろう。明らかに人類の文明を脅かす状況に直面して、科学者たちは少なくとも、このプロセスを動かすものを「正のフィードバック」と名付けるユーモアのセンスを持っている（前述）。いったん危機的な温室効果ガスの濃度閾値を超えてしまえば、たとえ温室効果ガスの大気へのさらなる放出をわれわれが止めたとしても、地球温暖化は続くであろう。もしそれが起こったら、地球の気候は、もうひとつの、より不安定な状態に移行し、海洋の異なる循環、風と降雨の異なるパターンをもたらすだろう。

転換点に達するまでの時間の長さを見積もることは可能である。そのためには、現在の温室効果ガス濃度と、放出が増大する速度、気候システムの潜在的に不可逆的な変化を未然に防ぐために許容できる温室効果ガスの最大濃度、そしてそれらの環境フィードバックの効果についての最良の見積もりを、結び付ける必要がある。

百カ月という時間枠は、炭素放出の最新の傾向から得られたもので、気温に影響するすべての人間の介入――温暖化させるものと寒冷化させるものの両方――を考慮に入れて、地球表面の平均気温が産業革命以前より二℃上昇という重要な閾値を超えない可能性が大きいとＩＰＣＣが示唆したものと比較して得られたものである。この計算はいくつかの方法で慎重に行なわれたものであり、楽観的、おそらくあまりにも楽観的なものである。二℃の上昇は、より低いレベルの温暖化で始まる大きな問題を覆い隠してしまうかもしれない。たとえば、グリーンランドの氷床の崩壊は、局所的な二・七℃の温暖化が引き金になることがありそうで、それは二℃あるいはそれ未満の地球平均気温の上昇に対応している（グリーンランドの氷床の崩壊は、海面の七メートル上昇に対応するかもしれない）。

この時間スケールはまた、消える氷床およびその他の炭素循環フィードバックの影響を評価する際に、脅威がより小さいほうの予測値を用いている。しかしその結果は十分な心配を呼び起こすものである。

二〇〇八年八月から百カ月以内にわれわれは、もはや二℃以内上昇の閾値以下にとどまることができそうにないような温室効果ガス濃度に到達するであろう。「できそう（likely）かどうか」というのは、ＩＰＣＣが用いているリスクの定義である。しかしその時点になる前でさえ、その境界線を越える可能性はすでに三分の一ある。

前述したスターン報告の困難さは、たぶん次の事実から生じている。つまり、経済学と気候変動を扱う人は誰でも、最後の経済学的な異端説——経済成長を疑うこと——に踏み入ってしまうおそれがあることだ。

不可能性の原理

〔ビジネスについてのある会議で〕専門家の委員がプレゼンテーションを行なったあと、質疑応答の時間がもうけられたが、そのほとんどは会場のさくらによるものであった。そのイベント全体が私を困惑させた。私が思うに、目的であったのは病気の正確な診断に到達することであり、それから治療のための明白に間違った処方箋を提供することではなかっただろうか。その結果は、まったく診断しなかったのと同じことになってしまう。だから私は期待というよりは希望を持って、質問のために挙手をした。ある種の不可避的なメカニズムが、分析のなかで曖昧にされていた。それは実のところ、熱力学の諸法則である。際限なく成長し、大量の資源を消費するグローバル経済において、C・P・スノウが述べるように、「（熱力学の）第一法則[訳注5]はあなたが勝てないことを、第二法則は違反することさえできないことを述べている」。IPCCが用いている再生可能エネルギーとエネルギー効率改善の採用というもっとも楽観的なシナリオにおいてさえ、継続するグローバル経済の全般的な成長は[原注19]、たとえ低成長であるとしても、世界を暴走的変動が始まる引き返せない転換点の先へと連れていってしまうのだ[原注20]。

問題は厄介だとしても、かなり単純である。経済成長は主として石油、石炭、天然ガスによって推進されている。しかしわれわれは化石燃料の燃焼に由来する温室効果ガスの排出を削減する必要がある（経済成長は、われわれの生命を維持する生態系からより多くの自然資源を抽出し、また廃棄物をそこへ排出することによって、重荷となっていることも忘れるべきでない）。だから排出を削減する唯一の方法は、成長率よりも早く、成長に伴う炭素排出量（あるいは「炭素の強度」と言ってもよい）を減らすことであろう。それはまた、引き返せない地点（前述のように、あまりにも早くやってくるかもしれない）に至るのを避けられるほど十分に早く行動しなければならないだろう。

それは現実世界のなかでどのように見えるだろうか。ここに非常に重要な数字がある。国際エネルギー機関は世界の経済成長が年率約三・四％に上昇すると予測している。だから、年率一％で炭素排出を現実に削減するためには、経済の炭素「強度」を四・四％ずつ削減する必要がある。残念ながら、もっとも穏やかな目標でさえ、米国のような先進的で豊かな経済の技術的能力をはるかに超えているように思われる。そして地球規模での化石燃料からの炭酸ガス排出は、まさにその反対の方向に進み、一九九〇年代には年に一・一％の割合で増大し、二〇〇〇年代の前半には年率三％以上で増大してきた[原注21]。

洞察力の鋭い人は、「際限のない経済成長」という信条にもうひとつの論理的な欠陥を見出すだろう。柔軟だが現実的な地球の自然資源の限界のなかで生き延びていくには、成長の全般的な物質的強度（GDPあたりの資源消費量など）の削減も、経済成長自体よりも早い速度で、永久に続けねばならない。そして

訳注5　熱力学の第一法則はエネルギー保存の法則、第二法則はエントロピー増大の法則。

この点では、ニュースは明るいものではない。本書の初版（二〇〇五年）での記述（この版では第二章に含まれる）は、在来型の経済と気候変動の衝突に関心をもつようになった宇宙物理学者による、指数関数的成長の問題についてのおおまかな計算が紹介されている。

経済学者にとって経済成長を疑うことは、いまなお異端として学者としてのキャリアの放棄に匹敵することであるが、ほかの学問分野では問題をもっと論理的に見ることができるようで、彼らの見方はドクトリン（教条）によって阻害されてはいない。王立工学アカデミーのロデリック・スミスがインペリアル・カレッジで二〇〇七年五月に行なった招待講演で、彼は再び経済学者にとっては把握するのが難しい論点を提示した。経済についての物理的な見方は、「熱力学の諸法則と連続性によって支配されており」、だから「経済を動かすための自然資源をわれわれがどれだけ持っているか、そしてどれだけのエネルギーを抽出し、加工し、生産しなければならないかという問題は、われわれの生存にとって最も重要なものだ」と彼は述べた。（原注22）

エンジニアは毎日、材料やまわりの世界の「ものとしての性質」を測定し、製品を持ち上げたり、落下させたり、存続させたり、消耗させたりするストレスと緊張に、取り組まねばならない。それゆえ、彼らは人間生活の抽象的な数学的単純化に取り組んでいる経済学者よりも、たぶん資源の現実世界にいっそう精通しているのだ。だからスミスは、経済学のもっとも重要な指標のひとつに焦点をあわせる――規模が現在のサイズに比べて二倍になるのに要する期間を示す「ダブリング・タイム（倍増期間、倍加時間）」である。たとえ三％くらいの低成長率でも、「驚くほど短い倍増期間」になると彼は指摘する。だから「先進国によく見られる三％の成長率で、倍増期間は二十三年を超えるくらいになる。一〇％で急速に成長する発展途上国は、七年以下で経済規模が二倍になる」(原注23)(訳注6)。

しかしそのとき、もしあなたが生態学的債務に配慮するならば、スミスが古風な表現で「現実の驚き」と呼ぶものがあらわれる。なぜなら、スミスによると、「それぞれの継続的な倍増期間は、それまでのすべての倍増期間の合計と同じくらい多くの資源を消費する」からだ。要するに、部屋でのおしゃべりのような冗長なものが勝手に消費されてしまう。「このほとんど認識されていない事実が、なぜわれわれの現在の経済モデルが持続可能でないかということの核心にある」(原注24)。

気候変動の自覚はエネルギー問題に注意を集めるが、われわれが農地、森林、海洋の環境を再生できるよりも早く根こそぎにしてしまうかどうか、そしてわれわれが、生態系が安全に吸収できるよりも多くの廃棄物を作り出しているかどうかについて監視することも重要である。第一に、現代の洗練された情報技術をもってしても、有限な環境の枠内で生活することについて、われわれが経済成長よりも早く資源消費を削減することは、非常に困難である。そしてわれわれは間違った方向に向かって動いている。しかしたとえわれわれがより賢明にふるまえるとしても、問題は成長志向の経済学が熱力学の諸法則と正面衝突しているということだ。効率は単純に言って、継続する経済成長とともに際限なく増大することはできない。あるいはC・P・スノウが言うように、エネルギー保存の観点からみて、あなたは勝つことができないし、法則に違反することもできない。

MIT(マサチューセッツ工科大学)の機械工学の教授、セス・ロイドが二〇〇四年に『ネーチャー』誌

訳注6　成長の年率(%)×倍増期間(年)=七〇でおおまかに計算できる。たとえば経済規模や人口が年七%で成長すれば十年で二倍に、年二%で成長すれば三十五年で二倍になる。

に書いている。

死、税金、熱力学第二法則を除けば、生活のなかに確実なものは何もない。これら三つはすべて、そのなかでエネルギーや貨幣のように、ある量の有益なあるいは接近可能な形態が、同じ量の無益で接近不可能な形態へと変換される過程である。これは、これら三つの過程が、利点をもたないということではない。税金は道路や学校の建設に使われる。熱力学の第二法則は、車の運転、コンピュータ、代謝に役立つ。そして死は、少なくともテニュア教員（任期付でない専任教員）のポストに空席をつくってくれる。（原注25）

われわれが現在の環境問題という苦境にいる理由は、われわれが（人間活動の）恩恵に病みつきになっているのに、それらが呼び起こす生態学的債務の潜在的に破滅的な結果を意図的に忘れていることである。最近の傾向が示唆するのはまた、世界最大の経済大国である米国に関する限り、〔企業に大きな負担をかけずに〕効率が容易に改善できる分野の多くでは、すでにその改善が実行済みかもしれないということだ。

さて、輝かしい専門家委員の話に戻ろう。なんとかして、尊敬される雰囲気を醸し出している識者の男たちのあいだにはさまれながら、私は事前に想定されていないいくつかの質問を提示することができた。「クリーンなエネルギーと技術についての最良のシナリオを前提とすれば」と私は質問を切り出した。「スターンさんはどのようなレベルの経済成長が地球規模で、大気中の温室効果ガスの安全な閾値以内におさまるとみているのですか」。沈黙が続いた。不明瞭なつぶやき、口ごもり、神経質な表情。適切な回答をしてくれるパネリストはひとりもいなかった。なぜか。第一に彼らは現実を見ていないからだ。そして第二に、もし見ていたとしたら、彼らは直ちに尊敬される識者という集団から放り出されてしまうだろう。彼らの罪なのか。既得権層からみると許容できない観察をして、経済成長に疑問を投げかけること。非常に尊敬されている経済学者が経済学と物理学の衝突を指摘してから数十年がたっているという事実にもかかわらずそうなのだ（そして化石燃料に依存した経済成長と大気化学の衝突が気づかれてからさらに長い年月がたっていると付け加えることができる。第二章を見よ）。

かくして経済学者ハーマン・デイリー（訳注7）は、先輩の経済学者ニコラス・ジョージェスク・レーゲンの先行研究を参照しながら、エントロピーと経済学について次のように述べている。「『永遠の成長』というパラダイムを――経済を脱物質化することによって、あるいは経済を資源から『切り離す』ことによって、あるいは資源を情報に代替することによって――救うことができるという考えは幻想だ。確かにわれわれは食物連鎖の中のより低位のものを食べる（肉を減らしてベジタリアンに近づく）ことはできるが、レシピを食べることはできない。……もし生態系が（地球の限界を離れて）無限に成長できるのならば、集計量としての経済も無限に成長できることを私は認めるつもりだ」と彼は書いている（原注26）［『持続可能な発展の経済学』三八頁、八七頁］。

枯渇、浪費、汚染は、物質的資源のスループット（処理量）に基礎をおく経済の不可避的な結果である。

訳注7　デイリー、ジョージェスク・レーゲンの邦訳については、訳者あとがきを参照。

化石燃料の消費は、このシステムにおけるフローの深刻ではあるがひとつの例にすぎない。システムは低エントロピーの原材料を取り入れて、それを高エントロピーの廃棄物に変える。廃棄物のほかに、生じる結果はもちろん気候変動である。デイリーの有名なフレーズによれば（私はそれをあまりにもたびたび引用するが）、われわれの経済システムは地球を、あたかも「流動資産の取引」であるかのように扱っている。このやり方では、資源のスループットに基礎をおくいかなるシステムも、破産状態に向かわざるをえないだろう。

重要な警告は、デイリーが「発展」と呼ぶ終わりのない質的な改善を妨げるものはなにもないのに、経済学者が測定する方法での際限ない量的な「（経済）成長」を阻止する物理法則（イデオロギーと混同してはならない）があるということだ。「市場は、生態系との比較で大きなものとなりつつある社会的費用（環境破壊など）を、自発的に記録することはできない」と彼は書いている。さらにまずいことに、主要な政策目標や経済的成功の尺度としてＧＤＰの成長を採用することは、「受動的で間違った尺度であるだけでなく、……枯渇と汚染を最大化することに等しい……積極的に歪んだ影響を及ぼしている」のである（原注27）［『持続可能な発展の経済学』五九頁］。指標としてそれはあまりにも間違った方向を向いているので、汚染のような成長の費用（代価）を浄化するために「防衛的に」支出するときでさえ、その支出（汚染浄化費用）を経済成長として肯定的にカウントしてしまうのである（訳注8）。

成長に基礎をおくグローバル経済は、その定義によって、いかなる生物的物理的な制約も認識できない。しかしこれらの制約は、不明瞭ではあるが避けられない現実のものであり、何十年も目の前にあってわれわれの誰もが見ていたはずのものである。宇宙探査（人工衛星）によって宇宙からみた地球という、真空のなかに孤立して浮かぶ生命維持システムを持つ惑星の写真を初めて撮ったとき以来、われわれは事態がどうしようもなく悪化したときに避難先となる近隣の（地球外の）天体はないことを知っていたのだ。

人類のエコロジカル・フットプリントのますます洗練される測定結果が示唆することは、非常に控えめな見積もりによっても、地球人口全体が、一九八〇年代の初頭以来、利用可能なバイオロジカル・キャパシティー（ある地域または地球全体の生態系が供給できるリソース量）を超過しているということだ。われわれは農地、森林、海洋から、生態系が補充できるよりも多くの資源を採取してきたのであり、現実経済が究極的に依存する自然資産の正味の荒廃をもたらしているということだ。そしてわれわれは毎年、さらに間違った方向へ進んでいるように見える。

生態学的債務のなかへさらに深入りしつつある世界は、たとえば海洋の水産資源の崩壊のなかに見て取ることができよう。

ある見積もりが示すところでは、現在の枯渇のペースでいくと、二〇四八年までにほとんどの魚資源が国際的に崩壊するだろうということだ。[原注28]明瞭な全体的な証拠は、一年のなかのどの日に、世界が事実上自然資源のストックを食いつぶし、生態学的債務にはまりこみ始めるかを眺めてみれば、はっきりするだろう。世界が一九八〇年代に超過消費におちいって以来、その債務が始まる日付はしだいに早くなり、正月に近づきつつある。たとえば二〇〇八年には、過剰消費によって、地球人類は九月二十三日に、集団的に生態学的債務に突入した。[原注29]そして多くの豊かな諸国についてみれば、事態はますます極端になりつつある。

訳注8　たとえば福島原発事故の除染（汚染浄化）費用がかさむほど、経済成長に寄与することになる。

もし世界のすべての人が、たとえば英国人のように生きたいと望むならば、非常に控えめな見積もりでみても、われわれは地球三個分を必要とすることになり、四月のはじめには債務状態にはいることになる。(訳注9)

エコロジカル・フットプリントは、利用可能なバイオロジカル・キャパシティーと対比しての、人類の資源消費の尺度である。政策決定の基礎的道具としてのエコロジカル・フットプリントのような尺度なしで世界を運営しようと試みることは、自社のキャッシュフロー(資金の流れ)や資産をまったく知らずにビジネスを経営しようとするようなものだ。そのような企業経営をする者は、破産しても誰も驚かない。なぜわれわれはいまのように地球環境を扱うことがそうした企業経営とは違っていると想定するのだろうか。

経済的臆病者の最後の防衛手段

愛国主義がかつて「卑怯者の最後の自己防衛手段(訳注10)」であるとあざ笑われたように、地球規模の経済成長を主張する者の最後の口実は、貧困に取り組むために必要だと強弁することである。しかし最近の知見は、この概念には欠陥があり、非効率で、工夫のあともないことを示した。国民経済レベルでは、在来型の経済成長は、貧しい諸国で効果的に貧困を削減した結果として生じるであろう。しかしグローバルなレベルでは、成長を追求するために考案された政策は、豊かな者をますます豊かにし、他方で貧困層をほとんど得るものなしに放置するのを隠蔽するものとなってしまった。(原注30)

貧困に取り組むための「失われた十年」と呼ばれた一九八〇年代に、世界の経済成長一〇〇ドル分ごとに、およそ二・二ドルが、絶対的貧困線以下で生活する人びとのもとに届けられた。しかしまずいことに、十年もたたないうちにそれはわずか六〇セントに縮小してしまった。最貧困層に届く成長の分け前がさらに小さくなったのである。他方、アフリカでは一日一ドル以下で生活する絶対的貧困層の人びとの実際の平均所得も、一九八一年のひとり一日当たり六四セントから、二〇〇一年のわずか六一セントへと下落したのである。[原注31]

事実上、「トリクル・ダウン」（富裕層から貧困層への富のしたたり落ち）というよりはむしろ、貧困層から富裕層への富の「吸い上げ」があったのである。よこしまなことに、それは貧困層にとっては少しばかりいっそう貧しくなり、富裕層にとっては少しばかりいっそう豊かになることを意味している。いまでは、一日に一ドル以下で生活している人びとの貧困削減にまわせる一ドルを生み出すために、およそ一六六ドル相当のグローバルな経済成長（巨大な薄型テレビスクリーンやＳＵＶ〔スポーツ用多目的車〕など一切を含む）が「必要」なのであるが、一九八〇年代にはその数字が、およそ四五ドル相当にすぎなかった。[原注32] 一日当たり三ドルから四ドルの稼ぎというのは、あなたの収入と期待寿命のあいだの強い結びつきが崩れ始めるようなおおよそのレベルである（収入が多ければ多いほど寿命も延びる、というわけではない）。だから絶対貧困を逃れるために絶対的に最低限の収入レベルとしてもし「一日当たり三ドル」にわれわれが合意するな

訳注9　かつては「世界中が米国人なみで地球が五個必要、日本人なみで地球が二個半必要」などと言われた。戸田清『環境正義と平和』法律文化社、二〇〇九年。英国人は米国人ほど浪費的ではないが、日本人と同程度であることがわかる。

訳注10　「愛国主義は卑怯者の最後の隠れ家（Patriotism is the last refuge of a scoundrel）」十八世紀英国のサミュエル・ジョンソンの言葉。

らば、何が起こるだろうか。(訳注11)

前述のように、もし世界全体が平均的米国人のレベルで消費したいと望んだならば、それを支えるために、控えめにみても五個以上の地球のような惑星が必要になるだろう。英国についての数字でいえば、地球三個分を少し上回る程度である。しかしグローバル経済における富裕層と貧困層のあいだの、便益のゆがめられた分配ゆえに、そして貧困層の貧しさを少しだけ減らすためには、富裕層がさらに豊かにならねばならないので、そのためにますます資源の消費が増えるので、この単純な演習問題が示すのは、分配のラディカルな変革なしには、われわれはエコロジー的な限界点から転げ落ちるだろうということだ。現行の（資本主義）システムと経済成長のパターンのもとで、世界のすべての人を一日当たり三ドル以上の適度な収入へと引き上げるためには、われわれの地球一五個分くらいの資源が必要になってしまうだろう。しかしおわかりのように、あと一四個の余分な地球がいったいどこにあるのだろう。

生態学的債務はグローバル経済における成長、拡張、そして格差拡大の副産物としてみるとき、いっそう明瞭に理解できる。国家の全般的な力強さや成功の尺度として経済成長をとりあげることは、異常である。そうした考えがいまなお残っていることは、論理にも打ち勝つ経済ドクトリン（教条）の力の証拠であり、裸の王様であるという証拠と暴露の繰り返しである。一九六八年の演説で次のようにロバート・ケネディ（当時上院議員、この年に暗殺された。享年四二）がこの考え方を覆してから四十年もたっているとは驚きである。

国民総生産（GNP）には、大気汚染の費用や、たばこの広告費や、高速道路を走る救急車や、大虐殺のコストまでが（肯定的な価値として）カウントされている。またわれわれの家にかける特別な鍵や、鍵を破っておしいる強盗を収容する刑務所の費用もカウントされている。アメリカスギ（セコイア）の伐採や、無秩序な（都市の）スプロール現象による自然の驚異の喪失もカウントされている。ナパーム弾や核弾頭のコストまでカウントされているのだ……

しかしGNP（訳注12）はわれわれの子どもたちの健康、教育の質、遊びの喜びを（金銭的価値として）カウントすることはない。また詩の美しさや、結婚の力や、公的論争にみられる知性、公務員の誠実さなどがカウントされることもない。それはわれわれの機知や勇気を測定することもないし、知恵や学習を測ることもないし、同情や祖国への献身を測ることもない。要するにGNPは、われわれの人生を価値あるものにする様々なもの以外のすべてを測定するのである。（原注33）

何年ものあいだ、われわれにはまともなオルタナティブ（現行システムへの代替案）が欠けていた。それから社会的および環境的コストを考慮するために経済成長率を「下方修正」するためのいくつかの新しい測定法（環境破壊のコストをGNPから差し引くなど）が提案された。しかし一般的に、それらは出発点として欠陥のある成長測定方法を採用していた。ごく最近に至るまで、根本的な経済の目的——いわゆる

訳注11　二〇一四年以降のアベノミクスでも、富裕層、大企業からの「トリクル・ダウン」が「想定」されている。石川 康宏『「おこぼれ 経済」という神話』新日本出版社、二〇一四年、を参照。

訳注12　同様な「GNP批判」として下記などがある。朝日新聞社経済部『くたばれGNP　高度経済成長の内幕』朝日新聞社一九七一年

「幸福な生活の長さ」といわれる、平均寿命と生活満足レベルの組み合わせ——の尺度を、エコロジカル・フットプリントと結びつける新しいアプローチは提案されなかった。その結果は、静かな革命のようなものだった。われわれが比較的長くて幸福な生活を送れるようにするエコロジー的効率の尺度は、「幸福な地球のインデックス（指標）」と呼ばれている。[原注34] その知見が明らかにしたのは、ほとんどが中所得のラテンアメリカ諸国[訳注13]と、小規模島嶼国が、人間の長生きと福祉を作り出すうえで、エコロジー的にもっとも効果的であることを明らかにした。

しかしこれらの学問上の革新にもかかわらず、この主題についての論争が何十年もなかったあとで、いかなる合理的な忠告も、この主題が社会の主流のなかで真剣に検討されるように促すことはできないように思われる。だから私自身や同僚たちが論点を明らかにしようとするなかで感じた欲求不満から思いついた、あまり合理的でない（仮想的な）事例については考えて見よう。

　誕生から性成熟までのあいだハムスター[訳注14]は、毎週体重を倍増させていく。しかし、ハムスターが成熟しても体重を安定させる代わりに、もし週ごとの体重倍増をさらに継続していくならば、誕生日（生後一年）までに、体重が九〇億トンにもなってしまうであろう。もし体重比からみて同じ比率で餌を食べ続けるならば、そのときまでに餌の必要量は、世界のトウモロコシの年間生産量を上回ることになってしまうだろう。[原注35]

自然界の中で（動物などの）成長が無限に継続しないことには、ちゃんと理由があるのだ。

銀行を破産させる：金融的債務と生態学的債務

その著書『最初の世界債務危機の到来』(原注36)のなかで、アン・ペティフォー——一九九〇年代後半に「ジュビリー二〇〇〇国際債務救済キャンペーン」の指導者として新聞にもよく登場した女性——は、その関心を豊かな諸国によって実行された他の金融的な軽犯罪に向けた。信用（あるいは債務と言ってもよい）の巨大なバブルの着実なインフレーションは、近年における米国と英国の経済のもっとも顕著な特徴である。

そして生態学的債務を作り出している過剰消費と、銀行システムが支払いをするための見境ない信用の安易な提供のあいだに、明確なつながりがあらわれている。「ハーマン・デイリーが『際限のない願望という病気』と呼ぶもの、言い換えれば、債務によってファイナンス（資金提供）される消費と、石油のようなすでに枯渇しつつある資源や、廃棄物を吸収する大気の能力の、絶対的な稀少性のあいだに、強い矛盾がみてとれる」と彼女は書いている。(原注37)商品を消費するために支払うお金は銀行から借り入れることができるが、残念ながらわれわれが使用（消費）して廃棄物に変えたものを補充するために物質（枯渇性資源など）を貸してくれる「善意の創造者」なるものを見つけることはまだできないのだ。(訳注15)

訳注13　ラテンアメリカの環境先進国として、コスタリカやキューバが注目されている。

訳注14　ハムスターの寿命は三年から四年程度であり、性成熟に達するのは生後一カ月ないし三カ月程度である。世界のトウモロコシの年間生産量は八億トンほどである。

訳注15　借金（ローン）で自動車など高額商品を買わせることで過剰消費を作り出す資本主義の仕組みについては、見田宗介『現代社会の理論』岩波新書、一九九六年、がわかりやすい。

二〇〇七年には米国と英国の双方で、深刻な債務による危機があり、それは二〇〇八年にさらに悪化した。(訳注16)両国の状況は利子率が低いときに膨張した資産市場で住宅購入のために利用可能にされた信用の供与に関係していた。

英国をトラブルがおそったときには、大手銀行から預金を引き出そうとする不安にかられた顧客の長い行列があり、それは経済崩壊（二〇〇一年のデフォルト〔国債の返済不能〕）のときのアルゼンチンを想起させる光景であった。あらゆるコメンテーターの頭のなかにあった疑問は、金融システムが危うい状況にあるとき、「これは流動性の危機なのか、それとも支払能力の危機なのか」ということであった。たとえ前者にすぎないとしても、多くの人が気づいていたのは、人びとの反応次第では、それが容易に後者に転化しうるということであった。政府の反応の速さと深さ――システムの費用を負担するために直ちに数百億ポンドの資金が利用可能なものとして確保された――はその脅威がいかに深刻に受け止められていたかを示していた。

悲しいことに、金融システムの親会社ともいうべき生命圏（地球生態系）に対しては、そのような配慮が示されているかどうかはいまなお明らかでない。エコロジー的な時間枠において、われわれの生活維持システムもまた、流動性の危機と、回復できない支払能力の危機のあいだで、危うい状況にあるのかもしれない。

しかしこのより深い、より脅威をもたらす問題でも、まだ心配している倹約家たちに心配はいらないと助言し、次の買い物にいくときに少し安心させるような状況がある。しかしそのような（変革への）臆病さが最終的に変わることはありうるのだろうか。いくつかの不確かな兆候はある。

「環境面の戦争経済」

本書初版（二〇〇五年）のすべてのテーマのうちで、ひとつは、世間からほかのテーマと比べても信じられないような嘲りがあった。これまでは戦時経済でのみ見られたような規模と速度で、経済を再構築する必要があると示唆した点で、私はいささか先走りしすぎていたように思われる。われわれが直面している問題に取り組むために、われわれは環境面での戦争努力に匹敵するものを必要としていると、私は論じた。これを言ったことで、私は、実態を把握しておらず、著しく均衡を失していて、歴史的に不適切な例をあげたのだと言われた。しかしそれ以来、何か奇妙なことが起こった。

二〇〇七年の終わりごろにある大書店に足を踏み入れてみると、私は「戦時中の生活」というテーマのいくつかの書籍が積み上げてあるテーブルに出会った。それらすべては一九四〇年代を回想するものだった。それらは、第十章で言及した『自分で修理しなさい』や『縫って節約しなさい』のような政府情報を復刻したものの資料集や、まったくノスタルジアの本、あるいは暗い面に焦点をあてて、電撃精神のなかでの社会的団結についての単純化された神話を突き崩すような、興味深い従来とは反対の説明をした本などであり、家庭の日常生活についての感動をさそう個人的日記などもあった。またどこかの額縁店で、私はそこの店主と話し込んだことがあった。彼女は、一九三〇年代後半に戦争の勃発を予期しながら、印刷

訳注16　二〇〇八年のリーマン・ショック、日本での派遣切りや年越し派遣村を想起されたい。

され、かろうじて配布された広報ポスターの再現であるかのような、現代の驚くべきポスターについてふと言及した。ロンドンのバスの色である赤を背景にした白いレタリングの文字で、「落ちついて続けなさい」という言葉が見えた。

多くのほかの問題の最前線にさらされた文化的雰囲気のなかで、あるレベルで人びとは明らかに、深い危機に直面していることに気づき始めていた。その反応として、われわれは、文化的に自己治療をしており、これから来るはずの変化に対してなかば意識的に身構えているように見える。われわれにはできると思いなおすことによって適応の準備をするとともに、以前も似たようなことをしたという事実のなかにいくぶんの慰めを見出そうとしているのかもしれない。正確な解釈は何であろうと、メディアにおける気候変動の報道の氾濫は、広範囲での市民の態度の変化に影響しているように思われる。

その変化は政治の領域にも侵入してきたが、そこでは気候変動についての論争（たとえ行動ではないにしても）がいまや後退する氷河のようなスピードで、つまり非常に早く進行している。(訳注17)

はじめに国連の元イラク兵器査察官であるハンス・ブリックス――同国における「大量破壊兵器」の存否についての真実を見極めるにはもっと時間が必要だという訴えを米国と英国に無視された男――の驚くべきコメントがあった。当時メディアと政界で支配的であった言説に抗して、ブリックスは気候変動が国際テロよりも人類にとって大きな脅威であると述べた。彼の意見に最初に反応したのは、気候科学者であり、IPCCの元上級研究員であるジョン・ホートン卿であり、それから英国政府の主任科学顧問であるデヴィッド・キング卿、そしてさらにはスティーブン・ホーキング教授で、彼は「西側先進国はテロとの戦いよりもむしろ地球温暖化との戦いに取り組むべきだ」と述べた。(原注38)

同じ英国政府が気候変動の経済的影響についての最初の報告書を出したとき、その主要な執筆者であるニコラス・スターン卿は、第二次大戦の前兆となった大恐慌との類似性を、慎重にだが意図的に論じた。まもなくその類似はさらに公式かつ明白なものにさえなった。気候変動はますます技術的および科学的問題というよりはむしろ、はるかに安全保障問題であるとみなされるようになった。政府の高官たちが、その意味について内輪のサークルのなかで見失われがちな用語の明確な説明を求めるようになった。しかしこれは、英国の外務大臣である貴族出身のマーガレット・ベケット下院議員が二〇〇七年四月のウインストン・チャーチル記念講演をニューヨークでの素晴らしくいかがわしい「ブリティッシュ・アメリカン・ビジネス会社」の会合でしたときについては当てはまらない。(原注39)

前世紀（二十世紀）のもっとも皮肉に満ちた豊かな政治的表現のひとつと、米英の「特別な関係」の試金石を思い起こさせながら、彼女が選んだテーマと演題は「気候変動：垂れ込める暗雲」であった。「それは、前方にある危険を意識しながらチャーチルが、それらの危険に立ち向かうために大英帝国の政治的意思と産業のエネルギーを結集しようとしていたときでした。彼はしばしば強い反対に直面し、しかも常に成功するとは限らないのに、そうしていました。浪費された機会を彼はのちに『不況と苦難の時代』と呼びました」とベケットは、ドイツとの戦争が近づく時代の雰囲気を思い出しながら述べた。そして曖昧さが残っていてはいけないので、彼女はこう続けた。

訳注17　国際原子力機関の事務局長をつとめたこともあるハンス・ブリックスは「チェルノブイリ級の事故が毎年起こっても、耐えられる」と述べたこともある。コリン・コバヤシ『国際原子力ロビーの犯罪』以文社、二〇一三年、七七頁。

しかし結局のところ、我が国と他の多くの国の自由、さらには生存を最後に保証したのは、彼の先見の明と、多くの人にとってまだ遠くにあって不確実であるように見えた脅威にそなえる決意でした。

今日政治家と産業界の指導者たちは、われわれの安全保障と繁栄に対する脅威の増大と、早期の断固たる措置を要求する声の高まりに再び直面しています。気候変動はわれわれの世代に垂れ込める暗雲です。その含意は、もしわれわれが行動しないならば、いっそう悲惨なものになりかねません。たぶんさらに恐ろしいものになるでしょう。(原注40)

認識の変化は、決して英国の政界に限られるものではない。スタブロス・ディマスが欧州環境委員になったとき、環境派の人びとは落胆した。彼は規制されない市場経済の提唱者（新自由主義者）だという評判だったからだ。しかし気候変動の現実に直面したとき、彼が「戦争経済」——あらゆる政治的条件の設定と、そのようなプロジェクトが伴う市場への介入の意図がしみこんでいる概念——の努力を求めるようになるまで、長くはかからなかった。

「経済へのダメージ、難民、政治的不安定、生命の損傷は、典型的には戦争の結果である。しかしそれらは、抑制されない気候変動の結果としてもあらわれる」とディマスは二〇〇七年一月に述べ、「気候変動との戦いは戦闘よりもはるかに大きなものとなる。それは長年にわたって続く世界戦争のようなものだ。……それは排出を削減するためになにか戦争経済のような措置が必要になるから、戦争に類したものなのだ」と彼は詳細に述べた。そのような努力は、一九四〇年代の英国でそうだったように、公衆衛生上の利益(訳注18)ももたらすかもしれないと彼は述べた。二〇二〇年までに排出を二〇％削減して、同年までにEUの再生可能エネルギーのシェアを二〇％増大させる計画は、新しい「産業革命」の一部をなすと指摘された。(原注41)

だから気候変動は戦時のような規模での経済動員を必要とする、ということについての合意が広がりつつある。しかし地球温暖化によるもうひとつの安全保障上の脅威が、いまでは真実と認められていることは間違いない。環境変化はそれ自体が紛争の原因となるかもしれないのだ。気候変動のテーマに戻って、英国の外務大臣マーガレット・ベケットは、間違いなくかつて環境大臣だった経歴にも影響されて、気候変動によって減少する資源をめぐる競合が、(スーダンの)ダルフールにおける紛争に油をそそいでおり、ガーナも同様の混乱におちいるおそれがあると述べた。中東における降雨はすでに減少しつつ不安定になっており、さらに大きな不安定状態を引き起こすであろう。サウジアラビア、イラン、イラクは特に脆弱である。「われわれの気候安全保障への脅威」は、個人的な行動と地球規模の結果のあいだに結び付きをつくりつつあり、「外部からくる脅威ではなく、われわれの(文明の)内部からくる脅威である。われわれはみな、自分自身の敵になってしまっている」と彼女は述べた。(原注42)

防衛大臣も、国の予算を獲得するチャンスをにらみながら、新しい脅威と敵を探りつつ、気候論争に参入してきた。防衛省は二〇〇七年に、英国気象庁と数百万ポンドに及ぶ研究の契約を結んだ。(原注43)その仕事は、気候変動によって引き起こされる食料や水の不足によって、世界のどこで紛争が開始され、あるいは悪化しうると予想されるかに焦点をあてるものであった。英国は、石油のコントロール――石油こそ気候変動

訳注18　公衆衛生上の利益とはたとえば、英国の戦時の緊縮経済のもとで糖尿病などが減ったことをさす。

を悪化させる要因であるが——が中心テーマとなる紛争を引き起こすうえで重要な役割(訳注19)を果たしているので、論理的帰結として、気候変動による紛争を抑制する要因にも関心を払わざるをえなくなるのである。

本書の最終章でわれわれは、戦争経済とのアナロジーが実際問題として何を意味するかという問題に立ち戻るであろう。

しかしわが国（英国）のもっと最近の経験は、はるかに大きく長く辛いものであり、近未来がほかの諸国に何をもたらすかについて、垣間見させるものであろう。キューバはすでに、気候変動と世界の石油生産のピークと減少が世界のほかの地域にもたらすような、経済的および環境的なショックを生き延びてきた。一九九〇年の冷戦の終わり（一九九一年にはソ連が崩壊）によって同国は突然、安価な石油輸入へのアクセスを失い、米国の経済制裁によって課された経済的孤立に苦しみ続けた。同時にキューバ(訳注20)は毎年のハリケーンの通過コースに入っており、極端な気象現象との戦いも強いられた。しかしキューバは突然の予測不可能なショックに直面して、ひとつの国民をわずかな化石燃料あるいはそれなしでも食べさせていけることを、そしてわずかな人命喪失で極端な気象現象に対処できることを実証した。

本書の最終章でキューバはどこで成功したのか、ワシントンの高官が羨望をこめてキューバを「アンチ・モデル」と呼んでいることを紹介しようと思う。

カサンドラのコンプレックス

そのときもう、わたしは、来るべき災難について、市民たちには、なにもかも予言していた。

アイスキュロス『アガメムノーン』でのカッサンドラー[訳注21]の台詞（久保正彰訳、岩波文庫、一九九八年、一〇〇頁）[原注44]

トロイアの王の娘であった神秘的なカサンドラについての大衆の記憶は、これまで残酷なものであった。いまや彼女の名前は、その外観がネガティブにみえる人物の言うことを軽視するために用いられる、いやがらせのための、おだやかな用語となっている。神が彼女に与えた呪いが予言の力を与えることになったという残酷な皮肉は、まだ信じられていない。彼女は自身に対するものも含めて、悲劇がやってくるのを予見したのであるが、それを止めることができなかった。

何十年ものあいだ、社会の主流は環境運動を「カサンドラのようなやから」と呼んで退けてきた。その致命的なパラドックスに気づくことなしに。

われわれが気づいているべき恐ろしい運命を逃れることができることについて、私が一冊の新しい本を書く前に、私が意図した記述内容は最新のものだったであろうか。これらすべてはほかのところでもっと詳細に読むことができるので、若干の参考文献を示すだけで十分である。警告されている多くの事柄はいまでは実際に信じられている。しかし悲劇を未然に防ぐのに間に合うように対処行動が起こるかどうかは、

訳注19　英国の重要な役割とは、二〇〇三年イラク戦争に参加したことなどをさす。
訳注20　キューバについての文献は、訳者あとがきを参照。
訳注21　地球環境問題の議論でカサンドラに言及したものとして、下記がある。アラン・アトキソン『カサンドラのジレンマ　地球の危機、希望の歌』枝廣淳子訳、PHP研究所、二〇〇三年。カサンドラは人びとから決して信じてもらえない予言者。

また別の問題である。

何年ものあいだ、カサンドラのコンプレックス（固定概念）が、石油生産の世界規模のピークと減少が差し迫っていると警告する人びとを取り巻いていた。しかし主な経済大国のほとんどに対する公式助言者である国際エネルギー機関によって二〇〇八年に公表された『中期的石油市場報告』と呼ばれる無味乾燥な出版物において、その言葉はパニックを避けるために慎重な表現であったが、明確なものになった。

世界の石油生産について、「二〇一三年までに余剰生産能力が最小限のレベルにまで縮小」するであろうと、それは述べていた。その前年からだけでも、「非ＯＰＥＣ諸国の石油供給と、ＯＰＥＣ諸国の生産能力予測の両者について」「顕著な下方修正をしなければならなかった」[原注45]。昨年（二〇〇八年）の燃料価格上昇は、地球規模の石油需要と供給の曲線が反対方向に向かうので（需要の増加と供給の減少）、将来に予想されるはるかに大きな不足事態の先取りであるように見える。[原注46] 国際エネルギー機関のモットーである「エネルギーの安全保障、経済成長、持続可能性」は、それが実現しそうにないということを除いては、大変結構なものだ。[訳注22]

同様に、二〇〇三年に私がモリー・コニスビーとともに環境難民についてのパンフレットを書いたとき、彼らは国連の難民支援専門機関（ＵＮＨＣＲ）が難民として扱っていない人たちだった。一時、彼らは政治的難民についてのこの機関の責任が、難民の多さに圧倒されるのではないかと恐れていた。[原注47] いまでは、国連のいくつかの部門が、この環境難民の問題を、人間の安全保障に対する根本的な挑戦課題だとみている。[原注48] 気候変動によって難民となると思われる人数の見積もりは、数千万人から数億人の範囲にわたっている。

カサンドラのような真実で、悲しげな精神が、二〇〇七年の大きな第二の金融恐慌をおおいつくし、二〇〇八年を通じて急速に加速した。その五年前に、nef（新経済財団）は、アン・ペティフォー編集の『現実世界の経済概観』という書物を出版した。（原注49）それは「金融部門への規制緩和が、……増大する不安定をもたらした」と述べていた。そのグローバル経済にとっての帰結は重大であり、次のことが含まれる。「実物経済と比較しての金融資産のストックの大きな増大あるいはバブル。……家計、企業、政府における債務レベルの爆発的増大」。それから世界経済にとっての非常に厄介な展望を予測した。「米国に率いられた先進諸国の信用システムの崩壊がもたらされ、個人破産と企業破産が急増するであろう。……豊かな世界における債務とデフレのスパイラルは、顕著なものとなる（訳注23）」。

これはつまらない自己満足的な「だからそう言ったじゃないか」という主張を意図したものではない。ポイントは、非正統的な声を系統的に周辺化すれば（少数意見をいつも軽視していれば）、政治、経済、社会を弱めることになるということだ。この極めて重要な情報のフィードバック・ループなしでは、われわれはみな、システムの失敗に対して脆弱なままに放置されるだろう。その最悪の事例が、暴走的な気候変動であろう。

古い東欧ブロックを線引きしていたベルリンの壁が（一九八九年に）崩壊してから、すでに二十年を経

訳注22　二〇一五年初頭において、この一年での一バレルあたり一〇〇ドルから五〇ドル未満への石油価格下落が話題になっているが、中長期的な石油枯渇という状況が変わるわけではない。なお北米の「シェール革命」によって石油・天然ガスの枯渇までの年数は、百年程度から最大四百年まで延びるともいわれている。二〇〇八年の石油価格ピークは一四七ドルであった。

訳注23　浜矩子『グローバル恐慌　金融暴走時代の果てに』岩波新書、二〇〇九年、などを参照。

過した。その厚かましさ、勝ち誇った態度、うぬぼれた自己満足にもかかわらず、金融資本主導の資本主義はさらに二十年近くのあいだ、独り勝ちしようと努力してきたが、やはり破綻してしまった。

米国連邦準備制度理事会の前議長アラン・グリーンスパン以上に金融自由化の時代を体現した人物はいない。米国下院監視・政府改革委員会による詰問のもとで、彼の言葉は没落した皇帝のようなパトス（哀愁）と大言壮語を帯びた重いものだった。「世界がどのように動くかを定義する重要な機能的仕組みだと思っていたモデルのなかに、私は欠陥を発見した」と彼は述べた。（原注50）

しかし、そのあとに英国と米国では、興味をそそる進展の可能性が出てきた。金融セクターの多くが国有化されたあとで、両国政府は正式に軽微な措置をとり、ときには何もせず、実際両国の経済の大きな領域のおかげで——銀行、家庭、建築物、インフラ、その他多くのもの——規制がうまく進行したのである。両国はいまや、政府が投資を指令し、エネルギー利用と経済の多くの部門の効率を革命的に高める方針である。

政府がいまなお自由市場の習慣的なレトリックに巻き込まれているという認識は、彼らの新しい不慣れな役割によって混乱させられているのかもしれない。市場への政府の介入を外部委託してきたので、彼らは経験を積んでいないと自覚しており、何をすべきか確信がもてないということもありうる。しかし（温暖化へ向かう）気候時計はまだ時を刻んでおり、加速さえしつつある。そして彼らは民主的に選出された政府がするのを期待されていること——責任を果たして、人びとを災害から守ること——をなすための大きなチャンスがある。このチャンスについては本書の最終章でより詳細に論じることになる。金融の世界から用語を借りるならば、課題は現在のエコロジー的な流動性の危機が支払い能力の危機へと転化するのを未然に防ぐことである。

第十五章　アヒルの選択

既存の現実と闘うことによってものごとを変えることは決してできない。なにかを変えるためには、既存のモデルを時代遅れにするような新しいモデルを打ち立てなさい。

リチャード・バックミンスター・フラー（訳注1）

ラテンアメリカの偉大な著述家エドアルド・ガレアーノ（訳注2）（ウルグアイ）は、ある朝ふたつの選択肢を提示された、農家のアヒルの群れについての物語を語っている。私はそれを次のようなお話として聞いた。その日は天気がよくて、農民は微笑みながら、アヒルが好む池に近づいて知らせを伝えた。「おまえたちに大きな楽しみを与えよう」と彼は言った。「今晩大きな宴会があるのだ」。彼がこう付け加えると、アヒ

訳注1　フラーの邦訳に『宇宙船地球号操縦マニュアル』（芹沢高志訳）ちくま学芸文庫、二〇〇〇年、などがある。

訳注2　ガレアーノの主著の邦訳については、訳者あとがきを参照。なおガレアーノは二〇一五年四月十三日に死去した（ギュンター・グラスの死去と同じ日）。享年七五。

ルたちは喜んだ。「おまえたちは、宴会の成功に中心的な役割を果たす。料理を選んでもらおうと思ってきたのだ」。農家は裕福ではなく、ごちそうは稀であった。池のアヒルたちはガーガー鳴いて興奮した。それから彼らは期待をもって聞いた。「ゲストたちの楽しみのために、おまえたちが極上のオレンジソースで調理されるか、それともハーブをつけ詰め物をしてローストされるか、どちらかを選んでもらいたい」。アヒルたちは呆然として沈黙し、すぐに羽を逆立てて混乱状態におちいった。ショックと恐怖、狼狽が、さざ波のように水面に広がった。「でもふたつの違った方法のどちらか選んだほうで調理されて、ぼくらが人間に食べられてしまうなんて、全然選ぶなんてものじゃないよ」と彼らは苦情を言った。「ぼくらは調理されない（殺されない）という選択肢を望んでいるのです」。農民は説明した「でもそういう選択肢は許されていないのだよ」。

いまや、われわれ人類がこの寓話のなかのアヒルみたいなものだ。「農民」はわれわれに、気候変動に直面して利用できる広範な経済的選択肢を提示している。地球温暖化がわれわれの経済的行動にどのようにつながっているかについてのすべての知見にもかかわらず、公式に提示されているどのひとつの選択肢も、温暖化を抑えるには程遠いものだ。どれを選んでもわれわれは「調理されて」しまうのだ。しかし幸いなことに、寓話のアヒルたちに比べると、われわれは複雑な言語、人類の意識、他の指と向かい合わせることができる親指という有益な組み合わせをもっている。われわれは選択肢の幅を広げて、外見的には事前に決められていた結果を変えるために、はるかによく準備ができているのだ。

ある人たちが言うように、われわれはローストされたり、マリネにされたりするのを拒むために使える民主的システムさえ持っている。そのような自信を持つにはしかしながら、さらなる研究を必要とする。

しかしここでは、われわれは広範なスキルと人類の創意工夫能力をもっており、生態学的債務危機を解決し、破局的気候変動を防ぐためにそれらすべてを投入できると想定してみよう。オープンから逃れ出るための計画の重要な構成要素、自分たちで始めることができ、農民を説得するために使えるものは、何だろうか。

ここにひとつのスケッチがある。それは包括的なものでも排他的なものでもなく、それぞれのポイントだけで展開してひとつの章にできるし、一冊の本にさえできる。もちろん本書の初版（二〇〇五年）の半分は異なる前進方法のアセスメントであったが、穏やかに書き直した要約に代わるものはない。結局のところ、短く要約することは、長く論じるよりもずっと困難である。ノーム・チョムスキーはかつて、ある問題についての彼の思想を五〇〇語で要約してほしいというリクエストをやんわりと拒否して「五〇〇〇語で要約しろというのなら、できなくもありませんが」と述べた。

債務から逃れ出る：地球という島の上でいかに繁栄するか

最近私は、ふたつのことに強い興味をもつようになった。ひとつは古代ローマの歴史についてのもので、ビクトリア朝時代の英国では受け入れられるものであったが、現代では不適当である。もうひとつはアフリカでの人類の進化という遠い過去（数百万年から数十万年前）についてのもので、彼らの子孫たちがいま地球全体に広がっている。これは古人類学研究の新しい流れとして絶えず修正されているものだ。英国における人類の歴史だけをみても、最近の研究では二十万年以上前までさかのぼるようになった。（訳注3）

少しばかりいきあたりばったりの関心事だが、それらを追求するなかで私は、われわれの優先順位を再調整すべき、さらにふたつの理由に巡り合った。

最初の関心事は「進歩」の性質を問い直すものである。人間および環境へのコストをもたらすとき、なにが進歩を正当化するのだろうか。そしてそれがわれわれの最終的な没落の萌芽を含んでいるとするなら、果たしてそれを「進歩」と呼ぶことはできるのだろうか。第二の穏当な洞察は――まともな歴史家には明白かもしれないが、ほかの人たちにはしばしば挑戦的かもしれない――進歩はある種の不死身で止められない古代ローマの軍団のように直線的に進むものではなく、ローマの場合でさえそうだったように、文明への贈り物が最終的には何世紀ものあいだ失われることがあるだけでなく、そもそも広範な奴隷制経済に基礎をおくものだったということである。

英国における人類の定住の経緯はそれ自体、安定な気候に支えられた文明の保持がいかに困難であるかをわれわれが認識するのに十分なものである。最初の人類は七十万年前に英国に到達したと考えられているが、そのときの気候は、カバがイーストアングリア地方をドシンドシン歩き回るのに十分なほど温暖なものであった。

しかし一万一千五百年前にようやく継続的な定住がなされるようになった。気候の激しい変化に対応して、英国では何度も繰り返して住む人がいなくなり、そのたびに新たな定住者を必要とした。(原注1) 莫大な時間が経過し、ときには十万年以上経過したが、そのあいだ池に人が小石を投げ込む音さえ聞こえなかった。小石を投げ込む人もいなかったし、それを聞く人もいなかったのである。

過去五十万年のなかでもっとも安定した気候の時期のひとつに暮らすことは、われわれを非常に偽りの安全保障感覚に安住させた。いまやたとえわれわれが暴走的な気候変動を回避できたとしても、すでにため込んだ生態学的債務によって確定された気候変動は、秩序のある、まずまずよくできた社会の維持が、深刻に揺さぶられることを意味している。

　これらすべては、経済成長と国際競争への現在の経済的な強迫観念から離れて、われわれが少なくとも社会の制御を維持するのを助ける諸原則へと向かうための再調整が必要なことを、さし示している。

　新しい焦点は、外部からの経済的および環境的ショックへのレジリエンス（強靭性）を最大化すること、適応能力、そして自然資源の世界との「動的平衡」状態へと消費パターンを変えること――（いくつもの地球に相当する資源を必要とするのでなく）ひとつの地球の範囲内で暮らすという目標――であろう（下記を参照。私はハーマン・デイリーのいう「定常経済」に賛成しているが、「動的平衡」[訳注4]という用語を好んでいる。この用語はふたつのことの関係をよりよくとらえているように思われる。つまり、われわれの消費パターンとそれを支えるバイオロジカル・キャパシティー（ある地域または地球全体の生態系が供給できるリソース量）のバランスをとる必要があるが、それは決して静的なものではないのだ）。

　だからわれわれの課題はいかにしてレジリエンス、つまり適応能力を構築し、社会と自然資源のあいだの動的平衡に向かいながら、同時に公平性と充足性を確保するかということなのだ。

訳注3　英国にはネアンデルタール人（絶滅）とホモ・サピエンスが暮らしてきた。七百万年前に人類の祖先がアフリカでチンパンジーとの共通祖先から分岐し、二十万年前にアフリカで現生人類（ホモ・サピエンス）が誕生したというのが現在の通説である。

訳注4　福岡伸一『動的平衡』木楽舎、二〇〇九年、などを参照。

最初に、現実を見てみよう。

現実を直視する

もし広告の主張だけで世界を救うことができるのなら、われわれはいまでも安心できるだろう。ＢＰが「ＢＰ」というイニシアルの意味は「ブリティッシュ・ペトロリアム（英国石油）」から「ビヨンド・ペトロリアム（石油を超えて）」に変わったのだという広告キャンペーンを始めたとき、それは気候変動についての企業行動の新しい時代の始まりを告げるかのようにみえた。しかし前述のように、「ビヨンド・ペトロリアム」が実は「さらなる石油」を意味していることがわかった。しかしＢＰの戦略はほかの理由から意義がある。

それは企業が推進する中心的なビジネスとまったく反対の、グリーン（環境にやさしい）のイメージと短い説明文を用いて、自信に満ちた新しい広告トレンドを示しているものである。別の石油会社であるシェルは、その創造的な努力ゆえに英国広告規制局（ＡＳＡ）から叱責を受けるところまでいった。その広告の多くは、消費者をだましてシェルは再生可能エネルギーの会社だと信じさせかねないものだった。彼らの広告は文字通り花の力をイメージしたものだった（訳注５）。

ＡＳＡは、シェルの広告をその炭酸ガス排出の全量が温室のなかで植物を育てるのにうまくリサイクルされるかのような印象を与えていると非難した。実際、シェルの事業から排出される炭酸ガスのわずか一％が植物の光合成に利用されているのは本当である。後にＡＳＡはシェルのある広告についてもう一度裁定をくだした。そのなかでシェルはカナダのオイルサンドの開発——化石燃料のもっとも汚染が多く、非効率な形態のひとつである——がエネルギー需要を満たすための「持続可能な」アプローチのひとつだと主張していたのである。ASAだけがそういう判断をしているのではない。BPとシェルの両社は、広告ではグリーンなエネルギーへの関与を強調しつづけながら、重要な再生エネルギープロジェクトへの参加は削減させていた。

ランドローバー（英国の4WD自動車会社）は、大きくて重い、燃費の悪い車をつくっているが、カーボン・オフセットの奇跡を通じて罪のない自動車旅行を約束する企画をしている。しかしすべての新車に対して四万五〇〇〇マイル相当のカーボン・ニュートラル化された運転を提供するという彼らの主張は、非論理的であり、虚偽である。それでも自動車は、よりふつうの居場所であるロンドン北部のスクールゾーンでの交通渋滞のような場面に比べて、すばらしい自然景観のなかで広告写真にとると、偉大にみえるものだ。

パワージェン社を買収したドイツのE・ON社は別の興味深い事例である。それは「自然の力」というキャッチフレーズで自社を宣伝している。同社の広告——強い風が吹き、野生動物が前触れなしにあらわれる光景の組み合わせ——はやはり、主に再生可能エネルギーを売る会社（あるいはサファリ旅行を組織する会社）だという印象を作り出す。

しかしE・ON社の主なビジネスは、石炭火力発電所——英国のキングスノースで新型の石炭火力発電

訳注5　ここで述べられている、いわゆる「グリーン・ウォッシュ」については、シャロン・ビーダー『グローバルスピン　企業の環境戦略』松崎早苗監訳、創芸出版、一九九九年、などを参照。

所を推進する会社である――と、天然ガス火力、原子力発電所の組み合わせで電気をつくることだ。実際、環境団体グリーンピースによると、同社は会社として、英国最大の温室効果ガス排出企業だという。E・ON社の広告戦略は、英国で建設予定の新型石炭火力と原子力発電所の組み合わせを、政府に認可させることで利益を得ようと計画し、また期待して、ポジティブな企業イメージを維持しようとする文脈で、よりよく理解できるものだ。

E・ON社自身が広告のなかで言っているように、それは「英国で原子力開発の機会を追求しようと計画していることを公表した多くの会社のひとつ」なのだ。

その皮肉、そして問題点は、グリーンをよそおった広告が広がり、気候変動についての市民の認識が増大するにつれて、ロンドンのシティ（金融街）を通じて化石燃料産業につぎこまれるお金も増大し、不都合なことに温室効果ガスの排出も増加するということだ。

ロンドンブリッジ・キャピタルのクリーン技術専門家であるマーク・カンパナルは「ロンドンは化石燃料産業の拡大に資金を提供するグローバルな中心地になった」と述べており、「この点について国家財政委員会やその一部である金融サービス機構（FSA）が何もしないことは、ほかの領域で行なわれるポジティブな政策、たとえば炭素排出権取引市場や、市民の自発的行動を通じて得られる成果の足を引っ張ることになる」と付け加えた。(原注2)

豊かな諸国の技術進歩にもかかわらず、温室効果ガス排出の総量は増え続けている。先進工業国および復活した中東欧諸国における経済成長におされて、排出量は二〇〇五年に「過去最高」を記録し、年々記録を更新している。(原注3) 輸送部門からの汚染がもっとも早く増大している。

ポイントはこうである。われわれのまわりにいる馴染みの名前の企業も政治家もみんな、あたかも根本的な変革は必要ないかのように行動している。それが基調をかたちづくり、「見物人効果」と呼ばれるものを煽った。「見物人効果」とは、多くの人が聞いたり目撃したりしたのに傍観していた、悪名高い、だらだら続いたある殺人事件のあとで、心理学者のジョン・ダーレイとビッブ・ラタンが提案した概念である。それが示唆するのは、人びとが集団状況にいるときよりもむしろひとりのときに、緊急状況に反応しやすいということだ。[原注4] ダーレイとラタンは、ボランティアに部屋のなかで用紙に記入させ、すこしあとで部屋に煙を充満させることで、彼らの仮説をテストした。被験者たちは知らされていなかったが、一部のボランティアは煙を無視するように指示されていた俳優たちと一緒に部屋に入れられた。ひとりで残された人は素早く煙のことを報告したが、静かに記入を続けるほかの人々に囲まれて部屋にいた人たちは、報告しなかった。「驚くべき発見は、ほかの人々が行動しないことが、われわれ自身への脅威を過小評価させるということだった」とあるジャーナリストは述べている。[原注5]

いまでは、気候変動に関連して、われわれは怠惰の積極的奨励にとりかこまれている。忍び寄る災厄について安心させて、誤解をまねく多くの声があるので、多くの人が心配してはいるが受動的な見物人になったように感じるのは驚くべきことではない。

自動車と飛行機を「環境汚染の方程式から外そう」として、自動車産業と航空産業から多くの嘘が発せられている。これらはたいてい、バイオ燃料、水素燃料電池、電気のような新しい燃料資源のわずかな導入を求める婉曲表現である。バイオ燃料の消費増大は、いくつかの理由から問題含みのものであった。様々な程度にバイオ燃料は、貴重で生産的な農地から不可欠な食料作物を排除して、貧しい人びとの食料価格を引き上げて食料暴動をもたらし、ある状況のもとでは化石燃料以上に炭素効率が悪いものとして、非難されてきた。たとえば泥炭地を乾燥させてパームオイルを生産させる場合にはそうなる。(原注6) しかしもっと一般的にいうと、代替品を提示するこれらすべての産業がエネルギー保存の法則の限界を破る新しい物理法則を発見しない限り、エネルギー代替品だけで地球環境問題を解決できるという発言を許すべきではないだろう。(訳注6) だから産業界、政府、一般市民が直面している課題は、レトリックと現実のあいだの拡大するギャップを埋めるということである。

樹木から得る木材について語る代わりに、われわれは石油掘削装置の代わりに風力タービンを、原子力発電所の代わりにソーラーパネルを求めるべきである。化石燃料集約的な活動にたずさわるすべての企業の広告は、政府系企業であろうと民間企業であろうと、石炭、石油、天然ガスの燃焼がもたらす公衆衛生と環境保全への脅威について、煙草の箱のようなスタイルの警告表示をつけるべきであろう。それらは炭素排出量と法的責任についての全面的な環境情報公開や、危険な気候変動を避けるための最良の科学的知見に沿った、年ごとの排出削減目標と組み合わせるべきであろう。そうなるまでは混乱を避けるために、われわれはたぶん、公共の場所での広告を禁じたブラジルのサンパウロの事例にしたがうことができるだろう。

それから、大きなオフセット神話を捨てる

われわれは進歩を判定するための有意義な尺度を必要としている。評価の高いティンダル気候変動研究センターのケヴィン・アンダーソンによると、英国が潜在的に不可逆的な地球温暖化を防止しようとする

ならば、今後数十年のあいだに、毎年七〜一一%の範囲で温室効果ガス排出を削減する必要がある。（原注7）
実際のところ、新しい技術とエネルギー効率の改善だけでは、そのような規模の救済措置を行なうことは端的に言って不可能である。年に二〜三%の控えめな経済成長を想定して、彼は経済の炭素集約度を年に一三%程度ずつ削減する必要があると示唆している。しかしおそらくもっとも改善の余地がある国である米国でこれまでに達成された最大値でも年に二・七%にすぎない。今日では年あたりの改善は一・六%あたりに停滞している。（原注8）
カーボン・オフセットについてはどう考えるべきだろうか。それはしばしば何かをしたいと望んでいるビジネス関係者が最初に思い浮かべることである。そのような計画から得られるお金をクリーン技術に充当することは、明らかに良いことでありうる。しかし警告に対する弁解としては、「オフセット」は深刻な科学的誤りである。
それは単に排出を勘定するのが難しいからとか（ある場所で燃やされる炭素のトン数を、別の場所で捕獲され、あるいは「押収される」トン数とマッチさせることは、しばしば不可能ではないにしても、悪名高いほど困難である）、悪いプロジェクトがあるからとか、あるいは化石燃料のような安定な形でたくわえられている炭素を、容易に枯死したり燃やされたりする森林のような不安定な形と交換することは、「炭素ロンダリング」――深い地層に安全に固定されている炭素を、乾期にマッチの火を落とすだけで大気中に再流入する炭素で置き換えること――だからという理由だけではない。（訳注7）

訳注6　天笠啓祐『バイオ燃料　畑でつくるエネルギー』コモンズ、二〇〇七年、などを参照。
訳注7　「炭素ロンダリング」はもちろん「マネー・ロンダリング」からの連想である。

オフセットとは、すでになされた排出を補償しようとすることである。それは炭素を吸収し、貯蔵するために設計された林業プロジェクトのような、様々な方法で行なわれる。ほかには、炭素集約的な活動を炭素非集約的な活動に置き換える——たとえば、より効率的な工場を奨励するとか、貧しい諸国での調理のための家庭用ストーブの改善など——ことを追求するものもある。とりわけ、計画の大多数は、責任の負担を豊かな北の消費者から、貧しい諸国へと移すものであり、かかる費用などの理由から、オフセットのプロジェクトの多くは発展途上国で行なわれている。ある人びとの言うところによれば、オフセットとは、自分のやりたいことができると安心するために、別の誰かにお金を払うようなものだという。

いくつかの理由から、オフセットの基本的な論理は間違っている。石炭、石油、天然ガスを燃焼することによって深い地層から解放される一トンの炭素は、何十年も、おそらくは何世紀ものあいだ大気中にとどまるだろうし、そこでは温室効果を発揮し続けるであろう。いったん大気中に出てしまうと、氷床の融解や海洋の温暖化のようなフィードバック機構の引き金を引くことによって、炭酸ガスを吸収する生物圏のなかの自然のシンク（吸収源）の能力を弱めることになる。オフセットのふたつの基本的なアプローチのどちらも、すでに放出された炭素を十分に補償することはできない。

第一に、植物の生長を通じて炭素を再捕獲するという計画は、植物、土壌、森林が炭素を吸収するのに時間がかかり、容易に再放出することもありうるような温暖化した世界では、うまくいくかどうか不確実である。第二に、汚染の少ない行動を奨励することによってオフセットする計画は、すでに放出された炭素を実際に大気中から除去するためには、何もしてくれない。両方の場合にダメージは加えられたままであり、善意であっても治療は患者の役に立たない。それは海中で泳ぐスキューバダイバーから酸素ボンベをとりあげて、五十年以内には地球の裏側の別の海に別の酸素ボンベを投下するから大丈夫だと約束するようなものだ。

何がなされようと、いったん当初の汚染によって二酸化炭素が大気中に入るならば、そこにとどまり、今後数十年のあいだ温室効果を引き起こす。

やはり必要なのは、そもそも温室効果ガスが、正のフィードバックという「環境ドミノ」効果によって地球温暖化が潜在的に制御できなくなるほど蓄積するのを、防ぐことである。

技術という魔法の弾丸の宣伝に注意せよ

NASAのジェームズ・ハンセンの指摘をふまえて、グローバル経済は、大気中の二酸化炭素濃度が三五〇ppm以下に下がるように、「カーボン・ニュートラル」（炭素を増やさない）を超えて「カーボン・ネガティブ」［炭素を減らす］に進む必要がある。(原注9)

エコロジー的ドミノが崩れ始める限界点を超えると、所与の高いレベルで安定化させようと試みても、気候ルーレットの制御できないゲームになってしまうだろう。それとは違うことを示唆するのは、気候変動論争と国際交渉において、根強い重大な見過ごしであったといえるだろう。石油会社BPから英国政府の元首席科学顧問デヴィッド・キング卿にいたる多くの人が、五五〇ppmよりも低い目標を設定するのは「実際的」でないと示唆してきた。しかしいったん制御できない環境フィードバックの引き金が引かれると、いずれかのレベルで温室効果ガスを安定化させることは、誰も確約できなくなる。生命圏は大気という熱い屋根の上で踊らされる猫のようになってしまい、独自の拍子と仕組みで動くようになって、われわれの嘆願や忠告を聞いてくれなくなるだろう。

われわれが避けねばならず、それを越えてしまうと破局的結果に直面することになる限界点というものがある。そのテストに適合しない行動方針はいかなるものでも、敗北することになる。

本書の初版（二〇〇五年）において、私は原子力を、気候論争における「静かに白熱する放射性の燻製にしん」のようなもの（猟犬や人の気をそらすおとり）として退けた。残念ながら、そして明らかに、それだけでは産業界が自己利益のために情報を操作するのを防ぐことができなかった。いまやわれわれは、英国が、原発の新規建設という、高価で非効果的なプログラムに乗り出すかどうかの瀬戸際にある。現行の原子力技術は究極的に「エネルギー的に破綻している」と考えるいくつかの分析は、しばらく脇においておこう。その分析が述べているのは、核燃料サイクル、放射性廃棄物の管理、廃炉のために必要なエネルギーは、原子力が生み出すエネルギーを上回るものであり、持続可能性にも、エネルギー供給の安全保障にも寄与しないということだ。(原注10)(訳注8)

たとえそのアセスメントがあまり正確なものでないとしても、原発の新規建設への現在の英国政府の前のめりの姿勢は、歴史上もっとも危険で背信的な政策選択である。なぜなら、再生可能エネルギー、エネルギー効率改善、省エネというもっと効果的な政策から、資金や優先順位や政治的焦点を奪ってしまうからだ。何ということか。英国に原発推進の機運が広がっているという残念な状況（二〇〇九年現在）の詳細については、私が同僚とともに新経済財団（ＮＥＦ）のために書いたレポートを参照してほしい。(原注11)

手短に言うと、原子力企業の言い分にもかかわらず、地球温暖化への対応策として、原子力はあまりも遅く、あまりにも高価で、効果も限られている。テロの脅威の時代において、原子力は解決策である以上に、安全保障リスク（核テロのリスク）であり、放射性廃棄物と廃炉という未解決の問題への回答も見通しが立たない。炭素排出削減に要する相対的費用という観点でみると、原子力はより効率的な代替案の長いリストの最後に来る（費用が高い）。また神話とは反対に、原子力はそれ自体が炭素排出のないエネルギー源ではない。その生産の様々な段階（ウラン濃縮など）で化石燃料エネルギーが必要とされるからだ。品位の高いウラン鉱石が枯渇していくにつれて、原子力はますます高価で炭素排出量の多いものになっていくだろう。（訳注9）

良い生活は地球に負担をかけないことを思いだそう

いまや中庭用のヒーターに燃料を入れたり、4×4（四輪駆動）の留め具のゴムを燃やしたり、長い週末にロンドンからロサンゼルスに飛行機旅行したりするあなたの自由に、緑の手錠（環境負荷への規制）

訳注8　安倍政権も「原発が地球温暖化防止に寄与する」という神話にしがみついていることは言うまでもない。財界は「原発比率一五%以上」を要望していたが、安倍政権は「原発比率一五～二〇%」を検討したのち（一月）、「二〇三〇年の原発比率二〇～二二%（再エネは二二～二四%）」を提案した（二〇一五年五月）。これは七月に決定された。戸田清『核発電を問う』（法律文化社、二〇一二年）も参照。

訳注9　品位の低い、つまりウラン含有度の低い鉱石なら、精製・濃縮により多くのエネルギーが必要で、石炭火力への依存度も大きくなる。なお、温室効果は火力>原子力>水力であるが、原子力は火力より熱効率（熱から電気を得る効率）が悪いので、熱汚染は原子力>火力>水力となり、原子力は温暖化対策にならない。

をかけられる音がひびくのが、聞こえるだろうか。気候変動に対応して消費行動をラディカルに変えようという呼びかけは、権威主義的だとみなされて中傷される傾向がある。

暴走的な気候変動から文明を救う必要性について最終的に合意が得られつつあるようにみえるときに、鋭く皮肉な反応をする人たちが、環境運動は自由への脅威なのだと非難している。部分的にこれは、反環境主義者の共謀による機会主義的でイデオロギー的な介入をあらわしており、燃料と食料の価格上昇への大衆の純粋な懸念につけこもうとするものだ。(訳注10)

それは、テレビに出演する自動車評論家ジェレミー・クラークソンが、ネコをいじめてはいけませんと言われた子どものように、困惑して怒りをぶちまけることから、極左と極右の政治的アジテーションのように洗練されたものまで、様々である。さらに奇妙なのは、自由市場派のチェコ大統領ヴァーツラフ・クラウスの(訳注11)「緑(環境保護)の手枷足枷」についての本が、猛烈に保守的な競争的企業研究所から出版されたことだ。実際、彼が示唆するのは、気候変動と闘うことは、ソビエト共産主義のような規模での自由への脅威だということだ。ともかく、温暖化した世界のなかでわれわれが熱でやられるか、溺れ死ぬかの自由を主張することには、信仰の自由、結社の自由、民主主義、普通選挙権のような大義にみられる道徳的活力が欠けている。(原注12)

しかしバックラッシュ(反動)は、石油価格の不安定性、地球温暖化の現実と、両者に対する政策的対応にうながされて、広がるばかりのように見える。必要な変革の規模と深さがますます明らかになるにつれて、個別的消費にかかわる規制をより多くではなく、より少なくすべきだという声が、大きくなりつつある。彼らは「自由」の訴えのもとに結集している。

しかし「緑の手枷足枷」について語ることは、「児童労働廃止」のための手枷足枷、あるいは互いの家に放火することを阻止する法律の手枷足枷について語るようなものだ。われわれの生活様式の（エコロジカル・）フットプリントが地球という靴の大きさを超えてしまうのを阻止するために、十分なレベルの消費という目標を設定する必要がある。

制約されない贅沢を求める個人的自由が、他者の生き残る自由を否定してしまうかもしれないという自覚は、新しいものでも、左翼や環境主義者に限られるものでもない。「完全な自由の唱道は、……現実には、その意図が何であれ、自由の敵になってしまう」とその著書『開かれた社会とその敵』で述べたのは、保守的な哲学者カール・ポパーであり、ポパーは、制約されない個人的行動について次のように考えた。

自由は、制限されないならば、すでに見たように、自由そのものを廃棄する。無制限の自由が意味しているのは、強者が自由に弱者を脅しつけ、弱者からその自由を強奪するということである。(原注13)（『開かれた社会とその敵』内田・小河原訳、下巻一一七頁。これは「自由のパラドックス」についての議

訳注10　たとえば弱者の味方のふりをして「環境税は物価を上げるから低所得層を困らせる」と主張するなど。

訳注11　クラウス大統領は二〇一二年に「EUのノーベル平和賞受賞は悲劇的誤り」と述べたことでも知られる。一九九三年にチェコスロバキアはチェコとスロバキアに分離。チェコの初代大統領はバーツラフ・ハヴェル（一九九三〜二〇〇三年）、第二代大統領はヴァーツラフ・クラウス（二〇〇三〜二〇一三年）、第三代大統領はミロシュ・ゼマン（二〇一三〜　）である。クラウスの邦訳に、ヴァーツラフ・クラウス〔若田部昌澄 監修、住友進訳〕『「環境主義」は本当に正しいか？　チェコ大統領が温暖化論争に警告する』（日経BP社、二〇一〇年）がある。

論の一部である。〕

消費者の自由な選択というマントラ（無意識の信念）が、われわれの個人主義的経済システムを支えている。しかしいまや、われわれの自由への最大の脅威となっているものは、個人的選択の過剰を抑制する措置の不在である。それは憂鬱で不必要な脅威であり、誇示的消費（ヴェブレンの用語）という袋小路をわれわれの福祉よりも優先させることから生じるものだ。

　われわれを奴隷化するのは消費主義であって、最悪の過剰消費を終わらせようとしている環境主義ではないということを、いまやわれわれは主張すべきだ。消費主義という大義がわれわれを職場に縛り付けてきたのであり、友人、家族、現実的な満足をもたらすものに背を向けさせてきたのである。われわれは稼ぐために、幸せを約束するが、倦怠と不満足のみをもたらす消費者向けのがらくたを買うために、より長時間働いている。（訳注12）なぜか？

　人びとの買い物習慣についてのある驚くべき研究が、制約されない消費者の選択についての根深い神話を打ち破った。別々にされた買い物客は、六品目あるいは二四品目のジャムのなかから試食してみるように求められた。選択肢が広いほうがより多くの人々をひきつけたが、平均すると、どちらの状況設定のもとでも、個人はだいたい同じくらいの数の試食品をためしていた。しかしレジにおいて、本当の違いがあらわれた。より少ない選択肢を示された被験者のほうが、十倍の頻度で実際の購入をしたのである。（原注14）

　ほかの買い物客たち（より多い選択肢を提示されたグループ）は、多すぎる選択肢に麻痺させられてしまったのだ。選択をする際には大きな心理学的コストもあらわれるもので、多くの選択肢を提示されるほど、コストも大きくなる。だから、より重要な目標（住みやすい地球とか、それを必要とする人々への配慮などのような）よりも消費者の選択を優先する社会は、高くて持続的な不満足を助長する社会なのである（地球と世界全体に与える影響ついては言うまでもない）。多すぎる選択肢は、実際には悪いものでありうる。もちろん、もし選択が些細な違いしかないもののあいだで行われる場合には、たとえば数種類の地場産の季節的栽培の品種でなく、同じように味のない大量生産で周年栽培の「グローバルな」りんごの品種の間でなされる場合には、そもそも選択などと言えるものではない。

バリー・シュワーツは、著書『選択のパラドックス』のなかで、くじの勝者についての古典的な事例を紹介している。勝者は一般大衆と違わない幸福感を証言しているのだ。シュワーツは次のように説明している。

> 第一に、人びとは良い運命にも悪い運命にも慣れてくる。第二に、良い経験（ここではくじ引きで当選すること）についての新しい基準は、比較による満足感よりもむしろ、日常生活の通常の喜び（入れたてのコーヒーのにおい、咲いたばかりの花、春のうららかな日のそよ風など）の多くと同じ満足感を作り出すかもしれない。(原注15)

ますます敵対的になる環境から文明を救うための行動は、フットボールのピッチの大きさのテレビスクリーンを持つことを禁止する抑圧的な規制を意味すると言われているし、言われ続けるだろう。それに対

訳注12　ジュリエット・ショア『浪費するアメリカ人』森岡孝二訳、岩波書店、二〇一一年、などを参照。

する答えとして、われわれは、もしいまわれわれが人間のニーズ、福祉、社会的正義と、地球の利用可能な資源をバランスさせようとするならば、われわれは「緑の手枷足枷」を呪うのではなく、炭素の鎖（呪縛）を壊そうとするだろう。一部の人たちはそれを「解放のエコロジー」とさえ呼んでいる。(訳注13)

正しい道路標識を用いる

われわれの問題は、英国のような豊かな諸国での経済成長と生活水準向上が、伝統的な経済理論のなかにも、政策決定者の頭のなかにも、しっかりと組み込まれていることだ。しかしその理論は間違っている。英国だけでも、われわれの経済は過去数十年のあいだ持続的に成長してきたが、諸研究が次々に示しているのは、われわれの人生への満足感が増減せずに横ばいになっていることだ。同様な傾向は、ほかの先進工業国にもみとめることができる。

外観上の矛盾に直面したときに、政策を前進させるためには、どのような種類の指標が良い手がかりになるだろうか。たとえばわれわれは、どれだけの化石燃料を投入すれば、比較的長く、満足のいく人生というような望ましく意味のある人間にとっての成果が得られるか、という効率を評価する必要がある。基準や比較できるデータは、これらすべての要因について、ほとんどの国で存在する。興味深いことに、生活の満足感をもたらす手段の健全性を疑う人びとにとっては、それらは健康、うつ状態、自殺についての広い範囲の量的データと密接に相関している。言い換えると、正しい方法で問われたときには、人びとは自分たちの全体的な福祉についての良いアイデアをもっている。平均寿命と満足感を結びつけることはおそらく、人間福祉のもっとも根本的な指標——学者が「健康寿命」と呼ぶもの——をもたらす。その時点までに、資源のインプットを、炭素だけであれ、エコロジカル・フットプリントによって測られるすべての資源であれ、足し算すると、社会は長い幸福な生活をもたらす相対的な環境的効率の尺度を得られる。炭素を用いてこの分析をヨーロッパに適用してみてもらいたい。そうすれば、驚くべき心配な実態があらわれる。知識伝達の成功、資源節約型のサービス経済などについて多くのことが語られているにもかかわらず、ヨーロッパの主要国は全体として、平均寿命と満足の観点で市民の福祉を向上させるうえで、炭素効率（一定の成果をあげるために必要な炭素排出量）は良くなるよりも、むしろ悪くなってきている。ヨーロッパは一九六一年当時よりも炭素効率が悪くなった（原注16）。

より良いニュースがヨーロッパ全域から、それ以上にむしろ英国の国内から来ているが、それは、生活様式が多消費型で資源集約的か、あるいは低消費でエコロジカル・フットプリントも小さいかにかかわりなく、人びとはそれなりの福祉レベルを実感しているということだ。それなりの福祉を感じる消費水準の幅は大きく、もし世界中の人びとにいきわたるならば地球六個半ぶんの資源消費量になってしまうレベルから、世界中にいきわたっても地球一個分でおさまるレベルにまでわたっている。

さらに興味深いのは、英国および欧州全域にある様々な生活様式の背景にあるもののスナップショットだ。新経済学財団（NEF）によって行なわれたユニークな調査で、三万五〇〇〇人以上の人びとが、彼らの一般的な日常生活の消費レベルと、福祉のレベルについて回答した（原注17）。

訳注13　「解放の神学」とのアナロジーもあるかもしれない。

消費量が異なる場合の生活満足感を比較したとき、相関はほとんどまったく見られなかった（左頁の図を見よ）。あなたのエコロジカル・フットプリントでみたときに、世界中をボーイング747ジャンボジェットで旅行するとか、贅沢な高級車ベントレーで旅行するよりも、資源節約的な生活をしていても、十分に良い生活ができそうなのだ。

これは、ほとんどのヨーロッパ諸国の経済発展段階において、基本的な物質的ニーズのほとんどが満たされているときには、ほかの要因が福祉の高低を決めるからだ。そうした要因のなかには、家族生活の質、友情、学習とか、創造的な時間とか、意義ある仕事のような、持続的な満足をもたらす機会といったものが含まれる。概して、これらは豊かさを求める強迫的な活動の「ヘドニック・トレッドミル（快楽のランニングマシーン）」（収入の増加と共に人の幸福感も増大するが、期待や大志も大きくなるため、結局はほどほどの幸福感が維持される一般人の傾向）のなかでは、おしつぶされてしまいそうなものでもある。

新経済学財団の同僚たちによる研究は、多くの学術文献にもとづいて、人間の福祉を最大化し、それがなければ逆に福祉を低下させてしまいそうな、五つの鍵となる要素を確認した。

それらは実のところ、毎日五種類の果物と野菜の消費を勧める栄養指導に対応するような、心理学的なアイデアである。それらすべてはたまたま、好都合なことに低炭素的な性質をもっている。それらには、次のものが含まれる。活動的であること、生涯学習、自分のまわりの世界に注意を払うこと、ものを与えること、友人や隣人や同僚とのつながりである。それらは単純にきこえるけれども、実践すると福祉を有意に向上させることが示された。もしあなたが幸福になりたいなら、物質的満足を満たすための高収入を求めて、これらの五つの要素の追求に必要な時間を犠牲にするならば、それは明らかに逆効果だというこ

英国におけるエコロジカル・フットプリントと主観的な生活満足度（訳注14）

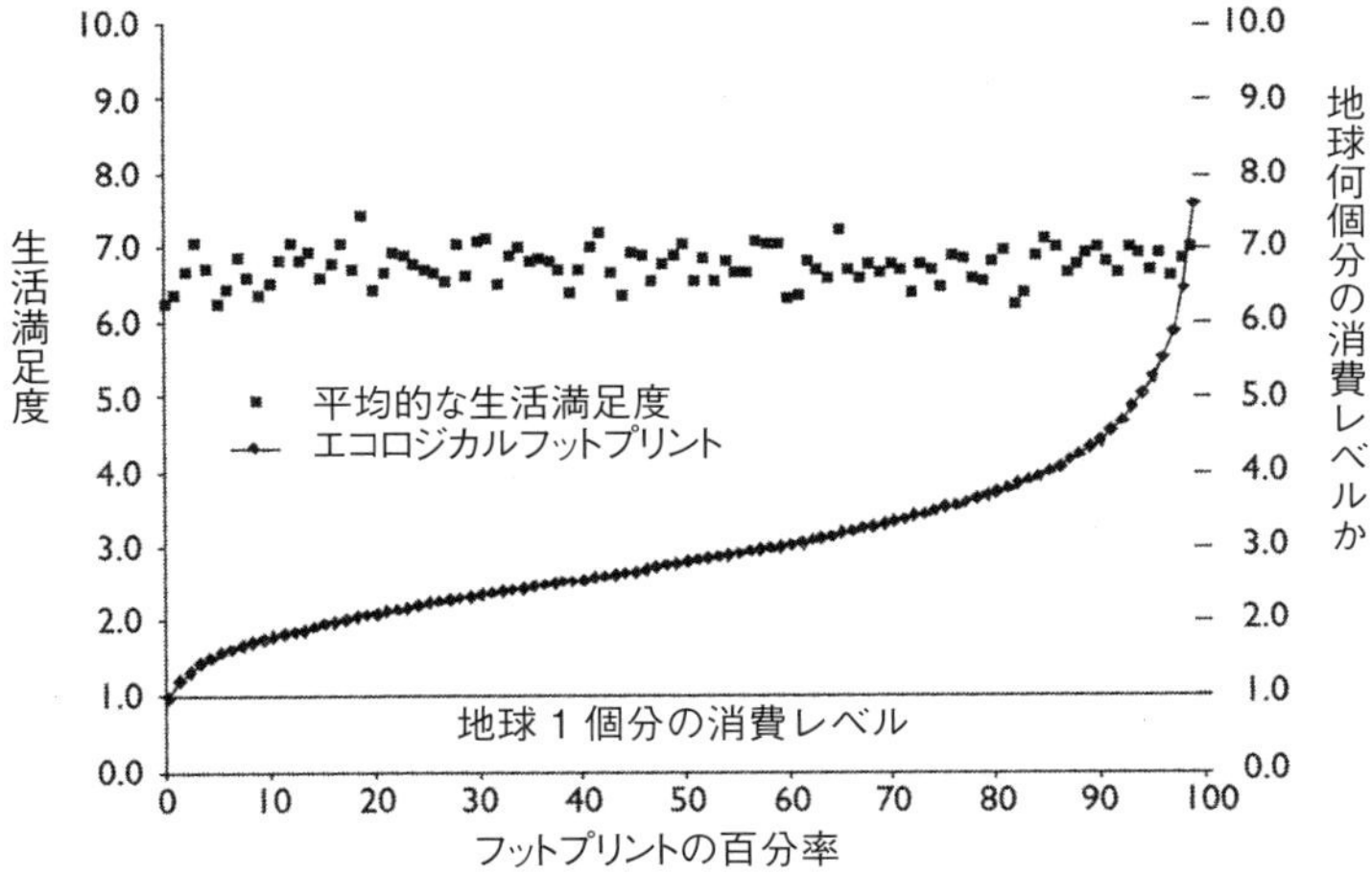

出典　欧州幸せな地球インデックス（新経済学財団）
訳注　URLは、下記。http://www.neweconomics.org/publications/entry/the-european-happy-planet-index

（原注18）とだ。

政府と産業界への重要で困難なメッセージは、われわれが単なる効率改善や技術的解決策ではなく、消費の絶対量の削減を必要としているということだ。

もちろん良いニュースは、従来の生活様式に代わるものとして、いずれにせよしばしば悲惨を作り出す大量消費への依存度がより少ない、新しくてより充実した生活様式が可能だということだ。

たとえば、緑（環境保護）の資格認定を得るために、できるだけ努力しているスーパーマーケットをとりあげてみよう。大きなスーパーマーケットで買い物することは、人びとにポジティブな感情よりもむしろ、有意にネガティブな感情を呼び起こす。(原注19) しかしスーパーの人が少ない通路はわれわれを憂鬱にさせるだけでなく（食料経済の仕組みを侵食するとともに、コミュニティのコンビビアリティ［自律協働性］を掘り崩すことは言うまでもない）、大量の浪費をもたらす。廃棄物削減に焦点をあてた政府助成の団体、WRAPは、われわれが三袋の買い物ごとに、一袋分の完全に良質の食料雑貨品を捨ててしまうと報告している。(原注20)

だから、持続可能性を奨励するために、論理的にスーパーマーケットは、顧客に、食料雑貨品の買い物の量を三分の一減らすように奨励すべきである。「一つ買えばおまけが一つ」のプロモーション（Bogof のイニシアルで有名である）の代わりに、提案は「三つ買い物かごに入れたら、そのうち一つを棚に戻そう」（イニシアルは Putpob か?・）」であるべきだ。その好き嫌いにかかわらず、豊かな諸国でより少なく消費することが、持続可能性の必要条件である。

重要なエネルギー市場において、一組の巧妙な提案が、同様の結果をもたらしうる。ひとつの提案は、政府が電気代など水道光熱費に課すことのできる「需要削減義務」である。これは気候変動法案と相まって、必要で大幅な年間排出量の削減をもたらしうる。別のアイデアは、投資家と規制当局が、大手の化石燃料企業を見る観点のコペルニクス的転換である。

現在のところ、石油と石炭の会社の備蓄量は、資産とみなされている。しかしそれらの「資産」をすべて燃やしてしまえば、破局的な温暖化をもたらすだろう。だから、マーク・カンパネルと、ヘンダーソン・グローバル・インベスターズの元同僚で、いまはHSBC気候変動センターの長であるニック・ロビンズによるひとつの提案は、「採取の実績あり」や「採取の見込みあり」といった通常のカテゴリーとは別に、一部の備蓄は「燃焼不可」として登録し、財務上の価値を付与しないことである。われわれは炭素が及ぼす損害コストについての国家財政委員会の一トンあたり一四〇ポンドという推計値も適用して、「資産」を「負債」へと転換することもできる。そのあいだ、石油会社への一時的な追加課税によって、移行の費用をまかなうことができるだろう。

挑戦すべき課題は、英国経済を特徴づけると想定される公的な熟慮と市場の規律のすべてをとりあげて、われわれの環境予算の枠内で生活することを学ぶよう方向づけることだ。炭素の削減に加えて、それが意味するのはたとえば、エコロジカル・フットプリントを公式の計測手段として位置づけ、われわれみんなが利用可能な地球規模のバイオロジカル・キャパシティー（生態系が供給できるリソース量）の公平な一人当たりの分け前の範囲内で生きる——いわゆる「地球一個分で足りる生活をする」——方向にいけるように工程表、政策、資源を調整することだ。

しかし、われわれは率直になるべきで、自分を欺かないようにしよう。変革の規模は、国際紛争（世界大戦）の時期におこった経済の再編成とのみ比較できるようなものだ。われわれは、環境面の戦争経済について語っているのだ。しかしそれは暴走的な気候変動の回避に加えて、真の人間的利益をもたらしうるものだ。豊かな諸国において、消費を削減し、踏み車（終わりのない運動）から降りることは、健康と福祉を改善するであろう。

訳注14　インドのヒンズー教の「黄金寺院」の無料食堂を連想させる。映画『聖者たちの食卓（Himself He Cooks）』フィリップ・ウィチュス、ヴァレリー・ベルト監督、二〇一一年、ベルギー、アップリンク配給。http://uplink.co.jp/seijya/

思い出せ、われわれは前にやったことがある。戦時動員の長所短所の教訓を学べ

「われわれは最善をつくしている」と言う必要はない。必要なことをうまくやりとげなければならない。

ウインストン・チャーチル

前述のように、気候変動は戦時（第二次世界大戦）のような規模の経済動員を求めているという合意が広がりつつある。もちろん戦争が悪であることは自明である。戦争は生命と社会全体を打ち砕き、後遺症はしばしば何世代も続く。しかし、われわれが見てきたように、教訓は単純なものではない。戦争のある種の「意図せざる結果」や、それに対する社会の反応の仕方は、優れたものでありうる。一九四〇年代の英国において、戦争は女性のエンパワーメント（地位向上）、急速な技術進歩、そして国民の健康増進をもたらした。消費の急速な削減という背景のもとで、乳児死亡率は下がり、平均寿命は伸びた。家庭の消費が全般的に削減されるにつれて、自家用車の利用はほとんどなくなり、家電製品の利用も有意に減少した。マイナス面をみるならば、不当利得行為、敗北主義的行動、偏見、パラノイア（偏執狂、被害妄想）、官僚的無能力などがあった（たとえば、市民の保護よりも、国宝的芸術品の保護計画のほうに政府の多くの努力がつぎこまれるようにみえた）(原注21)。われわれの現在の好機は、良い教訓を学ぶとともに、過ちを繰り返すのを避けることだ。第二次大戦中に私の母親は小学生であり、朝八時十五分に登校の準備をしているときに、

ラジオドクターのチャールズ・ヒル博士が「甘い声」で「戦時の賢い食べ方」について熱心に助言する放送に耳を傾けていた。それは『戦時の赤ちゃんの食事』や『成長期の子どもの戦時食』のようなパンフレットに裏打ちされた、英国食糧省の「台所戦線放送」シリーズの一環であった。(原注22)『戦時の食事』の第一章は「あなたが夢見ることを少し」と題されている。それは「賢明でバランスのとれた食事によって、コンサートピッチ（コンサートで全ての楽器の音の高さを合わせるために国際的に定められた基準音）のようにあなたの体調を準備万端ととのえておく」やり方についてヒントを与えており、「からだの内部を強め、温め、リフレッシュさせる」ことにシンプルな食事が果たしうる役割を示している。確かに、それは高飛車な説教であったかもしれないが、現代の昼間のテレビ番組の多くにみられるほどおしつけがましくはないし、彼らが試みていたことを理解し、うまくやってみることができる。

第二次大戦中の消費抑制のアプローチは、一九一四～一八年の第一次大戦中のインフレーションと物不足の経験から影響を受けていた。(原注23)政府の任務はいかにして「供給品の公平な分配」を確保するか、しばしば「迅速な措置」を必要とする「将来の困難を予見し、未然に防ぐか」、にあると確認された。究極的に、大衆はおおむね同意した。なぜなら彼らは、行動の必要性、そして制約によって「日常生活の必需品および慰安の可能な限り公平な分配を確保される」ことを理解したからである。

しかし、一筋縄でうまくいったわけではない。権力の頂点に近いところで働いていたＪ・Ｍ・ケインズは、消費を削減し、貯蓄を増やす方法を見つけるために苦闘した。贅沢品への課税は、ゆっくりと慎重に導入された。「（自由社会に）全体主義的方法」を適用しようと試みていると非難されて、ケインズは、「全体主義国家には、犠牲の分配という問題は存在しないのである」と主張した。彼は自分の目的が「自由社会の分配制度を戦争という制約条件のもとで適合させる方法を工夫すること」であると、とらえていた(原注24)(宮崎義一訳「戦費調達論」『ケインズ全集　第九巻　説得論集』東洋経済新報社、一九八一年、四五五〜四五六頁)。

奇妙なことに、戦争の厳しさが薄れてくると、本国では、良き時代の欺瞞的な特徴があらわれてきた。賃金は上昇し、雇用は増大していた。結果的に、所得全般は、実質的に増大した。それでは、特定の日用品の消費をどのように削減したのだろうか。

政府は戦後の信用供与の約束によって衝撃を緩和したうえで、税率の引き上げで答えた。実際、ある種の義務的貯蓄が導入され、将来の安全保障の増大の約束によってなだめられた。

国民的節約運動は、英国のあらゆる都市や町村で行進や展示会を行なった。ある種の公益企業も協力して、とくに配給制度が困難もしくは不可能なところでは、プロパガンダが広く用いられた。低消費の良い時間を過ごすことにも、大きな焦点があてられた。遠出するのでなく「家庭で休日を過ごす」ためのキャンペーンが行なわれ、ダンス、コンサート、ボクシングの見本試合、水泳大会、野外劇場などのような行事が際限なく行なわれた。——いずれも地方自治体によって組織され、不要な旅行を抑制することで燃料を節約するためであった。戦争が長引くにつれて、比較的「軽い」娯楽への支出が増大し、古典的な消費は減少した。

燃料節約と石油の配給制度

当初は、燃料節約を推進する目立ったキャンペーンが優先され、石炭の「配給制度」は差し控えられていた。手本を示すために、公的機関のエネルギー節約が政府と自治体の建物、店舗、鉄道の駅に導入された。その結果は成功で、一九四三年はじめまでの国内石炭供給の減少は、複雑すぎる配給計画において以前に計画されていた削減幅よりも大きかった。対照的に、石油の配給制度は早期に導入され、「ビジネスおよびその他の不可欠な目的に限ってのみ」配給を利用できるという程度まで強化された。自家用車は「路上からほとんど消えた」(原注25)。

配給制度はニーズにあわせて組織され、ときには異様に特殊なものであった。たとえば時計と腕時計は、ある種の輸入品のアメリカ製目覚まし時計をのぞいて、希少なものであった。しかし一個入手するためには、あなたの仕事が早い起床時間を必要とすることを証明しなければならなかった。

当時でさえ適応は困難であったことを覚えておくことは不可欠だ。一九三〇年代に英国の人びとは洗練された生活を送っていた。広範な輸入食品とその他のぜいたく品は、いま以上に当たり前だとみられていた(選択の幅はいまより限られていたにしても)。輸入食品が棚からほとんど消えてしまえば、苦情が出た。需要を管理するすべての計画の背景には次のような目的があった。

利用できるいかなる配給品であれ、可能な限り公平な分配を確保し……すべての人が必要とするものは、可能な限りすべての人にいきわたるように確保すること(原注26)。

そして配給制度は、すべての国民に一様なものではなかった。母と子ども、社員食堂を欠く農業労働者と鉱山労働者、肉の配給を辞退するベジタリアン、病気の人びと、宗教的規範によって食事に条件が課されている人びとには、特別な許可が認められた。

職場の外でさえ、「共同の食事」(訳注14)は大きなテーマになった。いわゆる「ブリティッシュ・レストラン」（助成金食堂。第二次世界大戦中に英国政府の助成金によって経営されていた食堂）が国民的な制度になった。戦争の終わりまでに、全国で二〇〇〇店以上が、ボランティア組織と地方自治体の共同で運営され、毎日六〇万食以上を供給した。

一般に政府は合理的で進歩的だという理由で、課税よりも配給を意図的に選ぶ。課税だけでは、貧困層に不均衡で不公平な負担を与えるだけでなく、行動に変化をもたらすのがあまりに遅いと彼らは結論した。配給制度は効果がより早く、より公平であると考えられた。「取引可能な配給制度」は、不正行為とインフレーションを促し、「配給の道徳的基礎を掘り崩す」として拒絶された。(原注27)歴史家マーク・ロードハウスは、政策立案にとっての特別な教訓を引き出している。もし現在に移して考えてみると、政府は「公衆に、配給レベルは公平であり、システムは透明かつ公平に運営され、うまくはぐらかす人はまれであり、摘発されて、もし有罪なら厳しい罰を与えられると納得させる」必要があるだろうと、彼は書いている。(原注28)

効果的な地球規模の気候協定についての合意

包括的で効果的な気候条約を交渉して採択するためのたたかいは、過剰消費的な地球規模のマイノリティ（先進国の国民の大半および途上国の富裕層）の大きくて未解決で増大する生態学的債務の扱いについては失敗し続けている。英国上空の制空権をめぐりドイツとのたたかいに勝利した英国空軍を称賛するウインストン・チャーチルの有名な見解に背を向けるかのように、世界史上これまでに、これほど多くの富がこれほど少数の者の手ににぎられたことはなかった。

前述のように、いかなる効果的な協定も、地球規模の排出削減を行なう必要があり、その過程で、不可避的に、世界の人びとのあいだに残されたものを、より公平に分配することになる。言い換えると、いかなる解決策も、「縮小と収斂」の排出動向の曲線をたどることになるであろう。しかし本書の初版刊行（二〇〇五年）以来、ひとつの重要な変化があったことが注目される。

第十一章で記述した古典的なモデルにおいて、高汚染者と低汚染者のあいだの排出権取引の経済的な利益は、貧しい諸国に期待されている大きな開発上の利点をもたらす。しかし、必要な排出量削減の大きさと速度、および貧しい諸国が地球温暖化に適応するのを助けるための即時の財政的支援の必要性は、多数者の世界（発展途上国）のニーズを満たすために追加的なメカニズムが必要であることを、ますます強く示唆している。

しかし先に述べたように、いかなる継続的で効果的な地球規模の協定も、ある種の重要な特徴をそなえていなければならないだろう。基本的に、それらは暴走的な気候変動を阻止する方向に機能する必要がある。言い換えると、「環境面の健全性」をもつことである。そしてそれらは、少なくともグローバル・サウス（途上国の大半および先進国の貧困層）の主な人口大国と、一人当たり汚染の大きい人びとが住む豊かな諸国との支持が、政治的に得られるものである必要がある。先に言及したように、次のような条件が含まれるであろう。

●地球平均の気温上昇を二℃以下におさえられそうな、温室効果ガスの公式な大気中濃度目標を設定すること。逆説的なことであるが、欧州連合を含む多くの政府が（二℃以内という）温度目標を受け入れる一方で、彼らはそれを満たしそうな濃度レベルについては合意していない。実のところ彼らは京都会議（一九九七年）からコペンハーゲン会議（二〇〇九年）に至るまで、集合的に決定をしてきたが、どういう経路で目標を達成するかについては合意できないので、基本的なところから出発することを拒んできた。しかしいままでは、より多くの人びとが、たとえ二℃上昇であっても、世界の人びとの多くにとって受け入れられないほど危険な温暖化レベルを意味するのだと主張している。そしてＮＡＳＡの科学者ジェームズ・ハンセンは、安全であるためには、これ以上の温度上昇は認めるべきでなく、二酸化炭素レベルは現在の濃度から、少なくとも三五〇ｐｐｍまで下げるべきであると信じている。(原注29)

●二〇一二年以降の、先進諸国の削減目標を前進させるような、地球規模で効果的で公平な合意の達成。豊かな先進諸国は、法的に拘束力のある、継続的に縮小する「炭素予算」を設定すべきであり、それは一九九〇年レベルに対して八〇％を優に超える削減目標へ向かって、年ごとにプロセスを設定すべきものである。発展途上国の地球規模の協定への完全参加のための対価に合意して、先進諸国は、グローバル・サウスにとって、大気というグローバル・コモンズへのひとりあたり平等な権利でさえも、歴史的に大きな不平等［南北格差］のある排出量を考慮するならば、不十分なものにみえることを、自覚する必要がある。

●深刻な炭素制約の文脈において真の貧困削減を可能にするようなグローバル経済の再編成。これは経済政策をめぐるはるかに大きな柔軟性を意味しており、貧困層から富裕層への富と資産の逆流（債務返済が援助を上回るなど）を防ぐものである。それはまた、先細りになりつつある富のトリクルダウンによって、豊かな者がますます豊かになることの副作用として貧困を終わらせるであろうという、神頼みのような希望から、再分配のより目標をしぼった確実なアプローチに転換することをも意味している。これは豊かな国による援助ではなく、生態学的債務の返済が、たとえば貧しい諸国における適切な適応や再生可能エネルギーへの大規模投資をもたらすだろうということだ。持続可能な発展はまた、貿易、移民のための財政支援、知的財産を支配するルールの、より大きな柔軟化によっても支えられるであろう。

●環境難民あるいは、地球温暖化に由来する「プッシュ（押し出し）」要因によって故郷を離れざるをえなくなった「気候」難民についての、国際法における明確な認知と保護。この大きくてますます増大する課題を満たすための手段は、適切な負担の分担の方向で行なわれるべきである。財政的負担は、問題の責任と支払能力の両者に比例するかたちで満たされるべきである。それ以上に、移民政策、避難民の保護、影響をこうむる人びとのための補償基金における柔軟性が必要であろう。

●適応のための新しい追加的な資源が利用可能になること。気候変動のもうひとつの皮肉として、二〇〇八年における石油価格の上昇が、アフリカへの援助を帳消しにしてしまったと報道された。（原注30）多数者の世界（発展途上国）で気候変動に適応するためのコストは膨大であり、未知の部分がある一方で、適応の費用をまかなうために利用できる資源は反対に、既知であり、小さい。UNFCCC（国連気候変動枠組条約）および京都議定書のもとでのこの目的のための基金は、不可避的な適応の費用を満たし、代替的なクリーンエネルギーの費用をまかなうためには、その規模を何桁分も増大させる必要がある。

●技術移転。無償の技術移転もまた重要であり、特にエネルギー技術の移転が、グローバル経済で知的財産制度を支配する制約的レジームによって制限されずになされるべきである。

そして石油（化石燃料）枯渇についての議定書（プロトコル）

気候協定についての議論と並行して、かつては安価で大量にあった石油と天然ガスが枯渇していくにつれて、グローバル経済の軟着陸を管理するという、同じように困難な仕事がある。

この目的のために、一九九六年に石油地質学者で、「ピークオイルとガス研究協会」の創設者であるコリン・キャンベル博士は、「石油枯渇議定書」を提案した。[原注31] それは「価格を安定させ、資源基盤を保全し、残った資源をめぐる競争を緩和させる目的で、産油国と消費国における石油の輸出入の年次的削減に合意すること」によって機能するもので、世界の消費量を毎年三％ずつ削減するという目標をもっている。[訳注15]

キャンベルが提案した議定書は、現在の地球規模の経済的不均衡に明確に焦点をさだめて考案されている。それは石油価格と生産費用との妥当な関係を維持することによって、「暴利を得る」ことを避けられるように設計されている。このアイデアは、「石油の過剰消費から生じる不安定な資金の流れ」と、貧しい非産油国が輸入する際の高すぎる価格を規制し、代替エネルギーと、消費者の浪費抑制のための新たなインセンティブをつくろうとするものだ。

上述のさまざまなポイントをとらえるための多くの難しい方式が、提案されている。それらは熱心な読者ならインターネット上で追跡できるもので、「京都2」(原注32)、「上限設定と共有」(原注33)、「温室効果と発展の権利」(原注34)などのウェブサイトが含まれる。

しかしモデル、議定書、合意についてのすべての議論において、ひとつのことが欠けている。われわれは化石燃料の消費がラディカルに削減された世界において、普通に生活し、社会を機能させることが可能であると信じなければならない。われわれはこの緊急に求められている将来の世界を探求する先駆者を必要としており、その人たちはわれわれに、できることのリストには何があり、われわれがどのように運営していくかを報告する必要がある。おそらく、そのときにのみ、ほかの人たちを説得することができる。幸いなことに、われわれに情報を与えてくれる少数のスパイがいる。予期せぬ情報提供者もいるし、熱心で計画的な人たちもいる。次の第十六章で彼らの報告のいくつかを紹介しよう。

訳注15　北米の「シェールガス・オイル革命」で、「ピークオイル説」は過去のものになったと騒いでいる人たちがいる。他方で、原油安により、米国では中小のシェールガス・オイル開発業者が次々に倒産している。またシェールガス・オイルは資源の投入産出比からみて効率がよくない。

第十六章　島でいかに生きるか

つまり問題は、金庫の中にいかに多く入っているかではないんだ。倉庫の中にどれほど積まれているかではない。どんなに多くの家畜を養っているかでも、どれほどの資産を貸しつけているかでもない。そんなものがいくらあろうと、もしその男が他人の財産を狙っていたり、自分の持つ物で満足しないでさらに所有を増やすことばかり目論んでいたら、いくらあろうと満足することはない。では、富の限度とは何か、と君はきくかな？　第一、必要なものを持っていること、第二、足るを知ること、これだ。

ルキウス・アンナエウス・セネカ(訳注1)（紀元前四〜西暦六五年）

『道徳についてのルキリウスへの手紙』その二、中野孝次『セネカ　現代人への手紙』岩波書店、二〇〇四年、十頁

私が子どものとき以来、ドリス・レッシング(訳注2)による『生存者の回想』という題の本が、静かに私につきまとってきた。その小説のなかで、ある理由から曖昧なままだったのは社会が壊れたことだった。あら

ゆるところで人びとが移動しており、ますます野蛮になる無秩序のなかで難民となり、幸運な少数者は都市を離れて親戚とともに田舎に滞在している。管轄する政府は役に立たず、「政府が真に行っていたのは、さまざまな出来事に適応することだけだった。それなのに彼らは、たぶん自分たち自身に対しても、自分たちがそれらの出来事のイニシアティブをとっているというふりをしていた」(原注1)(『生存者の回想』大社淑子訳、一九二頁)。

燃料や食料供給への脅威ほど文明という薄皮の頼りなさを暴露するものはないし、また社会の亀裂を暴露するのは大きな気候変動関連災害である。二〇〇五年に米国のニューオーリンズを襲ったハリケーン・カトリーナを考えるだけでよい。しかし反対に、われわれは、極端な圧力のもとでも、なぜいくつかの社会はばらばらにならないのかを問い、そこから教訓を学ぼうとすべきであろう。

欧米のメディアで悪口を言われ続けているひとつの国が、気候変動と石油ピーク(資源枯渇のため、世界の石油消費が減少に転じる時点)が世界中に影響を及ぼすなかで、経済ショックと環境ショックをすでに生きのびてきた。それはわれわれに教訓を与えないだろうか。キューバの突然の石油輸入の途絶と経済的孤立は、一九九〇年には非常に極端なものであり、そのショックに対する反応はオーソドックスなアプローチとは反対のものであったが、うまくいき、ワシントン(米国政府)から「反モデル」とさえ呼ばれるようになった。

訳注1　セネカはネロの家庭教師であり、ネロ帝初期の善政に貢献したが、最後は自殺を強いられた。ネロの母殺害に加担したという説もある。

訳注2　ドリス・レッシング(一九一九~二〇一三年)は英国の作家。二〇〇七年ノーベル文学賞。

ソビエト連邦の崩壊によって、キューバは安価な石油の供給源を失った。この国は輸送、農業、経済の広い範囲で、安い輸入石油に強く依存してきたので、その影響は破滅的なものだった。

同時にこの国は、いかなる国に課されたよりも長く、包括的な経済封鎖に耐え続けてきた。カリブ海のこの地域において、米国は冷戦の雪解けを拒否した。キューバの位置はまた、毎年のハリケーンの通り道にあることを意味し、定期的に極端な気象現象と闘ってきた。(訳注3)

誰に意見を聞いてみても、キューバは完全に無力な国家――気象と近隣の超大国の両方から痛めつけられている――だと言われるであろう。しかしそうではない。なぜキューバはこれらすべての問題に直面しつつも、世界の最悪の失敗国家群（ソマリアほか）と同じような状況――健康と教育の荒廃、飢餓、栄養不良の蔓延など――になってしまわなかったのだろうか。その答えは計画、準備、そして想像力を駆使して真正面から諸問題に対処したことである。

一九九〇年頃のソビエト連邦崩壊以前に、キューバは必需品のほとんどを輸入していた。同国は合意された特別優遇価格で砂糖と煙草をソビエト連邦に輸出し、その代わりに石油を得て、その一部は再輸出された。(訳注4)

このような状況は工業的モノカルチャーで栽培され、石油由来の投入資材（化学肥料など）に強く依存した輸出作物に広大な農地がわりあてられるという、歪められたインセンティブをもたらした。ソ連崩壊直前の一九八九年には、食料作物に比べて三倍の面積の耕地が砂糖（サトウキビ）にあてられていた。

それから石油輸入は半分以下に激減し、経済をそこない、再輸出貿易からの外貨収入を大きく減少させた。農薬と化学肥料の使用は八〇％削減され、農業への工業的アプローチに弔いの鐘を鳴らした。人びとの日常生活へのダメージは劇的であった。小麦やその他の穀物のような基本的食料の供給は半減し、全般的にキューバ人の平均カロリー摂取は五年ほどのあいだに三分の一減少し、一人当たりの体重減少は二〇ポンド（九キログラム）に及んだ。

しかしほかの多数者世界（発展途上国）のほとんどの国および一部の豊かな国〔二〇一五年現在で言えばギリシャほか〕が現在おかれている状況に比べて、キューバは諸問題に対処できる位置にいた。科学、技術、保健医療、教育への真剣で長期にわたる投資は、この国が強力な社会組織と行動能力を持っていることを意味した。局地的な「石油ショック」以前に、キューバは化石燃料への依存度がはるかに小さいエコロジー的農業の諸形態を調査していた。石油ショックが訪れたとき、「地域の研究機関、訓練センター、農業改良普及施設」のシステムは、農民を支援する体制ができていた。(原注2)

しかしその基礎ははるか以前につくられていた。一九五九年のキューバ革命後の早い時期にさかのぼる連続的な改革は、不平等を減少させ、農地を再分配させた。通常見逃されがちであるが、米国の経済封鎖にもかかわらず、二十年あまりの期間でキューバは発展途上諸国のうらやむ識字率、健康、栄養のレベルを達成した。教育を受けた健康な国民が、キューバの奇跡の生き残りの土台であった。

深刻な食糧不足の脅威は五年以内に克服された。一九九〇年以後の移行の核心にあったのは、有機肥料

訳注3　オバマ政権は二〇一五年七月、キューバとの国交を半世紀ぶりに正常化した。

訳注4　ソ連崩壊後、フィデル・カストロは禁煙し、ベジタリアンになり、有機農業推進を呼びかけたという。キューバ事情については、吉田太郎の一連の著書（訳者あとがきに紹介）を参照。最近では、二〇一四年からの西アフリカのエボラ出血熱流行への支援などで注目されている。

と生物農薬の利用、輪作、混作、畜力と堆厩肥の利用（言い換えると、大いに有機農業的なシステム）への転換であり、小規模農場の成功、都市農園と菜園であった。

差し迫った危機はもっとも脆弱な人びと、すなわち高齢者、青少年、妊婦、若い母親を対象とする食料プログラムと、すべての国民に最小限の食料を保証する配給プログラムによって回避された。

しかし皮肉なことに、計画にもかかわらず、変革がもっとも困難であったのは、大規模な国営農場であった。小規模農場は迅速に反応し、以前のレベルよりも生産性を向上させた。小農民が経営する小規模農場の成功をみて、一九九三年に国営農場はいわゆる生産協同組合の基礎単位——労働者たち自身あるいは協同組合によって所有され、経営される——に転換された。そのあと、土地は、都市菜園を始めたい人ならだれでも利用できるようにされた。

食糧不足と食品価格の上昇は、都市農業を非常に収益性の高いものにした。それはまた非常に生産性が高いことが証明された。ひとたび国家が都市農業運動を支援すると、それは急速に成長した。キューバの都市のひと区画や裏庭は、食料作物と家畜の用地となった。そして、ほとんど全面的に有機農業的方法で栽培され、飼育された。首都ハバナで消費される食料の半分は、同市の都市農園で生産され、全体的にみて、キューバで消費される野菜の六〇％は都市菜園によって供給された。

この国の経験は、都市農業の大きくてほとんど手をつけられていない潜在能力を示唆している。ハバナだけで、二万六〇〇〇以上の都市菜園がある。(原注3)

一般に米国では歓迎されない比較をしてみると、キューバの最近の経験は、第二次世界大戦中の「勝利のガーデニング」の推進においてアメリカが達成したものを反映するとともに、さらに上回っている。その当時、エレノア・ローズヴェルト（米国大統領夫人）の指導の下で、家庭で消費される野菜の三〇～四〇%が「勝利のガーデニング運動」によって生産されたのである。

キューバの結果的により自給的な食料システムへの移行は、スムーズなものではなかったが、化石燃料の供給はほとんどあるいはまったくないという極端な経済的ストレスのもとで、かなりの人口を養えることを証明した。そして、戦時中の英国と同様に、予想外にポジティブな成果が得られていた。

キューバでは、消費の劇的な減少が、ほかの食事および生活様式の変化と相まって（人びとが歩く距離も増えた）、国民の健康状態を改善した。カロリー摂取が三分の一以上減るにつれて、身体的に活動的な成人の比率は二倍以上に増え、肥満は半減した。一九九七年から二〇〇二年までに、糖尿病による死亡率は半減し、冠動脈性心疾患による死亡率は三五%減少、脳卒中による死亡率も五分の一減少、すべての死因もそれ以上の減少幅を示した。(原注4) これらの知見は二〇〇七年に『アメリカ疫学雑誌』に公表され、消費削減の潜在的な一般的便益について、深甚で広範囲のメッセージを伝えた。

地球規模の食糧システムは化石燃料依存的であるとともに、温室効果ガスの大きな発生源となっている（そしてもちろん、気候変動に対して脆弱である）。人間の消費削減は健康を増進し、地球生態系への負荷を緩和し、外部ショックに直面したとき、とても必要な「対策の余地」を導入する。前述の論文の著者たちは、次のようにコメントしている。「これらの結果は、栄養的な十分さをそこなわないままで、エネルギー摂取を減少させるために設計された国民的規模の政策は、糖尿病と心臓血管系の病気の発生率と死亡率を減少させるかもしれないことを示唆している」(原注5)。

その成功（そして部分的には意図せざるポジティブな結果も）にもかかわらず、最近のキューバのアプローチは、国際金融機関が推進する開発モデルとは完全に対立している。それは高度に管理され、輸出志向よりもむしろ国内の必要を満たすことに焦点をしぼり、主に有機農業的で、小規模農業の成功を基盤としていた。そのような正統教義からのラディカルな離反が、いくぶんかの唖然とする尊敬もこめて、なぜ世界銀行によって「反モデル」と呼ばれるのかを説明してくれる。少なくともひとりのアナリストは、キューバの実験が文明の将来の生き残りにとって重要な鍵の多くを提供するかもしれないと示唆した。(原注6)

確かに、ハリケーン・カトリーナの被害を受けたあとのニューオーリンズでの悲劇的な大失敗とは対照的に、気候関連災害に対処するキューバの能力は、模範となるべきものであり、そこから米国を含め多くの国が学べるものである。

ニューオーリンズではハリケーンが一〇〇〇人を優に超える死者を出し、その後遺症がいまも続いているのに比べて、時速二一六キロメートル(秒速六〇メートル)の風をもつハリケーン・ミッチェルが二〇〇一年にキューバを襲ったとき、家屋の損壊は二万件に及んだものの、死者はわずか五人であった(本書の第三章を参照)。おおむね予測できるハリケーン・シーズンについての事前の適切な計画と、政府に管理されているとともに地方の強力な体制に支えられた集団的アプローチが、人命を救い、地域社会が災害のあと急速に立ち直ることを可能にしたのである。(訳注5)

小さな島から学ぶ

英国は島国であり、ほかの島国、特に小規模島嶼国から学べることも多いと思われる。

経済的孤立と、予測できない極端な気候に直面したときの、ツバルおよびその他の小規模島嶼国のレジリエンス（強靭性）は、地球という惑星全体において温暖化の激変に何百万、何千万もの人びとがどのようにして耐えられるかについて、教訓を与えてくれるかもしれない。

それらの私たちにとっての最初の教訓は、信じられないほど単純である。小さな島ではより明瞭にあらわれる環境の制約を尊重することだ。次に、それらは強靭な地方経済を発展させた。それらは相互性、共有、協働に基礎をおく経済であり、個人主義的な、隣人よりも大きく強くなろうという競争に動かされる制約のない成長ではない。これは何十年もおおむね疑われずにきた経済学的ドクトリン（教条）を覆すかもしれない。経済史家ロバート・ハイルブローナーが、過去千年の大半の時期にわたって展開された、「利得を求めての一般的闘争が実は社会を結びつける力となるなどと考えようものなら、それこそ狂気の沙汰とされたことだろう」と指摘したのであるが（原注7）（『入門経済思想史』四〇頁）。

われわれは地球規模のレベルで短い年月のあいだに、そうした小さな共同体が千年をかけて学んだ教訓を急いで学ぶように求められている。カール・ポランニーは古典的な著作、『大転換』において、島嶼における様々なタイプの社会的、経済的組織を、市場の中心的な役割についてのアダム・スミスの包括的な想定への反証となる証拠として提示した。（原注8）

訳注5　キューバが世界から注目されている領域は、有機農業、教育、医療（エボラ出血熱などの海外支援を含む）、防災である。中南米ではコスタリカと並ぶ環境先進国といってもよい。訳者あとがきで紹介した吉田太郎の著書を参照。キューバの短所としては、たとえば死刑制度の存置がある。ほかの自称社会主義国に比べて、一党独裁の弊害は相対的に小さいように見える。エコ社会主義への示唆を与える（コヴェル『エコ社会主義とは何か』緑風出版、など参照）。

複雑な形態の「贈り物の交換」――そのなかで人びとは、現金に媒介される市場を通じてではなく、贈り物の贈与と受け取りを通じて自分の必要を部分的に満たす――が広範な領域で行なわれており、厳しい環境のなかで人びとの必要を満たすだけでなく、社会を結束させるようなシステムの存在を明らかにしている。われわれの社会の脆弱性の増大に直面したとき、異なる形態の経済組織が社会的結束を高め、あるいは掘り崩す程度は、目的への適合性をはかる基礎的なテストになるに違いない。

ヨーロッパ、北アフリカ、中東、アジアにわたる様々な社会の歴史的および人類学的な調査から、ポランニーは、中世後期にいたるまでのほとんどの社会に共通なある種の原則を体系化した。互酬性、再分配、そして「世帯」であり、それによって彼は主として自律的なやりかたで必要を満たすのを可能にするシステムを提示したのである。その後者（世帯）からわれわれは、「経済学」という言葉のルーツである「オイコノミア」[訳注6]を引き出す。

反対に、もちろんナウル島やイースター島のような事例は、島の生活実態を見ることから、反面教師としての間違ったやり方を学ぶのも同じように可能であることを示している。

しかし多くの島嶼国家は、相対的にみて、レジリエンス（強靭性）、生活の質、エコロジー的効率のモデルである。「幸福な地球インデックス」[原注9]は、自然資源が人間に有意義な成果物に転換される効率を評価している。それはエコロジカル・フットプリントのデータを、平均寿命や満足度と比べている。地域内及び地域間の比較でみると、島嶼国家は特に良い成績をおさめている。

それには多くのもっともな理由があり、それらの理由を認識することは非常に大切である。自然と接触すること。より明瞭な制約を認識し、適応すること。共同体のなかの不平等を減少させ、相互扶助的な社会関係を維持することが観察されている、共有に基礎をおく経済であること。頑健性をめざして品種改良され、生産性の高い農地に混作される作物を作ること。島の食事もまた、ほとんどの生態系でのバランスに適合するのが一般的であり、より持続可能な食品システムについて、食品および科学ライターのコリン・タッジ[訳注7]があげる「短い合言葉」[原注10]にかなっている。それは「多くの植物食材、肉は少しだけ、食材の最大限の多様性」である。もちろん小さな島に住んでいるのなら、そこに魚を付け加えてもよい。

少しばかり冗長だが、同じくらい尊重すべきなのは、「農業知識と科学技術についての国際アセスメント」の最近の報告書である。そのアプローチはＩＰＣＣ（気候変動政府間パネル）のものと似ていて、多人数の様々なグループの科学者が集まり、問題の性質とその解決策について、どのような合意が得られているかを見ようとするものだ。それは様々な農業生態学的方法を用いる小規模農民に支援の重点を大きく移すことが、レジリエンス（強靭性）をつくり、食料危機を予防し、ますます敵対的になる気象パターンに備えるうえで、もっとも効率的なやりかたのひとつだろうということを見出した。

炭素制約のある世界で貧困削減への新しい方途を開く

もしあなたがパンのひと切れを入れることもできないし、加熱することもできないトースターを持っているとしたら、それはいったいトースターなのか、「反トースター」なのか。同様に、もしあなたが貧困

訳注6　オイコス（家）がエコノミー（経済）やエコロジー（生態）の語源である。
訳注7　コリン・タッジの著書の邦訳は数点あるが、ここでの引用文献は未訳である。

層に敵対的で、われわれ自身と経済が依存する生命圏にダメージを与えるような、拡張する経済システムを持っているとしたら、それはいったい、経済成長なのか、「反経済成長」なのか。本書やほかの多くの本が、後者だという証拠を提示している。

地球科学の「プレートテクトニクス」でいうプレート間の裂け目のように、ふたつの大きな弱点が、現在の輸出志向の開発ドクトリン（教義・教条）のなかに見られる。第一のものは減少しつつある石油供給への依存であり、第二のものは、もっとも必要とする最貧困の人びとに十分な便益を届けられない無能力である。どちらかの欠陥だけをとりあげても、モデルの廃棄を求めるには十分なものだ。しかし現在のところ、それは重力に挑戦するかのように、自分の下の地面が崩れつつあることを理解しない漫画の登場人物のごとく、浮遊している。

必要な軟着陸の方法を考えるために、ほかのいくつかのモデル（代替案）を明確にする必要がある。開発経済学者デヴィッド・ウッドワードはありがたいことに、ちょうどそうした計画を示唆している。(原注11)

その核心は、貧困国の経済が、より広い世界とつながっているあり方をどのように再編するかということだ。解決すべき問題は、先に述べたように、いわゆる「合成の誤謬」［個々人にとってよいことも、全員が同じ事をすると悪い結果を生むこと］であり、低所得および低中所得の国々が潜在的な比較優位性をもっている生産物――熱帯農産物、鉱物、織物のように比較的労働集約的な製造業の製品など――を、グローバル市場から多く調達するにつれて、価格が下がっていくという不幸な様相である。だから生産者が増産によって儲けを増やそうとするならば、ますます価格が下がって、収益の増加を帳消しにしてしまう。

その代わりに、貧困削減を政策の中心目標にすべきであり、貧困削減をほかの多くの戦略の希望的な副産物として位置づけるべきではないのだ。実際この政策は、前述のような種類のモデル（キューバなど）を支持することを意味する。(訳注8)

ポイントは、「貧困世帯が収入を依存する商品とサービスへの需要を増大させることによって、貧困削減を自律的なものにすることだ」とウッドワードは述べている。(原注12)「貧困世帯の収入の増大がほかの貧困世帯によって生産される商品への需要増大に寄与するように」供給と需要が並行して上昇する。より早く走って、さらに落ちこぼれを増やすよりもむしろ、経済的グローバル化のもとでの貧困国の典型的な収入を「地域住民優先の地域市場」アプローチによって、貧困削減を、自滅的なものというよりむしろ、自己強化的なものにする。

実践においてこれらが意味するものには、次のような事例が含まれる。地元の契約業者を用いた、学校や保健衛生施設、その他のインフラ。環境を改善するための、労働集約的な公共事業計画。可能な場合には地元の小規模生産者からの調達を奨励するような、公共調達政策。小規模農民に重点をおいた農業支援プログラム。農地改革と再分配および社会的セーフティネット（社会保障）。

現場では、高価値な食材をもっと地域で生産することを意味する。基本的な家庭用品、家屋やインフラのための建設資材、手押し車や自転車のような基礎的輸送手段、燃料と再生可能エネルギー、小規模な小売業、対人サービス、輸送サービス、携帯電話のような通信サービスについても同様である。その戦略は、輸出推進から、地域経済再生の好循環への転換——あるいは「家庭優先、世界市場はそのあと」として説

訳注8　金持ちが潤えば貧乏人にもおこぼれが来るというトリクルダウン説への批判を含意している。

明できるだろう。

豊かな諸国（および先進国内の貧困層）の移行の加速

キューバの経験に比べて、英国で達成されてきたことは、地球温暖化と石油ピーク[訳注9]の新しい現実への適応という観点からみて、むしろおだやかなものに見える。しかし自然と社会は空白を嫌うので、いかにコミュニティを組織するかを基礎から考え直そうと試みるのは、以前からあった。

一八九八年に、エベネザー・ハワードは、『明日　真の改革への平和的方途』という本を出版し、その後一九〇二年にもっと親しみやすい『明日の田園都市』（長素連訳、鹿島出版会、一九六八年）という本を出版した。[原注13]実験的な都市はわずかしか建設されなかったが、「田園都市」の影響は大きかった。日本で、田園都市の方針で建設することはいまや国策となっている。これらは自力更生を強調し、緑地帯に囲まれ、住宅地、開かれた緑の空間、経済活動地域をバランスよく含む計画されたコミュニティであった。[訳注10]

新しい社会運動の開花も、しばしばその萌芽を過去に持っている。最初の田園都市がレッチワースの地で始まってからほぼ正確に一世紀後、移行期の町（Transition Town）と呼ばれる新しい構想の最初ものが、アイルランドのコークのキンセール社に設置された。いまや英国および世界各地に何十もの「移行期の町」があり、さらに何百もが計画中である。イングランドの南西部は移行期の地域になろうと試みており、ウェールズは移行期の国になることを考慮中である。それは今世紀でもっとも急速に成長しつつある社会運動だと言われている（速さをどのように測るかはまだ曖昧であるが）。

共通の目的は、石油への依存を減らし、食料、エネルギー、家屋、その他の商品やサービスの必要を満たす方法を地域化する（地域自給をめざす）ことによって、エコロジー的影響を低減させることである。

最初の段階は「エネルギー自給計画」をつくることだ。二〇二一年までに、半径一〇マイル（一六キロメートル）の範囲内の資源からエネルギーの大半を得るようにすることを、キンセールの移行構想は計画している。その分配されるエネルギー・システムには、風力、短期輪作雑木林からのバイオマス、熱電併給のための嫌気性発酵装置、ソーラーなどが含まれる。

欧州の同様の構想には、ドイツのフライブルク近郊のヴォーバンのコミュニティなどが含まれる。それは建築設計の改善、再生可能エネルギー、自動車のシェアリング、水管理の改善などによって、炭酸ガスの八〇～九〇％の排出削減を達成したと主張している。[原注14]

英国における都市菜園と園芸の劇的なルネッサンスは、計画によらない社会的および経済的な自己治療の証拠である。変動しやすい食料および燃料価格、そしてあなたの生涯のうち六カ月分の時間をスーパーマーケットでの買い物に費やすという疎外状況に直面するなかで、それは明らかに必要を満たすものである。[原注15]

訳注9　石油ピーク（前出、三九三頁）については、リンダ・マクウェイグ『ピーク・オイル——石油争乱と二十一世紀経済の行方』益岡賢訳、作品社、二〇〇五年、などを参照。

訳注10　東秀紀ほか『「明日の田園都市」への誘い——ハワードの構想に発したその歴史と未来』彰国社、二〇〇一年などを参照。大平政権時代の「田園都市構想」は、過密過疎などの解消につながらず、国土政策としての意味に乏しかった。

英国の種子供給業者たちは、野菜種子品種の販売の「天文学的な」成長を報告している。(原注16) 米国では、それらは「天井知らずに増えている」と報告された。(原注17)

そのようなオルタナティブの草の根的な開花を、怠惰な中産階級の遊びにすぎないとしてしりぞけたい誘惑にかられる人は、東ロンドンのハクニー（労働者街）のコンクリート舗装のひび割れをふさぐ作業をしており、「台無しの一マイル」というあだ名をつけられてきた道路の迅速な補修をしてきたグロウイング・コミュニティズ・プロジェクトの現場を訪れてみるとよいだろう。

「グロウイング・コミュニティズ」は最良の都市農業である。それらはサラダ用の作物を栽培してきた。サラダ用作物は鮮度が落ちやすいため、輸入されるサラダ用野菜は英国に空輸される（だからエネルギー浪費的）傾向があるからである。「グロウイング・コミュニティズ」の菜園は、有機の認証を受けている。それらの有機野菜箱詰め計画は、毎週何百もの地域の世帯に、新鮮な季節の農産物を供給している。参加している人は誰でも、ビジネスの経営方法について発言できる。また、毎週開かれるファーマーズ・マーケット（農産物直売所）も運営している。

「グロウイング・コミュニティズ」はさらにその先まで進みつつある。それらは、地域共同体が良い食品を、年間を通じて「つくり、焼き、育て、摘む」ことを奨励し、かれらが自発的に受動的な消費者から能動的な生産者へと成長するのを助けている。その過程で人びとは、食品を育てたり準備したりするための、消えつつある技能を再学習し、季節と、貴重な資源をいかにして管理するかを自覚するようになる。毎年十月に収穫を祝う祝祭にあわせて、彼らは「食品大交換会」を開催する。それは金銭のやりとりなしで人びとに、レシピと良い食品を交換し、共同体のほかの人と知り合い、生活の質を高めることを可能にする。

コア経済を尊重し、構築する

「コア経済」の成功あるいは失敗が、人類が高い福祉を享受しながら、地球のバイオロジカル・キャパシティー（生態系が供給できるリソース量）の範囲内で生きることが可能かどうかを決定する。それが意味するのはなによりも経済の土台を壊さないことであり、第二に、経済を発展させる政策を持つことである。ところで、「コア経済」とは何だろうか。

生命圏は自然資源の「オペレーティング・システム」とみなすことができる一方で、時間貯蓄性の発明者であるエドガー・カーンは、経済学者ナヴァ・グッドウィンによって「コア経済」と呼ばれた別の基本的システムについて書いている。(原注19)

カーンはふたつの経済システムについて書いているが、それは「貨幣経済」と「コア経済」である。コア経済は貨幣経済がそれに依存しているのに、当然のものとみなし、しばしば侵食するオペレーティング・システムである。

コア経済は、家族、近隣共同体、市民社会から成る。それは子どもたち、家族、高齢者の世話をするときに、私やあなたがすることをさす。それは安全な近隣地区をつくり、デモクラシーが生じるのを可能にし、共同体や市民社会をつくりだす。それは必要なときにはあなたを助けに来てくれる。

一九九八年にさかのぼってみると、米国のコア経済でなされていた家庭の仕事は、貨幣換算で一兆九〇〇〇億ドルの価値があった。二〇〇二年に高齢者を家庭にとじこめないためのインフォーマルな世話は、買い替え価格として二五三〇億ドルに相当すると計算された。

数十年間もコア経済の福祉よりも金融資本の利益を優先させてきたあとで、勝ち誇った資本によって取り残された残骸のなかで、コア経済はわれわれが必要とする程度に強力になることができるだろうか。

市場の見えざる手は、コア経済の見えざる心臓とは調和しなかったし、われわれがコア経済なしではやっていけないし、優先しなければならないのはむしろ後者（コア経済）のほうであった。

健全なコア経済は、レジリエント（強靭）な島嶼経済の特徴――不可欠なサービスの供給、ケアの提供、家族の育成における相互性、協力、共有、協働――を共有するであろう。クロポトキンの『相互扶助論』を想起されたい。(原注20)

コア経済を強化するために、われわれは公共サービスの、拡大され、広げられた役割――いわゆる補習学校や保健センターのような――を想像する必要がある。このやり方で、人びとは、自分たちの良い生活を「つくりだす」のを助けることに関与するようになる。医師のもとを訪れて、寒いときに出てくる症状を訴える高齢で病弱な人びとは、たとえば、燃料代を節約するために、住宅の断熱材や省エネ型の電球を別の患者からゆずってもらうように助言されるかもしれない。お返しに、彼らは入院から在宅に替わる人びとの健康をチェックするための電話かけを行なうことを申し出るかもしれない。彼らの貢献は、与える能力に見合ったものである。

それは「共同生産」と呼ばれ、相互性にもとづいており、うまく機能する。それはもっとレジリエント（強靭）で、団結した共同体をつくりだす。(原注21)成長するために、それは自分たちのあいだで、ボランティア部門とともに、公共サービスについての義務を必要とするだろうし、健康と安全のルールを再検討することを必要とするだろう。

労働時間の短縮、社会貢献するための時間の捻出、そしてたくさん働かなくてすむように住宅価格の低減化も助けになるだろう。しかしこれだけでは十分でない。

グリーン・ニューディールを実施する

歴史が示すのは、より協働的な形態の経済組織が、極端な苦難、従属、搾取に対処するために、あらわれうるということだ。

たとえば、自助の文化とモデルは、産業革命の初期よりも、はるかに苛酷な状況のもとであらわれた。偉大な資本家出身の社会改革家（そしてかなりの変人）であったロバート・オウエンは、「生産的で有益な階級の全国的な道徳ユニオン」と絶妙に名づけられたものを組織し、その影響のもとで英国の労働運動は一歩を踏み出した。

彼は非常に影響力があったが、ときには自分のアイデアを実践にうつすために、他人の助けを必要とした。二八人の織工を含むひとつの団体は、「ロッチデール公正先駆者組合」として知られるようになり、消費者協同組合運動をつくりだした。

いまや再びわれわれは、協同組合、信用組合、当初の建築協会のような投資信託を必要としており、それらは顧客や地域経済のニーズに調和的であり、シティ（ロンドンの金融街）のトレーダーのように国際マネー市場で取引することや、何百万ポンドものクリスマスのボーナスの追求に気を散らすようなことはない。しかしわれわれは、三重の危機に対処し、環境のための変革に着手するために、「グリーン・ニューディール」をも必要としている。

ローズヴェルト大統領のニューディール政策の七十五周年に際して、グリーン・ニューディール団体のために新経済学財団（NEF）によって発表された「現代的グリーン・ニューディール」は、彼の計画と同様に、ふたつの波として起こるように設計されている。(原注22)

第一に、われわれは、租税制度の大きな変革を含めて、金融システムの構造的変革の概要を示した。第二に、われわれは、省エネと再生可能エネルギーに、効果的な需要側管理を結びつけて、投資し、展開するための、継続的なプログラムを提案している。

ローズヴェルト大統領の政治的に賢明な百日プログラム――そのあいだに彼の政策手段はすべて議会を通過した――の代わりに、われわれは暴走的な気候変動が切迫している可能性を考慮して、二〇〇八年八月から百日以内の、非常に現実的な時間枠を設定した。

われわれの計画が実施されれば、無数のグリーンカラー(訳注11)（環境保全型）の雇用が生み出され、建材の安定性が増大し、現実経済に多大な利益がもたらされ、堅実な環境政策が確立される。

これらの相互に連動した要素が、グリーン・ニューディール政策を形成する。

① 金融システムを安定させる。投機と債務の無謀な蓄積を基礎とする金融システムは、規制の徹底的な再点検とともに、改革される必要がある。これは多額の公的資金の注入によってのみ生き残った、信用を失った金融機関の解体を含むであろう。

「あまりに巨大なのでつぶせない」金融機関の代わりに、われわれは十分に小さく、失敗しても預金者や大衆に問題を引き起こすことのないような機関を必要としている。

われわれはまた、タックス・ヘイブンといった不明瞭な企業会計報告の取り締まり強化によって、法人税回避を最小限にする必要がある。

②　変革のために投資できるよう資源を集めておく。グリーン・ニューディールは資源の調達を必要とする。前述の金融改革の一部として、われわれのエネルギー、輸送、インフラ構築の環境保全型への転換のために、より低利の融資が必要である。

並行して、インフレを防ぐために、幅広い金融環境のはるかに厳しい規制をわれわれは望んでいる。必要な財政措置を規制から解くための違った方法はたくさんある。

金融革新の広範囲にわたるパッケージのごく一部として、グリーン・ニューディールは、石油、ガス会社の利益への超過利潤税を導入して非常に成功したノルウェー政府の構想によく似た、石油遺産基金の設置を求めている。

環境コストを含めるために引き上げた、より現実的な化石燃料価格は、さらなる歳入を生み出し、効率化を促進する経済的インセンティブを作り出し、代替燃料を市場にもたらすであろう。重要なことは、この多元的なアプローチが、食料価格と燃料価格の上昇に脆弱な人びと（貧困層）に必要なセーフティネットのための財源調達を助け、混乱が広がるのを防ぐのに役立つだろうということ

訳注11　ブルーカラー、ホワイトカラーからの連想でグリーンカラーという造語をしている。

だ。

③　環境保全型への制度改革。グリーン・ニューディールの最終目的は、低炭素で高福祉の経済をもたらすことである。様々な規模で適用され、需要が積極的に管理されるような、広範囲の再生可能エネルギーを利用する、より効率的で、分散化したエネルギー・システムへの移行は、多くの便益をもたらす。

集中化されたエネルギー・インフラは、極度に非効率的なものでありうる。[原注23] 英国で、グリーンピースは、発電機から消費者に届くまでに、潜在的エネルギーの最大三分の二までが失われていると見積もった。[原注24] 分散型エネルギー世界同盟によって開発された、はるかに効率的なモデルを、英国外務省が中国のエネルギー・システムの将来計画についての助言で、カナダ政府が同国のエネルギー・システムの評価で、そして欧州委員会がＥＵの選択肢の調査で、用いてきた。[訳注12]

しかし再び、いくつかの小規模島嶼が、模範例を示している。南太平洋のニウエ（トンガ東方に位置する島国）は、すべてのエネルギー需要を再生可能エネルギーでまかなう世界初の国になろうと計画している。西ベンガル本土の近くのスンデルバンス・デルタにあるサガール島も、四三の村に住む人口二〇万人以下の地域であるが、同様に再生可能エネルギー一〇〇％をめざしている。[原注25][訳注13]

正しい経済的インセンティブのもとで、新しいエネルギー・システムの基礎を将来つくっていくことができるだろう。

あらゆる建物に発電機能を持たせ、効率改善センターにすることによるエネルギー安全保障と独立性の増大は、数えきれないグリーンカラー労働者（ブルーカラー、ホワイトカラーと対比して、環境保全型の雇用）の「炭素低減部隊」を作り出すだろう。

新しい食文化をつくる

生態学的債務は、われわれが食料を生産するやり方に独自の制約をかける。農業は温室効果ガスの大きな発生源であるとともに（ある種の農業、特に畜産部門はほかの部門より［メタンなどを］はるかに多く排出する）、地球温暖化と石油価格上昇に対して特に脆弱である。われわれが直面するすべての大きな課題のうちで、生命圏への負荷を減らすとともに、同時に気候変動へのレジリエンス（強靭性）を増大させる食料システムの開発は、おそらく最大のものであろう。

二〇〇八年春（リーマン・ショックの時期）に、食料不足と価格上昇に触発された食料暴動が、ボリビアからセネガル、ウズベキスタンからエジプト、インドネシアなどに及ぶ三三カ国で報道された。そして価格上昇は、石油の値上がりに押されたものであり、そして場所によっては、食料とバイオ燃料のあいだの穀物争奪戦にも押されたものである。それへの対応として、あわせて世界人口の三分の一以上を占める中国とインドのような大国は、国民の食料を優先するために、国際食料貿易を後回しにして、コメなどの穀物の輸出を制限した。キューバの奇跡の教訓もまた、ますます大きな意義を帯びている。

訳注12　中国は、再生可能エネルギーとともに、原発も推進している。林望、斎藤徳彦「中国、原発大国へ始動　発電能力五年で三倍計画」『朝日新聞』二〇一五年二月十二日一面、などを参照。
訳注13　先進国では、デンマークのロラン島、サムソ島などがある。

たとえば、英国環境・食料・農村省（DEFRA）の数字によると、有機農業は同じ量の食料を生産する場合に、従来型の農業に比べて、エネルギー消費量が四分の一以上少なくなる。(原注26)

しかし、なぜ世界の食料システムは、人びとを食べさせるように設計されていないのかと、食品問題ライターであり、『ニュー・サイエンティスト』誌の元客員編集員であるコリン・タッジは問いかけ、「啓蒙された農業」のようなものの実現を求めている。その意味を問われて、彼はこう述べる。「人びとを食べさせるように設計された農業のことだ」。しかし確かに、すべての農業は人びとを食べさせるように設計されているのではないのかと、困惑した反応が返ってくるだろう。いいや、そうではない。もし増大する生態学的債務と石油の供給減少に直面しながら、現在と将来の世界人口を十分に食べさせようとするならば、地球規模の食料供給網の実質的な再設計が不可避である。(原注27)(訳注14)

このパラドックスに含まれる謎は、主要な目的の法則へと分解できる。つまり、システムの主要な目的は、どのような二次的便益が期待できるとしても、大部分はそれがどのように運営されるか、によって形成されるからだ。

最近の数十年で、世界の食料システムは、種苗会社から、農薬や化学肥料の製造業者、農家自身、穀物と輸送の会社、卸売業者、流通ネットワークと小売業者に至るまで、ますます少数の、ますます巨大なグローバル企業の支配下におかれるようになってきたからだ。

これらの企業は、特定の市場システムに組み込まれ、またそれを拡張しようとしており、機関投資家に一定比率の利益を還元しなければならず、さもなければ深刻な結果に直面する。この主要な目的（利潤追求）が、ほかのすべての決定を拘束する。その結果は、一定集団のグローバル消費者——支払いのできる、上層中産階級であるが――のニーズを満たすように設計されたシステムである。そのほかの者も周辺的な利益は得られるかもしれないが、世界のすべての民衆、とくに最貧困層のニーズを満たすにはますます縁遠いものになっていく。

典型的で異様な事例を指摘するのは困難ではない。南米や西アフリカで、希少な水資源を、地域共同体を素通りして、花卉やスナップエンドウのような水をむさぼる輸出作物に回したり、小農民や小生産者の生活を後回しにしてスーパーマーケットを優先したり、アジアの広い地域で環境的、経済的なマイナス面を度外視してアブラヤシのプランテーションを広げたり（アブラヤシのパームオイルは、スーパーマーケットの棚をかざる数えきれない商品の目立たない成分である）するなどである。

それから、もっとも人目を引くことは、良い耕地の利用を、地域の人が直接消費する食料の生産ではなく、広大なモノカルチャーで栽培される穀物などの作物にあてることで、そのますます多くの部分が、欧米の自動車のタンクを満たすバイオ燃料や、世界の富裕層――その食事はますます肉中心になり、エネルギー効率はますます悪くなる――の食卓をかざり、メタン（分子あたり炭酸ガスより強力な温室効果ガス）を排出する家畜のカロリーに富んだ飼料にまわされるのである。

別の国連専門機関である食糧農業機関（ＦＡＯ）によると、家畜生産だけで温室効果ガスの排出の五分の一を占める。(原注28) ある研究の見積もりによれば、牛肉一キログラムを生産する際の炭酸ガス排出量は、平均的な欧州の自動車が二五〇キロメートルを走行する際の炭酸ガス排出量に匹敵するという。(原注29)

訳注14　二一世紀末までに世界人口が一〇〇億人を越えるかどうかは不明である。

地球規模で、耕地の三分の一は家畜飼料の生産にあてられており、ダイズの九〇%以上およびトウモロコシと大麦の約六〇%が、牛、豚、家禽の飼料にまわされるという。(原注30)

ますますバイオ燃料需要が増大するという「圧力」要因もまた、目立った影響を及ぼす。国際通貨基金(IMF)は、トウモロコシ価格の上昇の七〇%と、ダイズ価格上昇の四〇%はこの理由によるものだと見積もっている。(原注31)

二〇〇八年夏に、FAOの事務局長は、二〇〇六年の時点で、補助金と保護関税政策のうち年間一一〇〜一二〇億ドルが、「穀物一億トンを、人間の食料から、自動車のバイオ燃料へと用途変更する効果をもっている」と嘆いた。(原注32)

ますます集中化され、商業化されるグローバル農業によってもたらされるそのような特徴は、不幸なことに、コリン・タッジによると、「啓蒙された農業」のまさにアンチテーゼにほかならない。啓蒙された農業の本質は、「たくさんの植物性食品、少しの肉、食材の最大限の多様性」というたった九語であらわすことができる。(原注33)もちろん、それ以上の意味がある。(原注34)しかし、彼の主張は、実際にすべての人を食べさせるように設計された食料システムは、健全な生物学と社会的正義という、ふたつの最優先の配慮に基礎をおくものでなければならないということだ。自然生態系の効率性とバランスを模倣する前述の方式が、「健全な生物学」を意味する。

いまや世界で、ますます多くの人が、気候変動と、化石燃料消費を減らす必要性に気づくようになっており、われわれは食べるものの季節性(旬のものを食べる)と、有機農業技術の採用、出来る限り地産地消を行なう方向に向かう、緊急の必要性をつけ加えることができる。

食料主権

食料システムの必要条件の後半である「社会的正義」について言えば、「食料主権」を求める運動が、ますます国際的な広がりを見せており、食品流通網における社会的正義の意味を明らかにするために、次のような四つの基本原則を提示した。

第一は、食料への権利で、人びとは彼らの権利である食料を育てるための土地、水、種子への物質的アクセスを必要とすることを意味する。そして必要とする、あるいは自分では栽培できないものを購入することもできなければならない。これが意味するのは、価格を設定し、土地、水、種子を支配する人びとの権力という問題に取り組むことである。

第二は、食料生産のための資源を手に入れることである。小土地所有農民、農漁民に食料への権利を実現する生産手段を与える改革プログラムが求められる。〔大地主などの〕強力な既得権益との衝突が起こるのはここである。前述のキューバの事例は、全国民が食べられるようにするための、生産的農地へのラディカルなアクセスの成功事例を示している。この原則はまた、最貧困層と最貧国の利益のために、種子、家畜品種、その他のタイプの生物多様性にかかわる知的財産権を〔多国籍企業などに有利な方向で〕規制している国際レベルの制約的なルール〔WTOやTPPなどの〕の大きな規制緩和をも要求している。

第三は、農業へのポジティブでエコロジー的なアプローチをとることである。広範囲の作物を栽培する農業への環境にやさしいアプローチは、時間の経過と、広い範囲の条件および気候を通じて、小規模農民により親和的であり、外部からのショックへの脆弱性も少なく、よりレジリエント（強靭）で生産的なものである。そのような「農業生態学（アグロエコロジー）」的方法はうまくいく。二〇〇二年にＦＡＯによって公表されたある研究は、そのようなアプローチが作物の収量を平均九四％増大させることを示した。最良の場合には、収量は六〇〇％という驚くべき増大を示した。(原注36)

第四の最後のものは、貿易の罠を避けることである。国際貿易の増大は困っている人びとの利益になると安易に想定する代わりに、これは「飢餓と栄養不良に脆弱な共同体と国ぐにが、十分な量の安全安心な食料供給を確保」できることを優先するような、新しい政策の必要性を示唆する。同時に、現在の（欧米中心の）農業貿易モデルを特徴づけるような、「農産物輸出補助金、食料のダンピング輸出、人為的に低くした価格の弊害」を阻止するためのルールが必要である。(原注37)

地球と同じ（あるいは少し小さい）靴の大きさの経済を育てる

ミルのいう定常経済

包括的なアイデアへの典型的に現代的なアプローチとともに、一部の人たちは「一個の地球の（資源の）範囲内で生きる」というフレーズをトレードマークとすることをめざしている。しかしどんな大きなアイデアとも同様に、その思想的系譜は十分にうまくとらえられていない。少なくともわれわれは、十九世紀初頭の哲学者であり、政治経済学者でもあったジョン・スチュアート・ミルにさかのぼることができる。彼は貪欲な産業革命時代の人間的および環境的な大混乱のなかで思想形成をした。

それに対応して彼は、ひとたびある種の状態が達成されたなら、経済は「定常状態」で存在することを希求すべきであると論じた。[原注38] それは非常にラディカルな概念であり、書類止めクリップ、ホッチキス、安価なボールペンによって運営される日常世界とは何の関係もない。ミルは、技術、家族計画、平等な権利の知的な適用と、消費協同組合の成長を伴う進歩的な労働運動のダイナミックな組み合わせが、資本主義の最悪の過剰を抑制し、社会を誇示的消費の動機から解放すると考えた。

彼は、経済は協働の成功から学ぶべきだとして、クロポトキンが生態系と社会の観察の中から「相互扶助」を造語した『相互扶助論』[原注39] の分析を先取りしていた（クロポトキンの分析は、社会経済問題へのダーウィン主義の間違った適用の流行［社会ダーウィン主義］に対抗するものであった）。ミルはまた、同じように技術への信頼をもち、ひとたび「経済問題」が解決されたなら、より人生の満足を求める高邁な方向にみんなが進めるだろうというケインズの希望をも先取りしていた。彼は、エコロジー経済学の出現のための準備もしていたのである。

デイリーのいう定常状態

ミルの知的末裔の正当な一員である経済学者ハーマン・デイリーは、彼が「定常状態の経済学」と呼ぶものの概念を大衆化することに、ほかの誰よりも貢献した。彼の包括的な批判は、何十年にもわたって彫《ちょう》琢《たく》されてきたもので、マクロ経済学における適正規模概念の不在と、経済学者が、地球のほかの部分と同様に経済も物理法則によって制約されているという事実を頑固に拒否し続けていることを、非難してきた。

デイリーが『成長を超えて』で書いているように、

地球それ自体が成長することなく発展をしているので、結局は、地球の下位システム［である経済］は成長なき発展——別名「持続可能な発展」——という同じ行動様式に従わなければならないことになる。(原注40)［『持続可能な発展の経済学』三一四頁］

もちろん、最大の問題は、いつ、正確に言うと「結果的に」その瞬間（限界点）がやってくるかということである。デイリーは地球レベルでエコロジー的に必要なものを示すために、造船業から公的安全確保のアナロジーを借りてくる。

「プリムソル・ライン」（満載喫水線標）の導入は、言わば、水位標を見るための分岐点である。ボートに過剰な貨物が積載されているとき、かなり明らかなのは、沈む見込みが大きいということだ。問題は次のように説明されてきた。安全な最大の積載容量にすでに到達しているという明白な警告がなければ、過積載という無謀な方向に間違いを犯す経済的インセンティブが常にあると。プリムソル・ラインは、エレガントな単純さで問題を解決した。船体の外側に書かれたマークが、最大積載量に達しているかを、海水面との関係で示すのである。しかし、この方式を考案し、導入キャンペーンに尽力したサミュエル・プリムソルは、かつて英国でもっとも危険な人物とこきおろされたことがある。なぜか。船舶輸送のために改善された安全措置は、奴隷制度の廃止や、人間の条件の改善および環境保護のためのほとんどすべての試みと同様に、経済に及ぼすコスト（負担）という理由から、恒常的で熱心な抗議の対象になったからである。ほとんど記憶力をもたない魚と同様に、われわれ人類は過去から学ぶことができないというのが教訓である。困ったことに、われわれは同じ戦いを繰り返し戦うことに貴重な人生の時間を費やすことを強いられている。そしていま再び気候変動でそうしているのだ。

デイリーの経済学への挑戦は、満載喫水線標に類似した経済的制度を採用あるいは考案することである。「生物圏というわれわれの箱舟を沈ませないように、経済の重量、つまり経済の絶対的な規模を維持することだ」(原注41)(『持続可能な発展の経済学』七一頁)。誰かがデイリーは粗野な環境決定論者だと結論することがないように、なんらかのモデルが機能するためには、適正規模と同じくらい重要なのが、公平と充足の原則にもとづく適正な分配であると彼は主張している。

現在までのところ、環境面のプリムソル・ラインを提供すると申し出た代表的なもっとも有力な候補——事実上、ほとんど唯一の候補——は、エコロジカル・フットプリントである。温室効果ガス排出を安全に管理するために設計された、縮小と収斂のモデルがそもそも提案される前に(前述)、デイリーはグローバルな環境コモンズを管理する方法として、基礎的なメカニズムを指摘した。第一に、あなたが関心をもつ自然資源およびバイオロジカル・キャパシティー(ある地域または地球全体の生態系が供給できるリソース量)の領域について限界を確認する必要があり、それからその枠内で、公平に利用資格を配分し、柔軟性を確保するために、それらを取引可能なものとする。そのようなアプローチは、世界の森林や海洋の管理にも、二酸化炭素排出にも適用できるであろう。デイリーは、革新的なアメリカの建築家であり、博識家であるリチャード・バックミンスター・フラーがこのアプローチを最初に提案したのだと、認めている。(原注42)根本的なレベルで、これは「共有地の悲劇」を避けるための主要なメカニズムである。(原注43)

加えて、エコロジカル・フットプリントを組み込んだ「幸福な地球インデックス」のような指標が、貴重な自然資源を利用して、長く幸福な人生をもたらす際の効率を示す助けになると、私は思う。

だから、これらの経済を組織化し、測定する方法が「結果的に」不可欠となる瞬間に立ち戻ってみよう。ある意味でその瞬間はすでに過ぎ去ってしまった。エコロジカル・フットプリントによると、世界は一九八〇年代なかば以来、バイオロジカル・キャパシティーを超過してきた。あまりに多くの自然資源を消費し、環境が安全に吸収できる以上の廃棄物を排出してきたのである。繰り返して言うと、われわれは地球のエコロジー的手段を超過する生活をしてきた。しかしどの時点でダメージは不可逆的になるのか。これは生態系が違えば違ってくるだろう。しかし本書の改訂版（二〇〇九年）において、気候変動に関する限りは、深刻な見通しが明らかになってしまった。もしわれわれが幸運ならば、二〇一六年の終わりごろまでに、暴走的地球温暖化のリスクが極端に高くなるのを防がなければならない。

動的平衡

「定常状態」「定常経済」という言葉から、われわれは確かに、システム（地球）の一部であるサブシステム（経済）がシステムそのもの（地球）を超えて成長することは論理的にできないというメッセージを受け取った。真の持続可能性の本質的特徴をあらわすために、なぜ別の用語を提案するのか。なぜ年長者や識者の用語を修正するという不愉快な厚かましさを発揮するのか。

第一に、「定常状態」「定常経済」という用語は、われわれの目的にとって魅力的でない。それらはほこりにまみれ、静的で、かびが生えやすいようにみえる。第二に、それらは眼前の課題とその多くの解決策のダイナミズムを十分にとらえきれていない。それらは経済学に、かつては有名で壮大な歴史上の誤りと言われたもの、つまり経済学の終焉を提案しているかのようにみえてしまう。（原注44）逃れられない物理法則によって規定される経済成長の限界を認識することにより、われわれが経済学という職業自体が不要なものだと言っているように聞こえるかもしれない（これは経済学だけでなく、成長マニアの職業とみられるものにはすべて共通なのだが）。しかしその反対に、まさに非常に異なる種類の経済学こそがいま必要であり、それは次のようなものだとデイリーは言う。

それは維持、質的改善、共有、倹約、自然の限界への適応に関する、微妙で複雑な経済学だ。それは「より大きい」ではなく、「よりよい」についての経済学だ（原注45）（『持続可能な発展の経済学』二三五頁）。

訳注15　生物学との関係については、福岡伸一『動的平衡』木楽舎、二〇〇九年、などを参照。「動的平衡」は、われわれが発見して、管理しなければならない条件についての、より正確な記述であるとともに、より魅力的な用語でもある。典型的には、個体群生物学や森林生態学についての議論のなかに見出され、それは社会にとっての鏡（模範）としての自然をよりよくとらえる概念であり、その中で、生態系の限界のなかに、絶えざる変化、平衡の移動、進化がみられるのである。この意味での「動的」のなかには、定常なものはほとんどなく、その「平衡」のなかで、活気のある、混沌にみちた生命のざわめきがあり、経済と社会は、その運営を、利用可能なバイオロジカル・キャパシティー（ある地域または地球全体の生態系が供給できるリソース量）という親会社（地球環境）の枠内で組織しなければならない。デイ

リーが提唱するように、用語の一般的な使用においては、「成長」を「発展」に置き換えるだけでおそらく十分であろう。(原注46)(訳注15)

よく言われているように、国際気候協定が機能するためには、地球規模で温室効果ガスの安全レベルの上限を決め、可能な排出量を諸国で分かち合わねばならない。これらの逃れられない仕組みから、有限な資源と限界をもつ生態系を管理するほかの協定の形を想像することができる。化石燃料であれ、森林の木材であれ、世界の海洋からとる魚であれ、自然界の予算であるバイオロジカル・キャパシティーの枠内で調整し、エコロジー的な支払能力の危機を防ぐために、われわれはできる限り、資源の利用と抽出の安全な限界を同定し、消費をそのレベルにおさえるための上限を決め、分配の方式を決定しなければならない。根本的なレベルで、これは「共有地の悲劇」を避けて、地球一個分で足りる生き方、あるいは動的平衡をめざすための、基本的なメカニズムである。

結論

人類の歴史の大部分を通じて、変化はゆっくりと起こった。何世代も経過しても、多くの人にとって変化はほとんどまったく感じられなかった。共同体全体が誕生し、存続し、滅亡したが、その町や村の境界の痕跡を残すことは稀だった。しかし現代においては、変化が常態となり、例外ではなくなった。変化は消費者の欲望を基礎とする、ハイテク経済に組み込まれている。

しかし意味のある人間のコントロールの外側での急速な変化は、やはりこれまでとは違った何かである。われわれが強いられている急速な移行のための必要条件への対応策は、それ自体がひとつの芸術だ。これが、いまわれわれが直面しているものである。エネルギーショック、信用の危機、気候変動によって引き起こされる複合的な危機だ。われわれはいま、関連して増大しつつある、グローバルな食料と水の危機も含めることができる。英国の戦時経験についての新たな関心は、文化的な自己治療の一形態でさえあるかもしれない。それはほとんどあたかもわれわれが、ずっと以前に行なったことを思いだすことで適応への準備をしているかのようだ。

われわれの国民的な生活の記憶において、破局的な気候変動を防ぐために必要な経済再編の規模は、戦時中にのみ目撃されたようなものである。ほかのいかなる最近のアプローチも、必要なときに必要な量の排出削減を行なうことからは隔たっているようにみえる。その観点からみると、戦時などの経験から学べることには、ポジティブなものとネガティブなものがある。それらの教訓のうち最良のものは、われわれの現在の状況に翻訳できるかもしれない。ひとつの違いは、遅かれ早かれ戦争は終わると一般に想定されていた戦時中とは違って、今後長い期間にわたって、生活様式の変化をいかにして受け入れ続けるかを考え出す必要があるということだ。

二〇〇八年十一月に、バラク・フセイン・オバマが米国の大統領に選出された。多くの人にとって、その出来事は、「米国が攻撃的に世界との戦争をしている」ようにみえる時代（ブッシュなどの時代）の終わりを意味していた。しかしながら、その否定できない文化的革命でさえ、画期的な環境および経済変革を求める圧力のもとでの国際的な断絶を緩和するのに十分なものかどうかは、歴史が判断するであろう。いまのところ私は明確な政治的休戦を支持したい。

イングランド南西部のコーンウォール半島の海岸から三〇キロメートルほどのところに、メキシコ湾流に洗われた小さなシリー諸島が散在しており、まるで英国が偶然に太平洋の環礁を保有したかのようだ(もちろんサンゴ礁ではなくて、花崗岩でできているところは違うが)。少し南に行くと、少し暖かくなり、我が国(英国)の戸外ではどこにも生育できないような植物が生えている。私は休暇にはそこへ行く。

ひとつの大きな島は、約一万年前の最後の氷河期に、英国本土から切り離されて形成されたものだ。その陸地に定住と耕作が行なわれた青銅器時代以来、諸島は海面上昇とのゆっくりした戦いに負け続けてきた。住民にとっては残念なことに、それらはスコットランド西海岸をまだゆっくりと持ち上げている、傾きつつある陸塊の、反対側の端でもある。

あなたが丘のうえにすわって、陸地の岩だらけの隆起のあいだの海峡をながめると、波の下に失われた農地の古い断片を想像することはたやすい。干潮のときには、あなたはまだいくつかの島々のあいだを歩いてわたることができる。ちょうどケントとエセックスの海岸からフランスが見えるように、天気のいいときには、シリー諸島からコーンウォールを見ることができる。まだそれらはまったく別の場所である。

頭上では、飛行機の飛跡が、北米に向かって飛ぶときに、巨大な自転車の車輪のような模様を描いている。

トレスコの頂上の静かなヒースの群落のあいだに、あるいはブライハーの草におおわれた花崗岩の崖にすわると、カキをとる漁師の声が聞こえるなかで、悲しげな美しい景観が味わえる。突然の海霧が来ては去り、長年にわたる難破船からはがれた船首像(船の船首に付けられた木彫の装飾物。十六~十九世紀に盛んになり、女性や動物の像が多かった)が海岸に散乱しているのが見える。現在それらはトレスコの植物園に

シリー諸島のブライハーから眺めたトレスコ

散在する状態となっており、ショックのなかで足を失ったことにまだ気づいていない爆弾犠牲者のように、船が目指していたいくつかの違った植民地の海岸を期待してながめているままのようである。

英国本土のように夜の光（人工照明）があふれていないので、天気のよい晩には、天の川が、厚い天文学的なクリームの渦巻のように、空をかざっているのが見える。我慢して立っていると、毎分のように、流れ星が見えることもあるし、落ちてくる天使を見ているような気分にもなる。

私が滞在していた農場で、農民たちは花の球根やアスパラガス、スイートコーン、じゃがいも、きゅうり、たまねぎ、ペッパー、トマトを育てていた。ジャムにするためのラズベリーやテイベリーもあった。少数のにわとりや牛も歩き回ったり、羽ばたきしたり、つつきまわったりしていた。

あなたは南太平洋のツバルの小さくてこわれやすいフナフティよりも短い時間で、島の周囲を歩くことができるだろう。そして森林やヒースの生えた土地、突風が吹きつける岬、幻想のような海岸を味わおうとするだろう。

島々は美しく、多様で、孤立しているとともに、相互につながり、相互依存的である。その将来は不確実である。しかし逆境のなかで、創意工夫をもって、ほかの多くの小規模島嶼と同様に、それらは何千年ものあいだ、人間の社会を支えてきた。われわれはみんな、地球というひとつの島に暮らしているのだ。

原注

第二版序文

原注1　ウインストン・チャーチルが、一九三六年十一月十二日に英国下院で演説。
http://hansard.millbanksystems.com/commons/1936/nov/12/debate-on-the-address#S5CV0317P0-03560
訳注　二〇一五年五月現在、このURLに当該記事は見つからない。

原注2　International Rescue Committee（2008）***Mortality in the Democratic Republic of Congo: An Ongoing Crisis***, January『コンゴ民主共和国での死亡率：進行中の人道危機』国際救済委員会

原注3　Shaohua Chen and Martin Ravallin（2004）***How Have the World's Poorest Fared since the Early1980s?***, Development Research Group, World Bank, Washington DC.『世界の最貧困層は一九八〇年代初頭からどのように暮らしてきたか』世界銀行

原注4　E.Beinhocker（2007）***The Origin of Wealth:Evolution Complexity and the Radical Remaking of Economics***, Random House, London. 数字は次の文献から引用した。P.Ormerod（1994）***The Death of Economics***, Faber & Faber, London, p.10. この文献では、アンガス・マディソンの一九八二年の研究が引用されており、そこで示されているのは、欧米経済の成長が、一九五〇～一九七〇年と五〇〇～一五〇〇年とで同じくらいだったということである。

訳注　関連文献の邦訳に下記がある。アンガス・マディソン、金森久雄訳『経済統計で見る世界経済二〇〇〇年史』柏書房二〇〇四年。

原注5　たとえば、次に文献を見よ。Kenneth Pomeranz（1998）***The Great Divergence***, Princeton University Press, Princeton; Eric S. Reinert（2007）***How Rich Countries Get Rich ... and Why Poor Countries Stay Poor***, Constable, London; Mike Davis（2001）***Late Victorian Holocausts - El Nino Famines and the Making of the Third World***, Verso, London; Jared Diamond（1997）***Guns, Germs and Steel***, Vintage, London（邦訳は、ジャレド・ダイアモンド、倉骨彰訳『銃・病原菌・鉄　一万三〇〇〇年にわたる人類史の謎』草思社文庫、二〇一二年）

第1章　金星への短い散歩

原注1　Robert Heilbroner（1953）*The Worldly Philosophers: The Lives, Times, and Ideas of great Economic Thinkers*, seventh edition, Penguin, London, 2000（邦訳は、ロバート・ハイルブローナー、松原隆一郎ほか訳『入門経済思想史 世俗の思想家たち』ちくま学芸文庫二〇〇一年、三五三頁）。

原注2　James Hall（1994）*Illustrated Dictionary of Symbols in Eastern and Western Art*, John Murray, London.

原注3　Bjorn Lomborg（2001）*The Skeptical Environmentalist : Measuring the Real State of the World,* Cambridge University Press, Cambridge（邦訳は、ビョルン・ロンボルグ、山形浩生訳『環境危機をあおってはいけない 地球環境のホントの実態』文藝春秋、二〇〇三年）。

原注4　*Larousse Encyclopedia of Mythology,* Paul Hamlyn, London, 1951.

原注5　Andrew Simms, Nick Robins and Ritu Kumar（2000）*Collision Course : Free Trade's Free Ride on the Global Climate,* nef（New Economics Foundation）and TERI, London.

原注6　Jose Lutzenberger, 'Gaia's fever', *The Ecologist*, Vol. 29 No. 2.

原注7　Andrew Simms and Matthew Lockwood（1997）*One Every Second : Cutting Unpayable Poor Country Debt*, Christian Aid & World Development Movement, London ; Andrew Simms and Jenny Reindorp（1997）*The New Abolitionists : Slavery in History and the Modern Slavery of Poor Country Debt*, Christian Aid, London.

原注8　*Human Development Report 1997*, United Nations Development Programme, Geneva / New York.（邦訳は、国際連合開発計画『貧困と人間開発　人間開発報告書1997』古今書院、一九九七年）。

原注9　Aubrey Meyer（2000）*Contraction & Convergence : The Global Solution to Climate Change*, Schumacher Briefing number 5, Green Books, Dartington Devon.

原注10　Hugh Barty-King（1997 edition）*The Worst Poverty - A History of Debt and Debtors*, Budding Books' Stroud, Gloucestershire.

原注11　*World Disaster Report 2001*, International Federation of Red Cross and Red Crescent Societies, Geneva.

第2章　化学者の警告：地球温暖化の簡略な歴史

原注1　Myles Allen（2003）'Liability for Climate Change', *Nature*, 27 February.

原注2　スヴァンテ・アレニウスの伝記的資料のうち英語で閲覧できるものは限られている。本章での彼についての情報は、次のような情報源によっている。NASA http://earthobservatory.nasa.gov
The Woodrow Wilson Leadership Programme in Chemistry www.woodrow.org
Isaac Asimov (1985) *New Guide to Science*, Viking, London ;http://scienceworld.wolfram.com
The Institute of Chemistry at The Hebrew University of Jerusalem Faculty of Science.
The Northwest Council on Climate Change www.nwclimate.org
The Anderson Research Group at Harvard University www.arp.harvard.edu
The Nobele - Museum www.nobel.se

原注3　イーストアングリア大学ティンダル気候変動研究センター　www.tyndall.ac.uk
下記にもとづく。J.A.Burchfield (1981) ***John Tyndall - A Biographical Sketch in John Tyndall, Essays on a Natural Philosopher***, Royal Dublin Society, Dublin.

原注4　Barbara Freese (2003) ***Coal : A Human History***, Perseus Books, Cambridge, Mass.

原注5　Svante Arrhenius (1895) 'On the Influence of Carbonic Acid in the Air Upon the Temperature of the Ground' ストックホルム物理学会に提出された論文。

原注6　Spencer R. Weart, ***The Public and Climate Change***, August 2003, at www.aip.org

原注7　Herman E. Daly (ed.) (1973) ***Toward a Steady-state Economy***, Freeman, San Ftancisco.

原注8　Spencer R. Weart, ***The Discovery of Global Warming***, August 2003, www.aip.org/history
(邦訳は、スペンサー・R・ワート、増田 耕一・熊井 ひろ美訳『温暖化の〝発見〟とは何か』みすず書房、二〇〇五年)。

原注9　Susan J. Buck (1998) ***The Global Commons - an Introduction***, Island Press, Washington DC.

原注10　***Predictions of Accelerated Climate Change***, 英国気象庁、下記で閲覧。
www.metoffice.gov.uk/research/hadleycentre/pubs/brochures/B2000/climate.html

原注11　***Climate Change Observations and Predictions : Recent Research on Climate Change Science from the Hadley Centre***, Met Office Hadley Centre, December 2003.

原注12　Shaoni Bhattacharya (2004) 'Arctic warming at twice global rate', ***New Scientist***, 2 November.

原注13　Shaoni Bhattacharya (2004) 'Greenhouse gas level hits record high', ***New Scientist***, 22 March ; Paul Brown (2004) 'Climate fear as carbon levels soar', ***Guardian***, 11 October.

原注14　***Key World Energy Statistics 2003***, International Energy Agency, Paris.

原注15 ASPO newsletter（Association for the Study of Peak Oil）, November 2003 ; Global Dynamics Institute briefing for Conference of the Parties（COP）9, December 2003 ; David Fleming, ***Prospect*** magazine, November 2000.

原注16 'Still holding customers over a barrel', ***The Economist***, 25 October 2003

原注17 Colin Campbell（2003）'When will the world's oil and gas production peak?'in Richard Douthwaite（ed.）***Before the Wells Run Dry***, Feasta, Green Books, Dartington, Devon ; also Global Dynamics Institute briefing for COP9, December 2003.

原注18 Fleming, ***Prospect*** magazine.

原注19 世界産業生産として計測されるもので、ＧＤＰを一般化した尺度であり、インフレの影響は除外するが、単なる貨幣的な指標ではなく、現実の商品と素材を含めている。

原注20 Alberto di Fazio（2000）ハーグでのＣＯＰ６で配布された論文から引用。

原注21 ***World Disaster Report 2002***, International Federation of Red Cross and Red Crescent Societies, Geneva.

第３章　天国の破裂：ツバルと諸国民の運命

原注１ この章で引用した素材のいくつかは、私のツバル滞在中に行なった個人的インタビューからとったものである。

原注２ ***Natural Disaster Mitigation in Pacific Island Countries***, SOPAC, Suva, Fiji, undated.

原注３ Jon Barnett and Neil Adger（2001）'Climate dangers and atoll countries', October, University of Canterbury（New Zealand）and University of East Anglia(UK).

原注４ Michael Fields（2001）Agence France Presse, 13 December.

原注５ R.J. Nicholls（2000), 'An analysis of the flood implications of the IPCC Second Assessment global sea level rise scenarios'in J.D. Parker（ed.）***Floods***, Routledge, London,

訳注 原書に「近刊」とあるが、検索するとこの書籍は二〇〇〇年刊のようである。

原注６ World Meteorological Organization, 'Statement on the status of the global climate in 2001', www.wmo.ch

原注７ Ben Wisner（2001）'Socialism and storms', ***Guardian***, 14 November.

原注８ 'Planning for the 21st century - responding to climate variability and change in the Pacific Islands'in ***Pacific Island Regional Assessment of the Consequences of Climate Change and Variability***（***The Pacific Assessment***）, East West Centre, Hawaii, 2001.

原注9　Keith and Ann Chambers (2001) *Unity of Heart : Culture and Change in a Polynesian Atoll Society*, Waveland Press, Long Grove, Ⅲ

原注10　Laumua Kofe (1981) 'Palagi and pastors' in Hugh Laracy (ed.) *Tuvalu : A History*.

原注11　E. Maude (1981) 'Slavers in paradise' in Laracy, *Tuvalu*.

原注12　*Pacific Human Development Report 1999*, UNDP, Suva, Fiji.

原注13　Geneva Convention on the Status of Refugees and Stateless Persons convened under General Assembly resolution 429 (V) of 14 December 1950, entry into force 22 April 1954.

原注14　英国のテレビ、チャンネル4でのインタビュー。二〇〇二年一月二十七日のニュース。

第4章　人類の進歩の大逆転

原注1　William Morris (1888) *A Dream of John Ball and a King's Lesson*, Longmans, London（邦訳は、ウイリアム・モリス、横山千晶訳『ジョン・ボールの夢』晶文社、二〇〇〇年）。

原注2　一九九八年に私が英国の開発NGO、クリスチャン・エイドで働いていたとき、次の報告書のためにジャマイカに現地調査に行なった。*Forever in Your Debt? Millennium Debt Relief for Eliminating Poverty*, Christian Aid, London, 1998. 本章での素材の一部は、私の滞在中の個人的インタビューで得られたものである。

原注3　Joseph Stiglitz (2000) 'The Insider - what i learned at the world economic crisis', *The New Republic*, 4 April.

原注4　HIPC (2001) *Flogging a Debt Process*, Jubilee Research, London.

原注5　Joseph Hanlon (1998) *We've Been Here Before*, Jubilee 2000, London.

原注6　J.K. Galbraith (1975) *Money : Whence it Came, Where it Went*, Andre Deutsch, London（邦訳は、ガルブレイス、都留重人訳『マネー　その歴史と展開』TBSブリタニカ一九七六年）

原注7　次の文献で引用した。Andrew Simms and Jenny Reindorp (1997) *The New Abolitionists : Slavery in History and the Modern Slavery of Poor Country Debt*, Christian Aid, London

原注8　*Real World Economic Outlook* No.1 : *The Legacy of Globalization - Debt and Deflation*, ed. Ann Pettifor (2003) nef & Palgrave Macmillan, London

原注9　Michael Lewis (1990) *Liar's Poker : Through the Wreckage on Wall Street*, Penguin, London（邦訳は、マイケル・ルイス、東江一紀訳『ライアーズ・ポーカー』パンローリング二〇〇六年、三八七頁。新版は、

ハヤカワ・ノンフィクション文庫二〇一三年)。
原注10 Catherine Caulfield (1996) ***Masters of Illusion : The World Bank and the Poverty of Nations***, Macmillan, London.
原注11 www.un.org/millenniumgoals/ あるいは www.developmentgoals.org
原注12 Address to the Millennium Forum, New York, 22 May 2000
原注13 このセクションは、私が世界災害報告の編者であるジョナサン・ウォルターと共同で行なったプロジェクトおよび下記の出版物にもとづいている。*The End of Development?*, by nef, London, 2002. このセクションの素材は、次のウェブサイトにある説明で見ることができる。www.neweconomics.org 目標の整理については、目標自体の内容を変えない範囲で、少し単純化してある。
原注14 Trygve Berg, Fernando Dava and Judite Muchanga (March 2001) ***Post-disaster Rehabilitation and Seed Restoration in Flood Affected Areas of Xai-Xai District, Mozambique. Gender, Biodiversity and Local Knowledge Systems*** (LinKS) ***to Strengthen Agricultural and Rural Development : Summary of Findings from Visits to Affected Villages and Suggestions for Action Research 2-10 December 2000***, Sustainable Development Department, UN Food and Agriculture Organization, Rome.
原注15 Intergovernmental Panel on Climate Change (2001) ***Third Assessment Report***, Chapter 10, Africa (邦訳は、IPCC、気象庁訳『IPCC地球温暖化第三次レポート - 気候変化2001』中央法規出版二〇〇二年)
原注16 国連気候変動枠組条約第6回締約国会議でのプレゼンテーション、二〇〇〇年十一月十三日。
原注17 Andrew Dobson (2002) 'Climate warming and disease risks for terrestrial and marine biota', ***Science***, 21 June.
原注18 ***Climate Change and Human Health Risks and Responses***, World Health Organization, UN Environment Programme, World Meteorological Organization, Geneva, 2003.

第5章 生態学的債務

原注1 ***Chambers English Dictionary*** (1989) Cambridge University Press, Cambridge.
原注2 J.M. Keynes (1930) 'The economic possibilities for our grandchidren'in ***Essays in Persuasion***, Norton, New York, 1963. (邦訳は、ケインズ、宮崎義一訳「わが孫たちの経済的可能性」『説得論集』ケインズ全集第9巻、東洋経済新報社、一九八一年、三九〇頁、四〇〇頁)。

原注3　当初の四万ポンドが三・二五％で価値が上がるとすれば、現在の価値で四〇〇億ポンドくらいになるであろう。

原注4　Guaicaipuro Cuantemoc（1997）'The real foreign debt', *Resurgence Magazine*, September / October

原注5　'U.S. battle for $2 billion undersea treasure', *Guardian*, 7 January 2003.

原注6　J.K. Galbraith（1975）*Money : Whence it Came, Where it Went*, Andre Deutsch, London.（邦訳はガルブレイス、都留重人訳『マネー　その歴史と展開』TBSブリタニカ、一九七六年）

原注7　ガルブレイス『マネー』に引用。

原注8　Mike Davis（2001）*Late Victorian Holocausts : El Nino Famines and the Making of the Third World*, Verso, London.

原注9　R. Baldwin, P. Martin and G.I.P. Ottaviano（1999）*Global Income Divergence, Trade and Industrialisation : The Geography of Growth Take-offs*, CEPR, London.

原注10　Davis, *Late Victorian Holocausts* に引用。

原注11　Angus Maddison（1998）*Chinese Economic Performance in the Long Run*, Davis, *Late Victorian Holocausts* に引用。

原注12　下記に引用。Andrew Simms and Jenny Reindorp（1997）*The New Abolitionists : Slavery in History and the Modern Slavery of Poor Country Debt*, Christian Aid, London.

原注13　Simms and Reindorp, *The New Abolitionist.*

原注14　Thomas Pakenham（1992）*The Scramble for Africa*, Abacus, London.

原注15　Pakenham, *The Scramble for Africa* に引用。

原注16　Pakenham, *The Scramble for Africa* に引用。

原注17　Pakenham, *The Scramble for Africa* に引用。

原注18　Pakenham, *The Scramble for Africa* に引用。

原注19　'UN "should" act on Congo plunder,BBC Online, 28 October 2003.

原注20　下記を見よ。www.unctad.org

原注21　Sven Lindqvist（1998）*Exterminate All the Brutes*, Granta, London

原注22　Alfred W. Crosby（1986）*Ecological Imperialism : The Biological Expansions of Europe, 900-1900*, Canto, Cambridge.（邦訳は、アルフレッド・W・クロスビー、佐々木昭夫訳『ヨーロッパ帝国主義の謎——エコロジーから見た10～20世紀』岩波書店、一九九八年）。

原注23　Jared Diamond（1997）***Guns, Germs and Steel***, Vintage, London（邦訳は、ジャレド・ダイアモンド、倉骨彰訳『銃・病原菌・鉄　一万三〇〇〇年にわたる人類史の謎』草思社文庫。二〇一二年）。
原注24　クロスビー『ヨーロッパ帝国主義の謎』。
原注25　'Feeling the heat : climate change and biodiversity loss,' ***Nature***, Vol. 427, January 2004.
原注26　World Bank（1995）***World Development Report***, World Bank, New York.
原注27　Paul Ormerod（1994）***The Death of Economics***, Faber & Faber, London.
原注28　***Real World Economic Outlook***（2003）.
原注29　ガルブレイス『マネー』。
原注30　***Real World Economic Outlook***（2003）.
原注31　インドの商工大臣シュリ・ムラソリ・マランの声明。UNCTAD、Xの総会、バンコック、タイ、二〇〇〇年二月十二日。
原注32　詳しくは下記を参照。Nick Robins（1993）***Citizen's Action to Lighten Britain's Footprint***, IIED, London.
原注33　Robert Southey（1807）***Letters from England***, 上記 Robins, ***Citizen's Action***　に引用。
原注34　George Orwell（1937）***The Road to Wigan Pier***（邦訳は、ジョージ・オーウェル、土屋宏之・上野勇訳『ウィガン波止場への道』ちくま学芸文庫、一九九六年）上記 Robins, ***Citizen's Action***　に引用。
原注35　Ivan Illich（1974）***Energy and Equity***（Open Forum Series）, Marion Boyars Publishers, London（邦訳は、イヴァン・イリッチ、大久保直幹訳『エネルギーと公正』晶文社、一九七九年、一四頁）。
原注36　Anil Agarwal and Sunita Narain（1990）***Global Warming in an Unequal World - A Case for Environmental Colonialism***, Centre for Science and Environment, New Delhi（邦訳は、アニル・アガルワル、スニタ・ナライン、若森文子訳「不平等世界における地球温暖化問題」（抄訳）『経済評論』一九九三年五月号、日本評論社）。
原注37　***Our Common Agenda***, The Latin American and Caribbean Commission on Development and Environment, report to UNCED（1992）.
原注38　Accion Ecologica　はエクアドルのキトに本拠をおいている。
原注39　Andrew Simms（1999）***Who Owes Who? Climate Change, Debt, Equity and Survival***, Christian Aid, London. 国際環境開発研究所のニック・ロビンズおよびグローバル・コモンズ研究所のオーブリー・メイヤーとの共同作業。
原注40　'Central American leaders urge debt relief,' BBC News, 10 November 1998.

原注41 'Cyclone slam into Pacific island', BBC News, 7 January 2004.

原注42 たとえば、Simms, *Who Owes Who?* および Joan Martinez - Alier（1999）*Ecological Debt vs. External Debt - A Latin American Perspective*, Universitat Autonoma de Barcelona, Barcelona.

第6章　炭素債務

原注1 David S. Landes（1972）*The Unbound Prometheus : Technological Change and the Industrial Development in Western Europe from 1750 to the Present*, Cambridge University Press, Cambridge（邦訳は、デヴィッド・S・ランデス、石坂昭雄、冨岡庄一訳『西ヨーロッパ工業史』全2巻、みすず書房、一九八〇～一九八二年）。

原注2 この部分は、二〇〇一年夏にロンドンの現代芸術研究所で開催された第一回全英生態学的債務会議でのプラットフォームのジェームズ・マリオットと筆者アンドリュー・シムズの共同作業によるものである。

原注3 *Key World Energy Statistics 2003*, International Energy Agency（IEA）, Paris.

原注4 L. Beer and T. Boswell（2002）'The resilience of dependency effects in explaining income inequality in the global economy : a cross national analysis, 1975-1995', *Journal of World Systems Research*, Vol. III, Winter.

原注5 E.J. Hobsbawm（1968）*Industry and Empire*, Pelican, London.（邦訳は、エリック・J・ホブズボーム、浜林正夫ほか訳『産業と帝国』新装版、未来社、一九九六年）。

原注6 Wilfred Owen（1921）'Miners'in *An Anthology of Modern Verse*, ed, A Methuen, Methuen & Co., London（中元初美訳「鉱夫たち」『ウィルフレッド・オウェン戦争詩集』英宝社、二〇〇九年、五〇頁）。

原注7 ランデス『西ヨーロッパ工業史』。

原注8 ホブズボーム『産業と帝国』。

原注9 下記に引用。Barbara Freese（2003）,*Coal : A Human History*, Perseus Books, Cambridge, Mass.

原注10 Freese, *Coal*

原注11 Albert Di Fazio, *The Fallacy of Pure Efficiency Gain Measures to Control Future Climate Change*, Astronomical Observatory of Rome and Global Dynamics Institute, Rome, undated.

原注12 IEA, *Key World Energy Statistics 2003* から外挿した。一次エネルギーの総供給量に占める石炭、石油、天然ガスは、OECD諸国において3542.8mtoe（石油一〇〇万トン換算）から4420.2mtoeへと推移した。地球規模では、5195.3mtoeから7973mtoeへ増大した。

原注13 Andrew Simms, Nick Robins and Ritu Kumar（2000）*Collision Course : Free Trade's Free Ride on the Global Climate*, nef（New Economics Foundation）and TERI, London

原注14 Bruce Podobnik（2002）'Global energy inequalities : exploring the long-term implications', *Journal of World Systems Research*, Vol. III, Winter.

原注15 A. Sampson（1975）*The Seven Sisters : The Great Oil Companies and the World They Made*, Hodder and Stoughton, London（邦訳は、アンソニー・サンプソン、大原進、青木栄一訳『セブン・シスターズ - 不死身の国際石油資本』講談社文庫一九八四年）。

原注16 Sven Lindqvist（2001）*A History of Bombing*, Granta, London.

原注17 Lindqvist, *A History of Bombing* に引用。

原注18 Lindqvist, *A History of Bombing* に引用。

原注19 Kwesi Owusu（2001）*Drops of Oil in a Sea of Poverty : The Case for New Debt Deal for Nigeria*, nef & Jubilee Plus, London.

原注20 *The Warri Crisis : Fuelling Violence*, Human Rights Watch, December 2003.

原注21 Simms, Robins and Kumar, *Collision Course.*

原注22 国際通貨基金のミシュル・カムドシュ専務理事による演説「開発と貧困削減：多面的アプローチ」第１０回国連貿易開発会議、バンコック、タイ、二〇〇〇年二月十三日。

原注23 Robert Engleman（1998）*Profiles in Carbon : An Update on Population, Consumption and Carbon Dioxide Emissions*, Population Action International, Washington DC; Andrew Simms in *Real World Economic Outlook*（2003）.

原注24 *Energy White Paper : Our Energy Future - Creating a Low Carbon Economy*, DTI, London, 2003.

原注25 Andrew Simms（1999）*Who Owes Who? Climate Change, Debt, Equity and Survival*, Christian Aid, London. 国際環境開発研究所のニック・ロビンズおよびグローバル・コモンズ研究所のオーブリー・メイヤーとの共同作業。

原注26 *World Disaster Report 2002*, International Federation of Red Cross and Red Crescent Societies, Geneva

原注27 筆者の次の文書への寄稿から引用。*Chasing Shadows : Reimagining Finance for Development*, nef, London, 2002

原注28「米国の気候変動計画は、英国の京都議定書へのコミットメントを変えない」英国下院議員マーガレット・ベケットの発言。環境食糧農林省、ロンドン。

第7章　自己破壊の合理化：なぜ人びとはカエルよりも愚かなのか

原注1　Sigmund Freud（1920）*Beyond the Pleasure Principle*, W.W. Norton & Company, New York and London.（邦訳は、シグムント・フロイト「快感原則の彼岸」『自我論集』竹田青嗣編・中山元訳、ちくま学芸文庫、一九九六年）一一九頁。快楽原則とも訳される。

原注2　Peter Ackroyd（1986）*Hawksmoor*, HarperCollins, London（邦訳は、ピーター・アクロイド、矢野浩三郎訳『魔の聖堂』新潮社一九九七年、一三九頁）。

原注3　T.S. Eliot（1969）*The Complete Poems and Plays of T.S. Eliot*, Faber & Faber, London and Boston（引用部分の邦訳は、T・S・エリオット、岩崎宗治訳『四つの四重奏』岩波文庫、二〇一一年、四八頁）。

原注4　Wilfred Owen（1921）'Miners' in *An Anthology of Modern Verse*, ed. A Methuen, Methuen & Co., London（中元初美訳「鉱夫たち」『ウィルフレッド・オウェン戦争詩集』英宝社、二〇〇九年、五一頁）。

原注5　このアネクドート（逸話）は、ビジネスの成長と変化の管理についてレクチャーする企業コンサルタントによってもっともふつうに使われるものであり、また同じくまったくインチキなものである。

原注6　Consultant Debunking Unit（1995）*Fast Company*, Issue 1. November

原注7　Daniel Pick（1993）*War Machine : The Rationalisation of Slaughter in the Modern Age*, Yale University Press, Yale

原注8　下記から引用。Virginia Woolf（1938）Three Guineas（邦訳は、ヴァージニア・ウルフ『三ギニー　戦争と女性』出淵敬子訳、みすず書房、二〇〇六年、一〇〇頁）、Pick, *War Machine* に引用。

原注9　Charles Rycroft（1968）*A Critical Dictionary of Psychoanalysis*, Penguin, London（邦訳は、チャールズ・ライクロフト『精神分析学辞典』山口泰司訳、河出書房新社、一九九二年）。

原注10　Stanley Cohen（2001）*States of Denial : Knowing About Atrocities and Suffering*, Polity, Cambridge.

原注11　W.G. Sebald（2003）*On the Natural History of Destruction*, Hamish Hamilton, London

原注12　Sven Lindqvist（2001）*A History of Bombing*, Granta, London

原注13　Lindqvist, *A History of Bombing*

原注14　Sebald, *On the Natural History of Destruction*,

原注15　タナトスはギリシャ神話の死の神であり、紀元前五世紀以来、翼をもつ神として、つぼに描かれてきた。Hall, *Illustrated Dictionary of Symbols in Eastern and Western Art*.

原注16　Marshal Berman（1983）*All That Is Solid Melts into Air - The Experience of Modernity*, Verso, Lon-

don and New York.

原注17 George Marshal and Mark Lynas（2003）'Who's who among the climate change deniers', *New Statesman*, 1 December ; 'Toxic sceptics'（2003）*New Internationalist*, No.357, June.

原注18 Martin Wolf（2000）*Financial Times*, November 29.

原注19 'The science of climate change' 王立協会（英）主導の科学者の共同声明。下記に公表。*Science*, 18 May 2001.

原注20 これは主にBjorn Lomborgの*The Skeptical Environmentalist*（邦訳は、ビョルン・ロンボルグ、山形浩生訳『環境危機をあおってはいけない　地球環境のホントの実態』文藝春秋、二〇〇三年）について私が『フィナンシャル・タイムズ』に書いた書評にもとづいている。21. J.M. Finger（世界銀行、貿易政策責任者）、P. Schuler（1999）*Implementation of Uruguay Round Commitments : The Development Challenge*, World Bank, Washington DC.

原注22 *Guardian*, 10 January 2004.

原注23 'Cars', *Guardian*, 13 November 2004.

第8章　世界の終りの駐車場

原注1 *World Disaster Report 1998*, International Federation of Red Cross and Red Crescent Societies, Geneva

原注2 Owen Bowcott（2004）'10000 killed [in South Africa]a year on perilous roads', *Guardian*, 2 January

原注3 Bradford Snell(1995)'The Street Car Conspiracy : How General Motors Destroyed Public Transit' 初出は、*The New Electric Railway Journal*, Autumn.（関連邦訳は、ブラッドフォード・スネル、戸田清ほか訳『クルマが鉄道を滅ぼした　ビッグスリーの犯罪』増補版、緑風出版、二〇〇六年）また、米国のPBSで一九九六年八月に放映された下記のドキュメンタリー映像も参照した。*Taken for a Ride.*

原注4 Union of Concerned Scientists（2000）*Pollution Lineup : An Environmental Ranking of Automakers*, Cambridge, Mass.

原注5 'Automakers rev up U.S. advertising spending', Reuters, 12 May 2003. メリルリンチの分析が示したのは、二〇〇二年に八五億ドルを費やしたが、二〇〇三年には九九億ドルであり、二〇〇四年には一〇七億ドルに達するという予想されるということであった。

原注6 世界資源研究所は、アメリカ自動車工業会（ＡＡＭＡ）の下記資料を引用している。World Motor Vehicle Data 1993' AAMA Motor Vehicle Facts and Figures.

原注7　Roy Foster (2003) 'Beep beep yeah', *Financial Times*, 8 November.
原注8　アルファロメオの英語の記事の小見出しは「あなたの魂を揺さぶれ」である。
原注9　王立自動車クラブ（RAC）のスポークスウーマンの英国ラジオ5でのインタビュー、二〇〇四年一月二日。
原注10　Working Group on Public Health and Fossil Fuel Combustion (1997) 'Short-term improvement in public health from global climate policies on fossil-fuel combustion : an interim report', *The Lancet*, November.
原注11　Robert Heilbroner (1953) *The Worldly Philosophers: The Lives, Times, and Ideas of Great Economic Thinkers*, seventh edition, Penguin, London, 2000（邦訳は、ロバート・ハイルブローナー、松原隆一郎ほか訳『入門経済思想史　世俗の思想家たち』ちくま学芸文庫、二〇〇一年、四〇〇頁）。

第9章　返済時間：法律、気候変動、生態学的債務

原注1　Elazar Barkan (2000) *The Gulf of Nations*, Norton, New York & London.
原注2　Robert Heilbroner (1953) *The Worldly Philosophers: The Lives, Times, and Ideas of Great Economic Thinkers*, seventh edition, Penguin, London, 2000（邦訳は、ロバート・ハイルブローナー、松原隆一郎ほか訳『入門経済思想史 世俗の思想家たち』ちくま学芸文庫、二〇〇一年、三四八頁）。
原注3　Barkan, *The Gulf of Nations*.
原注4　Carl Mortished (2002) 'Banks named in apartheid victims' lawsuit', *The Times*, 12 November.
原注5　David Fickling (2003) 'Child asylum seeker sues Australian government for mental trauma', *Guardian*, 28 October.
原注6　Tim Cocks (2003) '100 years on the consul of Uganda is accused of war crime', *Guardian*, 23 October.
原注7　Andrew Simms (2001) 'The ecology of disaster recovery', *World Disaster Report 2001 : Focus on Recovery*, International Federation of Red Cross and Red Crescent Societies, Geneva.
原注8　Andrew Simms and Molly Conisbee (2003) *Environmental Refugees : The Case for Recognition*, nef, London.
原注9　英国の開発援助団体クリスチャン・エイドによる。政策提案文書。'Global warming, unnatural disasters and the world's poor', Christian Aid, London, November 2000.
原注10　Jean-Francois Dhainaut, Yann-Erick Claessen, Christine Ginsburg and Bruno Riou (2003) 'Unprecedented heat-related deaths during the 2003 heat wave in Paris : consequences on emergency depart-

ment', *Critical Care*, www.pubmedcentral.nih.gov 4 December.

原注11 Myles Allen（2003）'Liability for climate change', *Nature*, 27 February.

原注12 Andrew Simms（2003）*Free Riding on the Climate*, nef, London.

原注13 Simms, *Free Riding on the Climate.*

原注14 欧州議会議員であるキャロライン・ルーカス博士および欧州委員（貿易担当）パスカル・ラミの私信による。

原注15 *Business Guide to the World Trade System*, WTO, Geneva, updated ; Jerry Taylor, 'Salting the earth : the case for repealing superfund', in *Regulation : The Case Review of Business and Government*, Cato Institute, www.cato.org

第10章 懐疑派のためのデータ：戦争経済の教訓

原注1 ヴァシリー・クリチェフスキー、ロシアの中世史学者。下記に引用。Robert Heilbroner（1993）*21st Century Capitalism*, Norton, New York and London.（邦訳は、ロバート・ハイルブローナー、中村達也・吉田利子訳『二十一世紀の資本主義』ダイヤモンド社一九九六年、三頁）。

原注2 John Maynard Keynes（1940）*How to Pay for the War*, Macmillan & Co., London（邦訳は、宮崎義一訳「戦費調達論」『ケインズ全集　第9巻　説得論集』東洋経済新報社、一九八一年、所収）。

原注3 Kevin Pilley（1999）'Deadly harvest of an unending war', *Financial Times*, 6/7 November.

原注4 Norman Longmate（1971）*How We Lived Then*, Hutchinson, London

原注5 英国における集団ごとのあらゆる生活用品とサービスのひとりあたり購入額の変化は、下記の文献による。*The Impact of the War on Civilian Consumption in the United Kingdom, the United States and Canada*　食費以外の消費レベルについての特別合同委員会から生産および資源についての合同委員会への報告書。米国政府印刷局、ワシントン、一九四五年。

原注6 W.K. Hancock and M.M. Gowing（1949）*The British War Economy*, HMSO, London.

原注7 *On the State of Public Health During Six Years of War - Report of the Chief Medical Officer of the Ministry of Health, 1939-1945*, HMSO, London, 1946.

原注8 United States Code, Title 15 : Commerce and Trade, Chapter 16B - Federal Energy Administration, Subchapter I, Section 761, Congressional Declaration of Purpose

原注9 R.S. Sayers（1956）*Financial Policy 1939-45 - History of the Second World War*, HMSO & Longmans, London.

原注10　下記に引用。Sayers, *Financial Policy 1939-45*

原注11　下記に引用。Sayers, *Financial Policy 1939-45*

原注12　Thorstein Veblen（1899）*The Theory of the Leisure Classes*, The Macmillan Company, New York.（邦訳は、ソースティン・ヴェブレン、高哲男訳『有閑階級の理論』ちくま学芸文庫一九九八年）。

第11章　新しい調整

原注1　デニス・ホープの地球的考察についての記述は、新経済学財団の同僚たちとともに作成した報告書の筆者による序論から引用した。*Limits to Property*, 2003 www.neweconomics.org

原注2　www.MoonEstates.com

原注3　Garrett Hardin（1968）'The tragedy of the commons', *Bioscience*, No. 162.（邦訳は、ハーディン「共有地の悲劇」は、下記に所収。ギャレット・ハーディン、松井巻之助訳『地球に生きる倫理――宇宙船ビーグル号の旅から』佑学社、一九七五年）。

原注4　*Climate Change and Human Health - Risks and Responses*, ＷＨＯがＵＮＥＰおよびＷＭＯと共同で公表した報告書、ジュネーブ、二〇〇三年。この報告は、地球温暖化による過剰死亡が年一五万人にのぼると見積もっている。

原注5　*Caring for the Future : Report of the Independent Commission on Population and Quality of Life*, UNESCO, Paris, 1996.

原注6　グローバル・コモンズ研究所のウェブサイトを見よ。www.gci.org.uk

原注7　産業革命の前に大気中の二酸化炭素濃度は約二八〇ｐｐｍであったが、現在では三七〇～三八〇ｐｐｍである。

原注8　Andrew Simms and Romilly Greenhill（2002）*Balancing the Other Budget : Proposal for Solving the Greater Debt Crisis*, nef, London.

原注9　'The scientific case for setting a long-term emission reduction target', internal government paper, Defra, London, undated.

原注10　Ａ２はＩＰＣＣ（気候変動政府間パネル）のワーキンググループ１によって次のように定義されている。Ａ２のシナリオ群は非常に不均一な世界を記述している。背景にあるテーマは自力更生と地方の個性の保全である。地域ごとの肥沃度のパターンは非常にゆっくりと収斂し、それは継続的な人口増加をもたらす。経済発展は主に地域志向であり、ひとりあたり経済成長と技術変化はほかのシナリオよりも断片的でゆるやかになっている。

原注11　グリーンピース記者発表、ハーグ、二〇〇〇年十一月。
原注12　Andrew Simms (2001) *An Environmental War Economy : The Lessons of Ecological Debt and Climate Change*, nef, London.
原注13　Financial Times, 16 June 2000.
原注14　James Tobin (1998) 'Flawed fund - the IMF's misguided policies', *The New Republic*, 3 September.
訳注　ジェームズ・トービン（一九一八～二〇〇二）は米国のケインズ派経済学者。投機的な通貨取引へのトービン税提唱で知られる。一九八一年ノーベル経済学賞。
原注15　R. Douthwaite (1999) *The Ecology of Money*, Green Books, Dartington, Devon.
原注16　気候変動を管理するための競合する国際的枠組みの比較アセスメントについては、下記を参照。A. Evance (2002) *Fresh Air? Options for the Future Architecture of International Climate Change Policy*, nef, London.

第12章　ミネルヴァのふくろう

原注1　Tracy Chevalier (2001) *Falling Angels*, HarperCollins, London（邦訳は、トレイシー・シュヴァリエ、松井光代訳『天使が堕ちるとき』二〇〇一年、文芸社、二〇〇六年、二九一頁）。
原注2　Jay Reeves (2002) 'Storms kill 10 in state', Associated Press in *The Decatur Daily News*, 11 November.
原注3　'BP lowers growth target again', CNN (Reuters), 29 October 2002.
原注4　イエール大学のハーヴェイ・ワイス教授とマサチューセッツ大学のレイモンド・ブラッドリー教授の調査による。*Daily Telegraph*, 26 January 2002.
原注5　Stuart Clark (2002) 'Acidic clouds of Venus could harbor life', *New Scientist*, 26 September.
原注6　UNDP CSD, *Critical Trends : Global Change and Sustainable Development*, New York, 1997.
原注7　J.M. Keynes (1930) 'The economic possibilities for our grandchidren'in *Essays in Persuasion*, Norton, New York, 1963（邦訳は、ケインズ、宮崎義一訳「わが孫たちの経済的可能性」『説得論集』ケインズ全集第9巻、東洋経済新報社、一九八一年、三九二～三九三頁）。
原注8　Robert Heilbroner (1993) *21st Century Capitalism*, Norton, New York and London.（邦訳は、ロバート・ハイルブローナー、中村達也・吉田利子訳『二十一世紀の資本主義』ダイヤモンド社一九九六年、一〇五～一〇六頁）。
原注9　Richard Reeves (2003) *The Politics of Happiness*, nef, London.

原注10 C.N. McDaniel and J.M. Gowdy（2000）*Paradise for Sale : A Parable of Nature*, University of California Press, Berkley.

原注11 McDaniel and Gowdy, *Paradise for Sale.*

原注12 Robert Heilbroner（1953）*The Worldly Philosophers: The Lives, Times, and Ideas of Geat Economic Thinkers*, seventh edition, Penguin, London, 2000（邦訳は、ロバート・ハイルブローナー、松原隆一郎ほか訳『入門経済思想史 世俗の思想家たち』ちくま学芸文庫、二〇〇一年、二〇二頁）。

原注13 ケインズ「わが孫たちの経済的可能性」宮崎訳、四〇〇頁。

原注14 ケインズ「わが孫たちの経済的可能性」宮崎訳、三九五頁。

原注15 *The Big Question* with Richard Dawkins, Channel Five, 7:30pm, 7 January 2004.

第13章 スタンレーの足跡のなかで

原注1 'World Bank faces questions over Congo mining contracts', *Financial Times*, 17 November 2006.

原注2 Greenpeace International（2007）*Carving up the Congo*, Greenpeace International, Amsterdam.

原注3 A. Simms and V. Johnson（2007）*Chinadependence : The Second UK Interdependence Report*, nef, London.

原注4 *The United Kingdom's Imports of Illegal Timber - An Overview*, 下記に掲載。www.globaltimber.org.uk

原注5 Javier Blas（2008）'UN warns of food "neo-colonialism"', *Financial Times*, 19 August.

原注6 Christian Aid（2001）*The Scorched Earth : Oil and War in Sudan*, Christian Aid, London.

原注7 Mary Turner（2007）'Scramble for Africa', *Guardian*, 2 May.

原注8 研究グループ、プラットフォームによって収集された証拠を見よ。たとえば、Baker - Hamilton Iraq Study Group の報告 'Section II.B.5. of the Iraq Study Group Report'（八三〜八五頁）は、米国政府が同国の石油法の起草に助言し、外国の石油会社がイラクにおける商機で有利な立場を得ることを奨励することを勧告している。また（ブッシュ政権の）コンドリーザ・ライス国務長官のコメントを参照。www.state.gov/secretary/rm/2006/75418.htm

原注9 Friends of the Earth International（2007）'Shell fails to obey court order to stop Nigeria flaring again', 2 May ,www.climatelaw.org/media/gas.flaring/report

原注10 Reuters（2007）'Peru communities sue Occidental for oil operation', 10 May　www.reuters.com

原注11 下記を見よ。www.bp.com/sectiongenericarticle.do?categoryId=14&contentid=2002063

原注12 'Colombia holds out for a big oil find', *Financial Times*, 1 February 2002.

原注13 Reuters（2007）'BP shuts giant Alaska oil field on pipe damage', 7 August　www.reuters.com

原注14 公共政策研究所、アメリカ進歩センター、オーストラリア研究所によって発表された、国際気候変動タスクフォースの Meeting the Climate Challenge（2005）によると、「地球平均気温の上昇を2℃以内におさえる高い蓋然性を達成することは、一七五〇年に比べて二一〇〇年の地球気候に及ぼす温室効果ガス濃度の増大や、温暖化と冷却へのほかの影響によって、二酸化炭素濃度四〇〇ｐｐｍに相当するレベルを超えない正味の温暖化にとどまることを必要としている」。しかしBP社長であるブラウン卿（二〇〇三）によると、「われわれの社会あるいは環境への深刻な影響を回避するために、温室効果ガスの大気中濃度を五〇〇～五五〇ｐｐｍあたりで安定化させる必要があるという判断に到達した」とのことである。国際投資家グループでのブラウン卿の発言、ギブソン・ホール、ビショップスゲート、ロンドン、十一月二十六日。

原注15 下記に引用。'Can planting trees really give you a clear carbon conscience?', *Guardian*, 7 October 2006.

原注16 下記のウェブサイトでの事例説明を参照。　www.climatelaw.org

原注17 米国の行為および不作為によって引き起こされる地球温暖化からもたらされる侵害からの救済を求める米州人権委員会への請願。米国およびカナダ北極圏のすべてのイヌイットのためにイヌイット極地会議の支援のもとにシーラ・ワットークラウティエによって提出。　www.ciel.org/Publications/ICC_Petition_7Dec05.pdf

原注18 二〇〇〇年にキャンペーンを終了した同名の古い連合の継続組織。

原注19 Jubilee Debt Campaign（2007）*Debt and Climate Change*　www.jubileedebtcampaign.org.uk/download.php?id=498　二〇〇八年三月二十五日アクセス。

原注20 正味の現在価値による。

原注21 T. Srinivasan, S. Carey, E. Hallstein, P. Higgins, A. Kerr, L. Koteen, A. Smith, R. Watson, J. Harte and R. Norgaard（2008）'The debt of nations and the distribution of ecological impacts from human activities', *Proceedings of the National Academy of Sciences*, Vol. 105 No. 5, 1768-73

原注22 下記参照。'The Economics of Ecosystems and Biodiversity'（TEEB）http://ec.europa.eu/environment/nature/biodiversity/economics/index_en.html　下記に報道。http://news.bbc.co.uk/1/hi/sci/tech/7662565.stm

原注23 Global Footprint Network（2007）*Overshoot Clarified : Key Definitions, Concepts, Days*, July, www.footprintnetwork.org

原注24 Reuters（2008）'GM's third-quarter global sales fall 11. 4 percent', 29 October　www.reuters.com/article/ousiv/idUSTRE4985GH20081029

原注25 Graham M. Turner（2008）'A comparison of ***The Limits to Growth*** with 30 years of reality', ***Global Environmental Change*** Vol. 18, 397-411.

原注26 D. Meadows, R. Randers and D. Meadows（2004）***Limits to Growth : The 30-Year Update***, Chelsea Green Publishing, Vermont（邦訳は、デニス・メドウズ、ヨルゲン・ランダース、枝廣淳子訳『成長の限界 人類の選択』ダイヤモンド社、二〇〇五年）。

第14章 気候変動時計の刻み

原注1 James Hansen（2008）'Global Warming : The Perfect Storm' ロンドンの王立内科医学会の気候変動の健康的含意についての会議でのプレゼンテーション。二〇〇八年一月二十九日。後に下記に公表。J. Hansen et al.（2008）'Target atmonpheric CO_2 : where should humanity aim?' ***Open Atmospheric Science Journal***, Vol.2, 217-31.

原注2 たとえば、P. Huybrechts et al.（1991）'The Greenland Ice-Sheet and greenhouse warming', ***Global and Planetary Change***, Vol..89, pp.399-412 および J. Gregory et al.（2004）'Climatology : theoretical loss of the Greenland ice-sheet', ***Nature***, Vol.428, 616.

原注3 イーストアングリア大学のティム・レントン教授の研究を見よ。下記に報道されている。'Scientists warn on climate tipping point', ***Guardian***, 16 August 2007.

原注4 IPCC（2007）***Fourth Assessment Report : Climate Change***, IPCC, Geneva.（邦訳は、ＩＰＣＣ、気象庁ほか訳『ＩＰＣＣ地球温暖化第四次レポート――気候変動〈２００７〉』中央法規出版、二〇〇九年）。

原注5 Eleanor J. Burke, Simon J. Brown and Nicholas Christidis（2006）'Modelling the recent evolution of global drought and projections for the twenty-first century with the Hadley Centre Climate Model', Hadley Centre for Climate Prediction and Research. In ***Journal of Hydrometeorology***, Vol. 7 No.5, 1113-25.

原注6 Christian Aid（2006）***Life on the Edge of Climate Change : The Plight of Pastoralists in Northern Kenya***, Christian Aid, London.

原注7 Reuters Alertnet, 'Flood in Africa kill dozens and wipe out crops', 14 September 2007 ; BBC News, 'Flood misery hits arc of Africa', 15 September 2007.

原注8 Burke et al., 'Modelling the recent evolution of global drought and projections for the twenty-first century'.

原注9 Michael J. Behrenfeld et al.（2006）'Climate-driven trends in contemporary ocean productivity', *Nature*, Vol.444, 752-5, 7 December.

原注10 Richard B. Alley（2004）'Abrupt climate changes : oceans, ice and us', *Oceanography*, Vol.17 No.4, December ; Richard B. Alley and Anna Maria Agustsdotte（2004）'The 8k event : cause and consequences of a major Holocene abrupt climate change', *Quaternary Science Reviews*, Vol.24（2005）, 1123-49.

原注11 Richard B. Alley（2004）議長声明、急激な気候変動についての委員会、全米科学アカデミー、ペンシルバニア州立大学教授、*Abrupt Climate Change : Inevitable Surprises* について、米国上院商業科学運輸委員会、五月七日　www7.nationalacademies.org/ocga/testimony/Abrupt_Climate_Change.asp

原注12 Nicholas Stern（2006）*Stern Review of the Economics of Climate Change*.www.hm-treasury.gov.uk/stern_review_report.htm

訳注 スターンレビュー「気候変動の経済学」要旨も参照。http://www-iam.nies.go.jp/aim/stern/SternReviewES（JP）.pdf

原注13 C.D. Keeling et al.（2008）'Exchanges of atmospheric CO_2 and $13CO_2$ with the terrestrial biosphere and oceans from 1978 to 2000'in *I. Global Aspects*　スクリプス海洋学研究所（SIO）レファレンス・シリーズ一～六号 SIO、サンディエゴ、二〇〇一、スティーブン・パイパーによるアップデイト、SIO、サンディエゴ、ワールドウォッチ研究所のジャネット・ソーウィンへの電子メール、二〇〇八年二月八日。

原注14 J. Hansen et al.（2008）'Global land-ocean temperature index in.01C, base period 1951-1980（January - December）'ゴダード宇宙科学研究所（GISS）http://data.giss.nasa.gov/gistemp/tabledata/GLB.Ts+dSST.txt

原注15 Hansen et al.'Target atmonpheric CO_2 :

原注16 Hansen et al.'Target atmonpheric CO_2 :

原注17 Global Carbon Project（2008）'Carbon budget and trends 2007' www.globalcarbonproject.org 二〇〇八年九月二十六日。

原注18 nef（2008）'100 Months Technical note', nef, London, August, www.neweconomics.org/gen/uploads/sbfxot55p5k3kd454n14zvyy01082008141045.pdf

原注19 国内総生産と国民総生産の増大として定義される（集合的に、世界総生産）。

原注20 A. Simms, V. Johnson and P. Chowla（2009）*Growth Isn't Possible* : The Carbon Limits to Orthodox

Global Economic Growth, nef, London, forthcoming.

原注21 M.R. Raupach, G. Marland, P. Cias, C. Le Quéré, J. Canadell, G.Klepper and C.Field（2007）'Global and regional drivers of accelerating CO_2 emissions', ***Proceedings of the National Academy of Sciences of the USA***, Vol.104, No.24, 10288-93.

原注22 Prof. Roderick Smith FREng（2007）The 2007 Lloyd's Register Educational Trust Lecture, 29 May, 'Carpe diem : the dangers of risk aversion', Royal Academy of Engineering, Imperial College, London.

原注23 Smith, 'Carpe diem.

原注24 Smith, 'Carpe diem.

原注25 Seth Lloyd（2004）'Going into reverse', ***Nature***, Vol. 430, 26 August, 971.

原注26 Herman E. Daly（1996）***Beyond Growth : The Economics of Sustainable Development***, Beacon Press, Boston.（邦訳は、ハーマン・デイリー、新田功ほか訳『持続可能な発展の経済学』みすず書房、二〇〇五年）三八頁、八六頁。

原注27 デイリー『持続可能な発展の経済学』五九頁。

原注28 B. Worm et al.（2007）'Impacts of biodiversity loss on ocean ecosystem service', ***Science***, Vol.314 No.3, 787-9

原注29 二〇〇六年に、エコロジー的「オーバーシュート」（環境容量超過）の限界に十月九日に到達した。数年のデータの遅れは常にあるので、最近の利用できる国民的フットプリントの勘定の五年平均を二〇〇七年まで予想してみることで新しい推計値が得られる。二〇〇七年の日付は十月六日と推定される。二〇〇八年の日付についての大きな飛躍は、方法論の改善と消費の増大の両者による。www.neweconomics.org/gen/23september.aspx

原注30 David Woodward and Andrew Simms（2006）***Growth Isn't Working : The Uneven Distribution of Benefits and Costs from Economic Growth***, nef, London.

原注31 Shaohua Chen and Martin Ravallin（2004）***How Have the World's Poorest Fared since the Early 1980s?*** ,Development Research Group, World Bank, Washington DC.

原注32 Woodward and Simms, ***Growth Isn't Working***

原注33 Robert F. Kennedy（1968）***Recapturing America's Moral Vision in RFK : Collected Speeches***, Viking Penguin, New York

原注34 N. Marks, A. Simms, S. Thompson and S. Abdallah（2006）***The Happy Planet Index : An Index of Hu-***

原注35 *man Well-being and Environmental Impact*, nef, London.
ひとことの不満もなく、私の同僚であるヴィクトリア・ジョンソン博士は、大気物理学で高度の学識をそなえた人であるが、私の求めに応じてこの計算をしてくださり、まったく陽気な様子であった。それはわれわれの共著の報告に入れるためのものであった。Andrew Simms and Victoria Johnson (2009) *Growth Isn't Possible*, nef, London.

原注36 Ann Pettifor (2006) *The Coming First World Debt Crisis*, Palgrave Macmillan, Basingstoke.

原注37 Pettifor, *The Coming First World Debt Crisis*.

原注38 スティーブン・ホーキング教授、ＩＴＶニュースでのインタビュー、二〇〇七年一月十七日。

原注39 外務大臣、下院議員マーガレット・ベケット卿（二〇〇七）年次ウインストン・チャーチル記念講演「気候変動：激化する暴風」ブリティッシュ・アメリカン・ビジネス社、ニューヨーク、四月十六日。

原注40 ベケット「気候変動」「激化する暴風」。

原注41 欧州委員（環境担当）スタブロス・ディマス（二〇〇七）「気候変動：地球規模の対応はなぜ欧州のリーダーシップを必要とするか」欧州委員会の開始イベントと、気候変動協力についての超党派欧州議員グループでのスピーチ。ロンドン、一月十一日。http://europa.eu/rapid/pressReleasesAction.do?reference=SPEECH/07/8&format=HTML&aged=0&language=EN&guiLanguage=en ; EurActiv, 11 January 2007

原注42 外務大臣、下院議員マーガレット・ベケット卿の講演（二〇〇七）「気候安全保障の必要性」ロイヤル・ユナイテッド・サービス研究所、ロンドン、五月十日。

原注43 'Move to identify climate change security hotspots', *Guardian*, 11 September 2007.

原注44 Aeschylus, *Agamemnon*, translated by Herbert Weir Smyth (1926), Herbert University Press, Cambridge, MA.（邦訳は、アイスキュロス、久保正彰訳『アガメムノーン』岩波文庫、一九九八年）。

原注45 International Energy Agency (2008) *Medium-Term Oil Market Report*,「需要が減速しているにもかかわらず、ＩＥＡは中期的に市場が逼迫するとみている」ＩＥＡ、マドリード、七月 www.iea.org/Textbase/press/pressdetail.asp?PRESS_REL_ID267

原注46 International Energy Agency「需要が減速しているにもかかわらず」。

原注47 Andrew Simms and Molly Conisbee (2003) *Environmental Refugees : The Case for Recognition*, nef, London.（出版後、私は環境難民の概念に反対するＵＮＨＣＲの職員と、公開の場や文書での論争にかかわった）。

原注48 'UN agencies highlight climate change's impact on human security, health', 5 June 2007 www.un.org/

apps/news/story.asp?NewsID=22793&Cr=environment&Cr1
原注49 Ann Pettifor（ed.）(2003) *Real World Economic Outlook*, nef/Palgrave Macmillan, London. pp.xxv-xxvii
原注50 Andrew Clark and Jill Treanor（2008）'Greenspan - I was wrong about the economy', *Guardian*, 24 October.

第15章 アヒルの選択

原注1 Chris Stringer（2006）*Homo Britannicus - The Incredible Story of Human Life in Britain*, Penguin, London.
原注2 マーク・カンパネル、筆者によるインタビュー。
原注3 UNFCCC（2007）'Emissions of industrialized countries rose to all time high in 2005', UNFCCC, Bonn, 20 November.
原注4 Bibb Latané and John M. Darley（1970）*The Unresponsive Bystander : Why Doesn't He Help?*, Appleton-Century Crofts, New York.
原注5 Camilla Cavendish（2007）'Wake up and smell the smoke of disaster', *The Times*, 8 November.
原注6 A. Hooijer, M. Silvius, H. Wösten and S. Page（2006）*PEAT-CO_2 Assessment of CO_2 Emissions from Drained Peatlands in SE Asia*, Delft Hydraulics Report Q 3943.
原注7 ケヴィン・アンダーソン、下記に引用。Andrew Simms and Victoria Johnson（2009）*Growth Isn't Possible*, nef, London
原注8 アンダーソン、下記に引用。Simms and Johnson, *Growth Isn't Possible.*
原注9 J.Hansen et al（2008）Target atmospheric CO_2 : where should humanity aim?, *Open Atmospheric Science Journal*, Vol.2, 217-31.
原注10 David Fleming（2007）*The Lean Guide to Nuclear Energy : A Life-Cycle in Trouble,* The Lean Economy Connection, London ; Andrew Simms, David Woodward and Petra Kjell（2005）*Mirage and Oasis : Energy Choices in an Age of Global Warming*, nef, London.
原注11 Simms et al, *Mirage and Oasis.*
原注12 Vaclav Klaus（2008）*Blue Planet in Green Shackles*, Competitive Enterprize Institute, Washington, DC（ヴァーツラフ・クラウス、若田部昌澄 監修、住友進訳『「環境主義」は本当に正しいか？ チェコ大統領が温暖化論争に警告する』日経ＢＰ社、二〇一〇年）。

原注13　Karl Popper (2002) ***The Open Society and its Enemies***, Routledge, New York. 初版は一九四五年刊（邦訳は、カール・ポパー『開かれた社会とその敵』初版一九四五年、内田詔夫・小河原誠訳、未来社、一九八〇年、下巻一一七頁。

原注14　下記に引用。Andrew Simms and Joe Smith (eds) (2008) ***Do Good Lives Have to Cost the Earth?***, Constable, London.

原注15　Barry Schwartz (2004) ***The Paradox of Choice : Why More is Less***, HarperCollins, New York.

原注16　nef (2007) ***The European Happy Planet Index***, nef, London.

原注17　nef, ***European Happy Planet Index.***

原注18　Foresight Mental Capital and Wellbeing Project - Final Project Report (2008) , Government Office for Science, Department for Innovation, University of Skills, October.

原注19　Andrew Simms (2007) ***Tescopoly : How One Shop Came Out on Top and Why it Matters,*** Constable, London..

原注20　www.wrap.org.uk

原注21　Stuart Hylton (2001) ***Their Darkest Hour : The Hidden History of The Home Front 1939-1945,*** Sutton Publishing, Stroud.

原注22　これらの放送内容のうちの一五件については最近、下記に出版された。Dr. Charles Hill (2007) ***Wise Eating in Wartime***, Imperial War Museum, London.

原注23　Monica Felton (1945) ***Civilian Supplies in Wartime Britain***, in the series 'British Achievements of the War Years', Ministry of Information. Facsimile reproduction by Imperial War Museum, London, 2003.

原注24　John Maynard Keynes (1940) ***How to Pay for the War***, Macmillan & Co., London.（邦訳は、宮崎義一訳「戦費調達論」『ケインズ全集　第9巻　説得論集』東洋経済新報社、一九八一年、所収)。宮崎訳四五五～四五六頁。

原注25　Felton, ***Civilian Supplies in Wartime Britain***

原注26　Felton, ***Civilian Supplies in Wartime Britain,***

原注27　Mark Roodhouse (2007) 'Rationing returns a solution to global warming? '***History and Policy***, March www.historyandpolicy.org/papers/policy-paper-54.html#summ

原注28　Roodhouse'Rationing returns'

原注29　J.Hansen et al (2008) 'Target atmospheric CO_2 : where should humanity aim?' ***Open Atmospheric Sci-***

ence Journal, Vol.2, 217-31

原注30 Ed Crooks and William Wallis（2007）'Africa aid wiped out by rising cost of oil', *Financial Times*, 28 December

原注31 www.oildepletionprotocol.org

原注32 京都2については、下記で十分に説明されている。www.kyoto2.org

原注33 「上限を決めて共有する」については、下記で十分に説明されている。www.capandshare.org

原注34 温室効果のもとでの発展の権利については、下記で十分に説明されている。www.ecoequity.org/GDRs

第16章 島でいかに生きるか

原注1 Doris Lessing（1974）***Memoirs of a Survivor***, Octagon Press, London（邦訳は、ドリス・レッシング、大社淑子訳『生存者の回想』水声社、二〇〇七年、一九二頁）。

原注2 Dale Allen Pfeiffer（2006）***Eating Fossil Fuels - Oil, Food and the Coming Crisis in Agriculture***, New Society Publishers, Gabriola Island, ＢＣ, Canada.

原注3 M.G.Novo and C. Murphy（2001）'Urban agriculture in the city of Havana : a popular response to a crisis', ***Growing Cities Growing Food : Urban Agriculture on the Policy Agenda. A Reader on Urban Agriculture***, Resource Centres on Urban Agriculture and Food Security, www.ruaf.org/node/82　二〇〇八年三月十一日アクセス。

原注4 M.Franco et al（2007）'Impact of energy intake, physical activity and population-wide weight loss on cardiovascular disease and diabetes mortality in Cuba, 1980-2005', ***American Journal of Epidemiology***, Vol.166 No.12, 1374-80.

原注5 Franco et al'Impact of energy intake'

原注6 Pfeiffer, ***Eating Fossil Fuels***

原注7 Robert Heilbroner（1953）***The Worldly Philosophers: The Lives, Times, and Ideas of great Economic Thinkers***, seventh edition, Penguin, London, 2000（邦訳は、ロバート・ハイルブローナー、松原隆一郎ほか訳『入門経済思想史 世俗の思想家たち』ちくま学芸文庫、二〇〇一年、四〇頁）

原注8 K.Polanyi（1944）***The Great Transformation : The Political and Economic Origin of Our Time***, Beacon Press, Boston.（邦訳は、カール・ポラニー、野口建彦・栖原学訳『新訳　大転換　市場社会の形成と崩壊』新訳、東洋経済新報社、二〇〇九年）。

原注9 N. Marks, A. Simms, S. Thompson and S. Abdallah（2006）***The Happy Planet Index : An Index of Human Well-being and Environmental Impact***, nef, London.

原注10 Colin Tudge（2007）***Feeding People is Easy***, Pari Publishing, Pari, Italy.

原注11 David Woodward（2009）***MORE with Less : Towards a New Economics Paradigm***, nef, London, forthcoming.

原注12 Woodward, ***MORE with Les.***

原注13 Ebenezer Howard（1898）***Tomorrow : A Peaceful Path to Real Reform***, republishedas ***Garden Cities of Tomorrow*** ; 1965 edition MIT Press（邦訳は、エベネザー・ハワード、長素連訳『明日の田園都市』鹿島出版会、一九六八年）。

原注14 Habitat International Coalition（HIC）（2005）***Sustainable Urban District Freiburg-Vauban***, HIC,Freiburg.

原注15 Andrew Simms（2007）***Tescopoly : How One Shop Came Out on Top and Why it Matters,*** Constable, London.

原注16 'Boom in home-grown veg', ***Western Morning News***, 22 September 2008.www.thisiswesternmorningnews.co.uk/news/Boom-home-grown-veg/article-343265-detail/article.html

原注17 'Home grown in the fall', ***The State***, 29 September 2008. http://www.istockanalyst.com/article/viewStockNews/articleid/2656236

原注18 Growing Communities のウェブサイトを見よ。 www.btinternet.com/~grow.communities/index/htm

原注19 http://coreeconomy.com

原注20 Peter Kropotkin（1902）***Mutual Aid : A Factor of Evolution***, Heinemann, London.（邦訳は、ピョートル・クロポトキン、大杉栄訳『相互扶助論　増補修訂版』同時代社、二〇一二年）。

原注21 L.Stephens, R.Ryan-Collins and D.Boyle（2008）***Co-production : A Manifesto for Growing the Core Economy***, nef, London

原注22 A.Simms, A.Pettifor, C.Lucas, C.Secrett, C.Hines, J.Leggett, L.Elliot, R.Murphy and T.Juniper（2008）***A Green New Deal : Joined-up Policies to Solve the Triple Crunch of the Credit Crisis, Climate Change and High Oil Prices***, nef, London, on behalf of the Green New Deal.

原注23 T. Casten and R. Ayers（2006）'Energy Myth Eight - Worldwide power systems are economically and environmentally optimal', in ***Energy and American Society - Thirteen Myths***, ed. B.K.Sovacool and M.A.Brown, Springer, Netherlands.

原注24 Greenpeace（2005）*Decentralising Power : An Energy Revolution for the 21st Century*, Greenpeace UK, London.

原注25 A.Simms, H.Reid and V.Johnson（2007）*Up in Smoke? Asia and Pacific : The Threat from Climate Change to Human Development and the Environment*, nef, London.

原注26 Dr.W.F.Cormack（2000）Energy use in organic farming systems（OF0182）, ADAS Consulting Ltd, Terrington, for Defra http://orgprints.org/8169

原注27 コリン・タッジ、筆者によるインタビュー。

原注28 H.Steinfeld, P.Gerber, T.Wassenaar, V.Castel, M.Rosales and C.de Haan（2006）*Livestock's Long Shadow : Environmental Issues and Options*, FAO, Rome.［注意］CO_2相当で測ると数字は約一八％であり、家畜の輸送と飼料の生産を含んでいる。食事に占める肉の増加は、この問題を悪化させていく。

原注29 Daniel Fanelli（2007）'Meat is murder on the environment', *New Scientist*, 18 July.

原注30 Compassion in World Farming（CIWF）（2008）*Global Warming : Climate Change and Farm Animal Welfare*, Summary Report, CIWF, Godalming, Surrey.

原注31 ジョン・リプスキー、ＩＭＦ専務理事補佐、外交問題評議会（ＣＦＲ）での発言、二〇〇八年五月八日。www.imf.org

原注32 ＦＡＯ事務局長ジャック・ディウフ、ローマサミットでの発言。二〇〇八年六月三日。www.fao.org/foodclimate

原注33 Colin Tudge（forthcoming draft December 2007）'An introduction to enlightened agriculture and all that it implies', Mimeo.

原注34 Tudge *Feeding People is Easy*, および Colin Tudge（2004）*So Shall We Reap : What's Gone Wrong with the World's Food - And How to Fix It*, London, Penguin.

原注35 Michael Windfuhr and Jennie Jonsen（2005）*Food Sovereignty : Towards Democracy in Localized Food Systems*, ITDG Publishing Rugby, FIAN - International.

原注36 Jules Pretty and Parviz Koohafkan（2002）*Land and Agriculture : From UNCED, Rio de Janeiro 1992 to WSSD, Johannesburg 2002 : A Compendium of Recent Sustainable Development Initiative in the Field of Agriculture and Land Management*, FAO, Rome.

原注37 Windfuhr and Jonsen, *Food Sovereignty*.

原注38 J.S. Mill（2008）*Principles of Political Economy*, ed. And introduced by Jonathan Riley, Oxford Univer-

sity Press, New York.（邦訳は、J・S・ミル、末永茂喜訳『経済学原理』岩波文庫、一九五九〜一九六三年）
訳注　原著は『共産党宣言』と同じく一八四八年。

原注39　クロポトキン『相互扶助論』。

原注40　Herman Daly（1996）*Beyond Growth: The Economics of Sustainable Development*, Beacon Press, Boston.（邦訳は、ハーマン・デイリー、新田功ほか訳『持続可能な発展の経済学』みすず書房、二〇〇五年、三一四頁）

原注41　デイリー『持続可能な発展の経済学』七一頁。

原注42　デイリー『持続可能な発展の経済学』。

原注43　Garrett Hardin (1968) 'The tragedy of the commons', *Science*, Vol. 162（邦訳は、ハーディン「共有地の悲劇」は、下記に所収。ギャレット・ハーディン、松井巻之助訳『地球に生きる倫理—宇宙船ビーグル号の旅から』佑学社、一九七五年）

原注44　Francis Fukuyama（1992）*The End of History and the Last Man*, Hamish Hamilton, London.（邦訳は、フランシス・フクヤマ、渡部昇一訳『歴史の終わり』三笠書房、一九九二年）

原注45　デイリー『持続可能な発展の経済学』二三五頁

原注46　デイリー『持続可能な発展の経済学』

原注に記載されていない本文引用文献の邦訳

第4章　ウイリアム・シェイクスピア、小田島雄志訳『テンペスト』、『シェイクスピア全集　Ⅲ』所収、白水社、一九七五年。

第6章　エミール・ゾラ、小田光雄訳『ジェルミナール』論創社、二〇〇九年。

第7章、第11章　オウィディウス、中村善也訳『変身物語』上下、岩波文庫、一九八一年、一九八四年。

第8章　ジャン・ラシーヌ、渡辺守章訳『フェードル　アンドロマック』岩波文庫、一九九三年、一六四頁。

第12章　ヘーゲル、藤野渉・赤澤正敏訳『法の哲学』岩崎武雄責任編集『世界の名著　35　ヘーゲル』中央公論社、一九六七年、所収、一七四頁。

第13章　ジョセフ・コンラッド、黒原敏行訳『闇の奥』光文社古典新訳文庫、二〇〇九年。

参考文献・映像

青木康征『南米ポトシ銀山：スペイン帝国を支えた〝打出の小槌〟』中公新書、二〇〇〇年
朝日新聞社経済部『くたばれGNP　高度経済成長の内幕』朝日新聞社、一九七一年
明日香壽川『地球温暖化　ほぼすべての質問に答えます！』岩波ブックレット、二〇〇九年
明日香壽川「温暖化対策に原発は必要ない」『前衛』二〇一四年六月号
明日香壽川「経済発展にこそ温暖化対策目標が必要」『前衛』二〇一五年九月号
明日香壽川『クライメート・ジャスティス』日本評論社、二〇一五年
天笠啓祐『バイオ燃料　畑でつくるエネルギー』コモンズ、二〇〇七年
石井光太『絶対貧困—世界リアル貧困学講義』新潮文庫、二〇一一年
石井吉徳『知らなきゃヤバイ！石油ピークで食糧危機が訪れる』日刊工業新聞社、二〇〇九年
石井吉徳『石油ピークが来た　崩壊を回避する「日本のプランB」』日刊工業新聞社、二〇〇七年
石井吉徳『石油最終争奪戦　世界を震撼させる「ピークオイル」の真実』日刊工業新聞社、二〇〇六年
石川康宏『「おこぼれ経済」という神話』新日本出版社、二〇一四年
伊高浩昭「米国がベネズエラに干渉、キューバは猛反発」『週刊金曜日』、二〇一五年四月三日号
伊藤恭彦『貧困の放置は罪なのか——グローバルな正義とコスモポリタニズム』人文書院、二〇一〇年
今泉みね子『フライブルク環境レポート』中央法規出版、二〇〇一年
「動く→動かす」編『ミレニアム開発目標　世界から貧しさをなくす8つの方法』合同出版、二〇一二年
宇佐美誠「気候の正義——政策の背後にある価値理論」『公共政策研究』十三号七〜十九頁、二〇一三年、日本公共政策学会
宇佐美誠編『グローバルな正義』勁草書房、二〇一四年
宇沢弘文『地球温暖化を考える』岩波新書、一九九五年
宇沢弘文、細田裕子編『地球温暖化と経済発展』東京大学出版会、二〇〇九年
歌川　学「省エネ技術は温暖化対策と内需拡大ができる」『前衛』二〇一五年九月号
内橋克人『共生の大地　新しい経済がはじまる』岩波新書、一九九五年
NHK食料危機取材班『ランドラッシュ　激化する世界農地争奪戦』新潮社、二〇一〇年年

大久保泰邦、石井吉徳『みんなではじめる低エネルギー社会のつくり方　日本のエネルギー問題を解決する15のポイント』合同出版、二〇一三年
大島堅一『原発のコスト』岩波新書、二〇一一年
笠井亮『政治は温暖化に何をすべきか』新日本出版社、二〇〇八年
勝俣誠『新・現代アフリカ入門』岩波新書、二〇一三年
勝俣誠「西アフリカ・エボラ感染症の政治経済学」『科学』二〇一四年十一月号、岩波書店
香取啓介・須藤大輔「温室ガス目標　定まらぬ日本　年末のCOP21へ　三月期限」『朝日新聞』、二〇一五年四月一日七面
川北稔『砂糖の世界史』岩波ジュニア新書、一九九六年
河宮信郎編『成長停滞から定常経済へ』勁草書房、二〇一〇年年
北沢洋子・村井吉敬編『顔のない国際機関　IMF・世界銀行』学陽書房、一九九五年
ニールセン北村朋子『ロラン島のエコ・チャレンジ―デンマーク発、100％自然エネルギーの島』新泉社、二〇一二年
鬼頭昭雄『異常気象と地球温暖化』岩波新書、二〇一五年
木畑洋一『二〇世紀の歴史』岩波新書、二〇一四年
功刀正行『人間環境革命の世紀　気候変動と人間の関わりの歴史』東洋書店、二〇一五年
郷富佐子「温暖化おびえる南の島　サイクロン「パム」被害のバヌアツ」『朝日新聞』二〇一五年三月三十一日十二面
公害・地球環境問題懇談会『地球の温暖化をとめて2　未来につなげ！』DVD、二〇一五年
小杉修二「地球温暖化防止のための諸提案の検討」『駒沢大学経済学論集』第二十八巻第三・四合併号、一九九七年
小杉修二「平等主義を否定して温暖化防止は可能か」『カオスとロゴス』十号、一九九八年
小杉修二「温暖化問題は平等主義を浮上」『QUEST』第二号、一九九九年
小杉修二「地球温暖化問題と平等主義」社会主義理論学会編『二一世紀社会主義への挑戦』社会評論社、二〇〇一年
小杉修二「持続可能な社会と企業経営－地球温暖化問題解決の視点から」『比較経営学会誌』第二十七号、二〇〇三年
後藤健二『ダイヤモンドより平和がほしい―子ども兵士・ムリアの告白』汐文社、二〇〇五年
後藤健二『エイズの村に生まれて―命をつなぐ16歳の母・ナターシャ』汐文社、二〇〇七年
後藤健二『ルワンダの祈り―内戦を生きのびた家族の物語』汐文社、二〇〇八年
後藤健二『もしも学校に行けたら―アフガニスタンの少女・マリアムの物語』汐文社、二〇〇九年
佐伯啓思『経済学の犯罪　稀少性の経済から過剰性の経済へ』講談社現代新書、二〇一二年
嵯峨井勝『PM2・5、危惧される健康への影響』本の泉社、二〇一四年
桜井邦朋『太陽黒点が語る文明史』中公新書、一九八七年

柴田徳衛・水谷洋一・永井進編『クルマ依存社会―自動車排出ガス汚染から考える』実教出版、一九九五年
白川真澄『脱成長を豊かに生きる』社会評論社、二〇一四年
神保哲生『ツバル―地球温暖化に沈む国』増補版　春秋社、二〇〇七年
杉田聡『野蛮なクルマ社会』北斗出版、一九九三年
鈴木篤夫『イースター島の悲劇―倒された巨像の謎』新評論、二〇〇二年
鈴木宣弘『食の戦争　米国の罠に落ちる日本』文春新書、二〇一三年
鷲見一夫『世界銀行―開発金融と環境・人権問題』有斐閣、一九九四年
滝川薫ほか『一〇〇％再生可能へ！　欧州のエネルギー自立地域』学芸出版社、二〇一二年
多田隆治『気候変動を理学する　古気候学が変える地球環境観』みすず書房、二〇一三年
田中優、樫田秀樹、マエキタミヤコ編『世界から貧しさをなくす30の方法』合同出版、二〇〇六年
田原牧『ジャスミンの残り香――「アラブの春」が変えたもの』集英社、二〇一四年
玉野井芳郎『エコノミーとエコロジー』みすず書房、二〇〇二年
田村八洲夫、石井吉徳『石油文明はなぜ終わるか　低エネルギー社会への構造転換』小石川ユニット、東洋出版、二〇一四年
田家康『異常気象が変えた人類の歴史』日本経済新聞出版社、二〇一四年
堤未果『ルポ　貧困大国アメリカ』岩波新書、二〇〇八年
堤未果『ルポ　貧困大国アメリカⅡ』岩波新書、二〇一〇年
堤未果『(株)貧困大国アメリカ』岩波新書、二〇一三年
槌田敦『弱者のためのエントロピー経済学入門』ほたる出版、二〇〇七年
土井淑平『終わりなき戦争国家アメリカ』編集工房朔、二〇一五年
戸田清『環境的公正を求めて』新曜社、一九九四年
戸田清『環境学と平和学』新泉社、二〇〇三年
戸田清『環境正義と平和』法律文化社、二〇〇九年
戸田清『核発電を問う』法律文化社、二〇一二年
戸田清「地球温暖化問題で原発再稼働を脅迫する安倍政権」『ナガサキ・ヒロシマ通信』二〇二号（二〇一四年三月十日）長崎の証言の会
内藤正典、岡野八代編『グローバル・ジャスティス－新たな正義論への招待』ミネルヴァ書房、二〇一三年
中井信介監督『偽りの気候変動対策』国際環境NGO　FoE Japan　DVD映像　二〇一四年年
中岡哲郎編『自然と人間のための経済学』朝日新聞社、一九七七年

中野洋一『〝原発依存〟と〝地球温暖化論〟の策略—経済学からの批判的考察』法律文化社、二〇一一年
永原陽子編『「植民地責任」論—脱植民地化の比較史』青木書店、二〇〇九年
中村修『なぜ経済学は自然を無限ととらえたか』日本経済評論社、一九九五年
日本消費者連盟編『食料主権』緑風出版、二〇〇五年
浜忠雄『ハイチの栄光と苦難　世界初の黒人共和国の行方』刀水書房、二〇〇七年
浜矩子『グローバル恐慌　金融暴走時代の果てに』岩波新書、二〇〇九年
林智・矢野直・青山政利・和田武『地球温暖化を防止するエネルギー戦略』実教出版、一九九七年
平田仁子『原発も温暖化もない未来をつくる』コモンズ、二〇一二年
広井良典『人口減少社会という希望』朝日新聞出版、二〇一三年
広井良典『ポスト資本主義』岩波新書、二〇一五年
広瀬隆『二酸化炭素温暖化説の崩壊』集英社新書、二〇一〇年
福岡伸一『動的平衡』木楽舎、二〇〇九年
藤永茂『「闇の奥」の奥—コンラッド・植民地主義・アフリカの重荷』三交社、二〇〇六年
古沢広祐『地球文明ビジョン』NHKブックス、一九九五年
前田哲男『新訂版　戦略爆撃の思想　ゲルニカ・重慶・広島』凱風社、二〇〇六年
増田善信『地球温暖化を理解するための異常気象学入門』日刊工業新聞社、二〇一〇年
見田宗介『現代社会の理論』岩波新書、一九九六年
宮嶋信夫編『エネルギー浪費構造』亜紀書房、一九八〇年
宮嶋信夫『大量浪費社会』技術と人間、一九九四年
室田武、槌田敦、多辺田政弘『循環の経済学—持続可能な社会の条件』学陽書房、一九九五年
もったいない学会『石油文明が終る』平凡社、二〇一一年
本川達雄『生物多様性』中公新書、二〇一五年
諸富徹、浅岡美恵『低炭素経済への道』岩波新書、二〇一〇年
安田節子『自殺する種子—アグロバイオ企業が食を支配する』平凡社新書、二〇〇九年
山崎農業研究所『食料主権　暮らしの安全と安心のために』農山漁村文化協会、二〇〇〇年
山田正彦『TPP秘密交渉の正体』竹書房新書、二〇一三年
山本達也「文明論的視点から見たイスラーム的豊かさ論の不可避性」奥田敦・中田考編『イスラームの豊かさを考える』丸善プラネット、二〇〇一年

吉田太郎『二〇〇万都市が有機野菜で自給できるわけ　都市農業大国キューバ・リポート』築地書館、二〇〇二年
吉田太郎『世界がキューバ医療を手本にするわけ』築地書館、二〇〇七年
吉田太郎『世界がキューバの高学力に注目するわけ』築地書館、二〇〇八年
吉田太郎『「防災大国」キューバに世界が注目するわけ』築地書館、二〇一一年
米川正子『世界最悪の紛争「コンゴ」』創成社新書、二〇一〇年
歴史教育者協議会編『歴史地理教育』、二〇一五年三月号　特集　空襲―空からの破壊と虐殺　荒井信一ほか
和田　武「世界のエネルギーは、再生可能エネルギーへ」『前衛』二〇一五年九月号
渡辺正『「地球温暖化」神話　終わりの始まり』丸善出版、二〇一二年
アニル・アガルワル、スニタ・ナライン〔若森文子訳〕「不平等世界における地球温暖化問題」(抄訳)『経済評論』一九九三年五月号、日本評論社。
アラン・アトキソン〔枝廣淳子訳〕『カサンドラのジレンマ　地球の危機、希望の歌』PHP研究所、二〇〇三年
イヴァン・イリッチ〔大久保直幹訳〕『エネルギーと公正』晶文社、一九七九年
ポール・エキンズ〔石見尚ほか訳〕『生命系の経済学』御茶の水書房、一九八七年
エドゥアルド・ガレアーノ〔大久保光夫訳〕『収奪された大地　ラテンアメリカ五〇〇年』藤原書店、一九九七年
ブラッドシャー・キース〔片岡夏実訳〕『SUVが世界を轢きつぶす　世界一危険なクルマが売れるわけ』築地書館、二〇〇四年年
ナオミ・クライン〔幾島幸子、村上由見子訳〕『ショック・ドクトリン〈上〉――惨事便乗型資本主義の正体を暴く』岩波書店、二〇一一年
ヴァーツラフ・クラウス〔若田部昌澄監修、住友進訳〕『「環境主義」は本当に正しいか？　チェコ大統領が温暖化論争に警告する』日経BP社、二〇一〇年
ピョートル・クロポトキン〔大杉栄訳〕『相互扶助論　増補修訂版』同時代社、二〇一二年
エルヴェ・ケンプ〔北牧秀樹・神尾賢二訳〕『金持ちが地球を破壊する』緑風出版、二〇一〇年年
エルヴェ・ケンプ〔神尾賢二訳〕『資本主義からの脱却』緑風出版、二〇一一年
ジョエル・コヴェル〔戸田清訳〕『エコ社会主義とは何か』緑風出版、二〇〇九年
ヴォルフガング・ザックス、ティルマン・ザンタリウス編〔(川村久美子訳)〕『フェアな未来へ』新評論、二〇一三年
ケン・サロウィワ〔福島富士男訳〕『ナイジェリアの獄中から―「処刑」されたオゴニ人作家、最後の手記』スリーエーネットワーク、一九九六年

ジョン・シェンク監督『南の島の大統領　沈みゆくモルディブ』映画、二〇一一年
ヴァンダナ・シヴァ〔松本丈二訳〕『バイオパイラシー　グローバル化による生命と文化の略奪』緑風出版、二〇〇二年
ジャン・ジグレール〔勝俣誠訳〕『世界の半分が飢えるのはなぜ？―ジグレール教授がわが子に語る飢餓の真実』合同出版、二〇〇三年
エルンスト・シューマッハー〔小島慶三・酒井懋訳〕『スモール イズ ビューティフル』講談社学術文庫、一九八六年
エルンスト・シューマッハー〔酒井懋訳〕『スモール イズ ビューティフル再論』講談社学術文庫、二〇〇〇年
ジュリエット・ショア〔森岡孝二ほか訳〕『働きすぎのアメリカ人　予期せぬ余暇の減少』窓社、一九九三年
ジュリエット・ショア〔森岡孝二訳〕『浪費するアメリカ人　なぜ要らないものまでほしがるのか』岩波現代文庫、二〇一一年
スーザン・ジョージ〔小南祐一郎、谷口真里子訳〕『なぜ世界の半分が飢えるのか―食糧危機の構造』朝日新聞社、一九八〇年
スーザン・ジョージ〔向寿一訳〕『債務危機の真実―なぜ第三世界は貧しいのか』朝日新聞社、一九八九年
スーザン・ジョージ〔佐々木建、毛利良一訳〕『債務ブーメラン―第三世界債務は地球を脅かす』朝日新聞社、一九九五年
スーザン・ジョージ〔荒井雅子訳〕『これは誰の危機か、未来は誰のものか――なぜ一％にも満たない富裕層が世界を支配するのか』岩波書店、二〇一一年
スーザン・ジョージ〔荒井雅子訳〕『金持ちが確実に世界を支配する方法』岩波書店、二〇一四年
ニコラス・ジョージェスク・レーゲン〔小出厚之助、室田武、鹿島信吾編訳〕『経済学の神話　エネルギー・資源・環境に関する真実』東洋経済新報社、一九八一年
ニコラス・ジョージェスク・レーゲン〔高橋正立ほか訳〕『エントロピー法則と経済過程』みすず書房、一九九三年
ブラッドフォード・スネル〔戸田清ほか訳〕『クルマが鉄道を滅ぼした』増補版、緑風出版、二〇〇六年
ヘンリク・スベンスマルク、ナイジェル・コールダー〔桜井邦朋監修、青山洋訳〕『〝不機嫌な〟太陽　気候変動のもうひとつのシナリオ』恒星社厚生閣、二〇一〇年
ミシェル・チョスドフスキー〔郭洋春訳〕『貧困の世界化―IMFと世界銀行による構造調整の衝撃』柘植書房新社、一九九九年
ハーマン・デイリー〔新田功ほか訳〕『持続可能な発展の経済学』みすず書房、二〇〇五年
ハーマン・デイリーほか〔佐藤正弘訳〕『エコロジー経済学：原理と応用』NTT出版、二〇一四年
ハーマン・デイリー〔聞き手　枝廣淳子〕『「定常経済」は可能だ！』岩波ブックレット、二〇一四年
エリック・トゥーサン〔大倉純子訳〕『世界銀行－その隠されたアジェンダ』柘植書房新社、二〇一三年
ユルゲン・トリッティン〔今本秀爾訳〕『グローバルな正義を求めて』緑風出版、二〇〇六年
ウイリアム・ノードハウス〔藤崎香里訳〕『気候カジノ―経済学から見た地球温暖化問題の最適解』日経BP社、二〇一五年

ヘレナ・ノーバーグ＝ホッジ〔「懐かしい未来」翻訳委員会訳〕『懐かしい未来　ラダックから学ぶ』懐かしい未来の本、二〇一一年
ジョン・パーキンス〔古草秀子訳〕『エコノミック・ヒットマン　途上国を食い物にするアメリカ』東洋経済新報社、二〇〇七年
モード・バーロウ、トニー・クラーク〔鈴木主税訳〕『「水」戦争の世紀』集英社新書、二〇〇三年
ルイス・ハンケ〔佐々木昭夫訳〕『アリストテレスとアメリカ・インディアン』岩波新書、一九七四年
デヴィッド・ビアリング〔西田佐知子訳〕『植物が出現し、気候を変えた』みすず書房、二〇一五年
シャロン・ビーダー〔松崎早苗監訳〕『グローバルスピン　企業の環境戦略』創芸出版、一九九九年
ジョン・ピルジャー〔井上礼子訳〕『世界の新しい支配者たち―欺瞞と暴力の現場から―』岩波書店、二〇〇四年
マイケル・B・ブラウン〔塩出美和子、佐倉洋訳〕『アフリカの選択―世界銀行とIMFの構造調整計画を検証し提言する』柘植書房新社、一九九九年
ウォーレス・ブロッカー〔川幡穂高ほか訳〕『気候変動はなぜ起こるのか』講談社ブルーバックス、二〇一三年
ウォルデン・ベロー〔戸田清訳〕『脱グローバル化』明石書店、二〇〇四年
ヘイゼル・ヘンダーソン〔尾形敬次訳〕『地球市民の条件　人類再生のためのパラダイム』新評論、一九九九年
トマス・ポッゲ〔立岩真也ほか訳〕『なぜ遠くの貧しい人への義務があるのか―世界的貧困と人権』生活書院、二〇一〇年
ノーマン・マイアース〔林雄次郎訳〕『沈みゆく箱舟―種の絶滅についての新しい考察』、岩波書店、一九八一年
ホアン・マルティネス・アリエ〔工藤秀明訳〕『エコロジー経済学』新評論、一九九九年
デヴィッド・ミラー〔富沢克ほか訳〕『国際正義とは何か―グローバル化とネーションとしての責任』風行社、二〇一一年
ダミアン・ミレー、エリック・トゥーサン〔大倉純子訳〕『世界の貧困をなくすための50の質問―途上国債務と私たち』柘植書房新社、二〇〇六年
ドネラ・メドウズほか〔大来佐武郎監訳〕『成長の限界　ローマ・クラブ「人類の危機」レポート』ダイヤモンド社、一九七二年
デニス・メドウズほか〔枝廣淳子訳〕『成長の限界と人類の選択』ダイヤモンド社、二〇〇五年
ラス・カサス〔染田秀藤訳〕『インディアスの破壊についての簡潔な報告』改訂版、岩波文庫、二〇一三年
セルジュ・ラトゥーシュ〔中野佳裕訳〕『経済成長なき社会発展は可能か？』作品社、二〇一〇年
ティム・ラング、コリン・ハインズ〔三輪昌男訳〕『自由貿易神話への挑戦』家の光協会、一九九五年
ボブ・リース〔東江一紀訳〕『モルジブが沈む日―異常気象は警告する』日本放送出版協会、二〇〇二年
ジェレミー・リフキン〔北濃秋子訳〕『脱牛肉文明への挑戦―繁栄と健康の神話を撃つ』ダイヤモンド社、一九九三年

ジェレミー・レゲット〔益岡賢ほか訳〕『ピーク・オイル・パニック―迫る石油危機と代替エネルギーの可能性』作品社、二〇〇六年
ジェレミー・レゲット〔西岡秀三、室田泰弘訳〕『地球温暖化への挑戦―グリーンピース・レポート　政府・企業・市民は何をなすべきか』ダイヤモンド社、一九九一年
ポール・ロバーツ〔東方雅美訳、神保哲生解説〕『「衝動」に支配される世界―我慢しない消費者が社会を食いつくす』ダイヤモンド社、二〇一五年
マリー＝モニク・ロバン〔戸田清監修、村澤真保呂、上尾真道訳〕『モンサント――世界の農業を支配する遺伝子組み換え企業』作品社、二〇一五年
マティース・ワケナゲル、ウィリアム・リース〔池田真里訳、和田喜彦監訳〕『エコロジカル・フットプリント―地球環境持続のための実践プランニング・ツール』合同出版、二〇〇四年

債務と貧困を考えるジュビリー九州　http://jubileekyushu.blogspot.jp/
ジュビリー関西ネットワーク　http://d.hatena.ne.jp/Jubilee_Kansai/
開発教育ハンドブック「ミレニアム開発目標（ＭＤＧｓ）」（外務省）
　http://www.mofa.go.jp/mofaj/gaiko/oda/doukou/mdgs/handbook.html
ＩＰＣＣ第５次評価報告書（二〇一四年）気象庁　http://www.data.jma.go.jp/cpdinfo/ipcc/ar5/index.html
気候ネットワーク　http://www.kikonet.org/
地球環境と大気汚染を考える全国市民会議（ＣＡＳＡ）　http://www.bnet.jp/casa/
環境エネルギー政策研究所（ＩＳＥＰ）　http://www.isep.or.jp/
石油ピーク　もったいない学会　http://www1.kamakuranet.ne.jp/oilpeak/
Global Witness　http://www.globalwitness.org/
New Economics Foundation　http://www.neweconomics.org/

訳者あとがき

二〇一四年十二月のCOP20（気候変動条約の第二十回締約国会議、リマ）で、日本政府は、ベストミックスの原発比率を決められないという理由で、温室効果ガスの削減目標提示を拒否して、また環境NGOから「化石賞」をもらった。

自称「イスラーム国」の人質問題で湯川遥菜さんと後藤健二さん（一九六七〜二〇一五年）を見殺しにした冷酷愚鈍な安倍政権は、まだ執念深く原発再稼働と原発輸出を狙い、温暖化対策に原発が役立つという嘘（一九八八年以来継続している嘘）を言い続けている。温室効果は火力＞原子力＞水力であるが、熱汚染は原子力＞火力＞水力であり、原子力の熱汚染は火力の二倍であるから、意味がないのである。二〇一五年五月に、安倍政権は、二〇三〇年の電源に占める原発の比率を二〇〜二二％、再生可能エネルギーの比率を二二〜二四％と想定した。財界の要望を鵜呑みにしたのである。福島原発事故直前の二〇一〇年の原発比率は二八％だったから、それに近づけるのが狙いだ。国は、原子力、石炭、地熱、水力の四者を「ベースロード電源（低コスト安定電源）」として位置づけている。原子力と石炭は当然「ベースロード」から外すべきだ。ドイツでも石炭はベースロードではなく、調整電源である。

そして安倍政権は二〇一五年七月、長期エネルギー需給見通しを決定した。そこでは、二〇三〇年の電力構成（ベストミックス）として、天然ガス二七％程度、石炭火力二六％程度、再生可能エネルギー二二

〜二四％、原子力発電二〇〜二二％などが想定されている。需給見通しと連動するのが削減目標で、二〇三〇年に二〇一三年比で二六％減（一九九〇年比で一八％減）とされている。原発大増設を前提とした鳩山政権の九〇年比二五％減からの「後退」である。

民主党政権時代は「二〇三九年までに原発ゼロ」が目標であった。二〇一三年九月に始まった「原発稼働ゼロ」は七百日近く継続し、もちろん電力不足問題は起こらなかったが、拙速な老朽化対策評価、火山対策の不備、避難計画の不備を残したまま、二〇一五年八月十一日に川内原発の再稼働が強行された。

気候変動については、二〇一五年十二月のCOP21（パリで開催）で今後の方針が協議されることになる。二〇一四年から世界各地で「炭酸ガスの年間平均濃度が四〇〇ｐｐｍ超」時代に入りつつあるが、安倍政権は「ベースロード電源」として原発と石炭火力への依存を続ける方針で、温室効果ガスの排出削減目標には消極的である。

日本政府に対しては多くの批判がなされてきたが、たとえば、気候ネットワークのウェブサイトから、〈あなたも政府に意見を出そう！　問題だらけの「エネルギーミックス」と「温室効果ガス削減目標」〉（二〇一五年五月一日）の一部を以下に引用しよう。

今回「基準年」とされた二〇一三年の温室効果ガス排出量は、近年のうちで最大の一四億八〇〇〇万トン-CO_2（確報値）であり、国連気候変動枠組条約や京都議定書の基準とされていた一九九〇年の排出量一二億七〇〇〇万トン-CO_2から約一〇・八％増えています。二〇一三年比二六％削減は、一九九〇年比では一八％程度の削減にしかなりません。エネルギーミックスの議論の中では、日本

	1990 年比	2005 年比	2013 年比
日本 （審議会案）	▲ 18.0% （2030 年）	▲ 25.4% （2030 年）	▲ 26.0% （2030 年）
米国	▲ 14 ～ 16% （2025 年）	▲ 26 ～ 28% （2025 年）	▲ 18 ～ 21% （2025 年）
EU	▲ 40% （2030 年）	▲ 35% （2030 年）	▲ 24% （2030 年）

出典　約束草案検討ワーキンググループ合同会合資料

の温室効果ガスの削減目標は「欧米に遜色のない目標をたてる」ことが一つの命題となっていました。しかし、政府は、以下の表を持ち出して、二〇一三年比で数字を比べたとき日本の削減率が最も大きいと説明します。これは、一九九〇年以来削減を続けてきたＥＵや、近年削減傾向になっている米国の過去の努力を全て無視した上で初めて成り立つ、あまりに酷い議論です。

以上、気候ネットワークＨＰからの引用。


本書の第六章で従来の債務と生態学的債務が比較されているが、従来の債務問題はもちろんいまも続いている。たとえば北沢洋子氏（二〇一五年死去）は次のように述べている。「このほど、ロンドンにある「ジュビリー債務キャンペーン（ＪＤＣ）」は、アフリカのＮＧＯと協力して、「アフリカは、アフリカを除いた世界に、毎年一九二〇億ドルを支払っている」というタイトルで、研究結果を発表した。これは、アフリカが毎年、受け取っている〝援助〟の六・五倍にあたる」（ＤｅｂｔＮｅｔ通信Vol. 10 №5、二〇一五年五月二十日）。

本書のテーマは最近注目度を増しており、たとえば勝俣誠『新・現代アフリカ入門』（岩波新書、二〇一三年）の一八頁には、「生態学的債務」「気候債務」「気候正義」への言及がある。

本書は、Andrew Simms, Ecological Debt : Global Warming & the Wealth of Nations' second edition, Pluto Press, London, 2009の全訳である。本書の裏表紙には、ＩＰＣＣのラジェンドラ・パチャウリ議長、『ニュー・サイエンティスト』誌、地球の友の前事務局長トニー・ジュニパー、ボディショップ創業者アニタ・ロディックが推薦の言葉を寄せている。本書は、気候変動／地球温暖化についての私の訳書としては下記に続いて三冊目である。

フレッド・ピアス『地球は復讐する　温暖化と人類の未来』草思社、一九八九年、共訳

ディンヤル・ゴドレージュ『気候変動　水没する地球』青土社、二〇〇四年

著者アンドリュー・シムズ氏は一九六五年生まれの英国人である。「グローバル・ウィットネス（世界の目撃者）」のチーフアナリスト、「ニュー・エコノミクス・ファウンデーション（ＮＥＦ：新経済学財団）」のフェロー、政策ディレクター、「グリーンピース英国」の運営委員である。著書に左記がある。

Ecological Debt' 2005' second edition 2009（本書）

Tescopoly: How One Shop Came Out on Top and Why It Matters , 2007

Do Good Lives Have to Cost the Earth? Simms and Joe Smith , 2008

Eminent Corporations: The Rise and Fall of the Great British Corporation Paperback, Simms and David Boyle , 2011

http://www.theguardian.com/profile/andrewsimms　ほか参照。

なおＮＥＦの関係者として日本でも著名なのはポール・エキンズ教授で、邦訳（左記）もある。

著者シムズは本文中にもあるように、「ジュビリー二〇〇〇」運動に参加したことで従来の累積債務問

題をよく知るとともに、「生態学的債務（ecological debt）」という新しい概念を提示した。本書ではあたかも「生態学的債務」イコール地球温暖化問題であるかのような誤解を招きかねない記述も散見するが、資源環境問題全般に適用すべき概念であることは言うまでもないだろう。たとえばチェルノブイリ原発事故の汚染食品の一部が発展途上国に送られたとも聞くが、事実であればそれも生態学的債務の一例である。

本書の内容に関連のありそうな書籍を思い付くままにあげた。ウィルフレッド・オーエンの邦訳についてご教示いただいた大屋富久代先生、松田雅子先生そのほか、いろいろご教示いただいたみなさんに感謝したい。

なお、本書の主要テーマは気候正義（公平な気候変動対策）であるが、日本でもこのたび明日香壽川『クライメート・ジャスティス』（日本評論社、二〇一五年）が刊行された（『世界』二〇一五年一二月号も参照）。

二〇一五年一二月

戸田清

[著者略歴]

アンドリュー・シムズ（Andrew　Simms）

1965 年英国生まれ。「グローバル・ウィットネス」、「新経済学財団（ＮＥＦ）」、「グリーンピース英国」などに所属。著者は本書のほかに *Tescopoly* , *Do Good Lives Have to Cost the Earth?*, Eminent Corporations：The Rise and Fall of the Great British Corporation などがある（訳者あとがき参照）。

[訳者略歴]

戸田清（とだきよし）

1956 年大阪生まれ、大阪府立大学、東京大学、一橋大学で学ぶ。日本消費者連盟事務局、都留文科大学ほか非常勤講師を経て、長崎大学環境科学部教員（環境社会学、平和学）。博士（社会学）。獣医師（資格）。

著書に『環境的公正を求めて』新曜社、1994 年、『環境学と平和学』新泉社、2003 年、『環境正義と平和』法律文化社、2009 年、『＜核発電＞を問う』法律文化社、2012 年。共著多数。訳書多数。

http://todakiyosi.web.fc2.com/

生態学的債務《せいたいがくてきさいむ》

2016 年 2 月 15 日　初版第 1 刷発行　　　定価 3600 円＋税

著　者　アンドリュー・シムズ
訳　者　戸田清
発行者　高須次郎
発行所　緑風出版 ©
〒 113-0033　東京都文京区本郷 2-17-5　ツイン壱岐坂
[電話] 03-3812-9420　[FAX] 03-3812-7262　[郵便振替] 00100-9-30776
[E-mail] info@ryokufu.com　[URL] http://www.ryokufu.com/

装　幀　斎藤あかね
制　作　R 企画　　　印　刷　中央精版印刷・巣鴨美術印刷
製　本　中央精版印刷　　　用　紙　大宝紙業・中央精版印刷　　E1000

ISBN978-4-8461-1601-9　C0036